朱永长　刘冬梅　肖 玄　主编

高志杨　张唯一　副主编

金属耐磨材料及应用

JINSHU NAIMO CAILIAO JI YINGYONG

化学工业出版社

·北京·

内 容 简 介

　　耐磨材料是新材料领域的核心之一，对高新技术发展有重要的推动和支撑作用。本书以应用较为广泛的金属耐磨材料作为切入点，在介绍磨损基本知识和理论的基础上，重点介绍了耐磨铸钢、耐磨合金铸铁、有色合金及其他耐磨材料等，并对其成分设计、冶炼、铸造工艺、热处理工艺和相关力学性能进行了阐述。书中还结合了作者多年从事金属耐磨材料的研制和经验，将典型金属耐磨材料铸件的工艺要点、工况应用等进行了总结，指导读者根据零部件工况需求选择和研发相应的金属耐磨材料。

　　本书为高等学校的材料成型及控制工程、材料加工工程专业教材，也可供耐磨材料相关专业或领域的科研人员、工程技术人员和管理人员参考。

图书在版编目（CIP）数据

　　金属耐磨材料及应用/朱永长，刘冬梅，肖玄主编. —北京：
化学工业出版社，2022.8（2023.8重印）
　　ISBN 978-7-122-41797-8

　　Ⅰ.①金…　Ⅱ.①朱…②刘…③肖…　Ⅲ.①金属材料-
耐磨材料　Ⅳ.①TG22

　　中国版本图书馆 CIP 数据核字（2022）第 115204 号

责任编辑：刘丽宏	文字编辑：段曰超　师明远
责任校对：边　涛	装帧设计：刘丽华

出版发行：化学工业出版社（北京市东城区青年湖南街 13 号　邮政编码 100011）
印　　装：北京科印技术咨询服务有限公司数码印刷分部
787mm×1092mm　1/16　印张 16　字数 415 千字　2023 年 8 月北京第 1 版第 3 次印刷

购书咨询：010-64518888　　　　　　　　　　　售后服务：010-64518899
网　　址：http://www.cip.com.cn
凡购买本书，如有缺损质量问题，本社销售中心负责调换。

定　　价：88.00 元

前　言

随着科学技术和现代工业的高速发展，材料磨损产生的能源和材料消耗巨大，机械设备对耐磨产品的性能要求在不断攀升。为适应工业发展的需要，耐磨材料的种类不断增多，耐磨材料的研发得到了前所未有的重视，新型耐磨材料的兴起也正逐步成为广大科研工作者的研究热点，耐磨材料科学正跟随着时代的脚步蓬勃发展。

作为传统材料，金属材料以其优异的抗磨损性能和相对良好的抗断裂能力成为当今应用最为广泛的耐磨材料之一。金属耐磨材料由于生产工艺简单、成本低，在生产应用中更是一枝独秀，工业实践表明：煤矿机械、电力机械、建材机械、选矿机械、破碎机械、筑路与工程机械、农业机械等大中小型设备，主体易磨损件皆采用金属耐磨材料制造而成。通过优化工艺和成分调整，耐磨产品的使用寿命成倍延长，社会效益和经济效益十分显著。

本书从生产实际的角度出发，综合讨论了金属耐磨材料各项生产知识与应用技术。第 1章介绍了金属材料磨损的基础理论、影响因素和试验分析等；第 2 章以耐磨铸钢为主线，分别从传统的高锰钢、中锰钢到当今较为流行的合金钢，探讨相关的工艺及原理；第 3 章则是从耐磨铸铁出发，从传统的耐磨白口铸铁到各种典型的合金铸铁，都分别给予相关的工艺及原理的介绍；第 4 章主要探讨了有色合金耐磨材料的工艺及应用；第 5 章介绍了多种金属复合材料的相关制备工艺原理；第 6 章从生产实际应用出发，介绍了各种典型耐磨铸件的生产工艺及参数。希望本书能为有关的科技工作者提供实用的基础性资料。

全书侧重金属及其合金在耐磨材料领域的实际应用，除介绍有关的磨损基础理论外，主要讨论各种金属的成分设计、熔炼、铸造工艺及热处理规范等基本内容，以及相关材料的力学、耐磨性能等。编者从事矿山用金属耐磨材料的研制与生产已有多年，深感金属耐磨材料领域仍需不断拓展与创新，现根据编者理论研究与应用实践，辑成此书。为适应我国耐磨材料生产资源和工厂实际情况，本书尽量以国内外资料和工厂经验为主，便于更好的抛砖引玉，将金属耐磨材料应用于工程实践。

本书由佳木斯大学朱永长、刘冬梅和攀枝花学院肖玄主编，佳木斯大学高志杨、张唯一副主编，佳木斯大学荣守范教授主审。其中第 1 章由高志杨编写，第 2 章由朱永长编写，第 3 章、第 5 章由肖玄编写，第 4 章由刘冬梅编写，第 6 章由张唯一编写，此外，李俊刚、庄明辉等为全书的编写出版做了大量工作，全书由朱永长教授统稿。本书部分研究工作是在佳木斯大学材料成型及控制工程国家一流专业建设点、金属耐磨材料及表面技术教育部工程研究中心和黑龙江省教育厅项目（2016-KYYWF-0553）的支持和资助下完成的。

由于编者水平有限，疏漏之处在所难免，恳切希望读者批评指正。

编者

目　　录

第1章

金属材料磨损基础

1.1 金属摩擦的基本理论

1.1.1 金属表面的特性

（1）工程金属表面层的特性与组成 工程金属表面大多经切削加工然后再经研磨或抛光，从肉眼来看似乎很平滑，但在显微镜下看，仍是凹凸不平的，用粗糙度来表示其特征。

工程金属表面层在加工过程中发生了强烈的塑性变形与加工硬化。其最外一层由于切削过程中分子层的熔化与流动被淬硬成为微晶或非晶体的结构层，称为贝氏层。接着是严重变形层和轻微变形层。大部分金属在大气中表面都受到氧化形成一层氧化膜，而且根据环境条件的不同，可形成其他表面膜（如氮化物、硫化物和氮化物膜等），这些化学膜对表面相互作用的性质影响极大，而实际效应则根据膜的性质有很大区别。在活性环境中，除了化学腐蚀膜外，还有吸附膜。在空气中的吸附膜主要为水汽，此外还有油膜与脂膜。同时金属表面常有裂纹与空洞。金属表面层特性的剖面示意图与量级图如图 1-1 和图 1-2 所示。

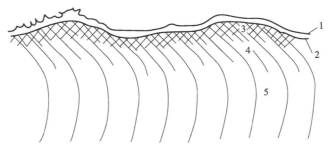

图 1-1 在空气中经磨削和抛光的金属表面层剖面示意图

1—氧化物（约 $2×10^{-2}\mu m$）；2—贝氏层（约 $10^{-1}\mu m$）；3—严重变形层（约 $1\mu m$）；

4—轻微变形层（约 $25\sim60\mu m$）；5—基体

（2）金属表面的几何形状 表面的几何形状或几何织构取决于金属表面加工方法的特

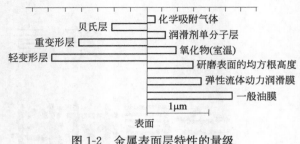

图 1-2 金属表面层特性的量级

性。即使是经仔细加工的表面，在显微镜下仍然是凹凸不平的，这种程度常用粗糙度来表示。粗糙度是由表面上波长很短的凹凸体形成的（图 1-3）。表面上的微小凸出体，称为微凸体。微凸体的分布根据加工方法的特性而不同，可以呈一定的方向性（如车削、铣削和刨削加工的表面），也可以是各向同性的（如经抛光或研磨加工的表面）。表面形貌的特征对摩擦磨损影响很大，因此必须对微凸体的分布、尺寸和形状等进行测量。表面测量方法很多，如使用光学或电子显微镜及表面轮廓仪等。表面轮廓仪可提供有代表性的表面长度，在垂直平面有高的分辨率。但表面轮廓仪所记录的图线因竖向放大率高会使轮廓失真，其实大多数表面上的微凸体具有平缓的坡度，而不是轮廓仪记录图上的那种锯齿状迹线（图 1-4）。

图 1-3 表面粗糙度示意图

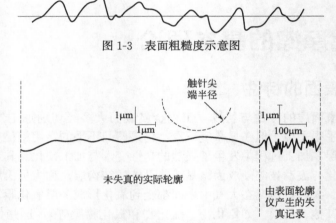

图 1-4 轮廓仪记录的失真迹线与真实的轮廓

(3) 表面参数 除了某些由切削加工产生的表面有较好的周期性织构外，表面纹理的高度分布与间距分布是随机变化的。从统计学来看描述不同种类的表面织构可以从简单的平均形式到复杂的相关函数。

① 高度。最常用的两个高度参数是粗糙度的 c/a 值（相当于我国粗糙度标准的 R_e 表示法）（即中线平均高度）和 rms 值（即均方根高度）。rms 一般约为 c/a 的 1.1 倍。

还有几个高度的参数。如一段迹线中最高波峰到最低波谷的总高度，用 R_t 表示。还有一种是选择几个总高度的平均值，如"十点高度 R_z"，即在所有记录的迹线上选择 5 个最高峰和 5 个最低谷求其平均值。德国用的 R_{tm} 是同样长度 5 个样品的 R_t 平均值。虽然一种高度的测量对另一种测量所得的比值是随着形状和轮廓的变化而变化的，但在一定程度上仍可互相换算，如表 1-1 所示。

② 间距。峰间的间距是十分重要的。单位长度的峰数应当计出，波峰数的计算是按邻近的波谷超过一定深度以后的波峰来决定的。这样就可以得到在一定水平线上单位长度的支承截段数。

③ 支承面积。E. J. Abbott 将表面轮廓最低点以上各处轮廓内长度的百分率测量出来，

作出了该轮廓的支承面积曲线（图1-5），这对阐明两表面在载荷作用下做相对运动的情况是有帮助的。

表1-1 各种粗糙度高度间的比值

表面	$\dfrac{\text{rms}}{\text{cla}}$	$\dfrac{10\text{ 点法}}{\text{cla}}$	$\dfrac{R_t}{\text{cla}}$
车削	1.1～1.15		4～5
磨削	1.18～1.36	4～5	7～14
研磨	1.3～1.5	5～7	7～14
随机统计	1.25		8.0

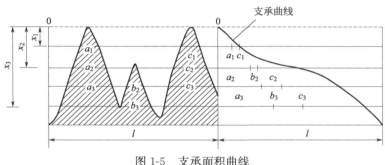

图1-5 支承面积曲线

绝大多数金属表面织构高度都接近于高斯分布 [图1-6(a)]，故支承面积曲线实际上是所有纵坐标分布曲线的累积分布 [图1-6(b)]。

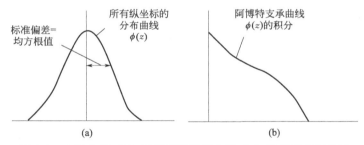

图1-6 支承曲线（b）与所有纵坐标曲线（a）的累积分布关系

④ 峰顶曲率与高度分布。峰顶平均曲率半径与高度分布和塑性指数有关，即与接触时的弹塑性有关。这些量可以容易地从轮廓记录输入电子计算机中得出。

除上述几种参数外，尚有微凸体的斜度及其空度和实度等。

1.1.2　金属表面的接触

(1) 接触面积　如果将两个几何学的平面相互压在一起，则整个面都接触。只是某些微凸体相互接触，而不是整个固体表面的接触，即其接触具有不连续性和不均匀性。如图1-7所示，接触面积可分为3种：表观（或名义）接触面积，即接触表面的宏观面积，由接触物体的外部尺寸决定，以A_n表示，$A_n=ab$；轮廓接触面积，即物体的接触表面被压扁部分所形成的面积（如图1-7中小圈范围内面积），以A_p表示，其大小与表面承受的载荷有关；实际接触面积，即物体真实接触面积的总和，如图1-7中小圈内的黑点表示的各接触点面积的总和，以A_r表示。

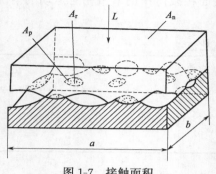

图 1-7 接触面积

两个固体表面接触时，实际接触面积仅为表观接触面积的很少一部分，一般为 $0.01\% \sim 0.1\%$，而轮廓接触面积一般为表观接触面积的 $5\% \sim 15\%$。

实际接触面积与所加载荷的关系，阿查德认为在弹性接触的情况下可用下式表示：

$$A_r = KL^m \tag{1-1}$$

式中，K 为与材料弹性性质和假设的表面结构有关的一个系数；m 依不同的表面接触模型而异，表面接触的形式愈复杂，实际接触面积与载荷愈接近线性关系。

实际接触面积与载荷之间的关系不但取决于变形的形式，还取决于表面轮廓的分布。当微凸体发生塑性变形时，对于微凸体高度的任何分布，载荷与实际接触面积均呈线性关系。当微凸体为弹性变形时，仅在微凸体高度的分布接近于指数型的情况下，载荷与实际接触面积才具有线性关系。对于大多数工程表面，无论是弹性接触还是塑性接触，实际接触面积均与所加载荷成正比。

对于金属之间的接触，实际接触面积可表示为

$$A_r \propto \frac{L}{P_y} \tag{1-2}$$

式中，P_y 是较软材料的屈服压强，它与表面的轮廓和弹性变形的类别（如挤压等）有关。在很多情况下，可取 $P_y = \text{HB}$，HB 为较软材料的布氏硬度。由式（1-2）可看出，载荷愈大，实际接触面积愈大；硬度愈高，实际接触面积愈小。

(2) 接触力学

① 法向载荷作用下的接触应力。

a. 压应力（即压缩应力）。假设一半球形的硬滑块与一软平面接触（图 1-8），由于载荷的作用，接触处发生弹性变形，则接触区为一个直径为 $2a$ 的圆形。从接触面积的中心到任何半径距离 r 处的压缩应力 σ_r 可用下式表示：

$$\sigma_r = \sigma_{\max}\left(1 - \frac{r^2}{a^2}\right)^{\frac{1}{2}} \tag{1-3}$$

最大的压缩应力位于接触圆的中心，而在接触面积的边缘即 $r = a$ 处，则应力为零。其形状分布如图 1-8 所示，最大压缩应力为：

$$\sigma_{\max} = \frac{3L}{2\pi a^2} \tag{1-4}$$

作用于表面上。

b. 切应力。最大切应力 $\tau_{\max}$ 作用于离表面积 $0.47a$ 的材料内部（图 1-8 的 O 处），与 $\sigma_{\max}$ 有如下关系：

$$\tau_{\max} = 0.31\sigma_{\max} \tag{1-5}$$

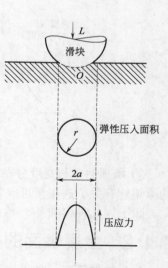

图 1-8 半球形滑块和
平面的接触

② 法向载荷与切向载荷同时作用下的接触应力。当法向载荷与切向载荷同时作用时，则将切向载荷 μL 所产生的应力场与法向载荷产生的应力分布进行合成，这时，最大剪应力值有所增加且作用的位置移得更接近表面。

(3) 接触变形 在大多数实际情况下，较高的微凸体可能发生塑性变形，而较低的接触

着的微凸体仍然只发生弹性变形。因此遇到的是一个混合的弹塑性系统。这时若载荷越大，则法向接近量也越大，塑性接触点的数目就越多。

a. 表征变形程度的指标。塑性指数是一很有用的指标参数，它是显示表面的物理和几何性能的无量纲群。以球与平面的接触来进行讨论，如图1-9所示，当弹性接触时，塑性指数用 Ω 表示：

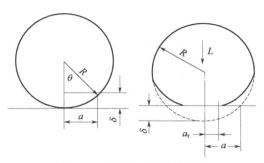

$$\Omega = \frac{E'}{H}\left(\frac{\sigma}{R}\right)^{\frac{1}{2}} \tag{1-6}$$

式中　H——材料的压痕硬度；

σ——微凸体高度均方根偏差；

R——微凸体平均曲率半径。

图1-9　球与平面的弹性接触

当 $\Omega < 0.6$ 时，为完全弹性接触；当 $\Omega > 10$ 时，为完全塑性接触；当 $0.6 \leqslant \Omega \leqslant 10$ 时，为弹性变形和塑性变形同时存在的混合状态。

b. 减小塑性指数的方法。增大材料的硬度和微凸体的峰顶曲率半径，减小微凸体高度都可以使塑性指数减小。如用抛光、研磨、磨合或利用特殊加工方法来降低表面粗糙度、增大微凸体的曲率半径，则可降低塑性指数，使摩擦表面呈弹性接触状态，从而达到减少摩擦磨损，防止胶合的目的。图1-10为磨合过程中，塑性指数随时间的变化。由此图，我们可以决定磨合时间，并根据磨合过程中塑性指数的变化，来判断表面是否正在向弹性状态即磨合完成状态转变。

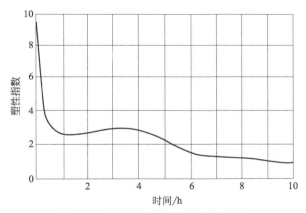

图1-10　磨合过程中塑性指数的变化

（4）接触表面的相互作用　当两个粗糙的金属表面在载荷作用下相接触时，最先接触的是第一个表面的微凸体高度和对应的第二个表面微凸体高度二者之和为最大值的部位。随着载荷的增加，其他较高的成对的微凸体也相应地逐渐发生接触。每一对微凸体进入接触时，开始是弹性变形，然后，当载荷超过某一临界值时，则发生塑性变形。因此，金属表面是处于弹塑性变形状态。由于微凸体的高度不一，所以每一时刻，同一表面不同高度的微凸体变形程度也不同。成对最高的微凸体变形最大，高度较小的成对微凸体也可能不发生接触，而介于以上两者之间的较高的微凸体依高度不同则发生程度不同的变形。

当两个表面相互接触时，表面间相互作用的一种形式就是在接触区的某些部位发生粘着。这是因为即使经过精密加工的表面，从微观上看仍是凹凸不平的，所以两表面相互接触时，实际上只在少数较高的微凸体上产生接触，由于实际接触面积很小而接触点上的应力很大，因此在接触点上发生塑性流动、粘着或冷焊。这种接触点叫作接点，也称粘着点或结点。对于产生粘着的微观机制目前还没有统一的见解，一般认为与两接触表面间分子的相互作用有关，因此这种接触表面间的相互作用也称为分子相互作用。

另一种表面相互作用方式称为机械相互作用，此时材料不发生粘着而是产生一定的变形和位移以适应相对运动。图 1-11 是微凸体互嵌的情形，微凸体材料如不产生变形，表面 A 和 B 就不能做相对运动。若相接触的材料 A 比 B 硬，则较硬的 A 表面微凸体会嵌入较软的 B 表面中，较软的材料表面微凸体被压扁和改变形状。图 1-12 为硬材料 A 压入软材料 B 的示意图。为了产生相对运动，材料 B 的一部分必须做位移。

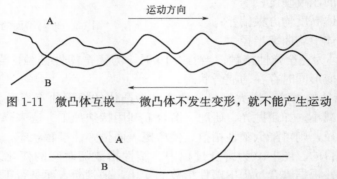

图 1-11 微凸体互嵌——微凸体不发生变形，就不能产生运动

图 1-12 宏观位移——在运动中硬球 A 压向较软的表面时引起材料 B 的位移

1.2 金属的磨损

任一工作表面的物质，由于相对运动而不断损失的现象叫作磨损。由磨损的定义可知，它和摩擦同时发生。在某些情况下，它是有益的，例如机器在跑合阶段的磨损和利用磨损原理来进行加工（如研磨、抛光和磨削等）都是为生产服务的。然而，在其他大多数情况下，磨损却是非常有害的，必须减小它所造成的危害和损失。

1.2.1 磨损的分类

(1) 磨损分类 磨损是一种十分复杂的微观动态过程，所以磨损的分类方法也较多。根据不同条件有不同的分类方法。图 1-13 简单地归纳了几种常见的分类方法。

最常见的磨损是按机理来分类，一般可分为：粘着磨损、磨料磨损、表面疲劳磨损、腐蚀磨损、冲蚀磨损和微动磨损。前四种的磨损机理是各不相同的，但后两种磨损机理常与前四种有类似之处或为前四种机理中几种机理的复合。冲蚀磨损与磨料磨损有类似之处，但也有其自身的特点。微动磨损常包含粘着、磨料、腐蚀及疲劳等四种或其中的三种综合而成。这里附带指出，实际工况下，材料的磨损往往不只是一种机理在起作用，而是几种机理同时存在，例如，磨料磨损往往伴随着粘着磨损，只不过是在不同条件下，某一种机理起主要作用而已。而当条件发生变化时，磨损也会以一种机理为主转变为另一种机理为主。

磨损机理和磨损表面的损坏方式有一定的关系，一种磨损机理在不同条件下会造成不同的损坏方式，而一种损坏方式又可能是由不同机理所造成的。

磨损是一种表面破坏现象，因此通过磨损表面形貌和磨屑分析来确定磨损机理和改进抗磨措施是磨损失效分析常用的方法，表 1-2 为磨损的表面破坏方式和基本特征。

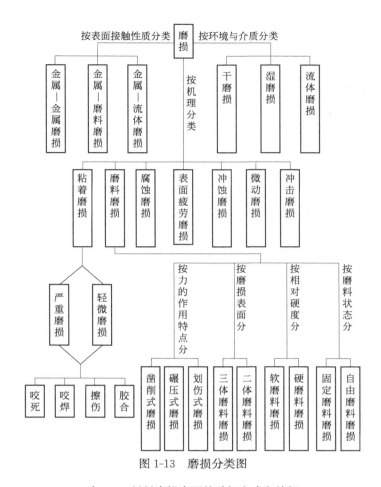

图 1-13 磨损分类图

表 1-2 材料磨损表面的破坏方式和特征

表面破坏方式	基本特征
微动磨损	磨损表面有粘着痕迹,铁金属磨屑被氧化成红棕色氧化物,氧化物通常又是磨料,使磨损加剧
剥层	材料以层状从表面脱落,磨屑呈片状。破坏首先发生在次表层,位错在次表层塞积,裂纹在次表层成核,而后向表面扩展,以致最后以薄片状剥落,形成片状屑
点蚀	材料以细粒状从表面脱落,磨损表面出现许多"痘斑"状小凹坑
胶合	磨损表面上有明显的粘着痕迹,有比较大的粘着坑块,有明显的材料转移。它一般发生在高速重载下,大量的摩擦热使摩擦副工作表面焊合,撕脱后留下一片片粘着坑
咬死	粘着坑密集,材料转移严重,摩擦副间大量焊合,摩擦和磨损急剧增加,摩擦副相对运动受到阻碍或停止
研磨	磨损表面宏观上非常光滑,只在高倍下(500 倍)才能看到微小的磨粒划痕
划伤	低倍下(100 倍)可以看到磨损表面上有一条条的划痕,它们是磨粒在材料表面上切削或犁沟所造成的
凿削	磨损表面上主要是一些压坑,间或有比较粗短的划痕,它是由磨粒对表面冲击而造成的

除此以外，还有人将磨损分为轻微磨损和严重磨损两类，这是按磨损程度不同的一种相对的分类方法。所谓轻微磨损是指磨屑非常细小，磨损率较低，磨屑一般由氧化物颗粒组

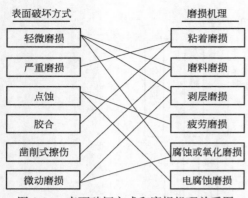

表面破坏方式

轻微磨损
严重磨损
点蚀
胶合
凿削式擦伤
微动磨损

磨损机理

粘着磨损
磨料磨损
剥层磨损
疲劳磨损
腐蚀或氧化磨损
电腐蚀磨损

图 1-14　表面破坏方式和磨损机理关系图

成；而严重磨损是指磨屑为较大的碎片或颗粒，磨损率较大，磨屑一般由表面金属屑所形成，可见这种分类未涉及磨损的本质。

图 1-14 为常见几种磨损表面的破坏方式和磨损机理间的关系。该图只是一个简单的关系图。由图可见，破坏方式和磨损机理有时也很难绝对区分，例如微动磨损既可看作是一种磨损机理也可看作是一种破坏方式。剥层磨损也是如此。

（2）磨损类型的确定

a. 根据接触表面和工作条件确定磨损类型。如图 1-15，可以根据摩擦副的表面作用类型、磨料或介质类型以及运动类型来推断零件的磨损类型。

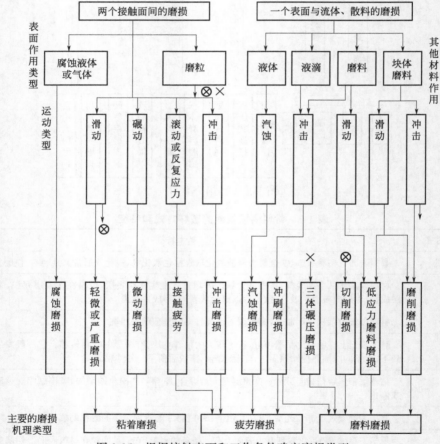

图 1-15　根据接触表面和工作条件确定磨损类型

b. 根据表面损伤特征确定磨损类型。表 1-3 列出了一些磨损表面损伤特征与基本磨损类型的对应关系。表中的符号及数字意义见表 1-4。

c. 综合分析法。综合分析法是根据零件的使用条件、磨损表面和磨屑基本特征对其磨损进行综合分析来判断磨损的类型（表 1-5）。

表 1-3　材料的表面损伤特征及磨损类型的确定

表面损伤特征	磨损类型
锈斑,凹坑 f 抛光或细磨纹 a_1+c+e 或 a_2+c+e	表面腐蚀或冲蚀磨损/腐蚀 滑动机械 a_1+e,流动机械 a_2+d_2
擦伤(短沟槽)b_3+c+e	磨料磨损 b_3+c
凿削 b_2+d_1	(多次擦伤)
咬合 a_1(一次性) d_2+e(周期,永久性)	凿削 b_1+d_1+e
犁沟(光滑或粗糙)a_1 反复周期进行的过程 d_1+e	干磨损或无润滑滑动 b_1+d_3+e 或 a_1+c+e 金属-金属磨损 a_1+c+e 或粘着磨损 b_1+d_3+e
粗糙表面 b_2	冲蚀磨损(大冲击角)b_2+d_4
分层剥落或剥层 d_4+c	冲蚀磨损(小冲击角)b_3+d_1 或 d_2
点蚀 b_2 和(或)d_5 剥落 d_4 熔化 a_3 微动点蚀 a_1+d_5+f	微动磨损 a_1+d_5+f

表 1-4　表 1-3 中符号及数字表示的磨损表面物理特性（宏观和微观）

a 微观(光滑)	b 微观(粗糙)
1. 表面层逐渐剥落和再生(由细磨料磨损作用或粘着作用、切向力的作用造成) 2. 非常细的磨料磨损作用,除表面层脱落外也伴有基体的损失 3. 熔化结果	1. 因粘着磨损作用产生的切向力造成的结果 2. 因疲劳而产生微观点蚀 3. 中等粗磨料颗粒造成的磨料磨损
c 宏观(光滑) 磨料颗粒处于光滑的固体支承面上或处于中间位置	d 宏观(粗糙) 1. 由于粗颗粒造成的磨料磨损(包括在滑动过程中,从材料上剥落下来的碳化物和其他夹杂物) 2. 在管状流体中,由于细颗粒造成的凹坑、波纹等缺陷的磨料磨损 3. 早期损坏的严重粘着磨损 4. 由于反复的滚动接触应力,热梯度和高摩擦作用的滑动,或者由于冲蚀磨损中,硬颗粒的冲击造成的点蚀或凹坑的局部疲劳失效类型 5. 在点蚀坑之间几乎没有受影响的表面
e 发亮 非常薄的表面层($<25\mu m$)如氧化物、硫化物、氯化物等	f 不发亮或暗褐色 厚度可能大于 $25\mu m$ 的表面膜(包括高温影响在内的侵蚀环境条件下产生的结果)

表 1-5　根据综合分析方法判断磨损类型及抗磨措施一览表

磨损类型	基本特点	磨损表面特征	磨屑基本特征	抗磨措施	应用举例
磨料磨损	相对运动表面具有硬凸出物,或环境条件和工作对象有非金属磨料存在	条痕、沟槽(犁沟)、凹坑	切削型条状磨屑;二次变形块状磨屑或脆断碎屑	提高材料硬度或综合性能,防止磨料进入	犁铧,履带板,铲齿,磨合表面
粘着磨损	高应力作用下润滑不良的配合件	在配合表面上出现严重撕裂或粘附转移层,凹坑磨点	不规则形状碎屑、块状屑、鳞片	改进润滑条件,改善加工条件,降低微区应力,选择合适的配对材料	汽缸套,活塞,径向滑动轴承

磨损类型	基本特点	磨损表面特征	磨屑基本特征	抗磨措施	应用举例
疲劳磨损	高、低周交变应力的接触条件下的摩擦副	点蚀剥落;宏观表面粗糙,次表层下有微裂纹	片状或球状磨屑	设计上增加接触面积,降低表面粗糙度,改善润滑条件,降低接触应力,选择高疲劳强度材料	滚动轴承,凸轮挺杆,齿轮
冲蚀磨损	高速粒子流或液流对零件工作表面冲击时经常产生的磨损形式	鱼鳞状规则小凹坑,变形层有微小裂纹	小碎片	选用硬度和韧性好的材料,适当改变液流冲击角及固体粒子组成	泵体,叶轮,管道输送构件
腐蚀磨损	在腐蚀气氛或介质及高温氧化条件下工作又产生相对运动和磨损的零件	腐蚀点坑、龟裂纹,表面有氧化物腐蚀层	氧化物碎屑、球形磨屑	改善介质条件,采用既耐腐蚀又抗磨损的材料及保护层	水田耕作机械零件,泵及阀体

1.2.2　磨损的评定方法

磨损时零件表面的损坏是材料表面单个微观体积损坏的总和。目前对磨损评定方法还没有统一的标准。这里主要介绍三种方法:磨损量、耐磨性和冲蚀磨损率。

(1) 磨损量　评定材料磨损的三个基本量是长度磨损量、体积磨损量和质量磨损量。长度磨损量是指磨损过程中,由于磨损而造成的零件表面尺寸的改变量。在实际设备的磨损监测中常常使用长度磨损量。体积磨损量和质量磨损量是指磨损过程中由于磨损而造成的零件(或试样)体积或质量的改变量。实验室研究中,往往是首先测量试样的质量磨损量,然后再换算成体积磨损量进行比较和研究。从磨损的失效性质来说,用体积磨损量比用质量磨损量来表达,更为合理些。

还有其他一些磨损量,如磨损率、磨损速度等。各种磨损量的评定指标和意义见表1-6。

表 1-6　磨损量的评定指标和意义

类别	名称	意义
磨损量	长度磨损量 体积磨损量 质量磨损量	磨损过程中的长度改变量。基本量
		磨损过程中的体积改变量。基本量
		磨损过程中的质量改变量。基本量
磨损率	长度磨损率 体积磨损率 质量磨损率	单位时间或单位滑动距离的磨损长度
		单位时间或单位滑动距离的磨损体积
		单位时间或单位滑动距离的磨损质量
磨损速度	长度磨损速度 体积磨损速度 质量磨损速度	单位工作量下的磨损长度
		单位工作量下的磨损体积
		单位工作量下的磨损质量

(2) 耐磨性　材料的耐磨性是指在一定工作条件下材料耐磨损的特性。材料耐磨性分为相对耐磨性和绝对耐磨性两种。

材料的相对耐磨性 ε 是指两种材料 A 与 B 在相同的外部条件下磨损量的比值,其中材料 A 是标准（或参考）试样。磨损量 W_A 和 W_B 一般用体积磨损量，特殊情况下可使用其他磨损量。

耐磨性通常也用绝对指标 W^{-1} 或 $\dot{W}^{-1}$ 表示，即用磨损量或磨损率的倒数表示。耐磨性使用最多的是体积磨损量的倒数，也可用体积磨损率、体积磨损强度或体积磨损速度的倒数表示。耐磨性的符号和单位见表 1-7。

绝对耐磨性和相对耐磨性的关系是：

$$\varepsilon_A = W_A W^{-1} \tag{1-7}$$

表 1-7　磨损量和耐磨性的符号和单位

名称		符号	单位	名称	符号	单位
磨损量	长度	W_1	μm 或 mm	耐磨性	$\dot{W}^{-1}$	h/mm,h/mg 或 h/mm^3
	体积	W_v	mm^3			
	质量	W_m	g 或 mg		W^{-1}	1/mm,1/mg 或 1/mm^3
磨损率	单位时间	$\dot{W}_t$	mm^3/h 或 mg/h	相对耐磨性	ε_A	
	单位距离	$\dot{W}_1$	mm^3/m 或 mg/m			

(3) 冲蚀磨损率　冲蚀磨损率＝材料的冲蚀磨损量（质量或体积)/所用的磨料量，单位为 g/g 或 mm^3/g。冲蚀磨损率应在稳态磨损过程中测量。

磨损量、耐磨性、冲蚀磨损率都是在一定实验条件下的相对指标，不同实验条件下所得到的值是不可比较的。

1.2.3　磨损的失效分析

(1) 磨损失效模式的确定　磨损失效在自然界、日常生活和工业生产中广泛存在。

分析磨损失效的原因，首先要确定失效的模式。表 1-8 列出几种磨损失效模式以及诱发因素和表现形式。

表 1-8 只概括了主要的磨损失效模式和最主要、最典型的诱发因素和表现形式。实际情况要复杂得多，例如图 1-16 所示的失效诱发因素，可以单独或以各种组合诱发不同的失效模式。

表 1-8　磨损失效模式表

失效模式	诱发因素	表现形式
粘着磨损	表面相对运动	表面损伤
磨料磨损	硬质点研磨	表面损伤
腐蚀磨损	相对运动、硬质点、腐蚀介质	表面损伤、化学变化
表面疲劳磨损	交变接触压应力	表面剥离
变形磨损	过高的冲击载荷	表面塑性变形、裂纹、掉粒
汽蚀	瞬时冲击	表面剥离
微动磨损	机械和化学的作用或它们的联合作用	物理变化
冲击磨损	反复冲击	表层金属掉块
咬合	匹配表面相对运动	咬合、咬死

a. 失效模式分析。失效模式是一种或几种物理和（或）化学过程，由于它们的产生和

作用导致机械零件或部件在尺寸、形状、状态或性能上发生改变,致使整个机器丧失其预先规定的能力。人们根据磨损件(包括表面、亚表面)的特征和残留的有关失效过程的信息(包括磨屑),首先判断失效的模式,进而推断引起失效的根本原因。这是失效分析通常采用的方法,也是失效分析的核心。

b. 失效的统计分析。统计方法研究的不是某一具体的失效事件,而是研究一批、一个时期一个型号产品的失效规律。以失效模式、失效方式或失效部位等为横坐标,而以失效频度、失效百分比或失效的经济损失为纵坐标可作出巴雷特(Barrett)图。从图中可确定主要的且需优先解决的失效模式、方式或部位。图1-17为巴雷特图应用举例,该图形象地指出失效模式A最需优先解决。

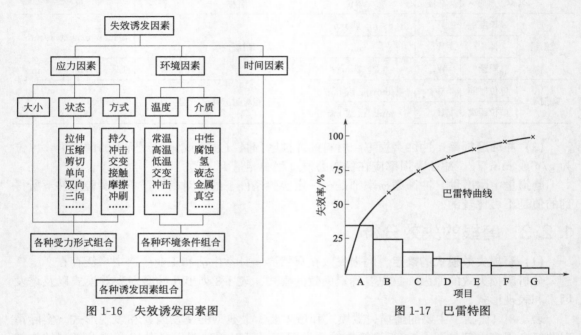

图1-16　失效诱发因素图　　　　　图1-17　巴雷特图

表1-9为工业领域中各种磨损失效模式所占比重,表中未考虑疲劳磨损。

由表1-9可见,磨料磨损和粘着磨损占了最大比例。

表1-9　各种磨损失效模式所占的比重

磨损类型	所占比例/%	磨损类型	所占比例/%
磨料磨损	50	微动磨损	8
粘着磨损	15	腐蚀磨损	5
冲蚀磨损	8	其他	14

(2) 磨损分析基本方法

① 磨损问题的系统分析。如图1-18所示,一组材料(1)、(2)(称为摩擦组元),在载荷F_N下滑动距离s时,显然材料的磨损特性与复杂的"系统"有关。该系统的磨损率W是由摩擦组元(1)的磨损率W_1和摩擦组元(2)的磨损率W_2的总和决定的。而磨损特征F还取决于摩擦组元(1)的性能P_1和摩擦组元(2)的性能P_2以及(1)和(2)之间的相互关系$R_{1,2}$和工作变量$F_{N,s}$等。

$$W = W_1 + W_2$$

$$F = f(P_1, P_2, R_{1,2}, F_{N,S}) \tag{1-8}$$

为了分析这个磨损系统，至少应当了解以下一些参数：

a. 相互作用的组元以及它们的相关性能；

b. 工作变量，特别是有关相对运动的类型、载荷、速度以及试验时间等参数；

c. 相对运动界面的磨损机理。

由此可见，材料的磨损特性与材料的力学、物理化学性能不同；它不是材料的固有性能，而是与其使用条件和实际工况密切相关的摩擦学系统性能；解决磨损问题时必须考虑整个系统的性能及各组元相互间的影响，这就是系统分析的基本出发点。

磨损的封闭系统由系统组元 A，它们的相关性质 P 以及相互作用 R 来组成，用 $S = \{A, P, R\}$ 表示。

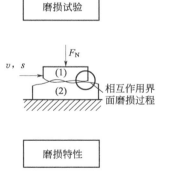

图 1-18　磨损试验系统示意图

图 1-19 表示了一个磨损系统的损耗输出特性。在对某种磨损状态做出分析时，根据一个给定的机械系统，磨损损耗输出 Z 可以看作是输入工作变量 X 对系统结构 $S = \{A, P, R\}$ 输入作用的结果。

因此，磨损损耗 $= f$（工作变量、系统结构），即 $Z = f(X, S)$。

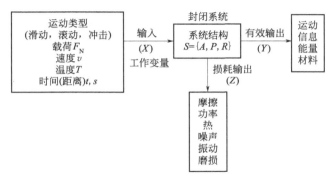

图 1-19　一个磨损系统的损耗输出特性

H. Czichos 将摩擦学参数分为如表 1-10 所示的四组，编制了以这四组参数为主要内容的系统分析数据表。

表 1-10　摩擦学系统分析数据表的主要内容

组别	摩擦学参数	主要内容
I	摩擦学系统的技术功能	运动、信息、能量、材料的传递
II	工作变量	运动类型，载荷、速度、温度，时间，材料
III	摩擦学系统的结构	1. 组元：(1)摩擦组元，(2)摩擦组元，(3)润滑剂，(4)大气 2. 组元特性：上述(1)、(2)、(3)、(4)的有关几何形状和材料性能 3. 组元间的关系
IV	摩擦学特征	1. 摩擦引起的系统结构变化 2. 摩擦引起的能量损耗 3. 摩擦引起的材料损耗

② 失效树分析法（FTA）。"失效树"分析法是一种使用数理逻辑符号，把发生事故的各种可能性，沿其发生的经过而展开成树的形状，然后沿发生事故的途径查证事故发生时必

然伴随的现象，由此找出失效原因的一种分析方法。

"失效树"分析法可以反映出系统故障的内在联系，使人一目了然，形象地掌握这种联系并进行正确的分析，迅速地找出事故原因而不致遗漏。

作为设计时的可靠性计算，在建立失效树后，还可以写出数学表达式，通过概率计算，做出定性或定量的分析。

图 1-20 表示了可能产生的各种磨损类型的磨损失效分析路线示意图。这个模型图只是提供分析磨损失效模式的思路，并不是解决具体实际问题的根据。

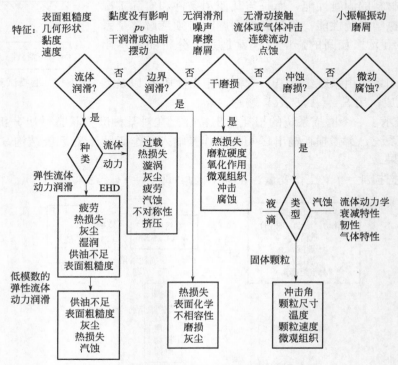

图 1-20　磨损失效分析路线示意图

③ 磨损计算方法。由于零件对可靠性的要求，而磨损是影响机器使用可靠性的重要因素，因而要求设计者对零部件能够进行磨损率、磨损量、磨损限度以及磨损预测的计算。但磨损过程的定量是一个复杂而系统的问题。各国研究学者为了预测磨损，从各种磨损理论出发，通过试验、分析得到结果。

尽管目前已建立了若干磨损理论和分析表达式，但在实际工业应用和磨损研究中采用还不很普遍，其实用价值也很难估计，值得指出的是美国 IBM（国际商业机器公司）的巴耶（R. B. Bayer）为首的学者采用理论和实验相结合的方法，于 1962 年提出磨损计算方法——IBM 法。因篇幅所限，不在这里介绍。

（3）磨损状态检测

a. 机器磨损的基本规律。机械零件摩擦副中，正常的磨损过程大致可分为三个阶段（图 1-21）：磨合阶段；正常磨损阶段；严重磨损阶段。

人们希望在正常磨损阶段，即磨损率比较稳定的阶段中零部件的磨损量尽量小，以延长机器寿命和提高可靠性。而在严重磨损阶段，由于外界因素（磨料进入、载荷变化、咬死等）影响，零件尺寸较大变化，产生严重塑性变形以及材料表面质量恶化等，造成摩擦因数

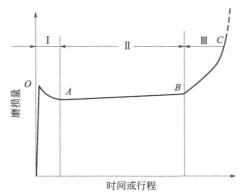

图 1-21　摩擦副正常磨损过程示意图

和磨损率大大增加并有噪声、振动、发热等现象,这些严重的磨损失效或可能引起的灾难性事故和重大后果必须引起操作者的重视,因而加强机器工作状态的监测及磨损失效分析是十分必要的。

b. 磨损状态的检测。磨损监测和失效诊断可以通过多种物理、化学检测方法来进行,其中包括振动、噪声、温度等的测试。

磨屑分析是磨损失效分析中的重要一环。铁谱仪是一种可以收集并分析磨屑和颗粒的仪器。铁谱技术除了可以对磨屑定量测定,还可以定性分析,因此人们用它进行磨屑分类,判定磨屑来源,以及分析磨损原因和机理。铁谱技术现在已迅速发展成为一种进行磨损机理研究以及工况监测和故障诊断的有效手段。

1.3　磨损机制及其影响因素

1.3.1　粘着磨损

(1) 粘着磨损的机制

a. 粘着磨损的机理。由粘着摩擦理论知道,粘着时接触点发生塑性变形,表面膜因金属流动而破坏,金属原子直接接触,从而产生配合面金属原子之间的键合,形成冷焊点,也就是产生了粘着。在接触过程中在接触微区会伴随有温升。特别在滑动接触过程中,摩擦功在接触点以热的形式出现,致使局部升温显著,可能导致材料局部再结晶、相变、扩散,乃至熔化。粘着产生的同时形成了粘着磨损。

b. 阿查德模型。粘着磨损理论是由霍尔姆(R. Holm)首先提出,阿查德和拉宾诺维奇等人加以发展的。霍尔姆第一个把表观接触与实际接触区别开,而被大家所接受的粘着磨损机制模型正是建立在计算真实接触面积的基础之上的。由于实际金属的表面总是有一定的粗糙度,且表面微凸体的高度不同,这样在两表面接触时,首先是最高的微凸体发生接触,在载荷作用下发生塑性变形;而后又有一些次高的微凸体相接触,发生塑性变形,直至与外载荷相平衡。著名的粘着磨损阿恰德模型正是建立在真实接触面积的计算基础上。

$$磨损体积\ V=\frac{磨损系数\ K\times 载荷\ P\times 滑动距离\ L}{材料的硬度\ H} \tag{1-9}$$

上式即表达磨损定律的著名的 Holm-Archard 关系表达式。从上述磨损式我们看到:磨损量正比于载荷；磨损率与滑动速度无关；磨损率与材料的流变压力成反比，即硬度高的材料耐磨。而有关摩擦副表面和界面的一些工况因素包括在磨损系数里。

(2) 粘着磨损过程 两个金属组成的机械零件在正常运行条件下，其磨损过程一般分为三个阶段：磨合阶段、稳定磨损阶段和剧烈磨损阶段，如图 1-22 所示。

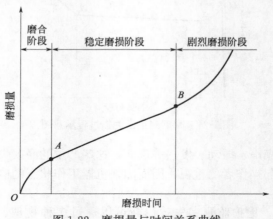

图 1-22　磨损量与时间关系曲线

a. 磨合阶段。如图 1-22 中所示的 OA 线段，新的摩擦副表面由于机械加工而造成表面粗糙，开始时真实接触面积较小，在此阶段中由于相对运动，表面逐渐被磨得平滑，真实接触面积逐渐增大，磨损速率减缓，并进入稳定磨损阶段。

b. 稳定磨损阶段。如图 1-22 中所示的 AB 线段，表示稳定缓慢的磨损阶段。此时因接触面积变大，且在前阶段中金属材料往往由于塑性变形而加工硬化，零件表面的耐磨性提高。本阶段是零件的正常运行阶段，斜率代表磨损率，横坐标是零件的使用寿命。

c. 剧烈磨损阶段。图 1-22 中 B 点以后磨损剧烈增大，机械效率急降，精度丧失，出现振动与噪声，温升增加，最终使零件失效。

(3) 粘着磨损方程

a. 汤姆林逊（G. A. Tomlinson）的分子理论磨损方程

$$W = \frac{2\alpha E_t \rho}{\mu P_C} \tag{1-10}$$

式中　W——金属磨损量；

　　　α——概率因素；

　　　E_t——整个磨损过程中原子和原子碰撞的总能量消耗；

　　　ρ——被磨损金属的密度；

　　　μ——摩擦因数；

　　　P_C——被磨损金属的流动压力。

b. 阿查德的粘着磨损方程

$$\frac{W_v}{S} = K \frac{L}{3P_C} \tag{1-11}$$

式中　W_v——体积磨损量；

　　　S——滑动距离；

　　　K——粘着磨损系数；

　　　L——法向载荷；

P_C——较软表面材料的屈服压力。

目前常用改变粘着磨损系数 K 的方法来适应各种不同的磨损条件，即把其他一切因素都归为 K，因此 K 的变化范围便很大，故在实际应用中尚有一定的困难。

某些特定条件下的磨损系数 K 列入表 1-11。

表 1-11　几种工作条件下的粘着磨损系数

介质	摩擦条件	摩擦副	粘着磨损系数 K
空气	室温,洁净表面	铜对铜	32×10^{-3}
		低碳钢对低碳钢	45×10^{-3}
		不锈钢对不锈钢	21×10^{-3}
		铜对低碳钢	1.5×10^{-3}
		黄铜对硬钢	10^{-3}
		特氟隆对硬钢	2×10^{-5}
		不锈钢对硬钢	2×10^{-5}
		碳化钨对碳化钨	10^{-6}
		聚乙烯对硬钢	10^{-7}
	洁净表面	工业上常用金属	$10^{-3} \sim 10^{-4}$
	润滑不良的表面	工业上常用金属	$10^{-4} \sim 10^{-5}$
	润滑良好的表面	工业上常用金属	$10^{-6} \sim 10^{-7}$
真空$[(2.66 \times 10^{-4}) \sim (6.65 \times 10^{-5}) \mathrm{Pa}]$	速度 1.95cm/s,载荷 10N,室温	洁净表面	10^{-3}
		PbO 薄膜表面	10^{-6}
		Sn 薄膜表面	10^{-7}
		Au 薄膜表面	10^{-7}
		MoS 薄膜表面	$10^{-9} \sim 10^{-10}$

(4) 粘着磨损的影响因素

① 材料特性的影响。

a. 脆性材料比塑性材料的抗粘着能力高。塑性材料粘着破坏，常常发生在离表面一定深度处，磨损下来的磨粒较大；脆性材料的粘着磨损产物多数呈金属磨屑状，破坏深度较浅。

b. 晶体结构对粘着磨损有影响。一般六方金属的粘着能力比体心和面心立方金属的都低些。

c. 晶体表面的取向影响粘着磨损特性。一般高原子密度、低表面能的晶面作表面时，粘着力低，因而粘着磨损率也低。

d. 互溶度很高的材料组成的摩擦副（相同金属或晶格类型，晶格间距、电子密度及电化学性能相近）粘着倾向大；反之，异种金属或晶格等不相近的金属，粘着倾向小。

e. 从金相结构上看，多相金属比单相金属粘着倾向小；化合物相比单相固溶体粘着倾向小；金属与非金属（如石墨、塑料等）组成的摩擦副，比金属间组成的摩擦副粘着倾向小。

f. 微量合金元素如碳、硫对金属及合金的粘着有较大的阻滞作用，从而会使粘着磨损降低。原因很可能是因为在摩擦热的激活下，碳和硫原子扩散至表面，产生表面偏聚，降低了金属原子间的粘着。

由以上分析可以看出，采用表面处理工艺，可使摩擦副表面生成互溶性小、多相带有化合物组织或采用非金属涂层、镀膜等，避免同种金属互相摩擦，可防止粘着磨损发生。例如电镀、表面化学处理、表面合金化沉积、表面热处理、喷镀及堆焊等工艺。

② 压力的影响。设计中许多应力的确定若低于材料硬度的 1/3，一般不会产生粘着。

③ 滑动速度的影响。在压力一定的条件下，粘着磨损量随滑动速度的增加而增加，达到某一极大值后，又随滑动速度的增加而减小。有时，随滑动速度的变化，磨损类型可能转变形式，如图 1-23 所示，这种现象称为西泊尔效应。

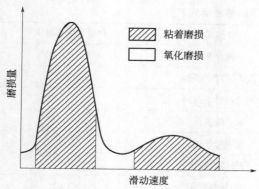

图 1-23　磨损量与滑动速度的关系

④ 表面粗糙度的影响。一般来讲，表面粗糙度越小，抗粘着能力越大，但过于光洁的表面将失去储油能力而使润滑状态变坏，反而促进了粘着。对新机械采取逐渐加载跑合的方法，是减小早期产生粘着的有效措施之一。

⑤ 温度的影响。当摩擦表面的温度升高到一定程度后，轻则使表面膜退吸或动力润滑膜破坏，重则使材料处于回火状态，降低了强度和硬度，有时使材料局部区域软化甚至熔化，这都将产生严重的粘着。

摩擦表面温度与 PV 值（评定摩擦副材料耐磨性和耐热性的重要指标）有关，适当控制 PV 值，选用热稳定性高的材料或加强冷却等措施是防止因温升而粘着的有效方法。

⑥ 润滑的影响。润滑状态对粘着磨损影响较大。通常，对粘着的影响为边界润滑＞流体油膜润滑＞流体静压润滑。润滑油、脂中加适当的油性和极压性添加剂将大大提高表面膜吸附能力及油膜强度，能成倍地提高抗粘着能力。

1.3.2　磨料磨损

(1) 磨料磨损机制

a. 微观切削。磨粒在材料表面上的作用力可分为法向与切向两个分力，法向力使磨料压入表面，切向力使磨料向前推进。当磨粒的形状与位向适当时，磨粒就像刀具一样对表面进行切削，从而形成切屑。切屑的宽度和厚度都很小，故称为微观切削。

b. 微观犁沟。当磨粒与塑性材料表面接触时，材料表面受磨料的挤压后向两侧隆起，形成犁沟。这种过程不会直接引起材料的去除，但在多次变形后产生脱落而形成切屑。

c. 微观剥落。磨粒与脆性材料接触时，材料表面因受到磨粒的压入而形成裂纹。当裂纹扩展到表面时就剥落出磨屑。

在实际磨粒磨损过程中，往往是几种机制同时存在，但以某一种机制为主。磨粒磨损量的估算模型如图 1-24 所示。在接触压力 P 作用下，硬材料的凸起部分（或圆锥形磨料）压入软材料中。若 θ 为凸出部分的圆锥面与软材料表面间夹角，摩擦副相对滑动了 L 长的距离时，就会使软材料中部分体积（阴影线部分）被切削下来。磨损量 W 为：

$$W = \frac{KPL\tan\theta}{H} \qquad (1\text{-}12)$$

式中　K——系数；

　　　H——软材料硬度。

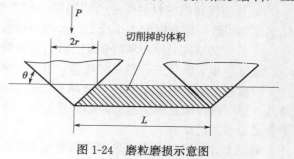

图 1-24　磨粒磨损示意图

(2) 磨料磨损定律和计算

① 磨料磨损的简化模型。假定单颗圆锥形磨粒，在载荷 ΔL 的作用下，压入较软的金属中，并在切向力的作用下，滑动了 S 距离，犁出了一条沟槽（图 1-25），若从沟槽中排出的材料全部成为切屑，则沟槽体积即为磨损量 W，考虑到 n 个磨粒同时作用，则将所有与表面接触的磨粒所产生的磨损量加起来，得：

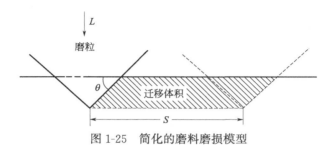

图 1-25　简化的磨料磨损模型

$$\dot{W} = \frac{W}{S} = \frac{\overline{\tan\theta}}{\pi} \times \frac{L}{H} = K_{abr} \times \frac{L}{3H} \tag{1-13}$$

式中　$\dot{W}$——单位滑动距离的磨损量；

　　　W——磨损量；

　　　S——滑动距离；

　　　L——载荷；

　　　H——被磨损材料的硬度；

　　　$\overline{\tan\theta}$——各圆锥形磨粒与磨损表面夹角的正切的平均值；

　　　K_{abr}——磨料磨损系数。

表 1-12 为从磨损实验中求得的 K_{abr} 的一些典型数据，可见两体固定磨料磨损的 K_{abr} 值在（2×10^{-1}）～（2×10^{-2}）之间，而三体磨料磨损的 K_{abr} 值在 10^{-2}～10^{-3} 之间，相差一个数量级，这是由于三体磨料磨损约 90% 的磨粒处于滚动中，不易产生磨损。

表 1-12　磨料磨损系数 K_{abr}

研究者	磨损类型	磨粒大小/μm	材料	$K_{abr} \times 10^{-2}$
斯泊尔（R. T. Spurr）等（1957）	两体		许多	380
斯泊尔（R. T. Spurr）等（1957）	两体	110	许多	150
艾维特（B. W. Avient）等（1960）	两体	40～160	许多	120
洛帕（M. Lopa）(1956)	两体	260	钢	80
赫鲁晓夫等（1958）	两体	80	许多	24
塞缪尔（Samuels）(1956)	两体	70	黄铜	16
托帕洛夫（1958）	三体	160	钢	6
拉宾诺维奇（E. Rabnowicz）等（1961）	三体	30	钢	4.5
拉宾诺维奇（E. Rabnowicz）等（1961）	三体	40	许多	2

② 简化模型的缺点。简化模型可以作为磨料磨损的基础方程，但有许多不足之处：

a. 它假设所有的磨粒都参加切削作用，并假设所有的沟槽体积都变成切屑而磨损掉。其实，在磨损过程中不是所有的磨粒都能进行滑动而犁沟，而所犁出的沟槽也只有一部分成为切屑或甚至于全部都不成为切屑。

b. K_{abr} 只考虑磨粒的形状系数，而没有考虑其他因素，如磨粒大小、硬度及迎角（磨粒面和滑动平面的夹角）等的影响，故理论值和实际值相差很大。

c. 对于材料的组织和性能因素只考虑硬度的影响而没有考虑其他参数的影响。

d. 没有考虑表层及次表层塑性变形的影响。

因此，对简单模型提出了许多修正。

③ 磨料磨损简化方程的修正。

a. 磨料与被磨表面相对硬度变化对方程的修正。拉宾诺维奇（E. Rabnowicz）提出的修正方程，设磨料的硬度为 H_a，材料的硬度为 H_m，则：

当 $H_m < 0.8H_a$，即软表面，此时 K_{abr}＝常数，则磨损量 W 为：

$$W = \frac{\tan\theta}{\pi} \times \frac{LS}{H} \tag{1-14}$$

当 $0.8H_a < H_m < 1.25H_a$，即中硬表面，此时 $K_{abr} \propto H_m^{-2}$，W 为：

$$W = \frac{\tan\theta LS}{5 \times 3H_m}\left(\frac{H_a}{H_m}\right)^2 \tag{1-15}$$

当 $H_m > 1.25H_a$，即硬表面，此时 $K_{abr} \propto H_m^{-6}$。其关系见图 1-26。

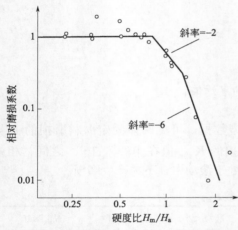

图 1-26　相对磨损系数与相对硬度间的关系

b. 材料磨损时的变形和断裂特征对方程的修正。莫尔（M. A. Moore）考虑到两种不同材料的磨损机制，其一是塑性变形起决定性作用且控制磨损速率的材料，其二是有限塑性变形特征的断裂起决定性作用且控制磨损速率的材料。

塑性变形机制：磨料和材料表面相接触可能使微观切削成为一次切屑而分离，也可能只发生塑性变形。得出修正式：

$$\frac{W}{S} = K_1 K_2 K_3 \frac{L}{H} \tag{1-16}$$

式中　K_1——磨屑形成的总概率；

K_2——犁沟体积中磨屑的平均比值；

K_3——磨粒形状系数。

断裂机制：

$$\frac{W}{S} = K_\delta^{1/4} P^{5/4} d^{1/2} K_c^{-3/4} H^{-1/2} \tag{1-17}$$

式中　K_δ——磨粒形状及分布系数，$K_\delta = Nd^2$；

N——单位接触面积上的磨粒数；

d——磨粒平均尺寸；

P——单位面积上的载荷；

K_c——断裂韧性；

H——硬度。

(3) 影响磨料磨损的主要因素　影响磨粒磨损的因素主要有材料性能、磨粒性能及工作条件。

a. 材料性能的影响。在材料性能中，材料成分、显微组织及力学性能是影响磨粒磨损的内部因素，三者之间互有联系，互有影响。

含碳量对亚共析钢耐磨性的影响比较大，含碳量愈高，耐磨性愈好。珠光体钢及相同硬度马氏体钢的耐磨性均随含碳量增加而增大。形成碳化物的合金元素，一般能提高钢的耐磨性，显微组织对磨粒磨损抗力也有影响。基体组织从铁素体、珠光体、贝氏体到马氏体变化时，磨粒磨损抗力依次提高。钢中的残余奥氏体也影响抗磨粒磨损性能。在低应力下，残余奥氏体较多，降低材料的耐磨性；反之，在高应力下，残余奥氏体能显著产生加工硬化而提高材料的耐磨性。第二相（如碳化物）对耐磨性的影响，与其对磨料的硬度比有关。若碳化物比磨料软，材料耐磨性随碳化物硬度高而提高。在软基体中增加碳化物数量，减小尺寸，增加弥散度，均能提高耐磨性。碳化物与基体之间界面能降低有利于提高材料的耐磨性。

在力学性能对磨粒磨损的影响中，材料的磨粒磨损抗力与材料硬度成正比，与弹性模量成反比。材料的 H/E 值越大，在相同接触压力下弹性变形量越大，接触面积增加而应力减小，故磨损量减小。一般 E 是组织不敏感量，因此材料抵抗磨粒磨损的能力主要与材料硬度成正比。硬度越高的材料，磨损量越小，耐磨性也就越高。

断裂韧度也影响材料的磨粒磨损性能。材料的耐磨性、硬度和断裂韧度关系如图 1-27 所示。

b. 磨粒性能的影响。磨粒是影响磨粒磨损的重要因素，包括磨粒的形状、大小、硬度、状态及强度。

尖锐的磨粒易造成材料表面的微观切削，增加磨损量。圆钝的磨粒，大多数产生犁沟和塑性变形，在自由状态下容易滚动，产生一次切屑的可能性小。

材料的磨损量一般随磨粒直径的增大而增大。

磨粒硬度 H_a 与材料硬度 H 之间的相对值不同，磨损机理也不同。磨损量和磨粒硬度与材料硬度比之间的关系如图 1-28 所示。

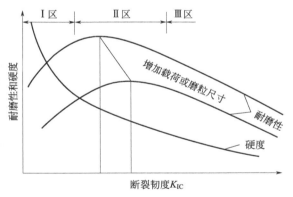

图 1-27 材料的耐磨性、硬度和断裂韧度的关系　　图 1-28 磨损量和磨粒硬度与材料硬度比的关系

由图 1-28 可见，曲线分三个区域：

Ⅰ区，$H_a < H$，软磨粒磨损区，磨损量最小；

Ⅱ区，$H_a \approx H$，过渡区，磨损量与硬度比呈直线关系；

Ⅲ区，$H_a > H$，硬磨粒磨损区，磨损量较大。

图中两个转折点 A 与 B 所对应的硬度比分别为 0.7~1.1 和 1.3~1.7。

增加材料硬度，则硬度比下降，磨损量减小。处于Ⅰ区中时，再增加材料硬度已没有很大意义，此时材料的磨损是通过表面变形、疲劳而产生的。在磨粒硬度较高的Ⅲ区，材料的磨损是通过磨粒嵌入表面形成沟槽而产生的，此时需要控制硬度。

c. 工作条件的影响。载荷和滑动距离对耐磨性也有较大影响,一般为线性关系。载荷越高,滑动距离越长,磨损就越严重。若为脆性材料,因存在一临界压入深度,超过此深度后,裂纹容易形成和扩展,使磨损量增大,此时,载荷与磨损量呈非线性关系。

1.3.3 表面疲劳磨损

当两接触面做滚动、滑动或滚动滑动复合运动时,由于作用在摩擦表面微观体积上周期性的接触载荷或交变应力,表面及亚表面由于疲劳而产生裂纹,最后导致材料剥落和损耗的现象,称为表面疲劳磨损。表面疲劳裂纹可以在表面上或亚表面上发生,可以沿着与表面平行方向或垂直的方向扩展,结果导致表层材料成细片状剥落,常形成麻点状或痘斑状的剥落坑。

表面疲劳磨损可分为非扩展性与扩展性。

① 非扩展性表面疲劳磨损。当新的摩擦件刚开始接触时,因接触点较少,接触应力较大,故容易产生小麻点,但经一定接触时间后,因接触面积逐渐变大,压应力下降,同时塑性材料由于加工硬化而使表面强度增高,这时麻点就不再继续发生,机件能正常工作。

② 扩展性表面疲劳磨损。当作用在两摩擦面上的交变载荷较大时,同时由于材料的塑性较差或润滑不当,在饱和阶段就出现麻点,在一定的时间后小麻点就发展成为痘斑状剥落坑,即出现二次和三次剥落,最后导致零件的失效。

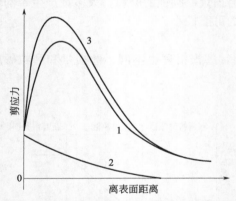

图 1-29 剪应力发生在表面下距离的变化曲线
1—纯滚动;2—纯滑动;3—滚动+滑动

(1) 表面疲劳磨损机制 根据裂纹起源和发展不同,疲劳磨损可分为以下三种情况。

a. 裂纹起源于表面。在滑动摩擦或滚动带有滑动摩擦时,特别是当表面存在缺陷时,裂纹就容易从表面开始。例如两齿轮在接触过程中,表面不仅有交变接触压应力,还有剪切应力。根据赫兹的理论,最大压应力发生在表面上,而最大的剪应力发生在离表面一定距离处。图 1-29 为剪应力发生在表面下距离变化曲线。在表面压应力和剪应力反复作用一定周次之后,材料表面就会产生局部的塑性变形和加工硬化,在某些组织不均匀处,容易形成裂纹源,导致裂纹出现与扩散。当接触表面存在润滑油且滚动方向与裂纹端部方向一致时,滚动物体首先封住裂纹裂口处(如图 1-30 所示),裂纹中的润滑油被堵在裂缝中,在接触压应力作用下产生高压油波,迫使裂纹向 30°~45°方向扩展。当裂纹向内表面扩展到一定深度和宽度时,裂纹上部如同一悬臂梁承受交变弯曲应力,最后因强度不足而折断成金属磨屑,并留下麻点状剥落坑。

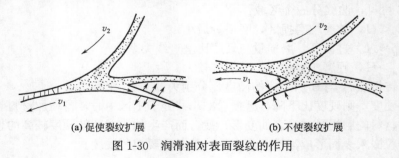

(a) 促使裂纹扩展   (b) 不使裂纹扩展

图 1-30 润滑油对表面裂纹的作用

b. 裂纹起源于亚表面。纯滚动时，最大剪应力产生于下表面一定深度处，如果该处存在缺陷，在周期性最大剪应力作用下就会发生应力集中，产生疲劳裂纹，裂纹会沿着剪应力方向或夹杂物走向发展，扩展到表面或与纵向裂纹相交剥落而成为磨屑。磨屑多为扇形，表面留下锥形坑。

c. 裂纹起源于硬化层和心部的交界处。经表面强化处理的零件（如表面淬火、渗碳、氮化等），其疲劳磨损裂纹往往起源于硬化层与心部交界处。当硬化层心部不足，心部强度过低以及过渡层存在残余应力时，都容易在过渡区产生裂纹。减轻齿轮疲劳磨损的最佳硬化层深度为：

$$t = m\left(\frac{15 \sim 20}{100}\right), \text{或 } t \geqslant 3.15b \tag{1-18}$$

式中　t——最佳硬化层深度；

　　　m——齿轮模数；

　　　b——接触面宽度。

（2）影响疲劳磨损的主要因素

a. 材质。材料的冶金质量，如气体含量、非金属夹杂物等都是影响疲劳磨损的重要因素。当钢中有非金属夹杂物时，特别是脆性的和带有棱角的夹杂物，在交变应力作用下，尖角部位应力集中，容易超过基材的弹性极限，并由于塑性变形导致材料加工硬化而引起显微裂纹，加速疲劳磨损。

材料的显微组织也有重要影响。钢中残余奥氏体含量、碳化物颗粒大小及分布、基体组织状态对疲劳磨损均有重要的影响。

b. 硬度的影响。一般情况下，材料硬度越高，裂纹越难萌生，疲劳磨损寿命越长。但在油润条件下，疲劳裂纹扩展阶段是影响疲劳寿命的主要因素。硬度越高，擦伤越易发生，裂纹扩展速率越快。

c. 表面粗糙度的影响。机加工的零件表面并非理想的光滑表面，零件接触时载荷支承在很小的面积上，造成很大的接触应力，不但容易引起粘着磨损，而且会引发很多微观点蚀，形成宏观点蚀裂纹源。因此，表面光洁度的提高有利于疲劳磨损寿命的提高。

d. 环境的影响。环境对金属疲劳磨损有很大的影响。例如：润滑油中带有水分可以加速疲劳裂纹的扩展，导致滚动轴承过早地接触疲劳失效，高温下润滑油发生分解，在高应力区造成酸性物质的堆积，降低接触疲劳寿命。

1.3.4　腐蚀磨损

在摩擦过程中，摩擦副之间或摩擦副表面与环境介质发生化学或电化学反应形成腐蚀产物，腐蚀产物形成和脱落造成的磨损称为腐蚀磨损。腐蚀磨损一般分为化学腐蚀磨损和电化学腐蚀磨损两大类。在化学腐蚀磨损中最重要的一种是氧化磨损。

（1）氧化磨损　当摩擦副做相对运动时，凸起部分与另一方摩擦接触产生塑性变形，空气中的氧扩散到塑性变形层内，形成氧化膜。由于氧化膜强度低，在遇到第二个凸起时剥落，露出新的表面。新的表面又不断被氧化，形成氧化膜，然后再剥落。如此周而复始，机件表面逐渐被磨损，这就是氧化磨损过程。氧化磨损的磨损产物为红褐色的 Fe_2O_3，或灰黑色的 Fe_3O_4。

（2）特殊介质中的腐蚀磨损　当摩擦副与酸、碱、盐等特殊介质发生化学腐蚀作用而形成的磨损称特殊介质腐蚀磨损。其磨损机理与氧化磨损相似，但磨损速度较快。

1.3.5　冲蚀磨损

冲蚀磨损亦称浸蚀磨损，它是指流体或固体以松散的小颗粒按一定的速度和角度对材料表面进行冲击所造成的磨损。冲蚀磨损与腐蚀磨损的区别是前者对材料表面的破坏主要是机械力作用引起的，腐蚀只是第二位的因素；而后者则是在腐蚀介质中摩擦副的磨损，是腐蚀和磨损综合作用的结果。

冲蚀磨损量一般用单位质量冲击粒子所冲蚀去的材料的质量 e 或冲蚀去的材料的体积 e_v 来表示，e 与 e_v 都称为冲蚀率，即

$$e = \frac{材料耗失总质量}{冲蚀磨粒质量} \tag{1-19}$$

$$e_v = e/\rho \tag{1-20}$$

式中　ρ——材料密度。

(1) 冲蚀过程中材料和磨粒发生的变化　气体或液体所携带的磨粒以一定速度冲击零件表面时，会发生下列的变化：

① 能量转换。磨粒与零件表面发生碰撞时产生的动能消耗于：

a. 使金属表面发生弹塑性变形与断裂；

b. 使磨粒磨碎和反弹。

由于两个物体相互作用的时间很短暂，所以产生塑性变形的速度很高，容易发生绝热剪切效应。当用喷丸处理零件表面时，可以看到绝热剪切的白亮层。

② 材料磨损。材料磨损过程与磨粒运动速度、冲击角、磨粒性质、磨粒在载体中的浓度、环境条件及材料性能等因素有关。

③ 磨粒破碎。一般非金属颗粒如石英、玻璃等在冲击过程中易破碎。用高速摄影机拍摄玻璃球冲击金属靶材时，玻璃球被击得粉碎，并以更快的速度扫过靶面，这种碎片有可能除去靶面上原已形成的唇状物，而使冲蚀量增加。

④ 磨粒沉积。冲蚀磨损初期，冲击到材料表面的磨粒埋入金属表层中去，所以在磨损量和时间关系曲线上出现一个孕育期。此时磨损量为负值。经过一段时间后，磨损量增加而沉积减少，才出现正磨损量。球形磨粒和脆性材料表面则不易发生磨粒沉积。

(2) 冲蚀磨损机制与计算　根据单颗粒冲击分析，用普通碳素钢为靶材，有四种类型的坑：

a. 切削型坑；

b. 犁沟型坑；

c. 唇型坑；

d. 压入型坑（凹型坑）。

各种坑出现的概率决定于冲击角和磨粒形状等，用普通钢为靶材时，以 $350\sim400\mu m$ 的橄榄石（莫氏硬度 $6.5\sim7$）为磨粒，冲击角为 $30°$ 时，犁沟坑出现的概率最大，垂直冲蚀时，压入坑占多数。

用扫描电子显微镜（SEM）观察多次多磨粒冲蚀条件下一般金属材料的磨屑，按形貌特征可分为：

a. 切屑；

b. 薄片屑；

c. 簇团屑。

三类磨屑对应着不同的材料冲蚀磨损机制：

a. 由于冲击粒子的切削作用，材料以切屑形式脱离表面；

b. 由于不断冲击时，材料加工硬化最后发生断裂，材料以薄片屑形式从冲击形成的层状表面脱离；

c. 由于冲击时表面唇状物或其他凸起部分发生断裂，材料以簇团屑形式脱离表面。

根据上述材料冲蚀机制，研究者提出下面几种关系式。

① 脆性冲蚀磨损关系式。I. 芬尼（Finnie）提出了脆性冲蚀磨损为环形裂纹相互交错而导致成碎片状剥落，并提出裂纹直径与冲击角的关系是 $D \propto (\sin\alpha)^n$，与冲击速度的关系是 $D \propto v^m$，因而脆性冲蚀磨损失重 $W_\mathrm{D} \propto (\sin\alpha)^n v^m$。

J. H. 比特认为，只有当应力超过弹性极限时才会出现破坏，反复加载，发生弹塑性变形，引起加工硬化并提高弹性极限，当应力超过材料强度时，裂纹开始发生与扩展，造成撕裂，这种冲蚀，比特称之为变形冲蚀，根据能量计算可得出：

$$W_\mathrm{D} = M(V\sin\alpha - K_1)/2\varepsilon \tag{1-21}$$

式中　W_D——脆性冲蚀量；

$\quad K_1$——常数，$K_1 = 15.40\sigma_v^{1/2}\rho_\mathrm{p}^{-1/2}E_\mathrm{r}^{-2}$；

$\quad \varepsilon$——脆性磨损因子，$\varepsilon = U_\mathrm{D}/W_\mathrm{D}$；

$\quad \rho_\mathrm{p}$——磨粒的质量密度；

$\quad E_\mathrm{r}$——转换弹性模量，$E_\mathrm{r} = \{[(1-\nu_1)/\pi E_1] + [(1-\nu_2)/\pi E_2]\}^{1/2}$；

$\quad U_\mathrm{D}$——造成变形冲蚀所消耗的能量；

ν_1，ν_2——磨料和材料的泊松比。

② 延性冲蚀关系式。延性冲蚀机制，可分为切削磨损及挤压和破裂磨损两类。

a. 切削磨损。完全延性材料在 90° 冲击角冲蚀时，冲蚀率是很低的，而在 20° 的冲击角冲蚀时则达到最大值。芬尼提出延性冲蚀是由尖锐磨粒引起的，其与切削作用过程中的刀具作用的理论相同。假设磨粒与表面保持接触并设垂直和平行表面的分力比 K 不变，导出下列方程：

$$W_1 = \frac{mv^2}{\rho\phi K}\left(\sin 2\alpha - \frac{6}{K}\sin^2\alpha\right)，若 \tan\alpha \leqslant \frac{K}{6} \tag{1-22}$$

$$W_2 = \frac{mv^2}{\rho\phi K}\left(\frac{K\cos^2\alpha}{6}\right)，若 \tan\alpha \geqslant \frac{K}{6} \tag{1-23}$$

式中　W_1，W_2——切削体积磨损量；

$\quad \rho$——材料密度；

$\quad v$——冲蚀速度；

$\quad \phi$——接触深度与切削深度之比；

$\quad m$——磨粒质量。

当 $\tan\alpha = \dfrac{K}{6}$ 时，两式预测失重相同，当 $\tan 2\alpha = \dfrac{K}{3}$ 时，磨损量最大。式（1-22）适用于小角度，磨粒冲击并切削表面，当磨粒尖端离开表面时切削即停止的情况，式（1-23）适用于大角度，相当于磨粒尖端水平运动在粒子离开表面前就停止的情况。

上述芬尼方程只适合于低角度冲击的延性冲蚀磨损，但在 90° 冲击时，方程所得的磨损量等于零，而实际上是存在着一定量的冲蚀磨损的。

b. 挤压和碎裂。在单磨粒冲击时已经发现，大多数情况下材料被推挤到冲压坑的边缘形成唇状物，此唇状物容易遭受再次的冲击。另外像石英、碳化硅等磨粒也容易破碎，而碎片也会如水滴溅射的方式掠过表面。利用高速摄影，G. P. 蒂雷（Tilly）提出延性冲蚀的两个阶段机理。第一阶段包括冲击磨粒的切削、凿削和犁沟挤压（一次磨损），第二阶段为四周溅射的磨粒碎片所造成的表面进一步损伤（二次磨损）。

第一阶段的冲蚀量（一次冲蚀）为：

$$W_1 = \left(\frac{v}{v_r}\right)^2 \hat{W}_1 \left[1 - \left(\frac{d_{el}}{d}\right)^{1/2} \frac{v_{el}}{v}\right]^2 \tag{1-24}$$

式中　v_r——磨粒的冲蚀试验速度；

　v_{el}，d_{el}——不发生任何冲蚀磨损时的磨粒直径与速度的阈值；

　　$\hat{W}_1$——v_r 时的最大一次冲蚀量；

　　v——磨粒冲蚀速度；

　　d——磨粒尺寸。

第二阶段的冲蚀量（二次冲蚀）

$$W_2 = \hat{W}_2 \left(\frac{v}{v_r}\right)^2 F_{d,v} \tag{1-25}$$

式中　$\hat{W}_2$——试验速度 v_r 时的最大二次冲蚀量；

　　$F_{d,v}$——与 d、v 有关的函数。

两者相加，即得总冲蚀磨损量。

（3）与冲蚀磨损有关的因素

a. 冲蚀粒子。粒度对冲蚀磨损有明显的影响，一般粒子尺寸在 $20 \sim 200 \mu m$ 范围内，材料磨损率随粒子尺寸增大而上升。当粒子尺寸增加到某一临界值时，材料的磨损率几乎不变或变化缓慢，这一现象称为"尺寸效应"。粒子的形状也有很大影响，尖角形粒子与圆形粒子比较，在相同条件下，都是 45°冲击角时，多角形粒子比圆形粒子的磨损大 4 倍，甚至低硬度的多角形粒子比较高硬度的圆形粒子产生的磨损还要大。粒子的硬度和可破碎性对冲蚀率有影响，因为粒子破碎后会产生二次冲蚀。

b. 攻角。材料的冲蚀失重和粒子的攻角有密切关系。当粒子攻角为 20°～30°时，典型的塑性材料冲蚀率达最大值，而脆性材料最大冲蚀率出现在攻角接近 90°处。攻角与冲蚀率关系几乎不随入射粒子种类、形状及速度而改变。

c. 速度。粒子的速度存在一个门槛值，低于门槛值，粒子与靶面之间只出现弹性碰撞而观察不到破坏，即不发生冲蚀。速度门槛值与粒子尺寸和材料有关。

d. 冲蚀时间。冲蚀磨损存在一个较长的潜伏期或孕育期，磨粒冲击靶面后先是使表面粗糙，产生加工硬化，此时未发生材料流失，经过一段时间的损伤积累后才逐步产生冲蚀磨损。

e. 环境温度。温度对冲蚀磨损的影响比较复杂，有些材料在冲蚀磨损中随温度升高磨损率上升；但有些材料随温度升高磨损有所减少，这可能是高温时形成的氧化膜提高了材料的抗冲蚀磨损能力，也有可能是温度升高，材料塑性增加，抗冲蚀性能提高。

f. 靶材。靶材对冲蚀磨损的影响更为复杂，它除本身的性质以外，还与磨粒的几何形状、尺寸、硬度、攻角、速度和温度等条件密切相关。就靶材本身性能而言，主要是硬度。第一是金属本身的基本硬度，第二是加工硬化的硬度，而且加工硬度与冲蚀磨损的关系更为突出。此外材料的组织对冲蚀磨损的影响也不可忽视。

1.3.6　微动磨损

零件的嵌合部位静配合处，在外部变动负荷和振动的影响下会产生微小的滑动，此时表面上产生大量的微小氧化物磨损粉末，由此造成的磨损称微动磨损。微动与普通往复滑动的重要区别仅在往复滑动的距离，微动的振幅很小，一般在 $20 \sim 40 \mu m$ 之间。

（1）微动磨损机制　微动磨损现象是在 1911 年发现的，特别是 20 世纪 50 年代以后的大量研究，普遍认为机械和化学的作用或它们的联合作用是引起微动破坏的主要因素。

通常材料的微动磨损随时间或循环次数的变化划分为四个阶段（见图 1-31）。第一阶段（OA 段），微凸体间的粘着使材料在接触表面间相互转移后脱落，磨损量增加较快。第二阶段（AB 段），脱落的磨屑经进一步的加工硬化和氧化，变为可使表面产生磨料磨损的硬颗粒。第三阶段（BC 段），磨损量的增加逐渐变缓，开始向稳定磨损过渡。第四阶段（CD 段）为稳定状态，氧化磨损和硬颗粒引起的磨料磨损的磨屑产生和排出速率达到平衡。

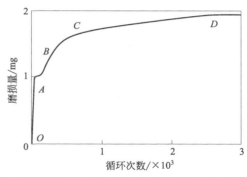

图 1-31　钢的微动磨损量与循环次数的关系

上述模型在有些情况下不适用，如有些氧化物颗粒增多时磨损并不加剧，甚至可能起有益的润滑作用。一些金属在非氧化性气氛中或某些贵金属的微动磨损过程中，氧化并不促进微动磨损的发展。

（2）微动磨损的模型　微动磨损的模型（图 1-32）可分为：

① 法向载荷引起微凸体的粘着 [图 1-32(a)]，当接触点滑动时，磨屑发生并积聚在附近的凹谷里。

② 被加工硬化的磨粒磨损着周围的金属，且磨损区向两侧扩展 [图 1-32(b)]。

③ 当发生大量的磨粒磨损时，原来的地方已容不下过多的磨屑，而进入到邻近的凹谷里去 [图 1-32(c)]。

④ 由于冷加工硬化，接触形式变成弹性的，最大的应力在中心，故几何形状变成如图 1-32（d）所示的曲线形状。这是一个微观麻点，而类似的凹穴也在邻近的谷内形成，当振动继续下去，这些微观麻点就合成为大而深的麻点。

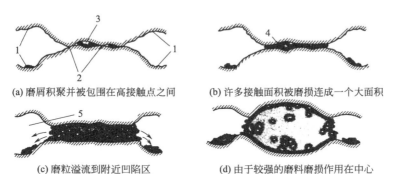

(a) 磨屑积聚并被包围在高接触点之间　　(b) 许多接触面积被磨损连成一个大面积

(c) 磨粒溢流到附近凹陷区　　(d) 由于较强的磨料磨损作用在中心区形成曲线形的大麻点

图 1-32　微动磨损的开始与形成大而深的麻点过程

1—凹陷区；2—高的接触点；3—高原区；4—氧化物粒子；5—氧化物粒子进入凹陷区

（3）影响微动磨损的主要因素

a. 材料性能的影响。一般来说，金属材料的抗粘着能力大，则抗微动磨损的能力也强。以下这些材料组成的摩擦副较好，如工具钢对工具钢，冷轧钢对冷轧钢，铸铁对磷化铸铁，铸铁对硫化钨覆盖膜。铸铁对铸铁有二硫化钼润滑，铸铁对不锈钢有二硫化钼润滑。

b. 载荷的影响。在一定滑动距离下，微动磨损随载荷增加而有一最大值，当载荷再增加时，其磨损量下降。因此可通过控制过盈配合的预应力及过盈量来减缓微动磨损。

c. 湿度的影响。微动磨损对大气的湿度是很敏感的，一般在室内试验时，夏天和冬天

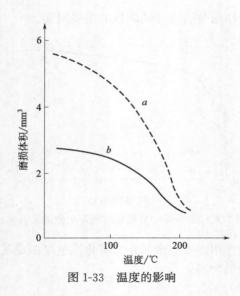

图 1-33 温度的影响

所得的结果就不同。当大气中湿度增加时,表面的磨损将减轻,这可以认为是由于氧化表面上吸附的湿气,起到了润滑剂的作用。赖特认为,润滑作用可能帮助了加工硬化的磨损碎屑从作用表面上移走,于是减少了磨损元件的磨损。

通过将无腐蚀作用的润滑剂注入作用表面,和相对钢表面做适当的处理,例如磷酸盐防锈处理,可减轻微动磨损。用 PTFE 制成的垫圈,能抑制微动磨损,但聚甲基丙烯酸酯无此作用。为了进一步揭示微动磨损的机理,尚需进行深入的研究。

d. 振动频率与振幅的影响。振幅小时,钢的微动磨损不受频率的影响,但振幅较大时,随振动频率的增加,微动磨损有减小倾向。在微小振幅条件下相对滑动,也能产生微动磨损。

e. 温度的影响。由于微动磨损同时有机械和化学作用,因此,温度变化必然对其磨损率有影响。对于低碳钢,当温度低于 0℃ 时,温度越低,磨损体积越大;在 0℃ 以上,随温度上升磨损率逐渐降低,并在 150～200℃ 间突然下降,如图 1-33 所示。这是因为在此温度范围时氧化膜较厚,粘附力较强,防止了初期粘着与局部焊合,同时,氧化膜还起了固体润滑剂的作用。

1.4 磨损的试验与分析

1.4.1 磨损试验

(1) 磨损试验的类型

① 使用试验。在使用条件下进行磨损试验,所得到的数据真实性和可取性较好,是早期进行磨损试验的主要方法,现在有时也在厂矿应用。但这种试验的周期长,需投入较大人力、物力,费用较高。使用运转过程中进行磨损测试需要特殊的工具、仪器和技术。并且机器实际运行的条件不固定,使得磨损数据重现性、可比性差,而且不易进行单因素的测定,其数据常是多因素的综合试验结果。

② 实验室试验。实验室磨损试验是在实验室条件下和模拟使用条件下的磨损试验,这种试验周期较短,费用较低,可以重复地对大量试样或零件进行磨损试验,影响试验的因素易控制和选择,试验数据的重现性、可比性和规律性强,易于分析比较。但这类试验必须注意模拟性,否则试验数据的应用性差。实验室磨损试验一般可分为试样试验和台架试验。

a. 试样试验。把所需研究的摩擦件制成试样,在专用的摩擦磨损试验机上进行试验。这种方法费用低,周期短,广泛用于研究不同材料摩擦副的摩擦磨损过程、磨损机理及其影响因素的规律,以及选择耐磨材料、工艺和润滑剂等方面。但必须特别注意试样与实物的差别,试验条件和工况条件的模拟性,否则试验数据的应用性就较差。

b. 台架试验。台架试验是在模拟某种磨损工况的专门台架试验机上进行的试验。它是在试样试验的基础上,优选出能基本满足摩擦磨损性能要求的材料,用这些材料制成与实际零件结构尺寸相同或相似的摩擦件,在模拟实际使用条件的专门台架试验机上进行试验。台架试验较接近实际使用条件,相对于现场试验可缩短试验周期,试验条件可控,获得的数据较试样试验数据更为可靠。

（2）试验条件

① 磨损试验的模拟性。确定试验条件的原则是模拟实际磨损状况。它有两个含义：一是使实验室试验条件基本接近机器零件实际使用条件；二是使实验室磨损试验获得的磨损形式与使用条件下的磨损形式一致。

② 影响试验的因素。

a. 试样表面性质。试验材料表面的化学成分、组织、力学性能和试样表面粗糙度。

b. 试样形状和尺寸。它对接触形式和重叠系数及对润滑状态压力、运动速度、磨损量等都有影响。

c. 试样的安装。固定试样或运动试样所组成的摩擦副一般不宜倒装。

d. 运动形式。试样相对运动所形成的滑动、滚动或复合摩擦形式不同，对润滑状态和破坏特征都有影响。

e. 速度。速度改变，磨损一般发生变化，摩擦材料的变形速度和接触区温度也发生变化，甚至改变了磨损形式和润滑状态。

f. 温度。

g. 压力。

h. 环境和介质。

i. 磨料。种类、性质、粒度、尖锐度等。

j. 润滑方式。包括润滑剂种类、数量，润滑条件以及给油方式。

k. 试验时间。确定试验时间应注意在一定的试验条件下不同材料在不同磨损阶段所发生的急剧改变；片面强化试验条件，缩短试验时间，有可能改变破坏状态。

（3）磨损试验机类型　根据不同的试验目的和要求，磨损试验机可分为磨料磨损试验机，快速磨损试验机，高温或低温、高速或低速、定速磨损试验机，真空磨损试验机，粘滑磨损试验机，粘着润滑与磨损试验机，导轨摩擦磨损试验机，滑动或滚动轴承磨损试验机，动压或静压轴承试验机，齿轮疲劳磨损试验机，制动摩擦磨损试验机，冲蚀磨损试验机，腐蚀磨损试验机，微动磨损试验机，气蚀试验装置等。

被试验摩擦副的任一方可选用球形、圆柱形、圆盘形、环形、平面块状或其他形状试样。

接触形式有：点接触；线接触；面接触。

运动形式有：滑动；滚动；滚滑运动；往复运动；冲击等。

不同接触形式与不同运动形式的组合可形成多种磨损试验方式。

（4）试样试验常用的磨损试验机

① 典型试样磨损试验机。表 1-13 列举了典型的试样磨损试验机型。

表 1-13　典型的试样试验磨损试验机型

形式	结构原理示意	主要用途	国内外类似型号举例
旋转圆盘-销式		将砂纸固定在圆盘上可进行二体磨料磨损试验，能进行粘着磨损规律的研究。可评价各种摩擦副及润滑材料磨损性能；也可进行高温下磨损试验	X-4B 磨料磨损试验机（俄），NASA 摩擦试验机（美），ML-10 磨料磨损试验机，MPX-200 盘销式摩擦磨损试验机，MD-240 定速式摩擦试验机

形式	结构原理示意	主要用途	国内外类似型号举例
滚子式	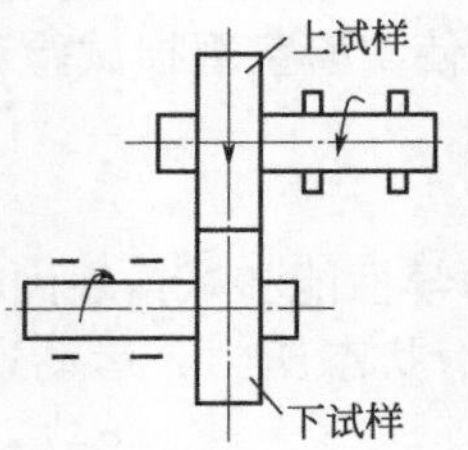 上试样 / 下试样	可进行材料在滑动、滚动、滚滑、冲击等状况下的摩擦磨损性能试验。适用于粘着磨损和疲劳磨损的研究。改装后可进行环块式磨损试验。也可改装后进行有润滑或无润滑状态下的磨料磨损试验	Amsler 磨损试验机,SAE 磨损试验机(美),M-200 磨损试验机,MSP-2000 高速高载荷疲劳磨损试验机,三滚式试验机
切入式	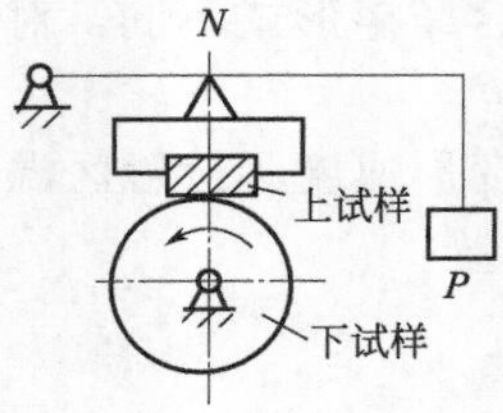 N / 上试样 / 下试样 / P	适用于快速测定材料及表面处理工艺的耐磨性。可测定和评价润滑剂的摩擦与磨损性能。可改装进行销-环式磨损试验	Timken 磨损与润滑试验机,Skoda 快速磨损试验机,高速 Timken 试验机,MHK-500 摩擦磨损试验机
四球式	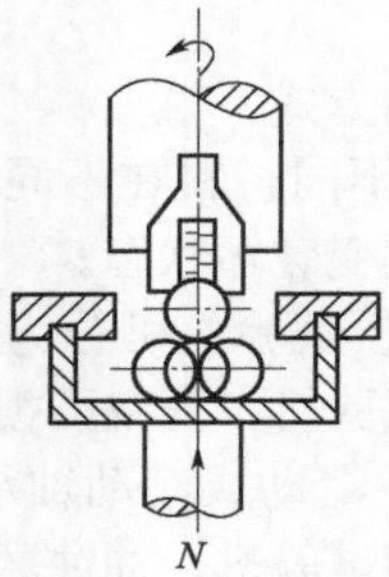 N	主要用于评定润滑剂承载能力。也能测定摩擦副疲劳磨损寿命	壳牌四球机,曾田式四球机,低速四球机,高速四球机,MQ-12 四球机,吉山式四球机
往复式	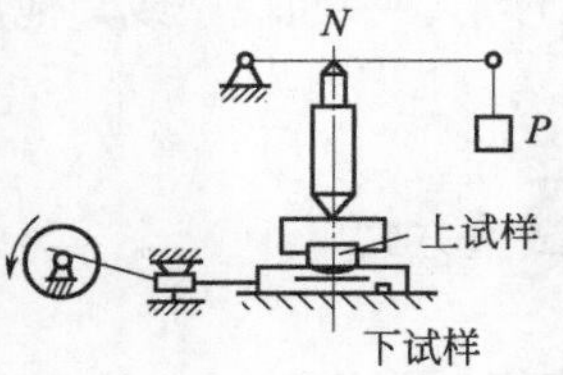 N / P / 上试样 / 下试样	评价往复运动机械零件的摩擦副,评定选用材料及工艺与润滑材料的摩擦磨损性能。装上摩擦力测定装置时可测量摩擦因数	Falex(美)、扎伊切夫(俄)、Bowden(英)往复摩擦试验机,MS-S 往复摩擦磨损试验机,液压传动往复试验机,粘滑摩擦试验机

② 常用试样试验磨损试验机。选择试验机的类型应尽可能模拟工况。根据滚动轴承的使用运转情况,轴承钢的耐磨性能试验一般采用 Timken 环块磨损试验机、四球磨损试验机和对滚式圆环试验机。在研究离子注入表面耐磨性能时,也有采用销-转盘式试验机。

a. Timken 环块磨损试验机。原理如图 1-34 所示。它适用于润滑油和脂的承载能力及摩擦特性的研究,同时也适用于各种材料摩擦磨损性能试验。国产类似型号为 MHK-500 环块摩擦磨损试验机。试样尺寸为 12.319mm×12.319mm×19.05mm;陪试环的外圆周长为152.4mm;试验转速为 0~2000r/min;试验负荷采用 1:10 的杠杆加载。

b. 四球磨损试验机。四球机试验原理如图 1-35 所示,它由四个钢球(直径为 12.7mm)按等边四面体排列。下面三个钢球用油盒固定在一起,通过一个杠杆或液压系统由下而上支承上边的试验球并施加负荷 0～12600N。四球机主轴转速最高为 3000r/min，带动试验球旋转。这种试验机主要用于润滑油和脂的承载能力及各种材料的摩擦磨损性能研究；它的模拟性好，但试样不易加工。

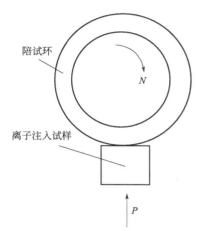

图 1-34　Timken 环块磨损试验机原理图

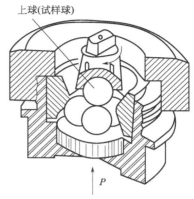

图 1-35　四球磨损试验机剖面图

c. 对滚式磨损试验机。对滚式 MM-200 摩擦磨损试验机原理如图 1-36 所示，它主要用于各种金属材料的磨损试验，确定金属材料在各种摩擦情况下的抗磨损性能。试样外径 30～50mm，厚度 10mm；下试样旋转速度为 200r/min，上试样为 180r/min；加在试样上的最大负荷为 2000N。这种试验机的试样易于加工，较多用于磨损性能对比试验。

d. 销-转盘式磨损试验机。这种试验机原理如图 1-37 所示，它主要用于轻负荷、低速旋转下的表面磨损试验。国产试验机的型号有 ML-10 型，最大负荷为 12N，转速 60r/min。

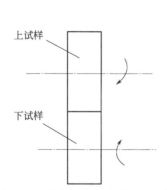

图 1-36　对滚式磨损试验机原理图

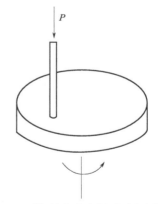

图 1-37　销-转盘式磨损试验机原理图

1.4.2　表面形貌的测试

（1）表面形貌的一般测试方法　摩擦磨损前后材料的表面微观粗糙度（表面微观或宏观几何特性）可通过显微镜或轮廓仪进行测定，测量方法可分为非接触测量法和接触测量法。

a. 非接触测量法。应用电子显微镜、光学显微镜进行显微形貌分析或干涉成像分析等属于非接触测量法。这种方法的优点是能对表面做三维鉴别，新型的光学轮廓仪还可对表面做出定量测定。

b. 接触测量法。最常用的接触测量表面形貌的仪器是轮廓仪（表面粗糙度检查仪）。随着测控技术和计算机处理技术的发展，现已可以用轮廓仪快速测出表面特性参数，并与计算机图像处理结合，得到磨损表面的三维形貌图。在工程应用和科学研究中，为了进行失效分析和磨损机理的研究，常常需要利用各种表面分析技术，对材料表面或整个改性层（如经某种表面强化技术处理得到的表面强化层）在磨损前后的表面形貌、晶体结构、化学组成和原子状态等进行全面的分析。

(2) 表面粗糙度电动轮廓仪　表面轮廓仪有机械式、光学式和电动式的，其中电动式轮廓仪应用得最广泛，它的优点是体积小、重量轻、测量迅速、放大倍数高及可用数字显示等。电动轮廓仪按结构分电容式、电感式和压电式三种。电容式轮廓仪结构复杂、稳定性差，现极少用。电感式轮廓仪性能稳定、精度高。压电式轮廓仪结构简单、使用方便。

(3) 实际接触面积的测量　测定实际接触面积的方法很多，工程上常用的是涂膜法，它是在一个表面上涂上一层薄膜材料后，再与另一表面接触，观察无涂料接触表面上的印痕，用求积仪和光学度量仪来测量。

为了使印痕反映的是实际接触面积而不是表面的外形，要求表面涂层很薄，使它远小于表面微凸体的高度，否则会填满表面的凹处，从而改变了原来表面的几何形状。

薄膜是用含有荧光粉的染料，在挥发性溶剂中稀释后，涂在被研究的表面上形成的，溶剂挥发后，让有染料的表面与无染料的表面接触，在表面的接触点处，染料转移，可用紫外线辐照的方法使转移的染料中的荧光粉激发，产生可见光。由于发出的光通量与接触面积成比例，于是可得到实际接触面积的照片，再用专门的仪器测出实际接触面积。

也可先在一个表面上涂上一层含有放射性核素的物质，两表面接触后，分析转移至另一表面上的放射性核素的数量及其分布的情况，来确定实际接触面积，此法灵敏度较高。

利用碳膜来测量实际接触面积，是最简单而有效的方法。在真空条件下，使碳蒸发面沉积在一个表面上，然后使两表面互相接触，接触点处的碳膜就破裂。将两接触体重新分开后，碳膜上清晰地显示接触斑点的形状。这种方法可测量表面粗糙度较精密的表面上的接触面积。

1.4.3　磨损表面失效与磨屑分析

(1) 磨损失效的常用分析方法　磨损失效分析与其他失效分析的一般步骤相同，具体如下：

① 调查研究，了解失效背景，收集原始资料。

② 宏观检查。用肉眼、放大镜、体视显微镜等对表面磨损形貌进行观察和初步分析。

③ 进一步的实验分析。如受力和应力分析，材料性能测试，零件化学成分分析，组织检验，无损探伤等；用扫描电镜、透射电镜、X射线衍射仪等分析仪器对磨损件表层或亚表层进行微观分析；在磨损试验机或台架上模拟试验等。

④ 综合分析。由于磨损是物体表面相互作用的结果，因此在磨损失效分析中要注意表层、亚表层和磨屑分析。

a. 表层分析。如磨损表面形貌、表面膜，表面材料的成分、组织和结构，及其在磨损过程中的变化，表面硬度等。

b. 亚表层分析。如对垂直剖面和斜剖面进行金相观察，硬度分布测试等，也要注意塑性变形程度以及磨损中组织结构的变化。

c.磨屑分析。可用磁铁、铁谱仪及其他分选方法收集磨屑，在体视显微镜、双色显微镜、扫描电镜中观察形貌，也可在穆斯堡尔谱仪中或制成样品在透射电镜中进行结构分析等。

磨损失效分析的样品要注意妥善保存和清洗：

a.样品一般保存在干燥皿中。

b.为防止在空气中受潮和锈蚀，可在表面涂黄油。去除保护油层一般是在丙酮或酒精中浸泡清洗，避免用棉花等擦拭，以免粘上纤维，观察前最好再超声清洗一次。

c.磨损面要避免碰撞与划伤，防止产生新的磨痕和变形。

d.截取试样时，尤其用电火花切割时，要保护好待观察的表面，否则电火花飞溅，污染表面，会产生熔滴等现象。

磨损失效分析的研究方法主要有形态分析、成分分析、结构分析、应力分析、力学性能测试和模拟试验等。表 1-14～表 1-16 分别列出磨损表面形貌、形态分析，微区及表面成分分析，相结构、晶面晶向和应力分析的特点和应用范围。

表 1-14　磨损表面形貌、形态分析

项目 / 方法	宏观 肉眼 放大镜	立体 光学 显微镜	扫描电镜 (SEM)	透射电镜 (TEM)
特点	放大镜： 1.放大 4～40 倍 2.了解磨损表面全貌 3.作为微观分析的基础	立体显微镜：放大约 110 倍 光学显微镜： 放大 1500 倍(金相) 放大 400 倍(断口) 分辨率小于 2000Å 景深小于 0.2mm	1.放大 20～150000 倍 2.分辨率约 60Å 3.倍数可连续变化 4.样品可倾斜 5.景深大 6.配上各种谱仪附件可有多种用途	1.放大可达 1000000 倍 2.分辨率可达约 1.4Å 3.电压大于 100kV,电子衍射可进行夹杂物定性
应用范围	初步的、常用的方法	立体显微镜可用于磨损表面、磨屑观察 光学显微镜用于原始组织、磨损变形层观察	可用于磨损表面、磨损变形层和磨屑形貌分析,配上谱仪可进行其他分析	用于磨损机理研究,精细结构观察

注：1Å=10^{-10}m。

表 1-15　微区及表面成分分析

项目 / 方法	微区成分分析法	表面成分分析法
特点	1.电子探针： (1)区域：$\phi \geq 0.5$mm (2)适用于从 Be 到 U 的元素 (3)精度不大于 0.1% (4)可重复 2.离子探针 (1)区域小于 100×10^{-6} (2)有损于表面。不能重复分析 (3)可进行剥层分析 3.薄膜透射扫描 (1)区域小于 30Å (2)可进行晶界成分分析	1.俄歇能谱仪 (1)适用于除 H 以外的所有元素 (2)面积 1～50μm (3)深度小于 20Å 2.穆斯堡尔谱仪 用于识别铁合金中的氧化物、硫化物、碳化物、氮化物及稀有金属的氧化物,用背散射电子,深度 3000Å,用 γ 射线,深度 12.7μm
应用范围	1.电子探针进行微区成分分析 2.电子探针进行剥层分析 3.薄膜透射扫描电镜进行超微观的成分分析	1.俄歇能谱仪用于表面成分分析 2.穆斯堡尔谱仪用于表面成分分析,研究磨损中相变的情况和进行磨屑研究

注：1Å=10^{-10}m。

表 1-16　相结构、晶面晶向和应力分析

项目＼方法	宏观应力分析	微区应力分析	相结构分析	晶面晶向分析
特点	1. 脆性涂料法（定性）： (1)找最大应力区 (2)找主应力方向 (3)测应力应变近似值 2. 应变片法（定量）：适用于弹性范围 3. 光弹法（定量）： (1)要有模拟件（有机玻璃） (2)弹性范围内估算应力应变值 4. 密栅云纹法： (1)可在实物上测量 (2)弹性范围内可计算 (3)塑性范围只能定性	X 射线法： 用于晶体材料，微区范围为 4～6mm	1. X 射线法（定量）可测相的成分和结构 2. 电子衍射法（定性） 3. 穆斯堡尔谱仪磨损中磨屑相结构的测定	蚀坑层 二面角法 电子衍射花样 X 射线
应用范围	1. 应力状态的分析 2. 主应力、应变方向的测定 3. 用于应力、应变值的初步估算	用于晶格内残余应力和工作应力的测定	用于仅靠化学分析不能确定的异相 可通过磨屑研究磨损过程的相转变	

（2）近代表面微观分析仪器　近代表面微观分析的方法很多，各有各的特点和应用范围。依据研究对象推荐选用的分析方法见表 1-17，一些方法的特性见表 1-18。

应当注意，近年来表面分析技术发展很快，各种表面分析仪功能大大增加，性能参数也有很大提高。而且各种分析方法互相渗透，形成多元表面分析技术，从单一用途扩展到多种用途，出现了 X 射线光电子能谱（XPS）和扫描俄歇电子显微术（SAM）相结合的 XPS-SAM 表面分析仪，低能电子衍射、二次离子质谱、离子散射能谱等与俄歇电子能谱结合的装置，以及其他表面分析综合仪。它们的结合应用有利于对表面的结构性能及组织进行全面的测定分析，所测得的数据更为可靠。

表 1-17　表面研究对象和选用的分析方法

研究对象		分析方法	
表面的几何结构	表面原子排列	高能电子衍射 低能电子衍射 场致离子显微镜 场致发射显微镜	HEED LEED FIM FEM
	表面微观结构、缺陷	扫描电子显微镜 低能电子衍射 场致离子显微镜 场致发射显微镜	SEM LEED FIM FEM
表面原子状态	原子组分、杂质	X 射线光电子能谱 紫外光电子能谱 俄歇电子能谱 离子探针显微分析 电子探针 X 射线微区分析	XPS UPS AES IMA EPMA
	原子价状态、结合状态	X 射线光电子能谱 俄歇电子能谱 电子自旋共振 紫外光电子能谱	XPS AES ESR UPS
	原子能带结构	X 射线光电子能谱 紫外光电子能谱 场致发射显微镜	XPS UPS FEM

表 1-18 主要微观表面分析方法特性

名称	代号	入射粒子束			发射粒子	分析面积
		粒子	能量/keV	流强/A		
扫描电子显微镜	SEM	电子	1～600	$10^{-12}～10^{-11}$	电子	$\phi 5\times10^{-4}～2\times10^{-3}$mm
电子探针 X 射线微区分析	EPMA	电子	0.5～40	$10^{-8}～10^{-6}$	X 射线	$\phi 10^{-3}～0.3$mm
俄歇电子能谱	AES	电子	2～5	$(10～500)\times10^{-6}$	电子	$\phi 0.1～1$mm
扫描俄歇电子谱	SAES	电子	2～15	$10^{-10}～10^{-8}$	电子	$\phi 10^{-4}～0.1$mm
低能电子衍射	LEED	电子	0.001～0.5	$10^{-6}～10^{-4}$	电子	$\phi 0.1～1$mm
化学分析电子谱	ESCA	光子	1～10		电子	1～3mm²
紫外光电子能谱	UPS	光子	0.004～0.041		电子	1～10mm²
场致发射显微镜	FEM	光子			电子	$\phi 10^2～10^4$A
场致离子显微镜	FIM	光子			离子	$\phi 2～10^2$A

名称	信息深度/Å	灵敏度(单层)	工作真空/Pa	用途和特点
扫描电子显微镜	50～100	0.01	$10^{-2}～1.3\times10^{-1}$	形貌分析,非破坏
电子探针 X 射线微区分析	200～20000	0.01	$10^{-2}～1.3\times10^{-1}$	形貌、组分、定量分析
俄歇电子能谱	0～10	0.003	$1.3\times10^{-3}～10^{-1}$	组分、定量、电子能态分析
扫描俄歇电子谱	0～10	0.01	$1.3\times10^{-4}～10^{-2}$	组分、定量、电子能态分析
低能电子衍射	0～10	2×10^{-3}	1.3×10^{-1}	分析表面晶体结构
化学分析电子谱	3～20	0.01	$10^{-5}～1.3\times10^{-1}$	组分、态能、定量差
紫外光电子能谱	3～30	0.02	1.3×10^{-1}	能态分析
场致发射显微镜		几个原子	1.3×10^{-1}	晶体结构、能态分析
场致离子显微镜		一个原子	1.3×10^{-1}	形貌、组分、能态、结构分析

(3) 磨屑分析 磨损产物是材料磨损过程的最终结果,它综合反映了材料在磨损过程中的机械、物理和化学作用。从某种意义上说,它比磨损表面更直接地反映了磨损原因和机理,随着磨损颗粒分析测定技术以及仪器装置的逐步完善,使得对磨屑定性和定量分析成为可能。磨屑分析方法各有其特点和适用性,常用磨屑检测分析方法和用途见表 1-19。下面仅对光谱分析法和铁谱分析法进行简单介绍。

表 1-19 常用磨屑检测分析技术

方法	主要用途	说明
颗粒计数	微粒大小、分布	从颗粒分布仪上可以得出磨屑统计分布规律
磁塞	收集和定性分析润滑剂中的磨屑颗粒	用合适的磁塞装在润滑系统适当部位,收集铁和其他碎屑,由所收集碎屑的数量、形态和颜色,可对磨损状态和油质状态提供参考
铁谱技术	收集和分析颗粒,检测和鉴别磨屑来源、类型和程度	按微粒大小从油中分离磨屑,以测量微粒大小的分布情况,微粒的总密度和大小颗粒的比率可以表明磨损的类型及磨损的程度
光谱油分析	分析油中颗粒的元素及含量	用原子吸收或发射光谱测定可确定磨损源和磨损程度
扫描电子显微镜	观察磨屑形貌	确定磨屑形态,分析磨损机理
电子探针	化学成分分析	能进行磨屑化学成分的定性和定量分析
各种电子能谱	化学成分和化合态分析	能分析约几纳米厚表层的化学成分和化合态
电子自旋共振光谱	化学分析	用于研究油中碎屑的铁磁物的化学性质和是否存在有机自由基

方法	主要用途	说明
质谱与二次离子质谱	化学成分和化合态分析	在高真空状态下,能对少至几皮克的物质进行化学成分和化合态分析,可达 1×10^{-9} 的灵敏度
X射线荧光	成分分析	能对大部分金属元素和非金属元素进行成分分析
感应放射现象	示踪分析	预先用中子辐射或用"活化"的零件,其碎屑用放射化学检测进行检查
穆斯堡尔谱	化学成分和化合态分析	鉴定磨屑中铁的各种不同化合状态
火花源原子发射光谱法	化学分析	这是对固体材料进行的一个基本分析。有时可达 1×10^{-9} 的灵敏度,并能对很小的样品提供粗略的分析

① 光谱分析法。光谱分析法是应用光谱学原理确定物质的结构和化学成分。光谱油分析法是对机器润滑油中的物质(包括磨屑和其他污染物元素种类和含量)进行测定,从而了解磨损进程及变化,并可作为运转机器零件磨损状态监测、预报、诊断的手段。光谱分析灵敏度、准确度高,分析速度快,在工业生产和实验室研究中应用十分广泛。常见的光谱分析法有原子发射光谱和原子吸收光谱两种。

a. 原子发射光谱分析法。磨损微粒在高温状态下被带电粒子撞击,发射出代表各元素特征的各种波长的辐射线;采用适当的分光仪分离出所要求的辐射线,通过把所测的辐射线与事先准备的校准器相比较来确定磨损微粒的种类和含量。

b. 原子吸收光谱分析法。采用具有波长连续分布的光透过磨损微粒,某些波长的光被微粒吸收而形成吸收光谱。在一般情况下,物质吸收光谱的波长与该物质发射光谱波长相等,因此用原子吸收光谱可以确定金属种类和含量。原子吸收光谱测定法在分析低浓度元素方面具有较好的重现性。

② 铁谱分析法。铁谱分析发明于20世纪80年代,是一种从润滑油中分离和分析磨屑的新技术。借助于各种光学或电子显微镜等检测和分析,可以方便地确定磨屑形状、尺寸、数量以及材料成分,从而判别零件表面磨损类型和程度。现已在机器设计研究、设备动态监测、润滑油添加剂研制、金属与非金属的磨损机理研究等方面获得广泛应用。

铁谱仪有分析式铁谱仪、直读式铁谱仪以及装在实际机械装置中直接进行磨损监测的在线式铁谱仪。分析式铁谱仪的工作原理见图1-38。

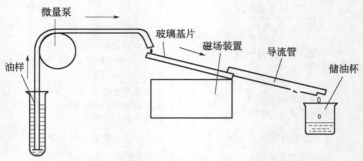

图1-38 分析式铁谱仪工作原理示意图

用低速稳定的微量泵将油样输送到位于磁场装置上方的玻璃基片的上端,油样沿倾斜的基片向下流动,可磁化的磨粒在高梯度磁场中受磁力、液体粘滞阻力、重力作用,按尺寸大小依次沉淀在玻璃基片上,并沿垂直于油流的方向形成链状,油从玻璃基片下端,通过导流管排入储油杯中，玻璃基片经清洗、固定处理后便制成了铁谱片。

在上述制谱原理基础上还发展出了气动式制谱仪，可收集磨料磨损的磨屑，制成铁谱片进行分析。

1.4.4　磨损的动态测试

磨损的动态测试是指在光学显微镜或表面分析仪器（如扫描电镜、俄歇谱仪）中，根据摩擦磨损研究的特殊需要，装上摩擦磨损试验机（包括单磨粒试验机），使得在测定摩擦磨损性能的同时，能够直接观察和测试到摩擦磨损表面发生的各种微细变化，了解形貌、几何尺寸、组织、结构、成分等在磨损中的变化过程。通过动态测试，可以从微观上原子级特性方面探讨金属、聚合物等各种材料摩擦磨损过程，研究表面能、晶体结构、晶格取向、位错、内聚能和化学键等对磨损表面的影响。

（1）在光学显微镜下的动态测试　图 1-39 为金相显微镜工作台改装的摩擦磨损装置示意图。用硅酸硼玻璃制成的圆盘，钢球与圆盘摩擦磨损滑动接触的"显微接触像"，可通过显微镜直接观察或进行 150～300 倍照相。

利用光干涉测量技术以类似方式制成装置，常用于粗糙表面弹流润滑状态的动态观察。亦可用显微硬度计改装成这类装置，用硬度计压头或其他颗粒作为磨料，进行磨料磨损等研究。在光学显微镜下的动态测试的最大局限是摩擦副之中必须使用透明材料，这限制了它的应用范围。

（2）在扫描电镜中的动态测试　利用电子分析仪器的焦距长、景深大的特点，在电子分析仪器样品室中安装微型摩擦磨损实验装置，进行动态分析。

图 1-40 是一种在扫描电镜中进行动态观察的试验装置示意图。在这种装置中，可以直

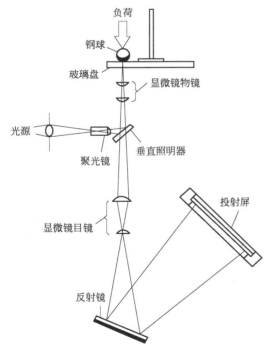

图 1-39　在光学显微镜下磨损动
态测试装置示意图

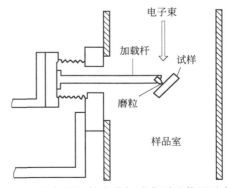

图 1-40　在扫描电镜中磨损动态测试装置示意图

接观察磨粒与材料表面相互作用的情况，记录磨痕产生的过程和特征，还可利用扫描电镜配置的能谱仪等随时探测材料成分的变化，研究在磨损过程中的材料转移和变化。

（3）在其他表面分析仪器中的动态测试

a. 在俄歇电子能谱仪中的摩擦磨损试验装置。俄歇谱仪对研究表层组成变化有很重要的意义，利用俄歇谱仪中的磨损装置能够在 0.1s 内分析出摩擦表面存在的原子序数大于氦的所有元素，监视材料的粘着与转移。

图 1-41 是用俄歇谱仪"现场"观察到的钢对铝相对滑动时钢表面组成变化的实例。钢表面被铝"污染"的程度通过测量铝对碳 AES 峰值强度的比值检测。图中显示这一比值是铝销在钢表面上通过次数的函数，开始是缓和的转移方式，随后是剧烈的粘着磨损，可能引起机械零件灾难性失效。

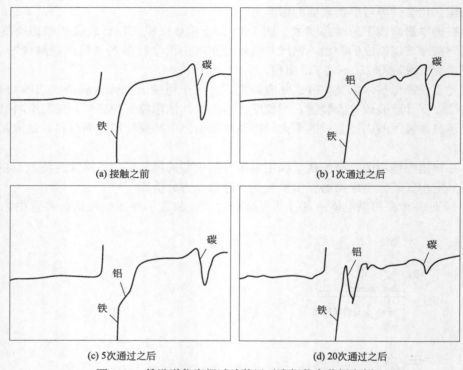

(a) 接触之前　　　　　　　　　　(b) 1次通过之后

(c) 5次通过之后　　　　　　　　　(d) 20次通过之后

图 1-41　俄歇谱仪磨损试验装置对磨损状态分析实例

b. 光激外逸电子检测仪（PSEE）与摩擦磨损试验机的联用装置。将光激外逸电子检测仪与四球机、销盘试验机联用，可直接测试磨损过程，并已用作固体润滑膜磨损特性连续观测。光激外逸电子探测装置原理图见图 1-42，主要由 3 部分组成：PSEE 真空探测室，由摩擦后新鲜表面发射出的光激外逸电子由电子倍增器检出，经电子速率计计数，最后由 X-Y 记录仪记录；紫外光源；样品定位装置，由步进电机驱动，位置信号输入 X-Y 记录仪。

其他还有用低能电子衍射仪、场发射离子显微镜、二次离子质谱仪、X 射线光电子能谱仪等与摩擦磨损试验机联用，以及使用多机联用的表面分析技术来进行磨损动态测试。

此外，还有利用特制的 X 射线连续分析装置对摩擦表层进行摩擦动力学研究，测定摩擦过程中组织转变，如渗碳钢表面奥氏体含量与摩擦时间的关系。

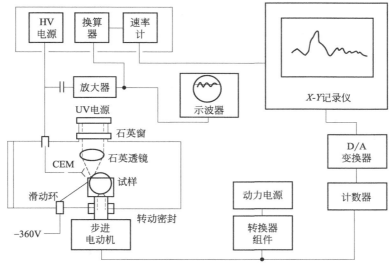

图 1-42　光激外逸电子探测装置原理图

参 考 文 献

[1]　张清. 金属磨损和金属耐磨材料手册. 北京：冶金工业出版社，1991.
[2]　邵荷生，等. 摩擦与磨损. 北京：煤炭工业出版社，1992.
[3]　李虎兴. 压力加工过程的摩擦与润滑. 北京：冶金工业出版社，1993.
[4]　陈华辉，等. 耐磨材料应用手册. 北京：机械工业出版社，2006.
[5]　张平. 热喷涂材料. 北京：国防工业出版社，2006.
[6]　王松年，等. 摩擦学原理及应用. 北京：中国铁道出版社，1990.
[7]　李建明. 耐磨与减摩材料. 北京：机械工业出版社，1987.
[8]　高建明. 材料力学性能. 武汉：武汉理工大学出版社，2004.
[9]　葛长路. 矿山机械磨损与抗磨技术. 北京：中国矿业大学出版社，1995.
[10]　戴雄杰. 摩擦学基础. 上海：上海科学技术出版社，1984.
[11]　廖景娱. 金属构件失效分析. 北京：化学工业出版社，2003.
[12]　靳九成，等. 磨削变质层及表面改性. 长沙：湖南大学出版社，1988.
[13]　肖祥麟. 摩擦学导论. 上海：同济大学出版社，1990.
[14]　齐毓霖. 摩擦与磨损. 北京：高等教育出版社，1986.
[15]　靳自齐，等. 摩擦与磨损. 西安：西安交通大学出版社，1991.
[16]　何奖爱，王玉玮. 材料磨损与耐磨材料. 沈阳：东北大学出版社，2001.
[17]　姜晓霞，等. 金属的腐蚀磨损. 北京：化学工业出版社，2003.
[18]　日本润滑学会. 磨损. 霍庶辉，译. 北京：中国铁道出版社，1985.
[19]　李诗卓，董祥林. 材料的冲蚀磨损与微动磨损. 北京：机械工业出版社，1987.
[20]　高彩桥，刘家浚. 材料的粘着磨损与疲劳磨损. 北京：机械工业出版社，1989.
[21]　籍国宝. 摩擦磨损原理. 北京：农业出版社，1992.
[22]　李建明. 磨损金属学. 北京：冶金工业出版社，1990.
[23]　材料耐磨抗蚀及其表面技术丛书编委会. 材料的磨料磨损. 北京：机械工业出版社，1990.
[24]　蔡泽高，等. 金属磨损与断裂. 上海：上海交通大学出版社，1985.
[25]　周仲荣，朱旻昊. 复合微动磨损. 上海：上海交通大学出版社，2004.
[26]　张剑锋，周志芳. 摩擦磨损与抗磨技术. 天津：天津科技翻译出版公司，1993.
[27]　林福严，等. 磨损理论与抗磨技术. 北京：科学出版社，1993.
[28]　中国机械工程学会热处理学会. 金属的摩擦磨损与热处理. 北京：机械工业出版社，1988.

［29］ 材料耐磨抗蚀及其表面技术丛书编委会 . 铁谱技术及在磨损研究中的应用 . 北京：机械工业出版社，1991.

［30］ 材料耐磨抗蚀及其表面技术丛书编委会 . 材料中的冲蚀磨损与微动磨损 . 北京：机械工业出版社，1980.

［31］ 葛中民，等 . 耐磨损设计 . 北京：机械工业出版社，1991.

［32］ （美）彼得森（M. B. Peterson），怀纳（W. O. Winer）. 磨损控制手册 . 汪一麟，译 . 北京：机械工业出版社，1994.

［33］ 中国机械工程学会材料学会 . 磨损失效分析 . 北京：机械工业出版社，1991.

［34］ 赵会友，李国华 . 材料摩擦磨损 . 北京：煤炭工业出版社，2005.

［35］ 周锡容，杨启明 . 摩擦磨损与润滑 . 北京：石油工业出版社 .

［36］ 全永昕，施高义 . 摩擦磨损原理 . 杭州：浙江大学出版社，1988.

［37］ 桑可正 . 材料的摩擦与磨损 . 西安：陕西人民出版社，2003.

［38］ 王振廷，赵国刚，陈洪玉著 . 磨料磨损与耐磨材料 . 哈尔滨：哈尔滨地图出版社，2004.

［39］ （美）鲁德曼 . 摩擦、磨损、粘着与润滑 . 赵王和，朱根法，译 . 1987.

［40］ （美）徐楠朴 . 固体材料的摩擦与磨损 . 陈贵耕，等，译 . 北京：国防工业出版社，1992.

第2章

耐磨铸钢

　　耐磨钢为耐磨损性能强的钢铁材料的总称，是当今耐磨材料中用量最大的一种。耐磨铸钢是广泛用于各种磨损工况的一类合金钢，100 余年来新的耐磨铸钢钢种层出不穷，其冶炼、铸造、热处理和机加工工艺不断改进，耐磨铸钢的综合力学性能、耐磨性能和使用寿命逐步提高，其应用领域日渐扩大。

　　高锰钢和中锰钢因具有一定强度、高的韧性和优异的加工硬化性能，而今，已成为应用十分广泛的一类耐磨钢。高锰钢是历史悠久的一种耐磨材料，它由英国的 Robet Hadfield 研制，于 1883 年获得英国发明专利。后经大量研究，钢种日趋成熟，其成分（质量分数）范围为：C 0.9%～1.4%，Mn 10%～15%，Si 0.3%～0.8%，S≤0.05%，P≤0.10%。高锰钢包括 Mn13、Mn17 和锰含量较高的 Mn25 系列耐磨钢，其中 Mn13 系列耐磨钢是历史悠久、应用广泛的耐磨钢。中锰钢主要包括 Mn7 系列耐磨钢。

　　高锰钢使用状态的组织为奥氏体，它具有良好的韧性和加工硬化能力。在强烈的冲击载荷或挤压载荷下，受力表面被加工硬化，硬度可从原始的 200HBS 左右提高到 500HBW 以上，而心部仍保持着良好的韧性。故高锰钢工件经加工硬化后形成表面硬而耐磨的外壳和高韧性抗断裂的心部，广泛制作抗冲击载荷的耐磨件，尤其是矿山用的大型耐磨件，如大型颚式破碎机的颚板、大型圆锥破碎机的破碎锥体等。

　　20 世纪 60 年代，我国的材料科学工作者在普通高锰钢 ZGMn13 基础上，通过加入其他合金元素改善其性能。Cr 能降低奥氏体的稳定性，提高锰钢的屈服强度，可以获得含 Cr 的高锰钢（ZGMn13Cr）；稀土钛能细化高锰钢晶粒，改善冶金质量，而且形成的高硬度 TiC 化合物能够增加高锰钢的抗磨性，出现了含 RE、Ti 的高锰钢（ZGMnRETi）。为改善高锰钢碳化物分布，提高其在温热物料挖掘和物料破碎方面的耐磨性，添加合金元素 Mo 的高锰钢（ZGMn13Mo）也有少量应用。为保证大断面 ZGMn13 固溶处理后不出现碳化物，在锰钢件中通常会加入 Ni(2%～4%)，Ni 添加量可由工件断面大小来确定，确保在空冷条件下也无碳化物析出。

　　我国于 20 世纪 70 年代开始了中锰钢的研制，主要解决中低应力下服役高锰钢工件耐磨性问题。通过降低 Mn 含量（6%～9%），来降低锰钢奥氏体的稳定性，加速在中低应力条件下的加工硬化能力，促进耐磨性的提高。由于在中低应力下服役，中锰钢加工硬化能力明显优于高锰钢，所以其耐磨性也优于高锰钢。但中锰钢韧性储备远低于高锰钢，不宜在高应力条件下服役。中应力条件下也得慎用，低应力抗磨件是适用的。进入 20 世纪 80 年代，在中锰钢中加入 Cr、Ti、Nb、RE 等合金元素相继出现。合金元素的加入进一步优化了中锰钢的性能，拓宽了中锰钢的应用范围。

20 世纪 90 年代初，出现了 ZGMn18Cr2Ti 和 ZGMn18Cr2Mo 等超高锰钢，尤其是 ZGMn18Cr2 应用面较广。提高高锰钢中 Mn 含量，可以增加合金元素在奥氏体中的溶解度，增加奥氏体的合金化程度。再通过变质处理、沉淀硬化、弥散硬化等措施，就能进一步提高该钢种的强韧性和耐磨性。对超高锰钢（或高锰钢）进行固溶后人工时效处理，可使碳化物以细粒状弥散分布于奥氏体基体上，可以增加这些钢种在粉磨条件下的耐磨性。

耐磨合金钢是用于磨损工况的特殊性能钢，其主要特征是在磨损条件下具有较高的强度、硬度、韧性和耐磨性。严格地说，耐磨锰钢也属于耐磨合金钢，考虑到国内外耐磨材料行业常将耐磨锰钢单列为一类，所以本章除了详细介绍锰钢以外，还要介绍多元低合金耐磨钢、中铬合金耐磨钢、高铬合金耐磨钢和高合金耐热耐磨钢。

2.1 高锰钢

高锰钢作为耐磨材料，在抵抗强冲击、大压力作用下的磨料磨损或凿削磨损方面，其耐磨性是其他材料所无法比拟的。高锰钢在较大的冲击载荷或接触应力作用下，其表层迅速产生加工硬化，并有高密度位错和形变孪晶相继生成，从而产生高耐磨的表面层，而此时内层奥氏体仍保持着良好的韧性。高锰钢最大的特点有两个：一是外来冲击载荷越大，其自身表层耐磨性越高；二是随着表面硬化层的磨耗，在外载荷作用下新的加工硬化层连续不断地形成。高锰钢这一特殊的性能使其长期以来广泛应用于冶金、矿山、建材、铁路、电力、煤炭等的机械装备中，如破碎机锤头、齿板、轧臼壁，挖壁机斗齿，球磨机衬板，铁路道岔等。高锰钢虽然问世较早，但 100 年来，它不但没有被其他材料所取代，而且发展速度很快。随着科研工作不断深入，新产品不断涌现，尤其是近年来现代工业的高速发展和科学技术的突飞跃进，高锰钢已成为磁悬浮列车、凿岩机器人、新型坦克等先进装备中首选的耐磨材料。

2.1.1 高锰钢的化学成分

(1) 碳（C） 高锰钢碳含量较高，$w(C)$ 为 $0.9\%\sim1.5\%$ 范围内变化。碳在高锰钢中主要有三个作用：碳为强扩大奥氏体元素，高碳含量是为了固溶处理后获得单一的奥氏体组织；碳属于间隙固溶元素，碳固溶引起晶格畸变，固溶强化效果十分明显；碳可提高钢的耐磨性，一般而言，随着碳含量的增加耐磨性增加。

碳、锰含量不同时可在钢中形成不同组织，图 2-1 所示为固溶处理后组织影响，Ⅰ区为单一奥氏体组织，碳量低时进入Ⅱ区，出现马氏体，这种高碳马氏体是硬脆相，使钢种变脆；反之，碳量高时进入Ⅲ区，固溶处理后铸态碳化物不能全部消除，使钢种变脆。

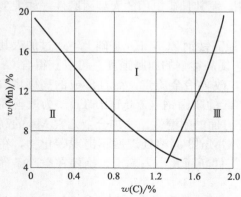

图 2-1　Mn、C 含量对固溶处理后组织的影响
Ⅰ—奥氏体；Ⅱ—马氏体、奥氏体；Ⅲ—奥氏体、碳化物

在铸态下，钢的强度和硬度随碳含量增加而增加，而韧性和塑性随碳含量增加而降低，尤其是当碳含量增加至 1.3% 以上时，韧性、塑性趋近于零。这是由于 $w(C)$ 增加到 1.3% 以上后，铸态组织出现连续网状碳化物，造成晶界被脆性相包围，大大削弱了晶间的强度，从而降低钢的韧性和塑性。这就要求在清理和吊运过程中，防止铸件受到冲击而破裂。

固溶热处理是将碳化物溶解于奥氏体并均匀化。碳含量高时必须提高固溶温度或延长固溶时间，这会导致晶粒长大，因锰是过热敏感元素，高温下比其他合金钢晶粒更易长大，粗晶必然导致韧性降低。由于碳化物和奥氏体比体积上的差异，碳化物溶于奥氏体后能引起超显微疏松。碳含量愈高，固溶后超显微疏松愈严重，组织愈不致密，韧性愈低。碳作为溶质原子固溶于奥氏体中，碳的原子半径小于铁和锰的原子半径，碳的固溶不是置换式固溶，而是间隙式固溶。因此它能在位错周围压应力区内富集，构成了柯氏气团。碳原子和位错间交互作用，钉扎位错，阻碍位错运动，在力学性能上表现出强度增加，塑性、韧性降低。

一般来说，在非强烈冲击磨料磨损工况下，随着碳含量的增加，高锰钢的加工硬化能力增强，耐磨性提高，通常钢种的 $w(C)$ 控制在 1.25%～1.35% 之间。随着碳含量增加，固溶处理后有部分碳化物未被溶解，弥散分布在奥氏体中，高硬碳化物质点的存在使耐磨性增加。高锰钢磨损失重与碳含量之间的关系如图 2-2 所示。

在强烈冲击载荷下服役的高锰钢铸件，通常将 $w(C)$ 控制在 1.25% 以下，个别工况要求 $w(C)$ 控制在 0.9%～1.5% 左右。适当降低碳含量，固溶处理后可以得到单一的奥氏体组织，从而使得该钢具有良好的塑性和韧性，易于加工硬化。

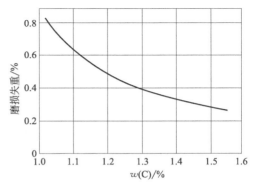

图 2-2　高锰钢磨损失重与碳含量之间的关系

通常，高碳含量的高锰钢适用于中小冲击、高应力、较软物料的工况，如履带板、小型挖掘机斗齿及球磨机衬板等；对于低碳含量的高锰钢，$w(C)$ 控制在 0.9%～1.2% 之间，适用于大冲击、高应力、硬物料的工况，如破碎机磨损件、铁路道岔等。

高锰钢铸件碳含量高时，铸造流动性能较好，但对其热处理工艺要求较高，必须提高水韧处理的温度或延长保温时间，以便碳化物能够充分溶解、均匀固溶。

在高锰钢铸件生产过程中，还应考虑铸件的壁厚和结构的复杂性。厚壁铸件冷速慢，为防止碳化物大量析出应降低碳含量；对于薄壁件，其冷速快，碳化物不易充分析出，碳含量则可选择得高一些。对于容易产生裂纹的结构复杂铸件，也宜降低碳含量。通常，厚壁和结构复杂铸件，应选择较低碳含量，常控制 $w(C)$ 在 0.9%～1.1% 之间。

(2) 锰（Mn） 锰在钢中能够扩大 γ 相区，是稳定奥氏体的主要元素。锰和碳都能够使奥氏体稳定性提高，促使钢获得奥氏体组织，提高钢的韧性。在钢中碳含量一定时，随着锰含量的增加，钢的组织由珠光体→马氏体→奥氏体。锰在钢中大部分固溶于奥氏体中，形成置换式固溶体，少量存在于 $(Fe,Mn)_3C$ 型碳化物中。锰固溶于奥氏体中能引起固溶强化，但由于锰的原子半径为 1.29×10^{-8} cm，和铁原子半径相差不大，晶格畸变小，因此固溶强化效果较小。

高锰钢中 $w(Mn)$ 通常为 10%～14%，有时能达到 15%。$w(Mn)>12\%$ 时，树枝晶发展，有粗晶和裂纹倾向。锰含量对高锰钢力学性能的影响见表 2-1。

表 2-1 锰含量对高锰钢力学性能的影响

化学成分/%			力学性能			
w(C)	w(Mn)	w(Si)	$\sigma_{0.2}$/MPa	σ_b/MPa	δ/%	ψ/%
1.30	8.7	0.46	362.85	436.40	6.0	17.0
1.16	12.40	0.44	402.07	465.82	6.0	13.5
1.24	13.90	0.63	405.98	470.72	6.5	15.5
1.20	14.30	0.52	426.59	490.33	5.0	16.0

随着锰含量的增加冲击韧性迅速提高，这主要与锰能够增加晶间结合力有关。另外，在低温时随着锰含量增加，冲击韧性提高得更快些。

钢中锰含量的选择和碳一样，主要取决于工况条件、铸件结构的复杂程度、壁厚等几个方面的因素，而不是从保持一定 w(Mn)/w(C) 值出发调整锰、碳含量。在绝大部分国外的高锰钢标准和国标中均去掉此项指标，这给从事设计的人员和生产部门以更大的选择余地。对于厚壁铸件，为保证热处理时不致析出碳化物，一般希望锰含量高些；对于结构复杂、受力状况复杂的铸件，希望锰含量高些，以保证材料的塑性和韧性，使工件在使用过程中不致断裂，同时也是为了防止在铸造过程中出现裂纹；在强冲击的工况条件下工作的高锰钢铸件也要求锰含量高些，这是材料受力条件所决定的。在上述几种条件下锰的含量一般要求不低于 12.0%～12.5%。反之，对于非强冲击条件下薄壁铸件及简单铸件可适当降低锰含量。

在高锰钢铸件凝固过程中，锰作为过热敏感元素会促进奥氏体树枝晶生长，使得液态高锰钢趋于糊状凝固；在铸件热处理高温保温过程中，锰也会促进奥氏体晶粒长大。高锰钢钢液导热性差，浇入铸型能出现较高的温度梯度，极易产生热裂，同时在金属型及砂型薄壁铸件中引起粗大的柱状晶组织，严重的引起穿晶结构。如果外力作用和柱晶或穿晶结构生长方向一致，极易引起断裂和破碎。因此，在高锰钢铸件生产中用金属型一定要覆砂，内冷铁禁用，外冷铁也慎用，如使用也需覆一定厚度（1～10mm）砂，以防止穿晶组织产生。

(3) 硅（Si） 硅有排挤磷、碳的固溶，促使偏析的作用。硅在钢中是非碳化物形成元素，但能促进高锰钢铸态时碳化物的析出。随着钢中硅含量的增加，析出的碳化物也增加，并使碳化物变得粗大。在铸件冷凝过程中，硅固溶于奥氏体中影响碳在奥氏体中的溶解度，促使碳脱溶，以碳化物的形式析出。硅含量增加既使碳化物沿晶界析出，又使晶内碳化物析出增加，而且硅有改变碳化物形貌的作用。当硅含量较少（如 0.2%）时，碳化物常呈针片状。硅含量增加到 0.8% 时，碳化物呈块状。

在高锰钢中 w(Si) 为 0.3%～0.8%，通常不作为合金元素加入，而是在常规含量范围内起辅助脱氧作用，其含量小于 1.0% 时对力学性能无明显影响。残存高锰钢中的硅可以固溶于奥氏体，起固溶强化的作用，从表 2-10 中可以看出，当保持锰、碳含量不变，随着硅含量的增加，对高锰钢固溶强化作用较明显，屈服强度增加，而抗拉强度变化不大，塑性有明显的降低。w(Si) 超过 1.0% 时，抗拉强度才有明显的增加。

硅对高锰钢韧性的影响研究较少，从表 2-2 中可以看出，通常 w(Si) 在 0.45% 时，韧性达到最高值。一般而言，w(Si)<0.5% 时，随着硅含量的增加，韧性呈现提高趋势，这是由于硅在高锰钢中脱氧、改善冶金质量；当 w(Si)>0.5% 时，由于硅固溶于奥氏体，其晶格类型（立方晶型）原子半径（1.175×10^{-8} cm）比 γ 相小得多，奥氏体晶格明显畸变而起到固溶强化作用，导致韧性降低。

表 2-2 硅含量对高锰钢强度的影响

化学成分/%			力学性能							
$w(C)$	$w(Mn)$	$w(Si)$	$\sigma_{0.2}$ /MPa	σ_b /MPa	δ /%	ψ /%	$a_k/(J/cm^2)$			
							20℃	−20℃	−40℃	−60℃
1.25	12.98	0.20	353.04	441.30	8.0	15.5	85.32	99.05	67.67	63.74
1.16	12.20	0.45	—	—	—	—	112.78	99.05	85.32	80.41
1.18	12.20	0.56	362.85	441.30	4.5	11.0	98.07	93.16	72.57	73.55
1.24	12.97	0.83	382.46	441.30	3.0	5.0	91.20	90.22	72.57	72.57
1.21	12.40	0.90					81.39	68.65	63.74	56.88
1.19	12.92	1.08	411.88	509.95	2.5	4.5	72.57	70.61	65.70	62.76

由于磨损工况的复杂及设备仪器的限制，硅对耐磨性的影响只能用低冲击、低应力磨料磨损试验机进行。当硅含量从 0.2% 提高到 1.0% 时，耐磨性提高；将高锰钢中的硅含量提高到 1.2%～1.4% 时，用此种试块在滚筒中进行磨损试验，硅含量提高时，耐磨性也随着提高。上述的结论都是在低冲击、低应力的磨料磨损条件下得到的，其原因可能是硅系铁素体元素，硅含量增加将降低奥氏体稳定性，促进了加工硬化。但这不能反映材料在高冲击、高应力磨料磨损工况条件下的性能，而且有研究表明，增加锰钢中硅的含量对提高耐磨性不利，但未给出磨损条件，如图 2-3 所示。

实践证明，钢中硅含量高于 0.65%，钢的裂纹倾向增加。在较高冲击的磨料磨损工况下，高锰钢中的 $w(Si)$ 控制在 0.4%～0.65% 为宜。当然，在较低冲击的磨料磨损条件下，高锰钢中的碳化物数量不一定限制过严。

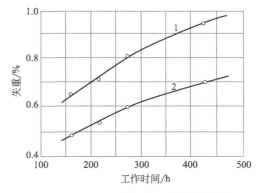

图 2-3 硅含量对高锰钢耐磨性的影响
1—$w(C)$ 1.23%，$w(Mn)$ 11.4%，$w(Si)$ 1.02%；
2—$w(C)$ 1.23%，$w(Mn)$ 12.0%，$w(Si)$ 0.46%

综上所述，高锰钢中的 $w(Si)$ 应控制在 0.5% 左右。$w(Si)<0.5\%$ 时，过低的硅含量会使高锰钢脱氧不足，降低冶金质量；当 $w(Si)>0.5\%$，特别是含量达到 0.8% 时，碳化物会大量析出，并呈现出块状，使热处理时间延长或被迫提高热处理温度，致使晶粒变得粗大，韧性降低。硅促使铸态组织中的碳化物增加，使钢在高温时性能变差，低温时变脆，因此容易在应力作用下产生裂纹。对于低应力下服役的中小件，尤其是薄壁件，可使硅含量偏上限，因铸造时冷却快，碳化物析出受到限制，不会像厚壁大型件那样碳化物粗大或过量析出，可按照 $w(Si)$ 在 0.5% 左右正常固溶处理工艺基础上使碳化物固溶，保证高锰钢的脱氧，也有利于低应力下耐磨性的提高。

(4) 磷（P） 磷在高锰钢中是有害元素。降低高锰钢中的磷含量是比较困难的，因为冶炼用的锰铁的磷较高，可达 0.3%～0.4%，甚至更高。尽管在电弧炉中采用氧化法炼钢，可将废钢中的 $w(P)$ 降至 0.02%～0.03%，但由于还原期加入锰铁，加上废钢中的残余磷，钢中实际的 $w(P)$ 在 0.1% 以上。在钢的冶炼中，降低磷含量应从提高原材料质量入手。国外试验用低磷锰铁生产高锰钢件可以使裂纹减少至原先的 1/3～1/2。降磷可采用喷吹冶炼法解决。例如，可以使用以下成分的材料进行喷吹冶炼以脱磷：

$$CaO(50\%)+CaF_2(30\%)+Fe_2O_3(20\%)$$

或

$$CaO(60\%)+CaF_2(40\%)$$

使用喷吹冶炼法还可以促进钢液中的脱氧、脱硫的反应和减少钢液中的气体量，从而提高金属的致密度。我国生产的低磷锰铁的 $w(P)$ 在 $0.15\%\sim0.2\%$ 之间，采用此种锰铁冶炼 ZGMn13 时，可以保证 $w(P)$ 在 0.07% 以下。

磷在奥氏体中溶解度很小，易偏析形成磷共晶，所形成的二元磷共晶（Fe＋Fe₃P）熔点为 1005℃，所形成的三元磷共晶（Fe＋Fe₃C＋Fe₃P）熔点仅为 950℃。由于磷共晶成分熔点很低，在结晶凝固、冷却收缩过程中分布在枝晶之间和初晶晶界上，极易产生热脆，仅在热处理的温度条件下磷共晶就能熔化，从而在晶界和枝晶间产生裂纹。

磷能溶于奥氏体晶格中增加奥氏体的脆性，磷共晶又是脆性组织。从图 2-4 可以看出，随着磷含量的增加，高锰钢的塑性和强度明显降低，磷由于有固溶强化作用，所以屈服极限不变，甚至有所增加。图 2-5 是高锰钢在 1150℃ 的拉伸实验结果，当磷含量超过 0.04% 以后，塑性急剧下降。

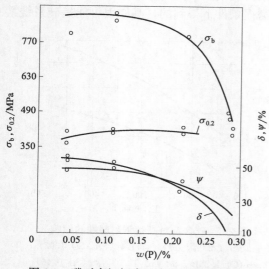

图 2-4　磷对高锰钢常温力学性能的影响

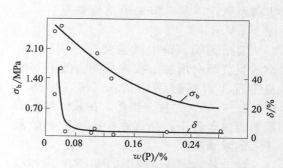

图 2-5　1150℃磷对高锰钢高温抗拉
强度和伸长率的影响

磷含量的不同对冲击韧性影响较大，随着温度的降低，这种差别逐渐加大。表 2-3 反映了磷含量和温度对冲击韧性的影响。

表 2-3　磷含量和温度对冲击韧性的影响

试验温度/℃		200	100	20	−20	−60	−100
a_k /(J/cm²)	$w(P)=0.09\%$	161.81	163.77	158.87	87.28	35.30	22.56
	$w(P)=0.034\%$	295.18	293.22	281.45	280.47	205.94	189.27

在实际的应用中，工件内部的脆性磷共晶区在反复载荷的作用下将产生微裂纹，最终致使工件断裂，见表 2-4。而从表 2-5 可以看出，随着磷含量的降低，挖掘机铲齿消耗量降低，高锰钢的耐磨性提高。磷对高锰钢耐磨性的影响还应与碳的作用综合考虑，碳能够降低磷在

奥氏体中的溶解度,加剧了磷的偏析,因此在具有一定碳含量的前提下,尽量降低磷含量对提高高锰钢的耐磨性具有明显的作用。对于一些矿山耐磨件碳与磷之间的关系可表示为:

$$w(C)=1.25\%-2.5w(P) \tag{2-1}$$

例如,钢中的 $w(P)$ 为 0.1%,则碳的最高含量为 1.0%。如果碳、磷含量超出上述关系的限制,铸件将会出现裂纹。一些重要零件则要求 $w(P)\leqslant0.04\%$。

表 2-4　磷含量对铸件裂纹废品率的影响

炉数	化学成分平均值/%					裂纹废品率/%
	$w(C)$	$w(Mn)$	$w(Si)$	$w(S)$	$w(P)$	
100	1.17	12.28	0.66	0.0085	0.067	0
100	1.23	11.58	0.506	0.014	0.0783	4

表 2-5　磷含量和铲齿消耗量之间的关系

钢中磷含量/%	0.11	0.098	0.089	0.085
铲齿消耗量/(kg/1000t)	23	18.8	16.7	15.5

综上所述,降低高锰钢中的磷含量,首先应从原材料入手,通过改善冶炼条件,把握熔炼工艺,根据铸件的用途、重要性和结构特点来确定磷的含量,对于改善综合力学性能具有重要意义。

(5) 硫(S) 高锰钢中的硫能溶解在钢液中,大部分以硫化铁(FeS)的形式存在。由于高锰钢中含有大量的锰,锰和硫的亲和力要大于铁,能夺取硫化铁中的硫形成不溶于钢液(熔点 1785℃)的硫化锰(MnS)。生成的硫化锰大部分进入熔渣之中,作为非金属夹杂大部分上浮而被去除。因此钢中含硫量很低,残留硫多数以球形的硫化锰夹杂形态存在,对钢的性能影响不大。因此,国内外各种标准中规定 $w(S)<0.05\%$,而在实际生产中能控制在 $w(S)<0.02\%$,甚至能达到 $w(S)<0.005\%$。

(6) 铝(Al) 铝具有很强的脱氧能力,高锰钢中铝是以脱氧剂形式加入的。脱氧产物为氧化铝(Al_2O_3),不溶于钢液,其熔点为 2050℃。钢液中还存在 MnO、FeO 和 SiO_2 等氧化物,所以 Al_2O_3 很容易与它们相结合形成低熔点、低密度的夹杂物,如 $MnO\cdot Al_2O_3$(熔点 1560℃,密度 $\approx3.6g/cm^3$)、$Al_2O_3\cdot SiO_2$(熔点 1487℃,密度 $\approx3.05g/cm^3$)也不溶于钢液,在钢液中聚集上浮至炉渣后被去除。由于高锰钢中氧化铝和其他氧化物能形成更复杂夹杂,因此很难在一次结晶时起到结晶核心的作用,从而使得氧化铝在结晶过程中很难形成晶核而起到细化组织的作用。

铝在钢中还能够形成 AlN,它在高温时能溶于奥氏体中,温度降低时又从奥氏体中析出沉积在奥氏体晶界上,引起热裂和晶界脆化,造成晶间断裂,形成石板状裂口。高锰钢固溶处理时,在 1050～1100℃下水淬可防止 AlN 析出。但若铝含量过高或处理不当时很容易析出 AlN。一般地,在高锰钢中加入 0.15%(质量分数)的 Al,在脱氧良好的钢中有利于提高钢的抗裂能力和冲击韧性。

加入过多的铝对铸造工艺、力学性能有不利影响。铝的脱氧能力较硅、锰强,但由于在高锰钢中锰含量较高,根据质量作用定律,铝的脱氧能力有所下降。$w(Al)>0.3\%$ 时,会使钢的晶粒粗大和高温流动性降低;$w(Al)>1.0\%$ 时,钢的冲击韧性、塑性有明显下降。钢中磷含量较高时,提高铝含量则能减少磷的有害作用,因为铝和磷可以形成化合物磷化铝(熔点 1800℃),其主要位于奥氏体晶体内,从而减少了奥氏体晶界上磷共晶的数量。尽管这种化合物在热处理过程中高温保温阶段分解，形成复杂的磷化物共晶成分，但是这种共晶主要位于奥氏体晶粒内部而非晶界，不会影响晶间强度。从图 2-6 中可以看出，在 $w(\mathrm{P}) \approx 0.2\%$ 时，曲线 1 为加铝情况，曲线 2 为未加铝情况，无论是常温还是低温，加铝会提高钢的冲击韧性。在图 2-7 中，如果钢中磷含量在正常范围，增加铝含量反而使冲击韧性降低，这是因为铝的有利作用是通过形成磷化铝来减少磷共晶实现的。而在高锰钢中加入铝有利于提高低温韧性，对此还需要进一步研究，如该作用稳定，将可以控制终脱氧铝的加入量，进而提高钢的低温韧性。因此，在钢中加铝必须根据钢中的磷含量来确定，钢中磷含量与加铝量的关系见表 2-6。

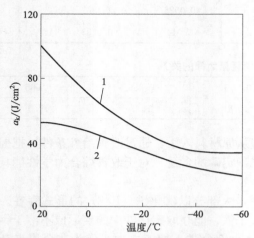

图 2-6　不同温度下铝对高锰钢冲击韧性的影响
1—加铝；2—未加铝

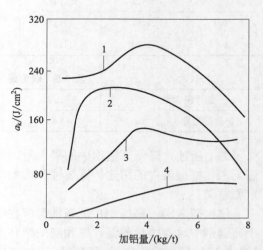

图 2-7　加铝量对高锰钢冲击韧性的影响
1—20℃；2——20℃；3—40℃；4—60℃

表 2-6　钢中磷含量与加铝量的关系

钢中磷含量/%	<0.07	0.07～0.10	0.10～0.12	0.12～0.15
加铝量/(kg/t)	0.5～0.8	1.2～1.6	1.8～2.8	3.0～3.5

铝加入钢液后随时间延长，其脱氧能力逐渐衰退，10min 后将失去脱氧能力。加终脱氧铝后铸件必须在 10min 内浇注完毕，如浇注时间过长，视情况要补加铝进行再次终脱氧。对厚壁件、大型铸件，因浇入铸型后不能立即凝固，在铸型中仍进行着冶金反应，故浇注前最好在包中补加 0.05%～0.08% 的 Al，保证铸件中残留铝在 0.035%～0.045% 之间，这样才能保证钢液脱氧良好。

高锰钢终脱氧铝加入量还要根据铸件大小、壁厚、浇包类型和铸型（金属型、干砂型、湿砂型）情况来确定。就转包浇注，一般中小件，壁厚≤100mm，金属型、干砂型加 Al 0.15%（1.5kg/t 钢液），湿砂型加 Al 0.2%（2.0kg/t 钢液）；对大型厚壁件，出钢时先在炉中或包内加 Al 0.2%（2.0kg/t 钢液），浇注前 1～2min，包中补加 Al 0.05%～0.08%（0.5～0.8kg/t 钢液）。如用底注式包浇注，加铝量可适当降低，降低量不超过 0.05%，但最低加入量要保证 0.15%。大型厚壁件要保证钢中残留 Al 为 0.035%～0.045%。

2.1.2　合金元素在高锰钢中的应用

化学成分是决定钢种组织和性能的基本因素。在确定了普通高锰钢化学成分的基础上，添加其他的合金元素可以大大改善其性能，从而突破了普通高锰钢的适用范围，进一步拓展了高锰钢的应用范围。

（1）铬（Cr） 铬为体心立方结晶结构，原子半径为 1.28Å。由于铁的原子半径（1.27Å）与铬非常接近，所以铬和铁可以形成连续固溶体。铬溶于奥氏体后，能提高钢的屈服强度，但使伸长率有所降低。铬含量小时对抗拉强度影响不大，但当含量高时，使抗拉强度有所降低。铬含量与高锰钢力学性能的关系见表 2-7。

表 2-7　铬含量和高锰钢力学性能的关系

化学成分/%						力学性能			
$w(C)$	$w(Mn)$	$w(Si)$	$w(Cr)$	$w(P)$	$w(S)$	$\sigma_{0.2}$/MPa	σ_b/MPa	δ/%	ψ/%
1.16	11.72	0.62	—	0.070	0.020	382.46	588.40	23.5	23.5
1.06	11.65	0.62	—	0.066	0.015	392.27	588.40	14.0	22.0
1.10	11.70	0.58	1.00	0.071	0.021	431.49	578.60	13.0	26.0
1.16	11.90	0.50	1.82	0.069	0.021	431.49	603.11	15.0	29.0
1.07	11.83	0.51	3.00	0.070	0.020	441.30	612.92	13.5	18.0

在不同温度下，不同铬含量对高锰钢冲击韧性的影响见表 2-8。常温下随着铬含量的增加，冲击韧性有所降低。当温度发生变化时，高锰钢的冲击韧性随着温度的降低而降低。加铬的高锰钢在用于非强烈冲击磨料磨损工况条件下，材料的耐磨性无明显变化；用于强冲击磨料磨损工作条件，材料的耐磨性有明显的提高。

表 2-8　不同铬含量及不同温度下高锰钢的冲击韧性

铬含量/%	冲击韧性/(J/cm²)					
	30℃	−20℃	−40℃	−60℃	−80℃	−100℃
—	220.65	139.25	113.76	71.59	27.46	29.42
—	176.52	166.71	107.87	91.20	46.09	39.23
0.70	248.11	150.04	68.65	39.23	25.50	17.65
1.00	140.24	134.35	63.74	41.19	27.46	
1.79	127.49	78.45	57.86	41.19	28.44	22.56
1.82	113.76	74.53	62.76	38.25	29.42	21.57
3.00	88.26	56.88	57.86	55.90	30.40	24.52

铬和锰都是弱碳化物形成元素，两者相比，铬和碳的亲和力优于锰，比锰更容易形成碳化物。由于在含铬高锰钢中铬含量不高，只有 1.0%～3.0%，所以只能形成（Fe·Cr)₃C型合金渗碳体，很少形成其他碳化物。（Fe·Cr)₃C 比 （Fe·Mn)₃C 更稳定，（Fe·Cr)₃C要在较高温度下才能分解，原子扩散速度慢，所以含铬高锰钢固溶处理时要比普通高锰钢加热温度高，保温时间长。铬和锰都是网状碳化物形成元素，高锰钢中加入铬后，由于铬和锰的交互作用，晶界网状碳化物数量有所增加，为使网状碳化物充分溶解，故固溶温度要升高。

铬是缩小 γ 相区的元素，并非奥氏体稳定元素。但经固溶处理后，铬大部分固溶入奥氏体，且铬原子扩散速度慢，它和碳原子的交互作用又使碳原子扩散速度降低。从这一观点出发，铬在高锰钢中加入又使奥氏体稳定性提高。铬在高锰钢中是否能稳定奥氏体还有待进一步研究。

含铬与不含铬的高锰钢的等温转变曲线如图 2-8 所示。可以看出，含铬高锰钢晶界析出碳化物的曲线明显左移，铬能加快高温区内碳化物的析出速度，在凝固后的冷却过程中有大量碳化物出现。加铬后由于铬的扩散特点和铬对碳扩散过程的影响，奥氏体稳定性提高，共析转变开始较晚，因而奥氏体等温分解 C 曲线右移。铬的这些作用影响热处理过程，按一般水韧处理规范进行处理时，含铬的碳化物难以溶解，共析组织升温时也难以转变，因此得到单相奥氏体较难。为此，必须将固溶处理的温度提高 30～50℃，才能得到所要求的组织。

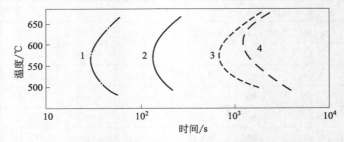

图 2-8 含铬及不含铬的高锰钢的等温转变曲线

1—13MnCr2（晶界碳化物）；2—Mn13（晶界碳化物）；
3—Mn13（珠光体）；4—13MnCr2（珠光体）

(2) 钼（Mo） 钼和碳的亲和能力优于锰、铬，属碳化物形成元素。钼在奥氏体锰钢冷凝时，部分固溶于奥氏体中，部分分布在碳化物中。钼能改善奥氏体沿树枝晶发展的倾向，并能提高奥氏体的稳定性。钼能抑制碳化物析出和珠光体的形成。因此，钼在显著提高钢屈服强度的同时，韧性不降低，甚至还有所提高。一般在钢中 $w(\text{Mo}) < 2.0\%$。

加入钼后，水韧处理使钼固溶于奥氏体中起合金化作用。也可使用沉淀强化处理，使奥氏体中析出弥散分布的碳化物，使钢强化以提高耐磨性。钼可以固溶于 α 相和 γ 相中起固溶强化作用，钼抑制奥氏体的分解。钼可以和铁及碳形成复杂的渗碳体。由于钼和碳的结合能力较强，当钼含量高时可以形成特殊碳化物，如 MoC、Mo_2C、$(\text{Fe, Mo})_{23}\text{C}_2$、$(\text{Fe, Mo})_6\text{C}$ 等。

钼含量对高锰钢力学性能的影响见图 2-9。在铸态时，由于钼可以减少高锰钢中晶界碳化物，从而表现为降低钢的脆性。经热处理后，钢中 $w(\text{Mo}) < 2.0\%$ 时，屈服强度降低，而抗拉强度和塑性并不降低。

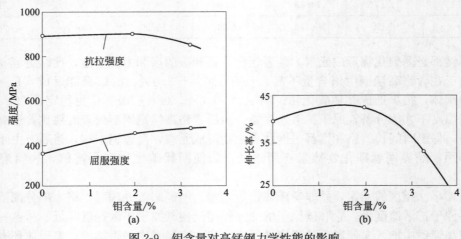

图 2-9 钼含量对高锰钢力学性能的影响

钼在钢中扩散速度比碳小得多，使碳化物在钢中溶解速度减慢。含钼的高锰钢在结晶凝固后碳化物析出量很少，而已出现的碳化物在热处理时又难以溶入奥氏体基体。这种作用可以使钢中针状碳化物析出时间推迟，并使其析出温度向低温方向移动。当钼达到一定数量时，可以基本上消除铸态组织中的碳化物。钼还能改变碳化物的形态，含钼的钢很少出现针状碳化物而往往成为块状或颗粒状，由于铸态碳化物数量减少、分布和形貌也比较有利，可以提高钢中碳含量，不致造成过多的碳化物出现。

钼可以细化水韧处理后钢的显微组织，在其他化学成分相同、热处理方法和工艺相同的情况下，含钼的高锰钢在热处理后的晶粒比较细。钼对奥氏体分解温度的影响如图 2-10 所示。钼使奥氏体等温分解推迟，使 C 曲线右移，且 C 曲线的拐点也有向温度高的方向移动的趋势。

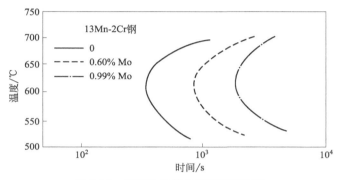

图 2-10　钼对奥氏体分解温度的影响

综上所述，高锰钢中通常 $w(\text{Mo})<2.0\%$。增加钼可以细化水韧处理后高锰钢的显微组织，提高高锰钢的屈服强度，而冲击韧性不降低。钼推迟或抑制碳化物的析出，对厚大高锰钢件的水韧处理十分有益。且减少了高锰钢在铸造、焊接、切割及高温使用（大于 237℃）过程中的开裂倾向。钼提高了高锰钢的加工硬化性能和耐磨性能。与加铬相似，加钼的高锰钢也需较高的水韧处理温度。

(3) 镍（Ni） 镍是扩大 γ 相区元素，并固溶于高锰钢奥氏体当中，可以明显增加奥氏体的稳定性，其作用大大超过锰。镍能使铁碳相图 C 点左移，当含有足够的镍时，即使过冷到－190℃时也不会发生 γ→α 的转变，使得奥氏体十分稳定。高锰钢中加入的 Ni＞2.5% 时，由于奥氏体稳定，碳化物不易从奥氏体中析出。高锰钢 $w(\text{C})$ 为 0.9% 时，加入＞3.0% 的 Ni，甚至铸态条件下也可得到单相奥氏体组织。在一般高锰钢中加入 2.5%～4.0% 的 Ni 时，热处理空冷也可以得到单一奥氏体。镍在 300～550℃ 之间能抑制针状碳化物的析出，提高了高锰钢的脆化温度，使高锰钢对切割、电焊及工作温度的敏感性降低。

镍含量增加对屈服强度影响较小，使抗拉强度略下降，塑性上升，加工硬化速度变慢（见图 2-11）。

从表 2-9 中可以看出，镍对低碳的高锰钢常温冲击韧性没有影响，低温时的冲击韧性随镍含量的增加而提高。镍使铸态组织中奥氏体的量明显增加，所以无论是常温或是低温下，铸态高锰钢的冲击韧性都随镍含量的增加而提高，而且提高的幅度比热处理后要大得多。由于镍降低脆性转变温度，所以低温冲击韧性和常温冲击韧性的比值随镍含量的增加而提高；对 $w(\text{C})$ 在 1.25%～1.35% 范围内的高锰钢，常温时随着镍含量增加，其冲击韧性反而有所降低。镍的这种作用与硅相似，它能减少碳在奥氏体中的溶解度，相对促使碳化物析出，从而使高锰钢的冲击韧性降低。

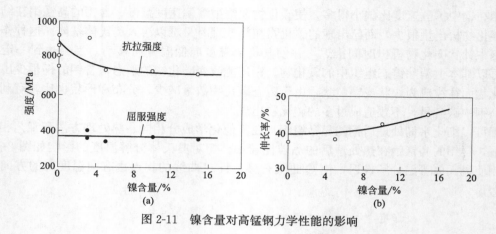

图 2-11　镍含量对高锰钢力学性能的影响

表 2-9　镍对高锰钢铸态及固溶态韧性的影响

| 化学成分/% | | | | | | 铸态 a_{kU}/(J/cm²) | | 1050℃水韧处理 a_{kU}/(J/cm²) | | | |
w(C)	w(Mn)	w(Si)	w(S)	w(P)	w(Ni)	20℃	−20℃	20℃	0℃	−20℃	−40℃
0.98	11.53	0.54	0.022	0.094	0	27.5	0	180.4	178.5	124.5	104.0
0.98	11.46	0.54	0.022	0.094	1.46	36.3	8.8	188.2	186.3	155.0	134.4
0.96	11.32	0.54	0.025	0.094	2.84	62.8	20.6	186.3	186.3	161.8	140.2

　　镍不影响钢的加工硬化性能和耐磨性,但是镍如果和钛、铬、硼等同时加入钢中,可以提高钢的基体硬度,在非强冲击磨料磨损的工作条件下,可以提高耐磨性。镍对铸件结晶组织也有影响,在高锰钢中加入 0.9%~3.25% 的 Ni,可消除低倍组织中的穿晶,细化晶粒。

　　(4) 钛 (Ti)　钛与铌、钒相似,都为强烈形成碳化物元素,其和碳的亲和力大于铌和钒。钛的化学性质活泼,它和钢中的碳、氮、氧都能形成稳定的化合物,如 TiC、TiN、TiO_2,所以钛也是一种脱氧剂。另外,钛的加入还能抑制高锰钢中柱状晶的生长,防止形成穿晶。

　　钛能细化铸态组织,防止热处理脆裂。钛在奥氏体锰钢中形成的 TiC、TiN 质点,能提高加工硬化能力,并抵消磷的危害。w(Ti) 一般为 0.05%~0.10%,钛含量超过 0.4% 时,则使高锰钢脆化,塑性和韧性都有明显的下降,耐磨性降低,如表 2-10 所示。过高的钛含量使钢中 TiN 等夹杂物增多,且这些夹杂物一般呈多角形,有尖锐的棱角,在载荷作用下容易产生应力集中,这些因素导致高锰钢冲击韧性降低,强度和塑性下降。

表 2-10　钛含量对高锰钢力学性能的影响

| 化学成分/% | | | | 力学性能 | | | |
w(C)	w(Mn)	w(Si)	w(Ti)	$\sigma_{0.2}$/MPa	σ_b/MPa	δ/%	a_k/(J/cm²)
1.11	12.00	0.82	0.10	357.94	627.63	23.5	269.68
1.13	12.04	0.86	0.40	387.36	588.40	18.0	186.33
1.20	12.50	0.90	0.61	406.98	593.30	10.0	166.71

　　钛含量与高锰钢的使用条件有关。在高冲击凿削型磨料磨损条件下较低钛含量是适宜的,在低应力低冲击的磨料磨损条件下,高钛含量的钢反而有较好的效果。在高冲击磨料磨

损工况下，低钛可以细化组织晶粒，从而使位错密度增加，促使加工硬化能力增加，同时形成的少量高硬度质点弥散分布在基体上，增加了高锰钢的耐磨性；在低应力低冲击的磨料磨损条件下，金属基体中较多硬度高的第二相质点也可以提高材料的耐磨性能。因此用钛进行合金化时，其最佳含量要视具体条件而定。

(5) 铌（Nd） 铌在钢中为强烈形成碳化物元素。铌在钢中碳化物以 Nb_4C_3 形式存在，也能和钢中的氮形成 NbN 或 Nb（CN）复合化合物。在奥氏体锰钢中，如铌以碳化物形式存在，因降低奥氏体中的碳含量而降低其稳定性，促进加工硬化。如以固溶态存在，因增加奥氏体的合金化程度而增加奥氏体的稳定性。

在高锰钢中，$w(Nb)$ 一般控制在 0.2% 以下。加入铌可以有效细化高锰钢中奥氏体晶粒，减少铸态组织中的网状碳化物。铌能促进高锰钢强化，使强度尤其是屈服强度显著提高（约 1 倍）。Nb_4C_3 有奥氏体晶界存在，阻碍原子扩散，固溶处理时能防止奥氏体晶粒粗化。

加铌后的高锰钢，即使在铸态下也有很好的耐磨性，这与其在高锰钢中形成大量弥散分布的碳化物有关。铌能够阻止碳扩散和碳化物聚集，用含铌的高锰钢制作挖掘机的铲齿，耐磨性较一般的高锰钢提高 70%～80% 左右。这种材料用于低冲击磨料磨损工况工件，由于钢中含有大量的含铌碳化物，耐磨性较一般高锰钢好。

(6) 钒（V） 钒在高锰钢中部分固溶于基体，其余以碳化物形式存在。钒为强烈碳化物形成元素，其碳化物主要有 VC、V_4C_3。钒碳化合物通常以细小的颗粒存在，在固溶处理时很难完全溶于奥氏体中，沉析于晶界能阻止晶界原子扩散，抑制晶界移动，阻止高温固溶处理时奥氏体晶粒长大，可以说钒是高锰钢有效的晶粒细化剂。

高锰钢中 $w(V)$ 一般控制在 0.5% 左右，钒能够有效地细化晶粒，增加碳化物硬质点，从而使高锰钢屈服强度显著提高，但塑性下降。同时，钒的加入也使硬度提高，冲击韧性下降。但是，由于钒具有明显的细化晶粒的作用，加入适量的钒还可以改善钢的塑性和韧性，这种作用在钒、钛同时加入时效果最为明显。

钒能显著地提高高锰钢的屈服强度，图 2-12 示出多种合金元素对高锰钢屈服强度的影响。经形变后钒钢可以达到更高的硬度，耐磨性提高。

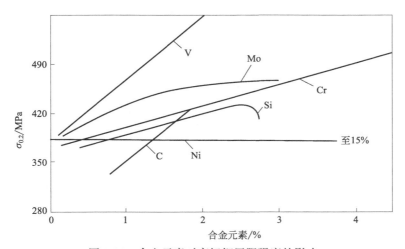

图 2-12　合金元素对高锰钢屈服强度的影响

含钒高锰钢在低冲击磨料磨损条件下，耐磨性有所提高；在高冲击磨料磨损条件下性能良好，尤其在钒和钛共同加入的条件下，耐磨性有较大幅度的提高。在加钛已提高耐磨性的基础上，加钒可以再提高耐磨性 20%～30%，如表 2-11 所示。含钒、钛的高锰钢耐磨性之所以提高和它们强化基体的作用有关，此外还和钒、钛对加工硬化能力的影响有关。如挖掘机铲齿使用后残体表面硬化层的硬度高低反映了钢的加工硬化能力。

表 2-11　不同合金化对高锰钢件耐磨性的影响

合金化(质量分数)	轧臼壁、破碎壁		挖掘机铲齿	
	使用寿命/h	相对耐磨性/%	铲齿磨损量/(kg/t 物料)	相对磨损量/%
Mn13＋Ti(0.05%～0.1%)	535	100	6.61	100
低磷 Mn13[P(0.02%～0.05%)]	715	134	4.50	144
低磷 Mn13＋Ti	720	135	3.43	193
低磷 Mn13＋Ti(0.05%～0.1%)＋V(0.2%～0.3%)	810	151	3.25	203

(7) 硼(B)　硼是表面活性元素，主要存在于晶体缺陷位置，并富集于奥氏体晶界处。硼含量高时，钢的抗拉强度和塑性均下降，但屈服强度变化不大。在压缩试验中，含硼高锰钢的屈服强度比不含硼的屈服强度要高 20%。硼的这种作用和它在晶界富集并对晶界起强化作用是密切相关的。当 $w(B)$ 达到 0.05% 时，出现含硼化铁的脆性共晶组织，使高锰钢受力时沿晶界破坏，促使高锰钢冲击韧性降低。

硼对钢的耐磨性无明显影响，在低冲击磨料磨损条件下硼含量较高时，可以提高耐磨性，这和硼的细化组织和强化晶界的作用有关。钢中 $w(B) < 0.005%$ 时有细化组织作用，硼含量过多反而使晶粒粗化。通常铸钢的晶粒度是不均匀的，硼促使不均匀性增加。微量的硼在钢中的分布不可能非常均匀。钢中硼含量高时，局部区域硼的含量可以很高，能够形成含硼的共晶，其中有硼化铁(FeB)、碳化物和 γ 相，这种共晶很脆，严重恶化钢的性能。

硼对钢的结晶组织有明显影响。高锰钢在一次结晶时容易形成柱状晶组织，尤其是金属型浇注，浇温高时往往可以发展成为穿晶组织。但在钢中加入 0.005%～0.006% 的 B 就可以消除柱状晶，即使在浇注温度较高时也可以得到细等轴晶组织。

(8) 锆(Zr)　锆是强的碳化物形成元素，可以形成高熔点(3530℃)的 ZrC，锆和氧、硫、氮、氢的结合能力均很强，在钢中有脱氧、脱硫、去氢、去氮的作用。锆在奥氏体和铁素体中溶解度均很小，因此它的固溶强化作用不明显。锆的高熔点化合物可以作为结晶核心，起细化结晶组织的作用，锆也可以阻止高温下奥氏体晶粒的长大。

锆含量增加，钢的强度有所提高，但塑性下降。锆有很强的脱氧能力，其氧化物在高温时溶解于液态金属中，结晶冷却时又在晶界上析出，从而恶化了钢的塑性。常温下锆含量大小对冲击韧性影响不大。将 $w(Zr)$ 控制在 0.1%～0.2% 范围内，可以提高钢在非冲击磨料磨损条件下的耐磨性，这和锆在钢中形成一定数量粒状碳化物有关。

(9) 氮(N)　氮和钒、铝、钛、铬、钨等都有很强的亲和力，高温反应生成的化合物熔点高，且晶体结构、点阵常数和奥氏体类似或相近，其化合物极易在液态钢中形成结晶核心。因此，氮的加入起到细化晶粒的作用。氮对高锰钢强度的影响比碳大。氮溶于奥氏体中形成间隙固溶体，使钢得到强化，强度和塑性都有所提高。高锰钢中含有铬元素时，能增加氮的溶解度，在一定范围内有利于力学性能的提高，加入铬、氮后钢的强度增加，塑性不降低。另外，氮的加入，还有利于高锰钢耐磨性的提高。在实际应用中，通常 $w(N)$ 控制在 0.3% 以内。

（10）稀土元素（RE） 稀土元素是指镧系元素，即原子序数 57~71 的 15 个元素，再加上和其特征相似的钪（Sc，原子序数 21）和钇（Y，原子序数 39），共 17 个元素。稀土元素的外层电子结构相同，性质极其相近，很难分离，在冶金工业中使用的大多为混合稀土金属或混合稀土的硅铁合金。

稀土元素化学性质活泼，和钢液中的 [S]、[O]、[H]、[N] 都能形成稳定化合物。高锰钢硫含量较低，$w(S)$ 一般都在 0.02% 以下，因稀土和硫亲和力强，稀土加入后能降低钢中硫含量的 20%~40%。稀土加入减少了硫化物夹杂数量，主要是改善了其形状（呈圆粒状）、大小（细化）、分布（由偏聚于晶界及枝晶间变成弥散于晶内）。因此，稀土的加入大大降低了非金属夹杂对高锰钢的有害作用。稀土元素也可以和铅、锡、锑、铋等低熔点金属结合形成高熔点化合物。稀土元素在钢中具有净化钢液的作用。

加入稀土元素后，高锰钢的强度和塑性均提高，但随着稀土元素加入量的增加性能有所下降，如表 2-12 所示。对于高锰钢，一般将 $w(RE)$ 控制在 0.2% 以内。

表 2-12　稀土元素含量对高锰钢力学性能的影响

化学成分/%				力学性能				
$w(C)$	$w(Mn)$	$w(Si)$	$w(RE)$	σ_b/MPa	δ/%	ψ/%	a_k/(J/cm²)	HV
1.32	12.10	0.44	—	706.08	28.0	29.45	215.26	
1.29	13.52	0.63	0.041	806.60	37.25	35.50	232.91	327
1.33	13.30	0.52	0.071	818.86	33.0	26.40	186.33	282
1.29	13.60	0.66	0.084	799.24	36.0	33.13	185.94	372
1.32	13.85	0.65	0.102	757.56	34.2	28.95	194.17	402
1.31	13.80	0.71	0.114	867.89	45.75	28.75	189.86	450
1.32	14.10	0.61	0.150	804.15	40.4	31.50	182.89	436
1.32	14.00	0.67	0,168	782.08	37.75	29.90	191.23	433

稀土元素使高锰钢的形变层韧性得到改善。提高硬化层与其下基体的结合能力，降低硬化层在冲击载荷下断裂的可能性，对提高高锰钢的抗冲击、抗磨料磨损是有益的。稀土元素与其他合金元素的结合作用往往收到好的效果。如稀土元素和钛的综合加入，钛的加入能形成高硬度的碳化钛，可以改善抗磨料磨损性能。但稀土加入对耐磨性的提高起主导作用，其原因是稀土的加入，细化了晶粒，促使位错密度提高，从而加快了加工硬化速度，使耐磨性提高，如表 2-13 所示。

表 2-13　稀土对高锰钢静态压缩加工硬化的影响

稀土元素添加剂	静态压缩比 10%		静态压缩比 20%	
	平均所需压力/tf	硬度增加值 HBS	平均所需压力/tf	硬度增加值 HBS
加稀土	70.6	79	125.4	170
未加稀土	59	63	114	162

注：1tf=9.80665kN。

稀土元素还能明显改善钢的铸造性能。表 2-14 表明，适量加入稀土元素可以改善液态钢水的流动性，降低铸造应力，增加抗热裂性能。这本质上与稀土元素的细化组织、净化有害成分及改善夹杂物分布等作用有关。

表 2-14　稀土元素对高锰钢铸造工艺性能的影响

稀土加入量 (质量分数)/%	流动性		铸造应力/MPa	热裂纹
	浇注温度/℃	螺旋长度/mm		
0	1480	234	39.8	严重
	1430	85		
0.3	1470	392	17.2	无
	1430	165		

稀土元素能够阻碍高锰钢晶界上连续网状碳化物的形成，碳化物呈现不连续的团块状分布在晶界上。同时，稀土元素也使晶内碳化物形状由针状转向块状。这是因为稀土元素和碳之间能够形成的 RC_2、RC、R_2C_3 型高熔点碳化物分布于晶粒内部，这些碳化物在奥氏体析出碳之前早已存在，因而在冷却过程中形成析出碳化物的弥散性的结晶核心，这种外来形核作用增加了晶内碳化物的数量，减少了晶界上析出的碳化物数量，从而使高锰钢的塑性增加，促使铸造应力降低。

高锰钢在液态时易氧化，其主要氧化物夹杂为 MnO，分布于晶界，使晶界脆化，高温时易产生热裂，常温和低温时使韧性降低，在强冲击载荷下易开裂。稀土和氧亲和力强，稀土加入对钢液进一步脱氧，降低钢中 MnO 量，改善高锰钢的冶金质量，降低了热裂产生的倾向。

2.1.3　高锰钢的铸造

铸造高锰钢由于碳、锰含量高，和普通的铸钢相比具有良好的流动性，因此充型能力比较强，能生产形状复杂和不同壁厚的各种铸件。在铸造过程中，高锰钢存在着产生热应力、缩松、冷裂、热裂、气孔等问题。要保证铸件质量，达到生产要求，就需全面考虑高锰钢的特性、铸造工艺以及影响高锰钢铸造质量的因素。在确定铸造工艺时，应采用相应的方法和措施，如确定造型材料、选择工艺参数、使用冷铁、工艺补贴与冒口以及采用一定的铸件修补清理工艺等。

(1) 造型材料的选择

① 石英砂。高锰钢钢件生产中多采用石英砂，但必须使用碱性耐火材料或中性耐火材料制备的涂料，因为高锰钢出钢后经过二次氧化，在钢水表面有较多的 MnO。它在高温下呈碱性，很容易和石英砂或是含有酸性耐火材料的涂料如石英粉等发生化学反应：

$$MnO + SiO_2 \Longrightarrow MnO \cdot SiO_2$$

反应产物是低熔点的化合物，这种低熔点化合物凝固时使砂粒牢牢依附于铸件表面形成化学粒砂。低熔点物质的产生也促使钢水向型砂砂粒缝隙中渗透，造成机械粘砂。只有采取以上措施，才能防止钢水表面氧化物和铸型之间的作用。

② 镁砂。碱性耐火材料的镁砂，作为型砂可以根本解决粘砂和铸件表面质量问题。镁砂的导热性能好，能增加铸件结晶凝固时的冷却速度，改善结晶组织，提高性能。也可以使用中性的高耐火度的材料，如铬铁矿砂、铬镁砂等，但这些材料比较昂贵。采用石英砂干型，配合碱性耐火材料的涂料，可以解决铸钢厂生产高锰钢铸件的质量问题。

③ 石灰石砂。另一种使用比较多的就是石灰石砂，在近些年来石灰石砂用于铸造高锰钢件取得良好效果。若以水玻璃为粘结剂的石灰石砂作型芯，可以得到光洁的内腔。作型砂可以得到光洁的外表面，清砂也比较容易。不过也有个别厂家使用白云石砂，白云石砂也是

一种碱性耐火材料。

在涂料方面，绝大部分厂用镁砂粉涂料，也有个别厂使用高铝矾土涂料或耐火度更高的铬英石粉涂料。但也有个别厂仍使用含有石英粉的涂料。

（2）铸型的选择 铸型可分为砂型、挂砂金属型和金属型 3 种。具体选用哪种铸型，要根据铸钢的特点及生产条件等因素进行综合考虑。

① 砂型。砂型用于单件小批和结构复杂件。一般采用硅砂或石灰石原砂配制成水玻璃砂或粘土干模砂成型铸造。

② 挂砂金属型。挂砂金属型用于重复生产、壁厚均匀的回转体类大型铸件，采用挂砂 10.0～15.0mm 或挂涂料 2.0～3.0mm 的成型金属型，其壁厚为相应铸件壁厚的 0.8～1.2 倍。

③ 金属型。金属型用于批量大、结构简单的中小铸件。金属型工作壁厚为相应铸件壁厚的 0.6～0.8 倍。

（3）工艺设计参数的确定

① 浇注位置及分型面选择。铸件的使用面和加工面，应尽量处于浇注时的下铸型或下侧立面，铸件的重要部位要全部或大部分处于同一半铸型内，分型面和分模面一致且尽可能为同一平面。

② 加工余量。铸件加工余量可参考表 2-15，结合生产实际加以选择、调整。

表 2-15　高锰钢加工余量　　　　　　　　　　　　　单位：mm

公称尺寸	≤500	501～1000	>1000
加工余量	3～5	5～7	7～8

③ 尺寸公差的选择。外侧装配面宜用负公差，内侧装配面宜用正公差。

④ 加工孔的铸制。铸件有特殊要求，需钻孔、攻丝时，可预先铸入相应尺寸大小的碳素钢芯棒，以利于加工。

⑤ 收缩。铸造收缩率随铸件大小、壁厚和结构复杂程度的不同而不同，在铸件的各个方向往往也有差别。高锰钢件很难加工，通常都是不加工即装配使用，铸件尺寸的偏差、平面度的误差等都影响装配使用，仅仅因尺寸偏差、铸孔尺寸的偏差等就可能使铸件报废。如何得到符合尺寸偏差的铸件，准确控制铸造收缩率是一个很重要的问题。为此必须研究尺寸收缩的规律，确定必要的工艺参数作为生产的依据。

a. 线收缩。收缩分自由（不受阻）线收缩和受阻线收缩，受阻线收缩率低于自由线收缩率，其阻力来自铸型和砂芯。高锰钢铸件在砂型铸造条件下的铸造收缩率为 2.6%～2.7%。但它随铸件尺寸和壁厚的不同而改变，壁愈厚，金属对铸型的热作用愈强。铸型材料受热后失去强度对铸件收缩的抗力会减小，铸件在铸型中有更大的收缩余地，收缩率高，反之则收缩率低。铸件尺寸愈大，收缩时受到铸型和铸件自身所产生的阻碍愈大，收缩率低。反之，形状简单的小件收缩率高。

图 2-13 为高锰钢干模砂铸型时的受阻线收缩

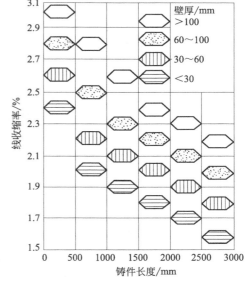

图 2-13　铸件线收缩率图

率，对于水玻璃快干砂由于收缩阻力较小，则线收缩率要比图中数据提高 20％；铸件内径线收缩率见表 2-16，因砂芯制造过程常偏大，故线收缩率小于外模。高锰钢在切削过程中易加工硬化，机加工十分困难，尽可能不经机加工。为保证铸件直接安装，铸件外形宜采用负公差，内孔尺寸采用正公差。小铸孔公差见表 2-17，以此做木样，不用另加收缩率。

表 2-16　铸件内径（砂芯）线收缩率

铸件壁厚/mm	收缩率/％	铸件壁厚/mtn	收缩率/％
30 以下	1.3	60～100	1.8
30～60	1.5	＞100	2.2

表 2-17　小铸孔公差

孔径	≤30mm	30～100mm
公差	+2mm	+3～+5mm

总的来说，高锰钢有较大的线收缩率，对于小件可取 2.4％～3.0％，对于大件可取 2.4％～2.5％，中小型的板形铸件可取 2.5％～3.0％，在砂型铸造条件下一般铸造线收缩率（缩尺）选 2.6％～2.7％。同一个铸件，不同部位，不同方向线收缩不一样，正确选择线收缩率有待生产实践的总结。

b. 体收缩。高锰钢体收缩值较大，在制订铸造工艺时必须足够重视。如铸件在液态和凝固收缩时得不到足够的金属液体补缩，则会产生缩孔或疏松。

在过热度为 50～70℃时浇注，体收缩仪中所测得的各种钢种收缩系数见表 2-18。高锰钢在诸钢种中体收缩系数最大，远高于计算值，必须在制订工艺时给予足够的重视。

表 2-18　各种钢的体收缩系数

牌号	ZG20 ZG25 ZG30 ZG35 2GCr18 Ni9Ti	ZG20CrMo ZG30CrMo ZG35CrMo ZG30CrMnSi ZG35CrMnSi	ZG45 ZG55 ZG1Cr13 ZG2Cr13 ZG40Mn2 ZG15CrMoV	ZG70Cr	ZGCr25Ni2	ZGMn13
体收缩系数/％	0.041	0.045	0.049	0.054	0.057	0.067

注：测定时钢水的过热度为 50～70℃，需保持恒定。

钢水浇入铸型以后，由于液态下收缩和凝固期收缩得不到补缩时产生缩孔，在完全凝固以后的固态下收缩会使缩孔的体积有所缩小，但缩孔体积的相对值，即缩孔体积和铸件体积的比值并不改变。比较各种钢的体收缩系数时必须保持钢水的过热度恒定。当过热度相同时，缩孔和疏松的体积只取决于材料体收缩的特性。

（4）冒口　高锰钢极易产生缩孔，需要设置冒口来增强补缩能力。当冒口从顶部进行补缩时，冒口的直径应为铸件壁厚的 2.5～3.0 倍，冒口高度应为冒口直径的 1.5 倍。以边冒口进行补缩时，边冒口直径为铸件壁厚的 2.5～3.0 倍，冒口高度为冒口直径的 2 倍。边冒口为两个铸件共用时，应适当加大冒口，冒口直径为铸件壁厚的 3 倍。冒口的直径和高度等参数确定之后，与一般钢铸件的工艺设计一样，用铸件的工艺出品率去校核，若工艺出品率过低或过高，应修正铸件的工艺设计。另外，高锰钢铸件冒口的切割很困难，因而不能像一般铸钢件那样使用大冒口改善铸件的补缩。为此不得不采取各种工艺措施改善高锰钢铸件的补缩条件，如使用发热剂、绝热冒口、冒口和冷铁配合、浇注时补浇冒口等。

高锰钢铸件常采用细颈冒口和易割冒口，主要是为了减少去除冒口和机械加工的工作量。易割冒口仅通过易割片上的孔使冒口和铸件相连并进行补缩，冒口截面上的其余部分和铸件的本体之间则被耐火材料制成的易割片分开。它是由耐火材料烧制而成，有较高的强度，也可以用强度高的芯砂制作。用耐火材料烧制者厚度可小些。易割冒口可以有各种类型，可以是顶冒口，从顶部补缩；也可以做成侧冒口。由于易割片的厚度很小，很快就会被浇入铸型的钢水加热到钢水的温度。例如直径为100mm的小暗冒口的割片在2.5min内，即可加热到1460℃。但是由于耐火材料吸收一部分热量，影响冒口中金属的补缩效果，因此易割冒口较相同条件的普通冒口的尺寸稍大些（可增大10%～15%）。易割冒门处于补缩孔处，金属温度最高，此处易产生疏松，因此使用此种冒口时要当心。有些均匀壁厚的中、小型高锰钢件可以使用无冒口的铸造工艺，这可以节约冒口金属，更重要的是简化铸造工艺，尤其是减少切割冒口的工序。

高锰钢的体收缩一般较大，通常采用加冒口的方法进行补缩。采用无冒口铸造工艺也是可以的，原因不是铸件无体收缩的出现，而是对于均匀壁厚的铸件的体收缩，如果工艺控制得当，铸件不呈缩孔的形式出现，而以轴线疏松的形式分布在铸件中。这类铸件在使用中，当壁厚减薄到一定程度时，无论是否磨损达到疏松带，该易损件也应需更换。使用无冒口铸造工艺的条件是：首先铸件断面必须均匀、无热节，如杆形件、板形件等。其次是铸造工艺要控制得当，使铸件进行同时凝固。浇注系统的设置应使金属分散引入型腔，不使金属引入处成为热节。使用无冒口铸造时应尽量降低浇注温度。浇注温度愈低，型腔中钢水的平均温度愈低，液态下体收缩可以减少。无冒口铸造时型腔排气困难，铸造工艺方面应加强排气措施。实践证明，无冒口铸造是可行的。

（5）冷铁　冷铁可局部提高铸型的冷却能力，控制铸件的凝固速度。冷铁按使用方法可分为内冷铁和外冷铁，外冷铁又分为直接冷铁和间接冷铁。冷铁的主要作用在于：在冒口难以补缩的部位防止产生缩孔；加强铸件端部的冷却效果，促使顺序凝固；减轻或防止偏析；防止产生裂纹。

① 内冷铁。高锰钢的一次结晶组织对冷却速度非常敏感，通常冷铁表面的钢水受到激冷作用形成一薄层等轴晶，此时金属内温度梯度较大。随着凝固的进行，树枝晶从等轴晶层上向前生长，并且生长速度逐渐变慢。此时在冷铁之外存在一个液、固的两相区。在两相区中液相数量逐渐减少，冷铁的温度则逐渐上升，接近于钢水的固相线温度。随着时间的延长，金属中温度分布曲线逐渐降低且趋于平缓，冷铁外的结晶前缘处仍有少量的晶体从液体中产生，但由于冷铁已被加热，不具备吸收热量的能力。此时冷铁外在凝固初始阶段形成的凝固层有些被熔化，甚至冷铁也已被部分或全部熔化，此时内冷铁的冷却作用已全部消失，凝固的进行只依靠铸型型壁的冷却作用，这个阶段是否出现与内冷铁材料的熔点及尺寸有关。

内冷铁材料的熔点高、断面尺寸大，而浇入的钢水温度低，成分扩散较慢，则在使用的内冷铁周围会形成柱状晶区，使铸件断面上既有从铸型型壁一侧生长的柱状晶，又有从内冷铁一侧形成并向外生长的柱状晶。平行的柱状晶之间以及内外两个方向生长的柱状晶带之间必然有夹杂物、杂质的富集区，形成显微缺陷较多的区域，严重恶化性能，容易出现裂纹。

高锰钢很少使用内冷铁，虽然碳钢内冷铁使用比较普遍，特别是在大型铸钢中，但碳钢内冷铁和铸件金属的化学成分、物理性能相差过大，很难保证冷铁和铸件金属之间熔合良好，铸造时容易出现裂纹。碳钢的熔点远高于高锰钢，冷铁和高锰钢铸件金属之间难以熔合。碳钢的收缩系数远低于高锰钢，冷却收缩时两种金属之间收缩速度和收缩量的差别会产生内应力，会导致铸件凝固后冷却过程中出现裂纹，特别是在水淬时冷却速度高，很容易开裂。所以，在高锰钢铸件中使用内冷铁就会产生裂纹。

在实际应用中，理想的情况是使用和铸件金属成分相同的高锰钢内冷铁，而且需要专门铸造高锰钢内冷铁。这在生产中是很困难的，而且铸造冷铁尺寸不适合时也很难加工。在使用高锰钢内冷铁时，由于高锰钢的浇注温度低，钢的导热性差，也不容易完全熔合。

② 外冷铁。高锰钢铸造一般采用外冷铁，以控制凝固顺序，细化基体组织，防止疏松，还可以改善结晶组织，提高铸件致密度和性能。外冷铁在高锰钢中应用较为普遍，和冒口配合可以得到较为致密的铸件。

a. 直接（不隔砂）外冷铁。直接外冷铁用于铸件壁厚 35～60mm、厚度均匀、质量不大于 100kg、结构简单的板状铸件，如衬板、齿板等。一般不用冒口，只在其下型（使用面上）直接放置成型外冷铁，与浇冒口配合，扩大冒口有效补缩距离和提高补缩效率，造成冒口方向的顺序凝固。

b. 间接（隔砂）外冷铁。间接外冷铁用于铸件壁厚大于 100mm 的铸件，为避免使用直接外冷铁时在冷铁之间出现裂纹或冷铁熔焊在铸件上的缺陷，改用隔砂 10～15mm 的隔砂外冷铁。

外冷铁尺寸与铸件相应截面厚度的关系，可参考表 2-19 数据，对外冷铁的技术要求是，直接外冷铁工作面应光洁，无铁锈。使用时应刷涂料，并与铸型一起烘干；外冷铁摆放间距为 20～25mm，纵横间隙应互相错开，避免因形成规整的冷却弱面而导致冷铁间铸件形成裂纹。

表 2-19　外冷铁尺寸与铸件相应厚度的关系

冷铁类别	材料	铸件相应截面厚度	冷铁厚度 T	冷铁长度 L
直接外冷铁	铸钢、锻钢	δ	$(0.6～1.0)\delta$	$(2～2.5)T$
间接外冷铁	铸钢、铸铁	δ	$(0.8～1.1)\delta$	$(2～2.5)T$

为使冷铁激冷能力逐渐过渡，一般外冷铁用边做成 45°斜面。高锰钢铸件经常使用外冷铁，外冷铁能加大冷却速度，强化传热方向，使用不当会形成柱状晶。如浇注温度过高还会形成穿晶，一般情况下，外冷铁一定要覆砂。

(6) 浇注系统　高锰钢通常采用开放式浇注系统，避免和预防型腔内部局部过热，以防止热节的形成或阻碍铸件收缩，避免引发裂纹。

一般简单薄壁件采用同时凝固原则，宜以较多扁薄截面的内浇口，均匀、分散、平稳地导入钢液，不设置冒口，但需在内浇口的对面或侧面多开设出气孔。

对于厚大铸件采用顺序凝固原则，尽可能用隔片冒口，内浇口切向进入冒口，以提高冒口钢水温度，增加冒口补缩效率，但应避免因温差大、引起过大的内应力，使铸件产生变形和裂纹。另外，当隔片冒口不能满足铸件补缩需要时，则采用切割冒口。冒口位置，一般应避开铸件使用和加工面，并尽量采用边、侧冒口。

在进行浇注系统的设计与计算时，通常要以浇注包的类型为依据。如果用塞杆包，钢液从包的底部由液口进入铸型，钢液洁净，对浇注系统无挡渣要求，浇注系统设计成开放式，让钢液平稳地流入铸型。转包浇注，钢液与浮渣容易同时流入铸型，故需要对浇注系统提出挡渣要求，所以浇注系统设计成封闭式或半封闭式。半封闭式的浇注系统，既能起到挡渣作用，又能使钢液平稳地充型，减少铸造缺陷。

在常规铸钢件生产中，小于或等于 200kg 铸钢件一般可采用转包浇注，而大于 200kg 的铸钢件都采用塞杆包浇注。小于或等于 200kg 铸钢件转包浇注的浇注系统尺寸可查阅相关技术手册，但大于 200kg 铸钢件转包浇注的浇注系统，则需要根据流体力学理论做出初步设计与计算，并经过多次生产实践的验证与修正，才能最终确定。

(7) 浇注工艺 高锰钢铸件浇注温度不宜过高，其原则应是在保证得到良好铸件外形的前提下，尽量降低浇注温度。浇注温度又不宜过低，过低会造成铸件轮廓不清晰，浇注不足以及因排气不良形成气孔等缺陷。浇注温度过高会造成粗晶组织和柱晶组织，碳化物粗大及出现显微疏松等一系列组织缺陷，降低铸件强韧性，增加铸件裂纹，降低耐磨性，增加铸件在服役中的先期断裂等一系列事故。

当浇注温度相同，铸件壁厚相同，铸型蓄热能力和导热性差异会改变钢液温度在型腔内的分布特性。在冷却速度很大时，从型壁到中心钢液温度梯度大，型壁传热方向性强，有利于柱状晶区形成。当冷却速度慢时，钢液在型腔内温度分布的梯度小，传热方向性也弱，则有利于等轴晶形成。随着铸型冷却能力的提高，有利于柱状晶形成，尤其是浇注温度较高时，柱状晶发展得更严重，并形成穿晶组织。

浇注温度受出钢温度限制，出钢温度＝浇注温度＋出钢时包中温降＋镇静时包中温降。浇注时间由铸件具体情况而定。对薄壁件、复杂件宜采用快速浇注，以避免浇不足。如铸型上表面有较大平面（如衬板、齿板），也宜采取快速浇注，以免铸型上平面时间过长被钢液高温烘烤产生起皮、夹砂等铸造缺陷，一般中小件浇注时间参考表 2-20。

表 2-20 铸件浇注时间

铸件质量/kg	浇注时间/s	铸件质量/kg	浇注时间/s
＜100	＜10	500~1000	＜60
100~300	＜20	＞1000	全流浇注
300~500	＜30		

钢液倾入浇包后要带渣镇静，这时非金属夹杂物将上浮至渣中被吸收，钢液变得洁净。表 2-21 给出了镇静时间。镇静完毕方可浇注，塞杆包一般钢渣混出，包顶部覆盖一层厚厚的高温熔渣，采取镇静净化工艺绝无困难。但对感应炉冶炼转包混注，镇静工艺有困难，主要是炉渣少，炉渣温度低，很难覆盖全包钢液，即使镇静也不能全面捕获钢液中非金属夹杂。为此，出钢完毕后在包中钢液面上立即覆盖一层（厚约 20~30mm）膨化珍珠岩，珍珠岩熔点低（1300℃），形成熔渣，吸收钢液中上浮的非金属夹杂。到达镇静时间立即扒渣。浇注时在包嘴盖上一块硅酸铝耐火纤维挡渣。

表 2-21 镇静时间

包中钢液质量/t	1	3	5	10
镇静时间/min	4	6	8	10

钢水一般从炼钢炉倾入陶瓷塞杆底注钢包中，然后再浇入铸型，浇注时为了不使上箱和型芯受到钢水的浮力作用而抬起，应加压铁固定。尽可能贯彻"低温快浇"原则，严格控制出钢浇注温度，要有足够的浇注速度，减少浇注过程中钢水的二次氧化，并要与浇注温度、铸型结构、浇注系统的布置相适应。另外，为改善流动、充型和补缩状况，增加钢液上升速度，减少夹渣，对有大表面积的铸件，如大型补板、斗底门等，采用倾斜浇注。

(8) 冷却工艺 铸件在浇注凝固后，必须及时松箱，拆除砂箱紧固螺栓和吊走压铁，以减少收缩阻力，对减少铸件裂纹大有好处。必要时还需将冒口附近的型砂去掉，以免过大地阻碍铸件收缩，导致裂纹产生。当然，松箱也不宜过早，过早会导致铸件变形。图 2-14 给

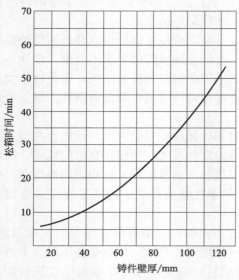

图 2-14 高锰钢铸件的松箱时间曲线图

出了铸件壁厚和松箱时间的关系图。

高锰钢导热性能差，收缩大，铸态强度低，铸造应力大，故高锰钢落砂出箱时间应比碳钢件长，特别是形状复杂厚大铸件应低于 200℃。对于形状简单的铸件，出箱时间可适当缩短。一般情况下，简单、薄壁铸件的出箱温度应低于 400℃。一般复杂程度的铸件，其出箱时间可以参考苏联诺契克工厂的经验公式

$$\tau = (2.5 + 0.075\delta)K \qquad (2\text{-}2)$$

式中　τ——从浇注到出箱的时间，h；

　　　δ——铸件代表性的壁厚，mm；

　　　K——与浇注温度（t）有关的系数。

当 $t \leqslant 1400℃$ 时，$K = 1.00$；$t = 1400 \sim 1450℃$ 时，$K = 1.10$；$t = 1455 \sim 1460℃$ 时，$K = 1.153$；$t > 1465℃$ 时，$K = 1.25$。表 2-22 为出箱时间与铸件质量和壁厚的关系，可供参考。

表 2-22　高锰钢铸件出箱时间与质量和壁厚的关系

铸件质量 /kg	出箱时间/h			铸件质量 /kg	出箱时间/h		
	铸件壁厚/mm				铸件壁厚/mm		
	<30	30~75	75~150		<30	30~75	75~150
<50	4	8	12	1000~1200	16	32	38
50~200	6	12	14	1200~1400	18	36	44
200~400	10	16	18	1400~1600	20	40	48
400~600	12	18	22	1600~1800	22	42	52
600~800	12	22	26	1800~2000	24	42	56
800~1000	14	26	32				

（9）铸件的清理　高锰钢铸件在开箱之后，需要必要的切割与清理。由于高锰钢在性能和组织上的特殊性，如钢的导热性低、热胀系数大、铸态组织中有大量网状碳化物、性能很脆、铸态切割时极易开裂等，使切割产生一系列的问题和困难。采用悬挂砂轮机进行冷态切割，去除浇口、冒口及飞边毛刺较为理想，但有着生产效率较低、劳动强度大及工作环境差等特点，所以一般采用氧乙炔火焰进行热态切割。

高锰钢铸件经过热处理后虽然钢的塑性、韧性大为提高，但采用氧乙炔火焰进行热态切割时，铸件受热又会使碳化物析出，在切口附近钢的成分、组织和性能有较大的变化，使钢变脆，也容易开裂。高锰钢铸件在切割之后的表面常常有网状裂纹，深度大约 5mm 以下，高锰钢的切割工艺是较难的。

铸态下由于组织和性能极不均匀很难切割。在铸态下进行切割，切割后放入炉中加热到 1050℃保温水淬，也会发现切口处有裂纹；将铸件预热到 300~800℃进行热状态下的切割，切割、空冷后，观察切口表面没有裂纹，但在热处理之后在切口表面仍出现网状裂纹。这两种情况下的裂纹虽然都是在热处理后才发现，实际是在铸态下切割时已经形成。经过热处

理，切口表面的氧化皮脱落，裂纹才暴露出来，铸态下切割时所形成的微小型纹有可能在热处理过程中扩大。这是由于热处理过程中加热和水淬激冷时热应力的作用；另外则是由于高温时切口表面严重脱碳，锰含量也降低，水淬后形成大量的马氏体，使钢变脆，在应力作用下裂纹扩展所造成的。

切割时，往往由于低熔点共晶，如磷共晶或是其他低熔点物质在高温下熔化，在切割后冷却过程中受到拉应力，这种拉应力是内于火焰切割时受热不均，切口处最后冷却收缩受到周围温度较低的区域的牵制而造成的。其结果是晶间的共晶薄弱区在应力作用下被拉裂，因此钢的化学成分对切割过程中裂纹的形成有显著影响。

高锰钢铸件浇冒口切割和缺陷焊补处的切割，应注意以下特点，以减少铸件裂纹的产生，保证铸件的质量。

① 切割铸件冒口时，可浸在水中，冒口部分外露，以防铸件本体受热后升温。切割后冷却到 950℃ 以下时应尽快冷却，切割面应用砂轮打磨掉 4～5mm 厚度，以防有裂纹残存，并通过打磨去掉有大量马氏体组织的表面层。此种方法用于经过热处理的铸件。

② 切割铸态高锰钢铸件时，可以使用热切割的方法。在红热状态下铸件打箱，500～700℃ 时热切浇冒口。切割之后在热处理之前应用砂轮将切割面打磨掉一层（厚度小于 5mm）。

③ 热处理时热切割。此种方法是铸件加热到 500～700℃ 时进行热切割，切后打磨切割表面，然后立即入炉继续升温。这种做法和铸态时热切割相比可以减少一次加热的工序。

用氧乙炔焰切割高锰钢铸件浇冒口的原则是：尽量减小热影响区，切割操作一次快速完成，避免反复切割，反复修整，以减少铸件裂纹及防止碳化物的更新析出。

目前，对大型高锰钢铸件多采用水浸铸件切割，如果能做到切割之后先缓冷再快冷，则切割的质量可以大大提高。对不能浸没在水中进行切割的铸件，在切割时应用流水对切割过的部位及时地进行冷却。受到氧乙炔焰切割的表面应再磨削掉 3～5mm，以消除在切割中产生的微裂纹和受热影响区组织性能变坏的金属层。

(10) 铸件的修补　若铸件的表面存在缺陷，通常切割清理之后进行焊补。由于高锰钢的化学成分和组织以及性能的特殊性，其焊接和焊补是较困难的。高锰钢的线收缩率较普通碳钢大 1 倍多，而导热性能则远远低于一般的钢种。在焊接和焊补之后它的热影响区范围内的温度分布也极不均匀。在热影响区内的组织发生较大的变化，有大量碳化物析出，使金属变脆，冲击韧性明显下降，即使焊后立即淬入水中也难以达到材料原有的性能。

高锰钢铸件焊补时必须尽量使焊补的金属冷凝时也得到奥氏体组织。只有在焊接金属冷凝后成为奥氏体组织并且尽量减小热影响区，减少奥氏体组织的分解量，减少焊接金属热裂的条件下才能够保证高锰钢铸件在焊补后的质量。在高锰钢铸件焊补时，应注意以下几个问题。

① 高锰钢铸件焊补时不能用一般碳钢件焊条，否则焊缝处形成马氏体组织。焊条的成分应保证焊缝、过渡区均为奥氏体组织。生产中常选用含锰较高的焊条或是低磷的镍锰焊条。

② 焊条直径应较小，电流尽量小且稳定，以保证焊透，减小热影响区的宽度和深度，见表 2-23。使用直流焊接时，焊条应接于正极，否则铸件受热严重，难以焊透。

表 2-23　焊条直径和电流大小的关系

焊条直径/mm	2	2.6	3.3	4.1	4.9	6.4
电流/A	30～50	55～80	75～100	100～150	150～190	175～225

③ 在焊缝处进行锤击，可以形成金属内部的压应力，在一定程度上可以抵消拉应力的作用，减少热裂发生的可能性。

④ 焊补铸件表面缺陷之前应将表面清理干净，打磨掉一层，表面不可有锈蚀、油污等。铸件应先经过水韧处理，在焊补之前不可预热。

2.1.4 高锰钢铸造方法

(1) 消失模法铸造工艺 消失模法铸造利用聚苯乙烯泡沫塑料作一次性模样，采用不含任何添加剂的干砂造型，在浇注和凝固期间铸型保持一定的负压度。采用该工艺，可获得表面光洁、尺寸精确、无飞边、组织致密的铸件，在生产抗磨铸钢件方面具有显著的优越性。工艺流程图见图 2-15。

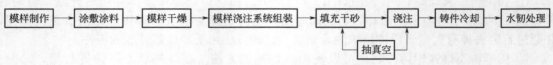

图 2-15 消失模法铸造工艺流程图

① 消失模的制作。消失模法铸造铸件的尺寸精度和表面光洁度取决于泡沫塑料模样的质量。对泡沫塑料板材的要求是：具有较好的内在质量，不允许有夹生和疏松缺陷；强度和表面刚性好；密度一般在 $0.015\sim0025g/cm^3$ 范围内。模样采用电热丝切割，手工打磨的方法制作。

② 涂料及涂挂工艺。在消失模法铸造中，泡沫塑料模样和浇注系统的外表面须涂挂涂料。如采用水基涂料，关键是解决水基涂料与模样润湿性差、涂料不易涂挂的问题，在配制涂料时，通过添加适当的表面活性剂和其他附加物，能够较好解决涂料与泡沫塑料不润湿的问题。最终要求制备的涂料涂挂性好，强度高，具有一定的透气性。

在进行涂料的涂敷时，可以用淋刷法涂敷大型铸件，小型铸件采用浸涂的方法。同时，涂层厚度是影内铸件质量的一个重要因素，最佳的涂层厚度取决于铸件大小和复杂程度，涂层厚度通过调整涂料浓度，涂敷次数和涂敷操作控制，一般涂敷 3 次，厚度控制在 0.5～3mm 左右。然后在 40～50℃ 的条件下进行干燥。

③ 埋砂。消失模法铸造采用无粘结剂的干砂造型，主要要求铸型具有良好的透气性和均匀、足够的紧实度。型砂选用单一石英砂，型砂粒度为 0.360～0.210mm（40～70 目）。型砂在使用过程中应控制温度，防止温度过高而使模样变形。型砂温度应低于 50℃。埋型时，铸件下凹和槽孔尽可能放置在上面和侧面。若必须放在下面时，则下凹处必须人工捣实型砂。每箱放置铸件数根据铸件的大小，一般间距控制在 100～300mm 之间，铸件周围均匀布置抽气软管，保证铸型紧实度均匀。

④ 负压浇注。消失模法铸造在浇注及冷却期间，铸型必须保持一定的负压度。铸型的强度与负压度有密切关系。铸型负压度大于 0.025MPa 时，铸型就可以保持足够的强度和稳定性。试验用真空罐的真空度为 0.08MPa，浇注过程中降低到 0.06MPa。浇注后根据铸件大小和壁厚，确定延后抽真空时间，以便使铸件在负压下凝固，防止铸件产生胀箱缺陷。对于中等厚度（20～30mm）的铸件，一般为 3～5min。

⑤ 铸件的热处理。高锰钢铸件为获得单一奥氏体组织，均需进行水韧处理。由于高锰钢在固态下无相变，热处理不能改变高锰钢的晶粒度。而干砂实型铸造可以任意控制开箱时间，操作非常方便，使铸件在比较高的温度下开箱，直接入水水淬。具体过程是：铸件浇注后冷却一段时间，干砂呈松散状态，待铸件冷却到 1100℃ 左右从砂箱中抬出，入水急冷。

通过试验表明，该工艺对于负压实型铸造高锰钢铸件是可行的，如果工艺因素控制适当，铸件符合高锰钢质量的要求。

高锰钢冷却过程中直接水淬工艺，主要影响因素是铸件的开箱时间和入水时间。在试验时，根据铸件的大小和壁厚，估算铸件的凝固时间和冷却速度，从而得出自浇注完至冷却到1100℃的时间，最终通过试验确定出合适的开箱时间，以保证铸件在高于950℃入水，防止碳化物的析出，降低高锰钢铸件的韧性。

综上所述，消失模法铸造生产高锰钢铸件很能显示出其工艺的优越性，解决了其他铸造方法难以解决的问题。工艺特点如下：

a. 铸造工艺设计时，不需拔模斜度和起模分型面，铸件尺寸精度高；由于表面刷有涂料，所得铸件表面光洁度可达熔模铸造水平；由于铸件在铸型中可任意放置，浇注系统开设灵活，冒口和冷铁放置方便，且有负压吸力的作用，对铸件补缩有利，可减少或消除铸件内部缩孔和疏松。

b. 高锰钢抗磨铸件，单件小批量生产时，不用制作木模，生产成本低，生产周期短。大批量生产的衬板、颚板类铸件，难以机械加工，一般为毛坯直接使用，要求铸件尺寸形状准确，特别是锁孔的间距要求严格，细小的孔槽必须铸出，因而适宜用负压实型铸造工艺。

(2) 高锰钢的悬浮铸造 悬浮铸造是 20 世纪 60 年代由苏联研究成功的一种控制铸件凝固过程，减少或消除铸件缺陷，改善其组织和性能的铸造工艺。在浇注过程中，将一定量的金属粉末或颗粒加到金属液流中混合，使其与液流一起充填型腔。经悬浮浇注到型腔中的是含有固态悬浮颗粒的悬浮金属液。悬浮剂是悬浮铸造的关键，其作用有冷却、孕育和合金化。对悬浮剂的基本要求如下。

① 悬浮剂的化学成分必须满足铸件最终化学成分要求；

② 悬浮剂中的有害元素（硫、磷、氧）和非金属夹杂物（SO_2、CaO、Al_2O_3）含量要低；

③ 悬浮剂的粒度取决于铸件大小、平均厚度、形状、浇注温度及悬浮剂本身的熔点等工艺参数；

④ 悬浮剂颗粒形状应为球形或近似球形；

⑤ 悬浮剂水分低于 0.25%（质量分数），且表面无锈、无油。

下面以铁＋钛铁＋稀土悬浮剂为例介绍高锰钢悬浮铸造的特点。

采用 80.0%（质量分数）纯铁粉＋10.0%合金铁＋10.0%稀土合金组成的复合悬浮剂，对高锰钢进行局部悬浮铸造。悬浮剂中的合金铁成分：铬铁 80.0%，钛铁 12.0%，硼铁8.0%。悬浮剂的适宜加入量为悬浮部位高锰钢钢液质量的 4.5%～6.0%；悬浮剂的适宜粒度为 0.5～1.0mm。

用水玻璃干砂型，采用开放式浇注，浇注温度为 1330℃，等砂型冷却后打箱落砂，取出铸件。然后采用 1050℃（2h）水韧处理工艺。从表 2-24 和表 2-25 可知，经悬浮铸造的高锰钢，综合力学性能得到提高，从而使高锰钢的耐磨性也得到提高。

表 2-24　悬浮铸造高锰钢的强度、硬度及韧性

试样	σ_b/MPa	σ_s/MPa	冲击韧性/(J/cm²)	硬度 HB
未悬浮高锰钢	612	378	136.0	207
悬浮铸造高锰钢	737	411	157.2	252

表 2-25　悬浮铸造高锰钢的耐磨性

试样	磨损量/g	抗磨系数
未悬浮高锰钢	0.082	1
悬浮铸造高锰钢	0.044	1.86

注：磨程 20.26m，磨料采用 180 号棕刚玉砂布，载荷 20N。

（3）高锰钢 VRH 铸造　VRH 法是一整套铸件生产工艺，从设备上看可分为铸件生产部分和砂再生部分，VRH 法的核心设备是真空硬化部分，它通过控制二氧化碳的通入量，控制产品的硬度和表面质量以达到要求。而且不仅节约了二氧化碳和水玻璃的用量，还使砂再生的效果更好，降低了成本，实现了节能增效。在环境保护方面也起到了很好的作用。在生产中用水玻璃作粘结剂，无挥发气体，无腐蚀，不污染，工作环境好。

水玻璃砂因其具有粘土砂不具备的优点，曾在世界各国铸造业广泛应用。但它存在溃散性差的缺点，导致落砂性能差、砂再生困难，因而阻碍了它的进一步发展。VRH 法是解决水玻璃砂溃散性的有效途径之一。

在 VRH 法中，当水玻璃加入量为 2.5%～3.0%时，在一定的负压下硬化放置 2h 后，试样强度应为 1.5MPa，表面稳定性大于 85%。

VRH 法同水玻璃砂法相比，在水玻璃加入量相同时强度高 1～2 倍。这是因为在水玻璃砂中，水玻璃的粘结能力只发挥了 10%左右。在 VRH 法中，除化学硬化外，增加了脱水硬化，即在抽真空的过程中，由于硅酸盐快速脱水而迅速硬化，所以铸型强度比水玻璃砂法高。

使用国产镁橄榄石砂（55/100）及水玻璃（水玻璃模数 M 为 2.1～2.2，48～52°Bé），水玻璃加入量为 2.5%～3.5%，试样在真空硬化后放置 2h 的强度目标值为 1.5MPa，表面稳定性目标值大于 85%。水玻璃加入量及开箱时间（开箱时砂温）是影响溃散性的两个主要因素。当水玻璃加入量相同时，随开箱时间的延长，铸型溃散性改善。用镁橄榄石砂作原砂，加入 3.5%的水玻璃，开箱时间在 24h（温度在 200℃左右），溃散性良好，砂芯出砂率达 85%。若在 16h 开箱砂芯出砂率只有 60%～70%。

VRH 法水玻璃加入量比水玻璃砂法减少了 1/2，因此原砂同水玻璃混制均匀就很重要。水玻璃应该形成一个很薄的水玻璃膜，将砂粒包覆起来，砂强度才能提高。用 VRH 法铸造大而复杂的高锰钢铸件，用国产镁橄榄石面砂及水玻璃，在一定的工艺条件下，铸件表面质量、尺寸精度都很好，而且节约水玻璃，并改善了劳动强度及劳动环境。

2.1.5　高锰钢热处理

高锰钢热处理的目的就是根据其化学成分和使用要求，选择最佳处理热工艺以求得理想的组织和性能。可以说适当的化学成分和热处理是保证高锰钢的组织和性能的前提，当化学成分改变时热处理也应适当调整。高锰钢的热处理有两种：

其一为单一固溶处理，即水韧处理。这种热处理是将高锰钢加热到 Ac_{cm} 以上温度保温一段时间，使铸态组织中碳化物溶解，得到化学成分基本均匀单相奥氏体组织。然后淬入水中快速冷却得到过冷奥氏体固溶体组织。

其二为固溶＋时效处理，即经固溶处理的高锰钢再在一定温度下进行人工时效，让碳化物在奥氏体基体上弥散析出。碳化物是硬质点抗磨相，它的弥散析出只要形状、大小、分布合理，就不会降低高锰钢韧性，反而能提高高锰钢抗磨料磨损能力。

（1）水韧处理工艺

① 水韧处理温度。对于高锰钢加热的温度的确定，应从碳化物的充分溶解、奥氏体适

宜的晶粒度、钢中化学成分尽可能均匀方面考虑，从而得到最佳的力学性能，防止过热组织出现。

渗碳体型的碳化物溶解过程是碳从碳化物中向奥氏体中扩散，原来渗碳体相的铁原子自扩散并形成面心立方的奥氏体。$(Fe，Mn)_3C$ 型碳化物中碳原子和其他原子之间作用力较弱，扩散过程容易进行，溶解速度较快。

对于含有铬、钼、钒、钛等碳化物形成元素的高锰钢，在组织中会有特殊碳化物，其溶解较困难，温度要高些。上述合金元素在钢中存在的形式与这些元素和碳之间的结合能力有关，也与合金元素在奥氏体中的溶解度及在渗碳体型碳化物中的溶解度有关。例如铬含量低于 3% 时，它可以固溶于奥氏体中，也可以形成铬的碳化物（其中有一定数量的铁）。钛、钒、锆等容易形成特殊的碳化物，它们在 $(Fe，Mn)_3C$ 中溶解度很小。这些元素的碳化物在钢的组织中往往成为独立的相，在这种特殊的碳化物中不含铁。碳化物溶解时，有碳原子的扩散，有合金元素原子的扩散以及铁原子的自扩散。这几个过程都是比较慢的。碳原子和钒、钛原子的结合力较强，使碳的扩散过程难以进行。出于上述原因，加入上述合金元素的高锰钢的加热温度应较一般的高锰钢提高 30～50℃。

图 2-16 表示不同碳含量对水韧处理温度的影响（钢的成分：11.8% Mn，0.68% Si，0.012% S，0.086% P；保温时间 1h）。冲击韧性随着碳含量的增加在各种温度下都下降，其中降低最多的是 1250℃线，在这么高的温度下，碳含量增加时出现了过热组织，奥氏体晶界上出现碳化物。800℃、950℃时的冲击韧性明显低于 1050℃、1150℃、1250℃，其中 1150℃时效果最好。

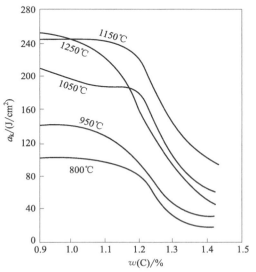

图 2-16　不同碳含量高锰钢在不同固溶处理温度时的冲击韧性

图 2-17 是以 20℃和 -40℃的冲击韧性比值作为钢冷脆性指标测得的曲线。综合图 2-15 和图 2-16 可知，1050℃和 1150℃的水韧处理温度对较宽范围的碳含量（0.9%～1.4%）都是适宜的。高锰钢晶粒在高温下容易长大，温度在 1120℃以上有明显长大趋势，当温度高于 1150℃时组织明显粗大。图 2-18 是水韧温度对高锰钢冲击韧性和硬度的影响。

实践表明，对不含其他合金元素的常规成分的高锰钢的水韧处理温度以 1050～1100℃ 最为合适。

② 水韧处理保温时间。在保温阶段内希望碳化物全部溶解，成分尽可能均匀。确定保温时间要考虑的主要因素是：铸件的壁厚、水韧处理的温度、钢的化学成分、铸件结构特点、铸件结晶凝固的特点等。生产实践中，在保温时间和上述各种因素之间建立定量关系，其经验公式为：

$$\tau = 0.016\delta[1.27(C+Si)] \tag{2-3}$$

式中　τ——保温时间，h；

　　　δ——壁厚，mm；

　C，Si——钢中碳、硅含量，%。

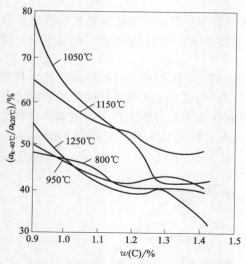

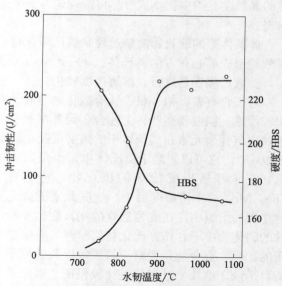

图 2-17　不同碳含量高锰钢在不同固溶
　　　　处理温度时钢的冷脆性

图 2-18　不同水韧温度对高锰钢冲击
　　　　韧性和硬度的影响

钢中碳和硅含量高，碳化物数量增加；钢中钼、钒、钛合金使碳化物难以溶解；枝晶间偏析的块状碳化物难以溶解；浇注温度高，析出粗大块状或晶间网状碳化物。以上这些碳化物的数量、形状、难溶程度等不利于自身溶解时，保温时间也要适当延长。

在较低温度下，含有合金元素的渗碳体型碳化物和合金元素的特殊碳化物长时间保温，碳化物也难以完全溶解或根本不溶解。这时，为使铸态组织中碳化物完全溶解，提高温度比延长保温时间要好。

③ 水韧处理的加热速度。加热时在温度低于 400℃ 的范围内，铸态组织中没有明显变化。450℃ 左右开始有针状碳化物析出。500℃ 时碳化物数量明显增加。大约在 550℃ 时碳化物析出量最多。到 600℃ 时针状碳化物的长度逐渐变短但片层变得宽厚。700℃ 以上铸态组织中的碳化物逐渐溶入奥氏体中。开始时是晶内针状碳化物先溶解，800℃ 时晶内碳化物大部分消失了，只是在晶界上和晶界附近尚有未溶的碳化物。850℃ 以上晶界上的碳化物因逐渐溶解而变细、变窄成为断网状。900℃ 以上晶界上残余的碳化物逐渐消失并成为孤立的集聚状态。这种未溶的碳化物随着温度的升高而逐渐缩小，950℃ 以上即全部溶入奥氏体中。

在加热过程中在 550～560℃ 发生共析转变，形成珠光体。开始时在碳化物的周围奥氏体分解。以后逐渐扩大范围。开始时形成的珠光体是层片状，温度升高时趋于粒状。加热到共析转变湿度以上，珠光体型的组织会发生奥氏体的重结晶。这个过程是一个在相界面上奥氏体核心形成和长大的过程。重结晶的过程奥氏体晶粒可以有一定程度的细化。但是在通常的热处理升温速度的条件下，铸态组织中的奥氏体不可能全部分解，因此这个细化作用是不明显的。而且经过高温保温阶段之后往往高锰钢的晶粒还有所长大，甚至在热处理之后的组织较铸态还要粗大。

由于高锰钢的导热性低、热胀系数高，加以铸态组织中有大量的网状碳化物，钢很脆，加热时很容易因应力而开裂。特别是在铸件中有残余应力时，此种应力和加热时的临时应力往往符号相同，互相叠加，应力值大为增加，在应力的综合作用之下使铸件出现裂纹。为此，必须注意铸件入炉温度和加热速度。

入炉温度取决于高锰钢的尺寸、重量、结构的复杂程度和钢中碳含量等因素。加热过程中温度低于700℃时最危险，因低温时钢很脆。

升温到650～670℃时保温一段时间，以便使温度均匀，消除部分应力。保温时间长短视铸件大小而定，一般在1～3h。但简单的小型件也可以不保温。

加热速度根据具体情况，低者可以低于50℃/h，厚大件可以在35～50℃/h，多数件可以在80～100℃/h。温度升高到650～670℃以上金属已处于塑性状态，这时可以快速升温。例如可以以70～90℃/h甚至150℃/h的速度升温。由于高锰钢的导热性能是随温度的升高而提高的，所以700℃以上允许以更快的速度升温，以缩短热处理时间。

为防止形成裂纹，磷含量、碳含量和升温速度之间应综合予以考虑。在700℃以下，升温速度和碳、磷含量之间关系见图2-19。碳、磷含量增加时，升温速度应相应降低。在图中横坐标给出的是升温速度应降低的百分数。

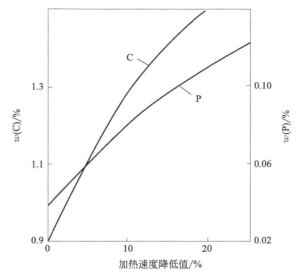

图 2-19 碳、磷含量和加热速度之间的关系

④ 水韧处理中的冷却。高锰钢经高温保温阶段后，要以尽量快的速度冷却，以使高温得到的单相奥氏体组织保持到常温，通常采用的方法是水淬。高锰钢在960℃以后可能会析出共析碳化物。但在该温度下冷却速度很快时，连续冷却曲线可以避开奥氏体的等温转变C曲线，与共析转变C曲线和碳化物析出曲线均不相交，这样就可以得到单相奥氏体组织。

高锰钢铸件加热到最高温度保温后水淬前温度过低，组织中会析出碳化物。析出碳化物首先在晶界上出现。这种碳化物在水淬时被保留下来，除非经过重新加热处理否则不可能消除。析出碳化物使钢变脆。当它的数量较多时，在激冷的收缩应力作用之下会使铸件在晶界处出现淬火裂纹。因此高锰钢铸件在出炉后应尽快水淬。出炉至水淬的时间间隔在生产条件下要求不超过20～30s。

水淬时冷却速度不足也会在冷却过程中在奥氏体中析出碳化物。用高锰钢制作电铲铲齿，为保证得到单相奥氏体组织，水淬时冷速应达到30℃/s。在水淬池中水量应为处理的高锰钢铸件质量的8倍以上。

一般生产中规定水淬前水温低于30℃，水淬之后水温低于60℃。为使水淬时有更好的散热条件，常在水淬时向池内吹入压缩空气。或是设法使铸件在水池中往返移动，以加快传热过程。水淬池中应定期更换冷却水，并设法使水循环流动。

水韧处理后，可根据铸件要求和复杂程度适当进行回火，但回火温度不应超过 250℃。

⑤ 水韧处理中晶粒的细化。晶粒越细，抗拉强度越高，塑性越好。高锰钢的铸态组织粗大，不均匀固溶处理后也常常是粗大的组织，晶粒度一般均在 1 级左右，甚至较 1 级还粗。同时晶粒很不均匀，在同一截面不同部位的晶粒度可以相差 1～2 级。细化结晶组织，是提高高锰钢力学性能的有效途径。由于高锰钢的一次结晶组织对浇注温度极为敏感，浇注温度又大部分偏高，结晶组织粗大，比较难控制，为此通过热处理改变二次结晶组织，即进行细化晶粒的热处理。

细化晶粒的热处理是使珠光体型组织升温进行奥氏体重结晶的过程，使晶粒得到细化。当温度超过 A_1，在渗碳体（高锰钢中为含锰的渗碳体）和铁素体的界面上开始出现奥氏体的核心。形核的速度取决于温度和珠光体型组织的分散度。分散度愈高，相界面积愈大，形核概率愈高。奥氏体核心形成之后在铁素体方向上长大，其长大过程是靠渗碳体和铁素体的相界面向铁素体中推进，铁素体不断向奥氏体中溶解而实现的。在渗碳体方向则是渗碳体的不断溶解和奥氏体与渗碳体的界面不断向渗碳体方向的推进来完成的。这样奥氏体的核心不断长大，而铁素体和渗碳体不断减少。

在奥氏体的形核相长大过程中，不断地进行铁原子和碳原子的扩散。在奥氏体向渗碳体一侧长大的过程中，由于渗碳体的不断溶解，奥氏体中的碳含量不断增加。奥氏体向铁素体一侧生长时，铁素体不断向奥氏体内溶解，使奥氏体的碳含量降低。根据平衡图，奥氏体必须同时向两个方向长大。实验证明，由于晶格结构特点和化学成分的差别，奥氏体在铁素体一侧的生长速度更快一些。铁素体先消失，这时会有少部分渗碳体残留下来，尤其是当高锰钢中含有其他形成碳化物的合金元素时，这个现象就更明显些。由于和渗碳体相邻的部位碳的浓度高，而原来存在铁素体的部位碳的浓度低，在奥氏体中进行碳的扩散。这个扩散过程使和渗碳体相邻的奥氏体的碳浓度降低，渗碳体即不断溶解。在奥氏体化的过程完成时，奥氏体的化学成分是不均匀的，还继续有化学成分的扩散，但其速度是较慢的。奥氏体中碳的浓度差愈小时，扩散过程愈慢，在钢中有其他合金元素时，化学成分均匀化过程就更慢。在一般生产条件下达到成分的完全均匀是不可能的。

综上所述，通过重结晶使晶粒细化时，下列因素决定着奥氏体的晶粒度：

a. 珠光体型组织的数量和分布。在高锰钢铸态组织中珠光体量较少。为细化晶粒应使奥氏体充分分解，形成大量的珠光体，这样可以有更多的相界面，同时珠光体分散度愈高，重结晶时奥氏体的核心数愈多，晶粒粒愈细。

b. 奥氏体化的温度和时间。奥氏体化的温度愈高，奥氏体与珠光体组织的自由能差越大，越有利于扩散过程的进行。但是温度高也有利于奥氏体晶粒的长大，这是其不利的一面。奥氏体化时间长，使奥氏体晶粒有充分长大的机会，考虑到高锰钢晶粒容易长大的特点，温度不可过高，时间不可过长。

c. 其他因素。如钢中含有的其他合金元素的种类、数量，钢的脱氧状况、铸态组织的粗细等。

细化晶粒的第一阶段：将铸态组织高锰钢加热到 500～550℃，保温一段时间，使奥氏体分解。铸态组织是多相的不均匀的组织。奥氏体的化学成分偏析大，因此奥氏体分解过程是较快的。分解的速度取决于温度的高低。如 480℃时，40% 的奥氏体分解需 50h，500℃时只需 10h，550℃时只需 3h。

通常有 40%～50% 的奥氏体发生转变即可达到经过重结晶后细化组织的目的。保温时间延长虽然可使分解的量增加，但转变的速度降低，而且效果不明显。

钢中含有形成碳化物的合金元素如铬、钼、钒等元素时，由于它阻碍碳的扩散，奥氏体的分解速度降低。为达到相同的转变量则所需的保温时间明显延长。例如钢中铬含量从0.06％增加到0.13％时，虽然增加量不大，但却使转变时间从10h延长到30h。

细化晶粒的第二阶段：奥氏体重结晶后的加热和高温保温后的水淬。在升温和保温阶段，碳化物溶解得到均匀的单相奥氏体。通过急冷使细化的奥氏体组织保留到常温。

一般加热到1000~1050℃保温后水淬即可。细化了的奥氏体组织加热时长大倾向明显，约在1050℃开始有长大趋势。这个温度显然低于一般固溶处理后粗大的奥氏体晶粒开始长大的温度。所以要防止晶粒的长大，对一般高锰钢经过重结晶之后的保温温度不可过高，1020~1050℃即可。经过细化晶粒使奥氏体晶粒度细化2级左右。

由于晶粒细化，钢的力学性能有较大提高，尤其是低温冲击韧性有明显改善。但不同成分、不同冶炼炉次和不同结构尺寸其效果不同，见表2-26。

表2-26 粗细晶对高锰钢的力学性能的影响

平板厚度/mm	晶粒类型	σ_b/MPa	δ/%	ψ/%
50	粗	635	37	35.7
	细	820	45.5	37.4
83	粗	620	25.0	34.5
	细	765	36.0	33.0
140	粗	545	22.5	25.6
	细	705	32.0	28.3
190	粗	455	18.0	25.1
	细	725	33.5	29.2

注：试样成分12.7％Mn，11.0％C，0.50％Si，0.043％P，经1040℃加热水淬。

(2) 水韧处理的组织转变

① 奥氏体共析转变。高锰钢凝固后是连续冷却的过程。当冷速足够大时，冷却曲线可以不与共析转变C曲线相交。从理论上讲冷却下来可以得到只有碳化物和奥氏体的组织。若想凝固之后得到无碳化物的单相奥氏体组织必须以很高的冷却速度才能达到。在950℃以上以何种冷却速度进行冷却对组织的形成无影响。在950℃以下，即从开始析出碳化物的温度起必须保证足够大的冷却速度才能抑制碳化物的析出。实际生产条件下难以分级冷却，而且也难以做到那样大的冷却速度使铸件在950℃以下冷却时，钢中的碳全部固溶于奥氏体中。因此，碳的脱溶析出几乎是不可避免的。

共析转变首先是在晶界和晶内碳化物的周围进行，在这些区域的奥氏体中碳、锰含量低，容易分解，其次是在这种位置提供了珠光体组织形核的界面。奥氏体分解产物的分散度和转变的温度有关。例如600℃时形成的珠光体的片间距约为0.08~0.1μm。500℃时形成的珠光体的片间距则只有0.02~0.05μm。根据测定，高锰钢奥氏体的共析转变在500℃时速度最快。温度再低虽然自由能差值更大，但由于碳扩散的速度减慢，转变速度变慢。所以到380℃左右曲线逐渐变得平直。

奥氏体中碳的脱溶析出是以渗碳体型碳化物出现。它的数量和冷却速度有关。冷却速度愈大，数量愈少。因此相同化学成分，薄壁铸件较厚大铸件中碳化物的数量要少。同一铸件，同一截面上表面部分的冷却速度快。组织中的碳化物少，中心部分由于冷却速度慢，碳化物数量多，而且冷却速度慢时碳的扩散条件也好些，聚集程度也高些。

② 共析前碳化物的析出。由于碳在奥氏体中溶解度随温度的降低而减小，冷却时奥氏

体中将有碳析出。Fe-Mn-C 三元系的 A_{cm} 温度随碳含量的增加而提高。因此奥氏体中析出碳化物的起始温度是随碳含量的增加而提高的。在常规的高锰钢化学成分条件下，奥氏体的稳定温度应在 950℃ 以上。碳化物开始析出温度在 950～960℃ 左右。析出过程一般开始在晶界处，由于偏晶界处碳含量较高，晶界处缺陷较多，扩散过程容易进行，所以在晶界处析出碳化物的条件比较有利，其次是在枝晶间碳含量较高的区域也比较容易。析出的碳化物是渗碳体类型，其中锰含量稍高。因此，铸态组织常常是在晶界处有大量的碳化物，晶内碳化物则常分布在枝晶偏析的区域。

在碳化物析出的过程中，碳化物周围的奥氏体中发生贫碳和贫锰的现象，而且主要是贫碳的现象，使奥氏体的稳定性降低。从 Fe-Mn-C 三元相图可以看出，$w(Mn)$ 为 13.0% 时，共析转变温度约在 600～630℃，随钢的化学成分的改变而有所变化。锰含量增加，共析转变温度降低。$w(Mn)$ 为 20.0% 时可以降到 450℃ 左右。

析出碳化物的数量和钢的化学成分有关，主要决定于钢中碳和硅的含量，二者含量愈高，数量愈多。其次，析出碳化物的数量和冷却速度有关，冷却速度愈慢，析出过程进行愈充分，数量也愈多。

不同温度时析出的碳化物的特征是不同的。高温区内首先是在奥氏体晶界上析出，形成连续网状。如果在高温区内保持一定时间，则碳化物有集聚的趋势。在低温区，往往形成针状碳化物。这种针状碳化物沿晶界向晶内生长或是在晶内析出，有时有一定的方向性。这说明它是沿奥氏体的某些晶面析出的。实际上它是片状的。这种碳化物的出现是因为低温时，碳化物沿一定晶面生长可以减少形成时的界面能并减少了碳的扩散距离。这和温度低时碳的扩散能力下降也是有关系的，因为形成集聚的块状碳化物需要更充分的扩散过程，这在温度低时是比较困难的。

铸态组织是在较快的连续冷却过程中形成的。因此必然兼有两种形态的碳化物出现，即晶界连续网状（有时局部有块状）碳化物和晶界及晶内的针状碳化物，有时晶内也有部分块状碳化物，这取决于冷却速度。

高锰钢的铸态组织是由奥氏体、碳化物和共析类型组织所组成。各个相的相对数量及其分布特征都由化学成分和冷却条件而定。由于铸件在结晶凝固以后的冷却速度远远超出平衡条件下的冷却速度，奥氏体不可能完全分解。因化学成分和冷却速度的差别，所形成的组织是各式各样的。尤其是当钢中含有其他合金元素时，对碳化物的析出、奥氏体的分解都有影响，这时的铸态组织会有明显的变化。

2.1.6　高锰钢的强化处理

高锰钢铸件在冲击磨料磨损工作条件下使用时，工件表面受到磨料的冲击和切割的作用，常常是在形变后发生剪切破坏，尤其是在非强冲击磨料磨损的条件下，如何提高材料的强度和抗剪切破坏的能力是一个关键的问题。高锰钢沉淀强化的热处理方法可以使高锰钢的均匀的奥氏体固溶体中出现弥散分布的第二相质点，这种第二相质点起强化的作用。

固溶体中溶质元素的溶解度随温度改变，一般是随温度的降低而减少。其脱溶产物形成第二相。第二相的质点在金属中构成位错运动的阻力，位错和第二相质点的交互作用可以使合金得到强化。这种脱溶析出的产物和运动中的位错的交互作用可以使临界分切应力提高。

位错遇到第二相质点之后有两种情况：一种情况是质点不变形，位错和质点之间有足够的作用力，使位错在与质点接触处停止运动，质点之间位错继续前进，形成位错弯曲，即所谓质点回环或弓弯机制；另一种是质点可以变形，这时位错和质点相遇之后并不停止而是从质点的点阵中通过，即所谓的颗粒切割，这会由一系列原因构成阻力。

（1）沉淀强化原理

① 质点的切割。在应力很大的情况下，有些第二相质点可以变形。这时运动中的位错和质点相遇时并不停止，而是从质点的点阵中通过，会使质点沿滑移面发生永久变形。其大小为 b，如图 2-20 所示，此时因质点所形成的切应力阻力 $\Delta\tau$ 是由以下几方面的因素造成的：

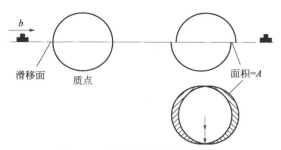

图 2-20　运动中的位错切割颗粒

a. 质点和母相之间增加了新的界面，它有一定的界面能。增加的界面即图中阴影部分的面积近似等于 $2rb$。r 为质点的半径，b 为位错的柏氏矢量，母相和质点之间的界面能为 σ_s，则增加新的界面面积所做的功为

$$\Delta\tau b = n2rb\sigma_s \tag{2-4}$$

式中　n——单位面积上第二相质点的颗粒数。

$$n = \frac{3f}{2\pi r^2} \tag{2-5}$$

式中　f——第二相质点的体积分数。

代入式（2-4）

$$\Delta\tau = \frac{3f\sigma_s}{\pi r}$$

或

$$\Delta\tau = \frac{1.1}{\sqrt{a}} \times \frac{\sigma_s^{\frac{3}{2}} f^{\frac{1}{2}}}{Gb^2} r^{\frac{1}{2}} \tag{2-6}$$

式中　a——常数，刃位错 $a=0.16$，螺位错 $a=0.24$；

　　　G——切变模量。

b. 第二相质点一般是脱溶析出相。脱溶产生的第二相常是有序的。质点被位错通过（质点被切割）之后产生反相畴界，此种畴界能较一般要高出一个数量级。如有序共格脱溶相界面能为 $(1\sim3)\times10^{-6} J/cm^2$，而反相畴界能约为 $(1\sim3)\times10^{-5} J/cm^2$。位错切割单位面积上的质点所做的功为 $\Delta\tau b$。

$$\Delta\tau b = n\pi r^2\sigma_A \tag{2-7}$$

式中　σ_A——反相畴界能；

　　　n——单位面积上质点颗粒数。

$$n = \frac{3f}{2\pi r^2}$$

$$\Delta\tau = 0.2\nu \frac{\sigma_A^{\frac{3}{2}} f^{\frac{1}{3}}}{\sqrt{G}b^2} r^{\frac{1}{2}} \tag{2-8}$$

式中　ν——泊松比；

　　　G——切变模量；

　　　r——质点半径。

c. 第二相质点由于和母相结构不同，常常是一种脆性相。它的键能和母相也不同，因此晶格阻力不同，阻力更大些。

d. 位错通过第二相质点的滑移面和母相的滑移面常不共面。例如母相常是在软取向晶

面上滑移，而第二相中则可能并非软取向晶面，因此会出现位错交割和割阶。这些都会使 $\Delta\tau$ 增加。质点被运动中的位错切割，这种作用属于短程互作用。上述几种因素综合作用的结果使 $\Delta\tau$ 增加，其大小和 $f^{\frac{1}{3}-\frac{1}{2}}$，$r^{\frac{1}{2}}$ 成正比。

位错和质点之间还有另外一种作用，即当位错和质点接近时，二者之间应力场的相互作用，称为长程互作用。此种相互作用所形成的 $\Delta\tau$ 可以用下式来表示。

$$\Delta\tau=\left[\frac{27.4E^3\varepsilon^3b}{\pi T(1+\nu)^3}\right]^{\frac{1}{2}}f^{\frac{5}{6}}r^{\frac{1}{2}} \tag{2-9}$$

式中　E——杨氏模数；

　　　ν——泊松比；

　　　T——位错张力；

　　　ε——不匹配度 δ 的函数。

无论是从短程互作用还是长程互作用，都可以看出 $\Delta\tau$ 均随体积分数 f 的增加和质点半径 r 的增大而增加。当第二相从固溶体中脱溶形成时，初始的 r 值较小，此时主要是由质点的切割决定强化作用；随 f 的增加和质点的长大，强度提高。当 f 达到一定值以后，r 增大到一定值或质点间距大到一定程度时，将以回环机制为主，这时强度下降。

② 质点回环。当位错和质点相遇时，质点不能变形。在外力作用下位错在质点之间继续前进形成弯曲的部分。绕过质点的位错在 A、B 处由于异号位错相吸引后相消，形成了一个位错环（见图 2-21）。而这时主位错与回环分离。在张力作用下位错继续前进时变直。位错每次通过质点时都留下一个回环。位错的不断运动会使位错环不断扩大，质点之间空隙愈来愈小，阻力愈来愈大。位错线的张力为 T，使位带弯曲成半径为 $\frac{d}{2}$ 的弧线所需的力，即位错通过质点所需的力为 $\Delta\tau$。

$$\Delta\tau=\frac{T}{b\dfrac{d}{2}} \tag{2-10}$$

式中　b——位错的柏氏矢量；

　　　d——质点间距。

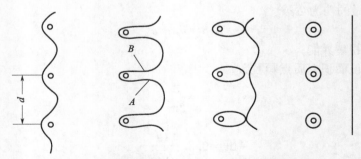

图 2-21　位错线和脱溶析出的第二相质点的相互作用

$\Delta\tau$ 是使位错增加单位长度所增加的能量，其数值和单位长度位错的应变能是一致的。因此

$$\Delta\tau=\frac{1}{2\pi K}\times\frac{Gb}{d}\ln\left(\frac{d}{2r_0}\right) \tag{2-11}$$

式中　G——切变模量；

K——常数。

已知质点的间距 d 和质点的体积分数 f 及质点半径 r 之间有以下关系：

$$d = \left(\frac{2\pi}{3f}\right)^{\frac{1}{2}} r$$

代入式（2-11）中有
$$\Delta\tau = \frac{\sqrt{3}}{2\pi^{\frac{3}{2}}K} \times \frac{Gbf^{\frac{1}{2}}}{r} \ln\frac{d}{r_0} \tag{2-12}$$

从式（2-12）可以看出，当固溶体中第二相的体积分数一定的条件下，质点半径 r 愈小，位错通过时阻力愈大，其强化作用愈明显，这就是第二相质点对固溶体强化作用的弓弯机制。

（2）沉淀强化工艺 产生稳定的碳化物第二相必须在高锰钢中加入合金元素。这些合金元素在奥氏体中可以溶解，在碳脱溶时和碳结合成为碳化物析出。它们也存在于奥氏体分解产物共析组织的碳化物之中。具有这样作用的合金元素必然是碳化物形成元素，如钼、钨、钒、铌、钛、锆、铬等。铬的作用较弱，其中效果较好又有实际意义的是钼、钨、钒、铌、钛和铬。生产中常用的有钼、钒、钛。钼可以形成特殊碳化物，也可以固溶于其他碳化物之中。它可以以下面的形式出现：MoC、Mo_2C、$(Fe, Mo)_{23}C_6$、$(Fe, Mo)_6C$ 等。含钼的碳化物很难溶解。钒可以形成 V_4C_3、VC 等稳定的难溶碳化物。钛和碳的结合能力很强，在钢中形成 TiC，不易分解，在 $1000℃$ 以上才能缓慢溶入奥氏体中。沉淀强化处理的目的就是要在加入适当的和适量的合金元素的基础上，通过热处理方法在高锰钢中得到一定数量和大小的弥散分布的碳化物第二相质点。

高锰钢中加入碳化物形成元素，可以单独加入或复合加入。通常加入 $w(Mo)3.0\%\sim2.0\%$，$w(V)0.4\%$ 左右。钛一般不单独加入，而是作为其他合金元素的辅助元素加入，往往是钛和钼、钛和钒、钛和铬等一起加入，钛的加入量不大，$w(Ti)$ 在 $0.1\%\sim0.15\%$。例如钒和钛复合加入时，$w(V)$ 可取 0.3%，$w(Ti)$ 为 0.1%，钼、钒、钛复合加入时，$w(Mo)$ 可取 $0.7\%\sim0.9\%$，$w(V)$ 为 $0.2\%\sim0.3\%$，$w(Ti)$ 为 0.1%。沉淀强化热处理的原则是先进行固溶处理，消除铸态组织，使铸态组织中的各种碳化物（如晶界网状碳化物、块状碳化物和针状碳化物等）及共析组织全部溶解，成为单一的奥氏体固溶体。随后在奥氏体从高温冷却的过程中由于奥氏体中碳的脱溶会析出含有合金元素的碳化物。此外奥氏体冷却过程中分解产生的共析组织中，也有较多的含有合金元素的碳化物。此后升温的过程中进行奥氏体的重结晶。在升温和保温时有部分的碳化物会溶解，但有相当一部分碳化物保留下来。奥氏体中碳脱溶析出的碳化物和共析组织中的碳化物分散度较高，而且在升温和保温过程中会发生粒状化的过程。这样经过重结晶之后，从高温水淬所得到的组织是在经过重结晶有所细化的奥氏体基体上分布有弥散的粒状的碳化物第二相质点。这样的组织对提高材料抗冲击磨料磨损的能力是有利的，得到这种组织的具体热处理方法有以下几种。

① 热处理方法一。此种热处理方法分成三个阶段（图 2-22）：第一阶段是消除铸态组织的固溶处理。第二阶段是奥氏体的分解，其恒温分解温度约在 $600℃$。该温度范围内奥氏体的稳定性最差，孕育期最短。此阶段奥氏体中既有碳的脱溶析出又有奥氏体的分解，而且钢的组织里出现大量的弥散的碳化物，但奥氏体分解产物共析组织中的碳化物还不是粒状的。第三阶段是升温进行奥氏体化和高温水淬。在升温阶段发生奥氏体的重结晶，组织有所细化。脱溶析出的碳化物和共析组织的碳化物会有一部分溶解，但由于合金元素的碳化物难溶，时间和温度的条件也不充分，因此不可能大量溶解。共析组织中的碳化物在升温和保温阶段进行粒状化，并经最后水淬这种组织被固定下来。

在等温分解阶段随时间的延长，奥氏体的分解量增加，但奥氏体全部分解所需的时间过长。钢中加钼后由于钼减慢碳的扩散速度，使分解过程延缓，尤其是经过第一阶段固溶之后钢的化学成分较铸态时均匀，分解过程进行得更慢些。

第二次水淬处理时，加热温度要适中。温度过低，奥氏体转变产物溶解不完全，水淬后组织中仍有 5%～10% 的屈氏体未消除。温度过高，会使晶粒长大。第二次水淬温度为 1000℃时，钢的塑韧性最好。当锰含量低，奥氏体稳定性下降，分解时共析组织的数量增加。组织细化明显且易形成弥散分布的碳化物，因此，经过同样的热处理，$w(Mn)$ 8.0% 的钢较 $w(Mn)$ 10.0% 的钢形成的碳化物数量多些，硬度值较高。

② 热处理方法二。此种方法是将铸态高锰钢在 850～870℃固溶，然后炉冷到 150℃左右再升温至 1080℃左右进行水淬。热处理是由两个阶段组成（见图 2-23）。

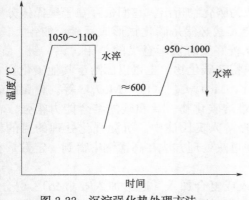

图 2-22 沉淀强化热处理方法一

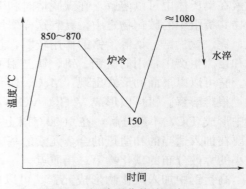

图 2-23 沉淀强化热处理方法二

在 850～870℃的温度范围内可以基本上消除铸态组织。在缓冷过程中奥氏体中的碳脱溶析出，在通过共析转变温度范围时，奥氏体发生分解。从低温再加热升温的过程中进行奥氏体的重结晶，组织会有所细化。奥氏体中碳脱溶析出的碳化物和共析组织中的碳化物，由于其中含有合金元素，溶解温度高，在第二阶段被保存下来。最终形成了细化的奥氏体和其中有弥散分布碳化物第二相的组织。如果把第一阶段固溶处理的温度提高，例如 950℃，则由于铸态组织消除得更完全，奥氏体的成分更均匀，从而使热处理后钢的力学性能更高。

第二种热处理方法的转变过程是在连续冷却过程中完成的，奥氏体的分解不可能很充分，这对弥散碳化物的形成有一定的影响，这种方法生产工艺简单，生产周期短，用在只加钒、钛的高锰钢上，耐磨性有明显提高。

③ 热处理方法三。该种热处理方法是将铸态高锰钢加热到 600～650℃保温较长时间，然后加热到 1050～1100℃水淬（图 2-24）。

这种热处理和常规的水韧处理类似，但低温保温阶段的时间延长。在这个阶段中铸态组织的奥氏体中继续析出碳化物并发生共析分解。在随后升温时进行奥氏体的重结晶，有碳化物的部分溶解和粒状化。

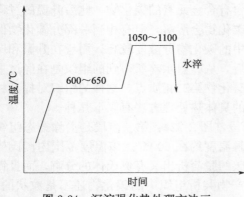

图 2-24 沉淀强化热处理方法三

碳化物能否均匀弥散分布以及奥氏体基体的细化程度和钢中碳、锰含量有密切关系。锰含量低时，在低温阶段保温奥氏体分解更完全。碳含量影响奥氏体中脱溶析出的碳化物的数量和等温分解后形成的碳化物的数量以及奥氏体重结晶时组织的细化程度。碳含量高析出的弥散碳化物数量多，细化组织的效果也较好。随碳含量的增加，钢的屈服强度和硬度提高，而屈服强度的提高显然和细化组织及析出弥散碳化物的数量增加有关。

硅含量高时，碳脱溶析出时容易在晶界析出碳化物，且碳化物颗粒粗大，使得高锰钢的强度硬度都增加。但硬度的增加未必表明耐磨性也增加，因为粗大碳化物的强化效果不好。

④ **热处理方法四。**该种工艺根据高锰钢奥氏体等温转变曲线，只要加热温度不过高，保温时间不过长，就可以使奥氏体中析出碳化物而又不使其分解。奥氏体中开始出现碳化物的温度约在 125℃，但此时量很少，高于这个温度脱溶过程加快。但温度过高，接近 C 曲线的拐点，容易发生分解。温度高和保温时间长也会使碳化物颗粒集聚长大，温度和时间这两个因素都会使强化作用受影响（见图 2-25）。

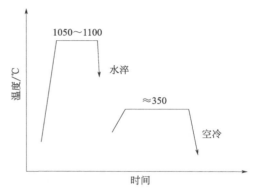

图 2-25　沉淀强化热处理方法四

用低温时效处理方法所制作的 Mn13VTi 和 Mn13VTiMo 钢的电铲铲齿，经矿山生产的实践证明，由于弥散碳化物第二相的强化作用，钢的耐磨性有大幅度提高。使用此种方法时应严格控制温度，这样才能控制碳化物的数量和颗粒的大小，并防止出现针状碳化物恶化性能。

综上所述，在实际生产中应根据四种沉淀强化方法的各自特点，选择适宜的热处理工艺条件（见表 2-27）。

表 2-27　沉淀强化方法的应用条件

强化方法	适宜条件
第一种	碳化物弥散分布性好，可用于较低锰含量的奥氏体高锰钢。热处理周期长
第二种	适宜于加钒、钛的钢，碳化物弥散性较差。工艺简单，生产周期短
第三种	适宜于加入合金元素的高锰钢或中锰钢。可用于细化组织
第四种	适宜于加入合金元素的 Mn13 型钢。工艺简单，经济性好。但要严格控制时效温度

（3）弥散强化　弥散强化处理的目的是在奥氏体基体上得到较均匀弥散的硬质点球、粒状合金碳化物组织，以增加抗冲击磨损能力和提高耐磨性。

弥散处理的一般要求与水淬处理相同，其工艺规范如图 2-26 所示。

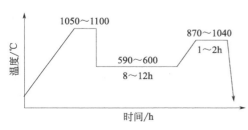

图 2-26　弥散热处理升温曲线

弥散强化的过程是，先进行常规加热固溶水淬处理，以消除粗大的铸态碳化物，获得均匀的成分，淬火时快速冷却到 550～600℃以下，再进行珠光体化处理。固溶处理冷却后的铸件，重新加热或趁热进炉。在 590～600℃保持 8～12h，以充分析出细小、弥散分布的合金碳化物。最后，加热到 870～1040℃之间保温 1～2h，进行二次淬火，冷却到 200℃以下。

最后淬火温度的高低与碳化物弥散程度、形态和数量密切相关，同时也影响力学性能，尤其是对冲击韧性影响很大。

（4）表面合金化　表面合金化方法是在造型过程中在铸型表面用含有合金元素的涂料涂刷铸型。钢水浇入后在热作用下合金粉料熔化并扩散到铸件表层的一定深度，凝固后形成和铸件本体成分、组织和性能不同的表层。

在非强冲击磨料磨损工况条件下，高锰钢铸件表面没有很高程度的形变和加工硬化，使用后表面的硬化层较浅。在这种工况条件下工件表面的原始硬度有重要意义，也就是在使用过程中硬化速度慢、硬化层浅时，设法提高工件表面层的原始硬度，可以明显减少工件使用初期的磨损速度，表面合金化对非强冲击磨料磨损有较高的抵抗能力。例如，为提高耐磨性可以对高锰钢铸件表面进行铬和硼的合金化。用粒度为 0.2～1.0mm 铬铁粉，或是铬铁粉和锰铁粉配合，或是铬铁粉和硼铁粉配合，以水玻璃作为粘结剂制成膏状，造型时涂在铸型表面。涂层厚度视工件不同部位的要求而定，主要工作表面可以厚些，其他部位可以薄些。铸型经烘干之后浇注；也可以用组芯造型的方法，将合金化涂料涂刷在芯块上，这种方法涂料层可以厚些，达到 6.0～8.0mm，芯块烘干后组装。

为使合金元素有充分的扩散条件，钢液浇注温度应适当高些，浇注后在型中停留时间也适当延长。例如制作铲齿时可在浇注后 12～14h 打箱。用此种方法得到的表面合金化层厚度可以达到 7.0～10.0mm。

合金化层中 $w(Cr)$ 可以达到 4%～6%。合金化涂料中有锰铁粉时，$w(Mn)$ 可达到 13%～16%。表面层金属的组织是奥氏体和较多的复杂成分的碳化物。经常规水韧处理后，表层硬度提高 1 倍以上。虽然表面合金化层也要被磨损，磨掉后工件仍然是奥氏体锰钢的组织，但由于初期磨损速度慢，所以这种表面合金化铲齿的耐磨性能以单位金属磨耗的挖掘量来衡量，可以提高 50%～100%。

表面合金化也可以和悬浮浇注结合起来。在造型时，在模型表面铺撒锰铁粉，加入量为工件质量的 0.25%，然后填砂紧实。其他操作同一般铸造工艺。在模样取出后，型腔表面是锰铁粉形成的。钢水浇入型腔之后部分锰铁粉被钢水冲刷混入铸件表层之中，它既可以起微细的内冷铁作用，又可以调节铸件表层的化学成分。这种方法适用于较薄的铸件。

表面合金化方法也可以使用耐磨材料，如高铬铸铁金属片。造型时将其插在铸型型腔表面。铸铁片表面需经抛丸清理，并用硼砂熔剂喷涂，以便于和钢液之间熔合。钢液浇入后在热作用下铸铁片和高锰钢本体熔接，其间存在过渡区。这种方法得到的表面层硬度可以达到 477～514HB，明显提高了工件的耐磨性。采用该方法制作的铲齿的耐磨寿命可以提高 50% 以上。采用高锰钢水浇注的内含硬质合金材料的复合铸件，效果也比较理想。

典型的表面合金化铸渗材料配比为：钛铁合金粉末 50～150 目，含钛 40%；高铬铁粉 150～300 目，含铬 27%～32%；碳化硼粉末 50～150 目，含硼 75%；石墨粉小于 100 目；硼砂小于 200 目；水玻璃模数为 2.4～2.6，密度 1.58g/cm^3；悬浮剂。其中悬浮剂利用高的吸水膨胀率，获得好的悬浮稳定性。烘干后的涂层会留下大量空隙，以便钢水渗入，硼砂的作用是使钢水与合金粉很好互溶、润湿。

（5）爆炸硬化　爆炸硬化法是利用爆炸后极短时间（10^{-9}s）内产生的高压（3×10^7kPa），使钢的表面上在压应力下变形（形成 40～50mm 的硬化层）。表面硬度可以达到 300～500HB。压力愈高，变形层愈厚，尤其是屈服强度明显增加，可提高 2 倍以上，钢的塑性、韧性下降。

爆炸时环境的温度和金属的温度对材料硬化后的性能有影响。一般不希望在低温下进行爆炸硬化，因为低温时金属材料处于脆性状态，在爆炸冲击波作用下，金属以很快的速度变形容易产生裂纹，甚至碎裂。钢的组织中有弥散分布的第二相时，低温下爆炸后这种裂纹更容易出现，这显然和低温下第二相质点在基体中的应力集中有关。因应力集中之处常成为裂纹源，这使钢的冲击韧性明显降低。如钢中不加钒时，在 $2 \times 10^6 \, \text{kPa}$ 冲击波的作用下，金属的强化冲击韧性为 62J/cm^2。$w(\text{V})0.71\%$ 时，经相同强度的冲击波的作用后韧性降为 28J/cm^2。所以使用爆炸硬化方法应在常温下进行。爆炸后的冲击波强度为 $(1 \sim 3) \times 10^7 \, \text{kPa}$ 时，环境温度不低于 $-20℃$。

爆炸硬化的效果和钢的化学成分有关系。常规成分的高锰钢用爆炸硬化效果是较好的。钢中含有其他合金元素，尤其是钢的组织中含有弥散的第二相时其影响明显。如钢中加入 $w(\text{V})0.5\% \sim 0.7\%$、$w(\text{Ti})0.04\% \sim 0.07\%$，经爆炸强化后其硬化程度提高。但由于钒和钛的固溶强化作用和碳、氮及碳氮化物的作用，爆炸冲击波向内传递时受到阻力，消耗掉一部分能量，因而硬化层的深度减小。也有人认为钒、钛形成的细小质点在爆炸冲击波的作用下会造成钢中应力集中区，促使钢中形成裂纹，降低硬化层金属的塑性。

爆炸硬化可以使用专门的设备进行，既可使用粉状炸药，也可以用可塑的炸药。使用粉状炸药时在需要硬化的表面加上框架或外套，以填充药粉。不同的工件和不同的使用条件对工件表面硬化层的深度有不同的要求。这个深度可以用炸药的厚度来控制。爆炸硬化的方法可以使高锰钢铸件的耐磨寿命提高 50%，甚至 1 倍以上。爆炸硬化的成本低，据统计只相当于铸件成本的 1% ~ 7%，因此非常具有推广价值。

(6) 分散镶铸强化　分散镶铸的工艺方法是在高锰钢铸件中镶铸一定直径和数量的网状弹簧钢丝骨架，通过浇注及水韧处理后，在铸件内得到呈长条网状分布的马氏体纤维束，整个铸件成为在高碳高锰的奥氏体内分布中碳中锰马氏体网状纤维束的复合组织铸件。其中网状马氏体纤维束具有高的强度和硬度，同时马氏体相变时产生的应力使其周围的奥氏体产生预先加工硬化而提高硬度，使高锰钢复合材料在中低冲击磨损工况条件下的耐磨性显著提高。表 2-28 列出了分散镶铸用高锰钢和弹簧钢丝的化学成分。

表 2-28　母材及钢丝的化学成分　　　　　　　　　　　单位：%

试样	$w(\text{C})$	$w(\text{Mn})$	$w(\text{Si})$	$w(\text{S})$	$w(\text{P})$
高锰钢	0.84	12.9	0.23	0.009	0.008
65Mn	0.7	1.1	0.28		

65Mn 钢丝铸丝态组织为珠光体＋少量铁素体，钢丝与高锰钢母材的交界处组织较为复杂，为 M＋A′＋P 组织，水韧处理后，钢丝内部得到马氏体组织。钢丝与母材界面处组织为隐针马氏体＋A′过渡区组织，高锰钢母材为单相奥氏体组织。

采用分散镶铸工艺可以得到奥氏体基体＋马氏体强化相的复合材料组织。由于镶铸材料是网状钢丝骨架，水韧处理后将形成网状纤维束马氏体组织。因此，整个复合材料组织即为奥氏体基体＋网状纤维马氏体组织，其中纤维状马氏体组织作为硬质相骨架，在低应力磨料磨损条件下起耐磨作用，同时强化其周围奥氏体基体的加工硬化效果，从而提高整体复合材料的耐磨性。

图 2-27 表明不同直径钢丝边界均存在锰元素的扩散，直径细则扩散且较大。由于锰的扩散，在界面处形成了一薄层过渡层，其厚度约为 0.1mm，因此使复合材料的性能具有一定的过渡，从而利于复合材料性能的发挥。冲击韧性比母材略有下降，复合材料的耐磨性有显著提高。这说明分散镶铸法对高锰钢抵抗低应力磨料磨损是非常有利的。

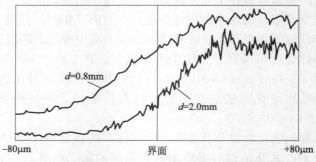

图 2-27　复合材料界面处锰扩散的电子探针分析

（7）其他处理工艺　高锰钢铸件在固溶处理加热过程中，一般在 650～700℃保温 1～2h，以减少加热过程中铸件变形和产生裂纹，在这段温度区，高锰钢会出现组织转变，主要是大量碳化物析出并粗化，虽然这些碳化物在高温下会重新溶入奥氏体，但因碳化物和奥氏体的比容差，重新溶入碳化物区域会出现显微疏松，使力学性能降低。相关文献中指出，对小型简单件可取消低温均热，铸件既无变形也无裂纹，力学性能还有所增加。这个方法从 1977 年提出后，在国内生产中已得到推广使用。对于大件复杂件能否取消低温均热有待研究。不少高锰钢件生产小企业采取铸态高温下直接水韧处理。

从理论上讲，铸态高锰钢中的碳化物是铸件凝固后冷却至 960℃开始从奥氏体中析出，如果铸件在 960℃以上直接入水进行固溶处理，也可得到单一的奥氏体组织。该种处理方法在 1970 年就推广开来，并经检测，铸态水韧处理和待铸件冷却后再入炉加热至 1050～1100℃水韧处理力学性能相近。铸态水韧处理适宜简单件，如球磨机衬板、破碎机齿板、锤头等。铸件壁厚也应受限制，因铸件表面砂子未清干净影响冷却速度。从经验得知，壁厚30～40mm，浇注后 12～17min 入水；壁厚 50～60mm，浇注后 28～38min 后水淬。

正常热处理经加热保温，合金元素得到较充分扩散，使得奥氏体成分基本均匀，再入水固溶处理，能得到性能均匀的铸件。厚壁件铸态下水韧处理，缺少高温下成分均匀化，产生严重的枝晶偏析。铸造合金和经塑性加工合金相比，前者韧性差的原因是成分不均匀，后者为均质材料，成分均匀，综合力学性能优良。严重枝晶偏析会使韧性降低，偏析处在服役受力条件下会产生裂纹。厚壁件、复杂件不宜铸态下直接水韧处理。

取消低温均热和铸态余热固溶处理都能节约能耗，减少占炉台时，尤其是铸态下直接水韧处理将大幅度降低成本，有待进一步研究开发。

2.1.7　高锰钢的加工硬化机理

对于高锰钢的加工硬化机理，出现过不同的理论。

（1）位错堆积论　位错堆积论认为，高锰钢在经受强力挤压或冲击作用下，晶粒内部产生最大切应力的许多互相平行的平面之间，产生相对滑移，结果在滑移界面的两方造成高密度的位错，而位错阻碍滑移的进一步运动，即起到位错强化的作用。其结果是增加了钢抵抗变形的能力和提高了钢的硬度。高锰钢表面层在形变后产生大量的滑移线，即产生大量位错的痕迹。高锰钢加工硬化后产生的组织主要是滑移线。作为这种理论的证明，形变产生的组织被加热到高温（500℃以上）时，已经形成的滑移线不复存在。钢的硬度又恢复到原来的水平，这表明大量的位错已经消失，因此位错理论的观点已被公认。

（2）形变诱导相变论　形变诱导相变论认为高锰钢中的奥氏体处于相对稳定的状态，在受力而发生变形时，由于应变诱导的作用，发生奥氏体向马氏体的转变，在钢的表面层中产生马氏体，具有高的硬度。作为这种理论证明的有关晶体结构的 X 射线分析表明，在铸件表面层中，确实有马氏体存在。但是形变诱导相变的可能性方面还有争议，因为在高的含碳量和含锰量条件下，奥氏体应当是很稳定的，是否会发生大量的马氏体相变有待于进一步的研究。

2.1.8 Mn17 高锰钢

Mn13 系列高锰钢经过上百年的发展已经比较趋于成熟，而常被人们称为超高锰钢的 Mn17 系列高锰钢，其研发和工业应用则是近些年才引起人们的注意。其重要的标志是 ISO 奥氏体锰钢铸件标准中列入了 GX120Mn17 和 GX120MnCr17-2 两个超高锰钢牌号。

对于厚大断面的 Mn13 系列耐磨钢铸件，水韧处理后内部常常出现碳化物而使冲击韧性下降；低温条件下使用的 Mn13 系列耐磨钢铸件也常出现脆断现象；Mn13 系列耐磨铸钢尚有耐磨性不足，屈服强度较低的问题。Mn17 耐磨高锰钢一定程度地解决了上述问题。典型化学成分的 Mn17 高锰钢经 1050～1100℃ 水韧处理后的力学性能见表 2-29。在 Mn13 钢的基础上增加锰量，提高了奥氏体的稳定性，阻止碳化物的析出，进而提高了钢的强度和韧度；增加锰量，进一步扩大了 γ 区，增大了奥氏体固溶碳和铬等元素的能力，进而可提高钢的加工硬化能力和耐磨性。高碳量的 Mn18 钢加入铬、钛经水韧处理和沉淀强化热处理，屈服强度和初始硬度都有所提高，塑韧性能降低。

表 2-29　Mn17Cr2 耐磨铸钢的力学性能

σ_b/MPa	$\sigma_{0.2}$/MPa	δ/%	ψ/%	硬度 HBS	a_{kv}/(J/cm^2)
≥750	≥430	≥30	≥30	200～240	≥100

2.2 奥氏体中锰钢

通过调整材质化学成分，可以使奥氏体具有较低的稳定性，在非强烈冲击工况下，极易产生加工硬化。加入 Nb、N 元素，能够形成各种碳化物、氮化物，提高奥氏体中锰钢的屈服强度。加入一定量的 RE 和 Si-Ca 复合变质剂，可以细化组织，使碳化物、夹杂物球化，从而提高韧性。这样得到的奥氏体中锰钢耐磨件具有较高的屈服强度和韧性，且原始表面硬度高，耐磨性十分优异。

2.2.1 化学成分的选择

(1) 碳 碳是奥氏体锰钢的主要元素之一，其作用主要有两个方面：一是促进形成奥氏体单相组织；二是固溶强化，以保证高的力学性能。随着碳的增加，碳的固溶强化作用增加，提高了奥氏体锰钢的强度、硬度和耐磨性。碳对钢的冲击韧性影响很大，通常 w(C) 在 0.8%～1.5% 的范围内影响很小，大于 1.15% 以后冲击韧性明显降低。当金属中加入合金元素后，部分形成高硬度的碳化物，也有利于提高耐磨性。

(2) 锰 锰在奥氏体锰钢中的作用为扩大奥氏体区，稳定奥氏体组织，锰和碳都使奥氏体稳定性提高。当钢中碳含量一定时，随着锰含量的增加，钢的组织逐渐从珠光体型变为马氏体型并进一步转为奥氏体型。随着锰含量增加，钢的强度、硬度、韧性增加，但其加工硬化能力降低。锰、碳元素的合理配合决定了中锰钢的组织性能。从基体组织碳化物形成、加工硬化综合考虑，锰含量选在 6.0%～9.0% 左右。

（3）硅　硅具有强化固溶体作用，使屈服强度提高，对冲击韧性影响不大，但它封闭奥氏体相区，并促进石墨化。当w(Si)大于0.6%时，不仅易使奥氏体锰钢产生粗晶，而且降低碳在奥氏体中的溶解度，促使碳化物沿晶界析出，降低钢的韧性和耐磨性，增加钢的热裂倾向，因此应控制w(Si)在0.6%以下。

（4）合金化　合金化目的在于强化基体，减少晶界碳化物，阻止位错运动，从而提高钢的强度和耐磨性。由于固溶体的溶质原子的原子尺寸、弹性模量与铁有差异，因而与铁有交互作用。这种交互作用的能量愈负，则这种原子愈易偏聚在位错上形成"气团"锁住位错使其难以运动，因而形变不易进行，从而提高屈服强度。由原子尺寸差异引起的交互作用能与可压性差异引起的交互作用能综合作用结果表明，在600℃下合金元素与铁中位错的结合强弱顺序为：Co<Ni<Cr<Mn<V<Mo<W<Nb。

（5）变质剂　通过在钢内加入微量元素来细化组织，进一步脱氧和改善夹杂物大小、数量和分布，从而提高钢的综合力学性能，达到中锰钢变质的目的。

① 稀土。稀土元素容易在晶界上偏聚与其他元素交互作用，引起晶界的结构、化学成分和能量的变化，并影响其他元素的扩散和新相的成核与长大，从而改善铸态组织，抑制晶粒的长大倾向，影响组织转变等，通常加入量控制在0.3%左右。

② 硅-钙。硅-钙可以提高钢的塑性和耐磨性，减少氧、氢、硫等含量，减小铸件裂纹敏感性。钙与硅的亲和力高于Mn，因而能形成复杂成分的固态硫氧化物，能把Al_2O_3转变为铝酸钙的球形质点，SiO_2可作为团球形、层片状、共晶体的非自发核心，从而控制钢中的共晶体数量、分布和形态。硅-钙加入量<0.5%。

③ 氮。氮的原子半径为$0.8×10^{-10}$m，可以在奥氏体中形成间隙式固溶体，使钢强化，提高钢的强度和塑性。氮可以细化结晶组织，它与铌有很强的结合力，形成高熔点的化合物，可以成为奥氏体锰钢的结晶核心，起到细化晶粒的作用。另一方面，它可作为表面活性元素，对结晶过程有一定的影响，w(N)的控制在0.3%以下。

2.2.2　中锰钢组织及性能

奥氏体中锰钢的基体组织主要受碳、锰含量控制。在900℃以上，钢的组织为单一奥氏体。低于ES线后，开始析出碳化物［(Fe,Mn)$_3$C］，在650℃时，发生共析转变$\gamma \rightarrow \alpha +(Fe,Mn)_3$C。当冷却速度较快时，碳化物的析出温度降低，析出的数量也减少，共析转变不完全。铸态条件下，中锰奥氏体的组织为奥氏体+碳化物+珠光体，未变质的中锰钢铸态组织粗大，碳化物连续分布在晶界，珠光体片较大。

在中锰钢中加入一定数量的铌、氮变质剂，经变质处理后，铸态组织细小，晶界基本没有碳化物析出，珠光体细小，碳化物粒化。中锰钢经1050℃保温后水淬可获得单一奥氏体组织，其晶粒粗大，一般在2~3级。变质中锰钢经热处理后，组织明显细化，可达6~7级，而且在奥氏体基体上分布着细小碳化物。研究发现，铸态和热处理后组织细化，是由于NbN、Nb$_2$C非自发形核和稀土抑制晶粒长大综合作用。碳化物粒状化是由于Nb与C、N有很强的结合力，原有的Fe$_3$C转变为Nb$_2$C，细小弥散地分布在金属基体中。

稀土具有较大原子半径，在铁中溶解度很小。由于具有很大的电负性，因此，它们的化学性质很活泼，能在钢中形成一系列稳定化合物，成为非自发结晶核心，从而起到细化晶粒的作用。另外，稀土是表面活性元素，可以增大结晶核心形成速度，阻止晶粒生长，在过冷液体中进行结晶时，结晶核心产生的速度由下式决定：

$$I = K_0 \exp\left(-\frac{\Delta FA + \Delta F^*}{RT}\right)$$
(2-13)

式中 ΔFA——原子扩散能；

K_0——动力学常数；

R——Bolzman 常数；

T——绝对温度；

ΔF^*——临界核心形成功。

其中 ΔF^* 值为

$$\Delta F^* = \frac{1}{3}\left(\frac{16\pi\sigma_{LS}^3 T_0^2}{L^2 \Delta T^2}\right) \tag{2-14}$$

式中 σ_{LS}——液体和晶体界面上表面能；

L——熔化热；

ΔT——过冷度。

从公式可以看出，结晶核心形成多少决定于表面张力 σ_{LS} 和过冷度 ΔT，稀土是表面活性元素，降低表面张力，提高晶粒形成速率。而且结晶过程中，由于稀土元素在基体和其他相中分配系数小（$<0.02\%$），其表面活性大大增加，往往吸附在晶体生长边缘。正在长大的晶体与钢液界面形成一层吸附薄膜，其阻碍了晶体长大所需的原子扩散，从而降低了晶体长大倾向，进而使钢的组织得到细化。

2.2.3 中锰钢中的夹杂物

普通奥氏体中锰钢主要用铝脱氧，其夹杂物主要类型是 Al_2O_3、MnO、FeO、MnS 以及它们的复合夹杂物，其数量多，尺寸大，形态多为不规则多角形，而且分布于晶界，降低钢的力学性能，特别是降低韧性。通过变质处理，可以改变钢中夹杂物类型，使其成为高熔点类球状夹杂，减少它们对力学性能的危害。

(1) 对夹杂物数量的影响   加入不同变质剂，夹杂物数量都得到不同程度降低，从表 2-30 中可知，Nb＋RE＋Si-Ca 效果最佳，氧化物总量从原来的 0.035% 降到 0.007%，硫化物总量从原来的 0.029% 降到 0.010%。这是由于钙的熔点是 $850℃$，沸点是 $1440℃$，蒸气压很高，在 $1525℃$ 时，可达 $3.9466MPa$。当金属液浇入铸型中，钙迅速大量蒸发，使钢液剧烈搅动，钢中夹杂物碰撞，聚合上浮。此外 Al_2O_3 夹杂生成 CaO-Al_2O_3 复合夹杂，此类低熔点夹杂被排除出去，从而减少了钢液中夹杂。

表 2-30   不同变质剂对夹杂物含量的影响

变质剂	氧化物总量/%	硫化物总量/%	稀土化合物总量/%	铌化物总量/%
未变质	0.035	0.029	0	0
RE＋N＋Si-Ca	0.011	0.018	0.013	0
Nb＋RE＋Si-Ca	0.009	0.015	0.014	0.006
Nb＋RE＋N＋Si-Ca	0.007	0.010	0.011	0.005

(2) 对夹杂物形状的影响   铝脱氧未经变质时，夹杂物的大小、形貌、占视场面积的百分比都很大。当用 RE＋Nb＋N＋Si-Ca 处理后夹杂物尺寸变小，所占面积的百分比也小（表 2-31）。这说明经复合变质处理后，钢液得到净化，未排出的夹杂也变得圆整，从而减少对基体的割裂作用。中锰钢控制硫化物夹杂形态，稀土加入量必须 $>0.15\%$，形成高熔点稀土硫化物，因其尺寸小，分布在枝晶之间，从而成为球状或类球状夹杂物。

表 2-31　不同变质剂对夹杂物含量的影响

变质剂	宽度/×10⁻³mm	高度/×10⁻³mm	长度/×10⁻³mm	圆度/mm	占视场百分比/%
未变质	4.89	5.35	7.65	1.43	0.978
RE+N+Si-Ca	4.04	4.25	5.46	1.28	0.549
Nb+RE+Si-Ca	3.61	3.80	4.13	1.09	0.413
Nb+RE+N+Si-Ca	1.83	1.97	2.03	1.04	0.212

(3) 对夹杂物类型的影响　对铝脱氧的普通奥氏体锰钢，其夹杂物的主要类型为 Al_2O_3、MnS、FeO、MnO。当用 Si-Ca 脱氧后，原有的 Al_2O_3、FeO、MnO 大大减少，生成 CaO-Al_2O_3 复合夹杂，这类夹杂熔点低，在炼钢温度下成为液体，从钢中排除出去，从而减少钢中夹杂物数量。稀土加入后形成稀土硫化物，从而实现了 MnS 类型向稀土硫化物转换。稀土夹杂物多为六方晶系，配位数为 12，与奥氏体相同或相近，所以当其与生长着的晶体接触时，界面能较小，易于被捕获而进入晶内，限制其长大，因而表现出尺寸小而圆整。

2.2.4　中锰钢的加工硬化

中锰钢的加工硬化速度提高很快，特别是变质处理后，加工硬化效果更显著。而高锰钢在非强烈冲击工况条件下，其加工硬化不显著，中锰钢表面在外力作用下除高密度位错外，还产生了大量的应变诱发马氏体。而高锰钢在外力作用下，在奥氏体基体上分布着大量位错，没有发现应变诱发马氏体。变质中锰钢在不同外力时间条件下，表面分布着大量位错，随着作用时间延长，位错密度增加。位错相互作用，也产生了大量层错。当外力作用到一定时间时，表面硬度大大提高，除高密度位错和层错外，还存在第二相粒子阻止位错运动，并形成了应变诱发马氏体。应变诱发马氏体的形态为板条状和针状，其亚结构为位错型和孪晶型。在外力作用过程中，板条状应变诱发马氏体在高密度位错区形核长大，当作用力增加，位错相互作用，出现机械孪晶，随之又产生针状应变诱发马氏体。综上所述，高锰钢的加工硬化是高密度位错作用的结果。中锰钢的加工硬化是高密度位错、第二相粒子强化和应变诱发马氏体相变综合作用结果。

2.3　耐磨合金钢

耐磨工件所用的钢种类很多，大体上可分为高锰钢，碳素钢，中、低合金耐磨钢，铬钼硅锰钢，耐气蚀钢，耐磨蚀钢以及特殊耐磨钢等。一些通用的合金钢如不锈钢、轴承钢、合金工具钢及合金结构钢等也都在特定的条件下作为耐磨钢使用，由于它们来源方便，性能优良，故在耐磨钢的使用中也占有一定比例。

高锰钢具有良好的韧性，但在冲击力不大的工况条件下，由于冲击力不足而不能产生加工硬化，使其耐磨性不能得到充分发挥。在实际应用中，除高锰钢外，碳素钢和合金耐磨钢具有较好的耐磨性和韧性，生产工艺简单，且合金元素含量低，价格较便宜，由于这些优点，这类耐磨钢很受用户欢迎。日本、英国、美国等国的一些钢铁公司都生产这类耐磨钢。国外材料科学工作者于 20 世纪 30～80 年代，对 10 种耐磨材料做了系统研究和对比分析，将 4 种材料作为中低应力工况下服役的主体抗磨材料，即中碳马氏体耐磨铸钢、高碳珠光体耐磨铸钢、高铬白口耐磨铸铁和镍硬耐磨铸铁。

中、低合金耐磨钢这类钢中通常所含的化学元素有硅、锰、铬、钼、钒、钨、镍、钛、硼、铜、稀土等。美国很多大中型球磨机的衬板都用铬钼硅锰或铬钼钢制造。而美国的大多数磨球都用中、高碳的铬钼钢制造。在较高温度（例如 200～500℃）的磨料磨损条件下，工作的工件或由于摩擦热使表面经受较高温度的工件，可采用铬钼钒、铬钼钒镍或铬钼钒钨等合金耐磨钢，这类钢淬火后，经中温或高温回火时，有二次硬化效应。

2.3.1 耐磨钢中合金元素的作用

合金元素在钢中的作用与其在钢中的存在形式有直接关系。合金元素在钢中一般溶于铁素体或结合于碳化物中，也有的合金元素进入非金属夹杂物或金属间化合物中，还有的处于游离状态。通常以形成化合物存在于晶界，也可以碳化物的形态出现在非金属夹杂物中。

常用合金元素在钢中的存在形式及所起作用的基本参数，是研究合金元素在钢中作用的基础，主要影响参数有如下几个。

① D_{12}。配位数为 12 时，合金元素的原子直径。

② $\dfrac{D-D_{Fe}}{D_{Fe}}$。合金元素与 Fe 的欠配合度参量，其值愈大时，造成的晶格畸变愈大，愈不易形成固溶体，固溶愈小。欠配合度大小还表现合金元素在铁素体中产生强化作用的程度，欠配合度愈大，则强化作用愈大。

③ $X-X_{Fe}$。电负性差值，表示合金元素原子与铁原子之间化学结合力大小，差值愈大，则它们之间的结合力愈强，愈易形成化合物。反之，愈易形成固溶体。

④ ΔF_{298K}，ΔF_{900K}。在 298K 和 900K 温度条件下，生成化合物（氮化物、碳化物）反应的标准生成自由能（单位 J）。ΔF 为负值时，化合物才能生成。ΔF 愈负（绝对值愈大），则生成化合物的热力学驱动力愈大，生成的化合物愈稳定。

(1) 合金元素的作用

① 强化铁素体。固溶于铁素体中的合金元素均能在不同程度上提高钢的屈服强度、抗拉强度及硬度。其中多种合金元素在提高强度的同时使塑性降低，因此对钢的冲击韧性也带来不同影响。例如，P、Si、Mn 可强烈提高铁素体的强度和硬度，而 Cr、Mo、V、W 则较弱，Si、Mn 可强烈降低铁素体的塑性和冲击韧性，但少量的 Mn、Cr、Ni 能使塑性和冲击韧度稍有提高。

② 细化珠光体。多数合金元素使共析碳含量降低，促进珠光体含量增加。一些合金元素如 Mn、Ni 使共析温度降低，使珠光体分散度增加，细化珠光体，有利于钢的强度提高。

某些合金元素的碳化物或氮化物能在钢液凝固过程中成为非均质晶核，促进晶粒细化，使钢的强韧度提高。常见合金元素对钢晶粒粒度影响见表 2-32。

表 2-32　常见合金元素对钢晶粒粒度的影响

元素	Mn	Si	Cr	Ni	Cu	Co	W	Mo	V	Al	Ti	Nb
影响	有所粗化	影响不大	细化	影响不大	影响不大	影响不大	细化	细化	显著细化	细化	强烈细化	细化

③ 改善钢的低温韧性。凡是能细化晶粒、细化组织的合金元素都能使钢的冲击吸收功提高，使钢临界韧性-脆性转变温度（ductile brittle transition temperature，DBTT）降低，使低温韧性提高。Mn、Ni 虽对晶粒度影响不大，甚至有粗化现象，但 Mn、Ni 的加入，使珠光体组织细化，使低温韧性提高。

④ 提高耐磨性。作为抗磨用途的钢需要高的硬度和一定的韧性储备，以抵抗磨损。有代表性的是马氏体抗磨钢和高锰钢，合金元素在这两种钢中的作用见表 2-33。

表 2-33　合金元素在抗磨钢中的作用

元素	马氏体抗磨钢	高锰钢
Mn	降低临界冷却速度,促进马氏体形成,钢中 w(Mn)=1.3%~1.8%	1. 促使钢形成高韧性的奥氏体 2. 与碳配合,使钢具有加工硬化能力,提高耐磨性,钢中 w(Mn)=10%~14%
Si	促进马氏体形成,提高钢的屈服强度。钢中 w(Si)=0.7%~1.0%	脱氧剂,超过 0.5%时,促使碳化物粗化,降低抗磨性,控制量为 w(Si)=0.3%~0.8%
Cr	增加淬透性,促进马氏体形成,钢中 w(Cr)=0.5%~1%	提高屈服强度,防止变形,提高抗磨性
Mo	增加淬透性,促进马氏体形成,钢中 w(Mo)=0.25%~0.75%	减少碳化物,促进碳化物弥散析出,改善抗磨性
Ni	增加淬透性,促进韧性马氏体形成,钢中 w(Ni)=1.4%~1.7%	用于大断面零件,阻止碳化物析出,易获得单相奥氏体组织
C	基本元素,促进马氏体钢硬度增加,降低钢的韧性,钢中 w(C)=0.3%~0.6%	与 Mn 配合[w(Mn)/w(C)=8~11],促进加工硬化,提高钢的抗磨性

(2) 合金元素与碳的相互作用　一种金属元素与碳形成的碳化物称二元碳化物,如 $Cr_{23}C_6$。两种以上金属元素与碳形成的复合碳化物称为多元碳化物,如 Fe_3W_3C。合金元素溶入渗碳体中称为合金渗碳体。在钢中,当合金元素含量很少时,常形成合金渗碳体,合金元素置换渗碳体中的铁原子。合金元素含量增多时,才能生成合金碳化物。按照合金元素与钢中碳的相互作用分为两类:

① 非碳化物形成元素。这一类元素包括镍、硅、铝、钴、铜等。这类元素主要与铁形成固溶体,此外,还有少量形成非金属夹杂物和金属间化合物,如 Al_2O_3、AlN、SiO_2、FeSi、N_3Al 等。另外,硅不仅不与碳形成碳化物,而且在含量高时,还可能使渗碳体分解,使碳游离而呈石墨状态存在,即有所谓石墨化作用。

② 碳化物形成元素。这一类元素包括钛、铌、锆、钒、钼、钨、铬、锰等。它们一部分与铁形成固溶体,一部分与碳形成碳化物。各元素在这两者间的分配,取决于它们形成碳化物倾向的强弱以及钢中存在的碳化物形成元素的种类和含量。

碳化物形成元素形成的碳化物的稳定程度由强到弱的排列为:钛、锆、钒、铌、钨、钼、铬、锰、铁。这些元素形成碳化物时,碳首先将其电子填入元素的次 d 电子层,从而使形成的碳化物具有金属键结合的性质,具有金属的特性。

(3) 合金元素对相图的影响　由于合金元素的晶格类型和晶格常数与铁不同,故钢中加入合金元素后,会使钢中各相,特别是固溶体相的晶格常数或晶格类型发生变化,并使 Fe-Fe_3C 系相图上的相区界线及相变临界点位置发生变化。

① 对 γ 相区的影响。常用合金元素对 γ 相区影响可分为两大类,一类为扩大 γ 相区,一类为缩小 γ 相区。扩大 γ 相区的元有 Mn、Ni、Cu、C、N 等,尤其是 Ni、Mn 二元素超过一定含量后能封闭 α 相区,甚至使 α 相区消失,得到单一的 γ 相区;缩小 γ 相区即扩大 α 相区的元素有 Si、Cr、W、Mo、P、V、Ti、Al、Nb、Zr、B 等,其中 Si、Cr 等元素超过一定量后,γ 相区将被封闭,甚至 γ 相区不存在,得到单一的 α 相区。

② 对共析点的影响。某些合金元素如 Ni、Si、Co 等能溶于铁中形成固溶体,并且不形成任何碳化物,它们能使共析体碳含量减少。Mn、Cr 等元素大部分固溶于铁素体中,少部分生成碳化物(合金渗碳体或合金碳化物),而碳化物又能参与生成共析体,也使共析体的碳含量减少。一些能生成稳定碳化物的合金元素如 W、Mo、V、Ti、Nb 在铁素体中固溶度很小,所生成的碳化物不参与形成共析体,它们将使共析体碳含量增多。同时,合金元素对共析温度也有所影响,例如,Mn、Ni 使共析温度降低,Cr、Si 则使共析温度升高。

（4）稀土在耐磨钢中的作用

① 稀土元素的种类。稀土元素在元素周期表中属于镧系元素，原子序数由 57～71，通常还包括化学性质相似的钇（Y）、钪（Sc），共 17 个元素。其中，La（镧）、Ce（铈）、Pr（镨）、Nd（钕）这 4 个元素为轻稀土，包头矿即铈基轻稀土矿。其他 13 个元素为重稀土，江西矿为钇基重稀土矿。稀土通用的化学符号为 RE（rare earth）。

② 稀土元素的作用。在钢液中加入稀土，会发生一系列冶金过程行为，归纳为净化钢液，如脱氧、脱硫，除去钢种的气体（H_2、N_2），并使成分趋于均匀，减少枝晶偏析，改善金属夹杂的形貌、大小、分布，并使晶粒细化。因此，钢中加入稀土后，能改变夹杂形状（球状），使夹杂变得细小并弥散分布于晶内，由于稀土的加入对硫化物夹杂的形状、大小、分布的改善，有助于冶金质量的提高，对诸多使用性能带来益处。

稀土对铸态晶粒也具有显著的影响，研究发现，稀土加入都能细化晶粒，抑制柱状晶区的发展，甚至消除柱状晶区。稀土细化晶粒的原因如下：

a. 稀土系表面活性元素，降低钢液的表面张力，阻碍晶粒长大；

b. 稀土夹杂可作为非自发形核核心，促进晶核形成，细化晶粒；

c. 稀土的固氢作用，消除了微小的氢气泡作为柱状晶发育的引领相，阻碍柱状晶的生长。

2.3.2 低合金钢

（1）化学成分与性能 低合金耐磨钢的合金成分总量＜5％，其主要合金元素有：锰、硅、铬、钼、镍等。对于耐磨钢，最主要的性能是硬度，还要有一定的强度和韧性。低合金耐磨钢一般都采取热处理，以形成珠光体、贝氏体或马氏体。低合金耐磨钢的化学成分与性能见表 2-34。表中所列的钢号都是我国研制和应用的。与国外的低合金耐磨钢相比较，有相当一部分钢号加入了稀土元素，稀土的加入改善了钢的组织，提高了力学性能和耐磨性。另外有些低合金钢还加入了硼，以提高其淬透性。

（2）化学成分的选择

① 碳。碳含量对低合金耐磨铸钢组织和性能影响较大，低合金耐磨铸钢一船都在淬火回火状态下使用，在其他合金元素不变的前提下，改变碳含量，其组织和性能会发生根本性的变化。水淬低合金耐磨钢的碳含量一般不可低于 0.27％，碳含量小于 0.27％ 虽然可获得板条马氏体＋残留奥氏体或板条马氏体＋贝氏体＋残留奥氏体组织和良好的塑韧性，但淬火后耐磨钢的硬度较低（≤45HRC），耐磨性不足。碳含量大于 0.33％ 时，硬度增加不多，但韧性急剧降低。当耐磨钢的碳含量大于 0.38％ 时，水淬出现淬火裂纹，恶化耐磨钢的使用性能。所以，水淬低合金耐磨钢的最佳碳含量范围可控制在 0.28％～0.33％，这时低合金耐磨钢既可获得较高的硬度（49～51HRC），又可获得最佳的强韧性配合。

② 硅。硅是缩小 γ 相区的元素，使 A_3 点（α-Fe、γ-Fe 同素异形转变点）上升，A_4 点（γ-Fe、δ-Fe 同素异形转变点）降低，S 点左移，几乎不影响 M_S 点。Si 虽然升高 A_3，有利于 γ→α 转变，但由于 Si 能溶于 Fe_3C，使渗碳体不稳定，阻碍渗碳体的析出和聚集，因而提高钢的淬透性和回火抗力。但硅对淬透性的影响远低于 Mn、Cr。大部分 Si 溶于铁素体中，强化作用很大，能显著提高钢的屈服强度、屈强比和硬度，它比 Mn 钢的强度更大，耐磨性更好。当 $w(Si)$＜1.0％ 时，并不降低塑性；当 $w(Si)$＜1.5％ 时，不增加回火脆性。在马氏体耐磨钢中，一般 $w(Si)$≤1.5％。否则，钢的韧性大大降低，并增加回火脆性。Si 强烈降低钢的导热性，促使铁素体在加热过程中晶粒粗化，增加钢的过热敏感性和铸件的热裂倾向。一般低合金马氏体耐磨钢中的硅含量可控制在 0.8％～1.4％。

表 2-34　常见低合金耐磨钢的化学成分及性能

品种	化学成分/%								热处理方法	抗拉强度/MPa	伸长率/%	冲击韧性/(J/cm²)	硬度HRC	金相	应用情况
	w(C)	w(Si)	w(Mn)	w(Cr)	w(Mo)	w(P)	w(S)	其他							
ZG42Cr2MnSi2MoCe	0.38~0.48	1.5~2.0	0.8~1.1	1.8~2.2	适量	≤0.055	≤0.035		油冷淬火回火	1745		33.3	51~57	回火马氏体+残余奥氏体(4.9%)	球磨机衬板,超过日本KX601衬板技术水平
ZG40CrMn2SiMo	0.38~0.45	0.9~1.5	1.5~1.8	0.9~1.4	0.2~0.3	≤0.04	≤0.04		油冷淬火回火	1100~1700		30~70	50~55	马氏体+贝氏体(10%~15%)	球磨机衬板
ZG40CrMnSiMoRE	0.35~0.45	0.8~1.2	0.8~2.5	0.8~1.5	0.3~0.5	≤0.04	≤0.04	w(RE)0.04	油冷淬火回火	1600		60~80	50~53	马氏体+下贝氏体+回火屈氏体	磨煤机衬板,使用寿命比高锰钢提高1.6倍
ZG70CrMnMoBRE	0.65~0.75	0.25~0.45	1.0~1.5	1.0~1.5	0.3~0.4	≤0.03	≤0.03	w(B)0.0008~0.0025　w(RE)0.06~0.20	水淬空冷	1727	2.4	22.5	53	马氏体+贝氏体	铁矿山球磨机衬板,比高锰钢耐磨性提高40%以上
ZG31Mn2SiRE	0.26~0.36	0.7~0.8	1.3~1.7			≤0.04	≤0.04	w(RE)0.15~0.25	水淬回火	1171~1356	5~10	≥10.6	43~52	马氏体+贝氏体	水泥磨衬板,耐磨性比高锰钢提高1~1.6倍,采石颚式破碎机齿板,耐磨性与优质高锰钢相同而成本低10%
ZG75MnCr2NiMo	0.70~0.80	0.40~0.50	0.8~1.0	2.0~2.5	0.3~0.4	≤0.12	≤0.12	w(Ni)0.6~0.8	退火后调质处理	858.7		8.8	345HB		EM-TO中速磨煤机空心大钢球
ZG35Cr2MnSiMoRE	0.28~0.35	1.1~1.4	0.8~1.1	1.8~2.2	0.3~0.4	≤0.03	≤0.03	w(RE)0.05	水淬低温回火	1372	2	>19.6	50	马氏体	矿山球磨机衬板,铲车斗齿,犁尖

品种	化学成分/%								热处理方法	抗拉强度/MPa	伸长率/%	冲击韧性/(J/cm²)	硬度HRC	金相	应用情况
	w(C)	w(Si)	w(Mn)	w(Cr)	w(Mo)	w(P)	w(S)	其他							
ZG28Mn2MoVB	0.25~0.31	0.3~1.8	1.4~1.8		0.1~0.4	≤0.035	≤0.040	w(B)0.001~0.005 w(V)0.06~0.12	水淬低温回火					马氏体	φ5.5m×1.8m铁矿球磨机衬板,比高锰钢使用寿命提高30%~50%
ZG20CrMn2MoBRE	0.20	0.5	2.0	1.0	0.3	0.030	0.035	w(B)0.0004 w(RE)0.05	水淬回火						锤式破碎机锤头,使用寿命与高锰钢相同
50Mn2B	0.45~0.60	1.0	2.2~2.8			≤0.035	≤0.065	w(B)0.0005~0.0035	轧后空冷堆放自回火			>19.6	≥52	贝氏体	轧制成φ60mm以下磨球,在磨煤机中比原碳素钢球耐磨性提高2倍
45Mn2	0.45		2.0						形变热处理			50~52			φ60~100mm水泥磨球,消耗量150g/t水泥
GCr15	1.0			1.5					油淬回火				52~55		φ60~100mm水泥磨球,消耗量85g/t水泥
50Cr	0.48~0.53	0.15~0.50	0.4~0.9	0.70~0.90		≤0.035	≤0.040		锻热淬火				56~63		φ60~110mm磨球
40Cr	0.38~0.43	0.15~0.50	0.4~0.9	0.70~0.90		≤0.035	≤0.040		锻热淬火				56~58		φ50~80mm磨球

在中低碳贝氏体钢中，硅具有强烈抑制碳化物析出的作用。在 M_S 点以上进行空冷或等温转变时，铁素体自奥氏体晶界向晶粒内部长大。在此温度范围，碳原子有一定的扩散能力，部分碳原子通过铁素体-奥氏体相界面向奥氏体扩散，在铁素体板条间形成富碳的奥氏体薄膜。硅强烈抑制碳化物析出使富碳奥氏体具有高的稳定性，M_S 温度低于室温。等温转变及随后的冷却过程中，没有碳化物析出，也不发生奥氏体分解，而是获得铁素体和富碳奥氏体的双相组织。当钢中 $w(Si) > 1.6\%$，中低碳贝氏体钢的韧性显著提高。当 $w(Si)$ 为2.4%时，钢的硬度明显下降。由于硅对碳化物析出的阻碍作用，未转变的奥氏体富碳，而得到无碳化物贝氏体，铁素体条片间或片内的残留奥氏体取代了渗碳体，消除了渗碳体的有害作用。硅在贝氏体铸钢中也存在不利影响，特别是对铸态组织，由于钢液的树枝状结晶方式，枝干和枝间存在着明显的成分不一致，枝晶的碳、硅、锰、铬含量较低，转变时先形成贝氏体和马氏体。而枝晶间的碳、硅、锰、铬含量较高，使 B_S 和 M_S 都低于由钢成分所确定的值。所以，在铸态组织枝晶间存在相当数量的块状残留奥氏体，这对贝氏体钢的冲击韧度是有害的。在中低碳贝氏体钢中，硅含量应控制在 1.6%～2.0% 范围内。

在高碳贝氏体钢中，硅的作用与中低碳贝氏体类似，只是硅的范围提高了。在 $w(Si) = 1.85\%～3.8\%$ 时，高碳贝氏体钢的硬度几乎不变，冲击韧性先逐渐升高，后有所下降。当 $w(Si) = 2.6\%$ 时达到最大值，抗拉强度逐渐降低。当 $w(Si) < 1.85\%$ 时，由于硅抑制碳化物的作用较弱，在等温转变过程中首先在奥氏体晶界析出贝氏体，未转变的奥氏体在随后的冷却过程中转变为马氏体，因此具有高的强度、硬度，而冲击韧性较低。当硅含量提高到约2.64%时，硅抑制碳化物析出作用显著增强，使贝氏体生长时排除的碳富集到奥氏体中，提高了奥氏体的稳定性，其显微组织由板条状贝氏体和其间分布的富碳残余奥氏体组成。材料强度有所下降，冲击韧性提高，但硬度不变。当钢中碳含量提高到约3.8%时，组织中出现了大量的未转变奥氏体组织，导致贝氏体钢的强度和冲击韧性下降。只有提高奥氏体化温度，使奥氏体中的碳迅速均匀化，才能避免未转变奥氏体的出现。但过高的奥氏体化温度可导致贝氏体铁素体粗化，影响贝氏体钢的力学性能。因此，高碳贝氏体钢的硅含量一般可控制在 2.5%～2.7% 之间。

③ 锰。Mn 是主要的强化元素，大部分溶入铁素体，强化基体，其余 Mn 量生成 Mn_3C，它与 Fe_3C 能相互溶解，在钢中生成 $(FeMn)_3C$ 型碳化物。Mn 使 A_4 点升高，A_3 点下降，并使 S 点、E 点左移，所以可增加钢中珠光体的数量。由于 Mn 降低 γ、$Fe \rightarrow \alpha$、Fe 相变温度和 M_S 温度，降低奥氏体分解（析出碳化物）速度，因而大大提高钢的淬透性。但 Mn 是过热敏感性元素，淬火时加热温度过高，会引起晶粒粗大。Mn 量过高，易形成仿晶型组织，出现大量网状铁素体，增加钢的回火脆性倾向，并会导致钢淬火组织中残留奥氏体量增加，所以低合金耐磨钢中锰含量一般控制在 1.0%～2.0% 之间。

④ 铬。铬是耐磨钢的主要合金元素之一，与钢中的碳和铁形成合金渗碳体 $(FeCr)_3C$ 和合金碳化物 $(FeCr)_7C_3$，能部分溶入固溶体中，强化基体，提高钢的淬透性，尤其与锰、硅合理搭配，能大大提高淬透性。Cr 具有较大的回火抗力，能使厚端面的性能均匀。在低合金耐磨钢中 Cr 的含量不宜太高，否则会导致淬火、回火组织中残留奥氏体量增加，一般可控制在 0.5%～1.2% 之间。

⑤ 钼。钼在低合金耐磨铸钢中能够有效地细化铸态组织。热处理时，能强烈抑制奥氏体向珠光体转变，稳定热处理组织。在 Cr-Mo-Si 低合金耐磨钢中，加入钼能急剧提高其淬透性和断面均匀性，防止回火脆性的发生，提高低合金耐磨铸钢的回火稳定性，改善冲击韧性，增加钢的抗热疲劳性能。但由于钼价格昂贵，故根据零件的尺寸和壁厚，加入量一般控制在 0.2%～1.2% 之间。

⑥ 镍。镍和碳不形成碳化物，但和铁以互溶的形式存在于钢中的 α 相和 γ 相中，使之强化，并通过细化 α 相的晶粒，改善钢的低温性能，能强烈稳定奥氏体，提高钢的淬透性而不降低钢的韧性。镍也是具有一定抗腐蚀能力的元素，对酸、碱、盐及大气都具有一定的抗腐蚀能力，含镍的低合金钢还有较高的抗腐蚀疲劳性能。但镍价格昂贵，只能根据耐磨零件的大小及工况条件来确定其使用量，通常加入量 0.4%～1.5%，在含铬的耐磨钢中，镍的加入量一般控制在 Ni/Cr≈2。

⑦ 铜。铜和碳不形成碳化物，它在铁中的溶解度不大，和铁不能形成连续的固溶体。铜在铁中的溶解度随温度的降低而剧降。因此，可通过适当的热处理产生沉淀硬化作用。铜还具有类似镍的作用，能提高钢的淬透性和基体的电极电位，增加钢的抗腐蚀性。这一点对湿磨条件下工作的耐磨件尤其重要，耐磨钢中铜的加入量一般为 0.3%～1.0%。过高的铜量对耐磨铸钢无益。

⑧ 微量元素。在低合金耐磨铸钢中加入微量元素是提高其性能最有效的方法之一，我国有丰富的钒、钛、硼及稀土资源，一些铁矿石中就含有丰富的钒和钛。低合金耐磨铸钢中加入钒、钛可细化铸态组织，产生沉淀强化作用，增加硬相质点的数量，弥补碳含量低造成的硬度不足。硼可提高钢的冲击韧性，增加钢的淬透性。稀土不仅可有效细化铸态组织，净化晶界，改善碳化物和夹杂物的形态及分布，提高低合金耐磨铸钢的抗疲劳性及抗疲劳剥落性，并且使低合金耐磨铸钢保持足够的韧性。微量元素的加入量可根据工况条件和生产成本决定，一般钛可控制在 0.02%～0.1%；稀土控制在 0.12%～0.15%；硼可控制在 0.005%～0.007%；钒控制在 0.07%～0.3%。

(3) 低合金钢的热处理 水淬耐磨铸钢虽然具有良好的韧性和较低成本的优点，可适用于大、中型耐磨件。在实际应用中，采用水淬热处理的钢种有很多，现以几种常见的低合金耐磨钢为例，进行相关热处理工艺说明。

① 水淬耐磨钢。

a. ZG31Mn2SiREB。ZG31Mn2SiREB 的化学成分范围见表 2-35，该耐磨钢的热处理工艺采用：奥氏体化温区 1000～1050℃，保温时间根据装炉量确定，一般可控制在 2.5～3.5h 内，水冷淬火，回火温度为 200℃，保温 3～4h。

表 2-35　ZG31Mn2SiREB 铸钢的化学成分　　　　　　　　　单位：%

元素	C	Si	Mn	S	P	RE	B
含量	0.25～0.35	0.8～1.1	1.0～1.6	≤0.03	≤0.03	0.1～0.15	0.005～0.007

该耐磨铸钢的淬火回火组织是由不同比例的板条马氏体和片状马氏体组成，板条马氏体所占比例较大，且板条马氏体间存在残留奥氏体薄膜，在马氏体晶内、晶界上分布有回火碳化物和球状夹杂物。这种组织具有良好的硬度和强韧性配合，适用于非强烈冲击工况。

b. ZG30CrMn2SiREB。ZG30CrMn2SiREB 的化学成分范围见表 2-36。为了使 ZG30CrMn2SiREB 铸钢在非强烈冲击条件下获得最佳的韧性储备，对 ZG30CrMn2SiREB 在 1050℃淬火，150～200℃回火，可获得最大的冲击韧性值。因此，该铸钢的最佳热处理工艺可确定为：在 650℃均热 1h，然后加热至 1000～1050℃，根据装炉量可确定保温时间，一般确定为 2.5～3.5h，回火温度为 150～200℃，回火时间 3h。

表 2-36　ZG30CrMn2SiREB 铸钢的化学成分　　　　　　　　　单位：%

元素	C	Si	Mn	S	Cr	P	RE	B
含量	0.27～0.33	0.8～1.1	1.0～1.5	≤0.03	0.8～1.2	≤0.03	0.1～0.15	0.005～0.007

该马氏体耐磨钢的淬火回火组织主要是由板条马氏体＋少量残留奥氏体＋回火碳化物＋球状夹杂物组成，板条马氏体细小、排列整齐。该铸钢经 1050℃淬火，在 150～200℃回火处理后，不仅具有高的硬度，而且具有高的强韧性和高的断裂韧性，因此它可应用于各类非强烈冲击条件下工作的耐磨件。

c. ZG30CrMnSiNiMoCuRE。耐磨铸钢件不仅承受矿石的冲击磨损，而且受到矿浆的腐蚀磨损，矿山湿磨条件下矿浆的腐蚀磨损作用是铸钢件磨损的重要原因之一。ZG30CrMnSiNiMoCuRE 耐磨耐蚀钢的化学成分范围见表 2-37，经 1000～1050℃淬火，200℃回火处理后，达到最佳的强度、硬度和韧性的配合，可适用于水产中型以下矿山耐磨件。

表 2-37　ZG30CrMnSiNiMoCuRE 铸钢的化学成分　　　　　单位：%

元素	C	Si	Mn	Cr	Ni	Mo	Cu	RE
含量	0.3～0.35	0.8～1.2	0.8～1.3	0.8～1.2	1.0～1.2	0.2～0.5	0.5～1.5	0.1～0.2

该耐磨耐蚀钢的组织由一定比例的高密度位错马氏体和片状马氏体的混合物和夹杂组成，板条马氏体占多数，板条马氏体束细小，发展齐整。片状马氏体被板条马氏体所包围，夹杂物以细小的球状，弥散分布在晶内和晶界上。由于钢的力学性能取决于其组织组成物的性能，ZG30CrMnSiNiMoCuRE 耐磨耐蚀钢的组织为高密度位错型板条马氏体，这预示着 ZG30CrMnSiNiMoCuRE 耐磨耐蚀钢有高的强韧性。

d. ZG30CrMnSiMoTi。ZG30CrMnSiMoTi 耐磨铸钢的化学成分范围见表 2-38，在 900℃、950℃、1000℃奥氏体化淬火＋250℃回火处理后，随着淬火温度的提高，ZG30CrMnSiMoTi 耐磨钢的屈服强度和冲击韧性均有提高，但对抗拉强度和硬度影响不大，伸长率降低。可见，提高淬火温度能在不降低硬度的情况下提高 ZG30CrMnSiMoTi 耐磨铸钢的冲击韧性。

表 2-38　ZG30CrMnSiMoTi 铸钢的化学成分　　　　　单位：%

元素	C	Si	Mn	Cr	Mo	Ti	S、P
含量	0.28～0.34	0.8～1.2	1.2～1.7	1.0～1.5	0.25～0.5	0.08～0.12	≤0.04

该耐磨钢是针对矿山球磨机衬板的工况条件而研究的一种水淬＋回火耐磨钢，具有合适的金相组织，因此具有较高的本体硬度和韧性。

e. ZG28Mn2MoVBCu。ZG28Mn2MoVBCu 耐磨铸钢的化学成分范围见表 2-39，经 880℃淬火＋200℃回火后，抗拉强度、硬度和冲击韧性均比较低。提高淬火温度，使钢在 1000℃淬火＋200℃回火后，ZG28Mn2MoVBCu 耐磨铸钢的抗拉强度、硬度和冲击韧性都得到明显提高。因此，选择 1000℃淬火＋200℃回火作为 ZG28Mn2MoVBCu 耐磨铸钢的热处理工艺。

表 2-39　ZG28Mn2MoVBCu 铸钢的化学成分　　　　　单位：%

元素	C	Si	Mn	Mo	V	Cu	B	S、P
含量	0.25～0.31	0.3～0.4	1.4～1.8	0.2～0.4	0.08～0.12	0.2～0.4	0.002～0.005	≤0.03

ZG28Mn2MoVBCu 耐磨铸钢是针对大直径自磨机衬板而研究的一种水淬＋回火耐磨钢，它经淬火和低温回火后可获得板条马氏体＋残留奥氏体组织，具有较高的本体硬度和韧性配合，可用于制造自磨机衬板。

② 油淬和空淬耐磨钢。水淬耐磨铸钢虽然具有良好的韧性和较低成本的优点，可适用于大、中型耐磨件，但由于水淬耐磨铸钢的碳含量较低，淬火后零件的硬度较低，因此，钢的耐磨性不足。为了满足低冲击、高耐磨性工况条件下零件的要求，采用增加碳含量，提高硬度，适当地牺牲韧性，并通过变质处理的方法以改善组织，提高零件耐磨性能。增加碳量虽可以提高钢的硬度和耐磨性，但淬火时易产生淬火裂纹，降低工件的使用寿命，因此采用油淬。

a. 34Si2MnCr2MoV。34Si2MnCr2MoV 耐磨钢是针对工程机械的各类齿尖、挖掘机斗齿、铲齿而研制的一种新型耐磨材料。对齿尖材料的性能主要有五方面要求：高强度、高硬度；一定的韧性、塑性；良好的抗回火软化性；良好的模锻工艺性；热处理工艺稳定性。必须综合考虑，以确定材料成分（表 2-40）。另外，高强韧齿尖是采用模锻成形。因此，新材料设计还必须考虑其锻造性能。对 34Si2MnCr2MoV 耐磨钢的热加工工艺见表 2-41。

表 2-40　34Si2MnCr2MoV 铸钢的化学成分　　　　　单位：%

元素	C	Si	Mn	Cr	Mo	V	P	S
含量	0.30～0.40	0.80～1.40	1.00～1.60	1.50～2.50	0.50～1.00	0.10～0.50	<0.03	<0.03

表 2-41　试验钢热加工工艺规范

项目	加热温度/℃	始锻温度/℃	终锻温度/℃	冷却方法
钢坯	1140～1180	1100～1150	>850	砂冷或坑冷
钢锭	1120～1150	1080～1120	>850	砂冷或坑冷

34Si2MnCr2MoV 耐磨钢在 1000℃加热淬火的金相组织为板条状马氏体，因此试验钢有较好的韧塑性。较高的淬火温度可以使板条间存有残留奥氏体膜，这种组织具有很好的强韧性，并具有很好的抗回火软化能力。该耐磨钢在 1000℃淬火，230℃回火或 550℃回火后，具有良好的强韧性配合。

b. ZG38SiMn2BRE。ZG38SiMn2BRE 耐磨钢具有耐磨性能优良、强度高、合金含量少、成本低等特点，可替代高锰钢作为耐磨衬板材料，解决了高锰钢衬板因屈服强度较低、抵抗变形能力差易使衬板变形等问题，其耐磨性是高锰钢衬板的 1.5 倍。具体化学成分范围见表 2-42。

表 2-42　ZG38SiMn2BRE 耐磨钢的化学成分范围　　　　　单位：%

元素	C	Si	Mn	B	RE[①]	S	P
含量	0.35～0.42	0.6～0.9	1.5～2.5	0.001～0.003	0.02～0.04	<0.04	<0.04

① 钢中 RE 残留量。

注：Ca 适量。

ZG38SiMn2BRE 耐磨钢的热处理工艺是根据中碳马氏体钢的相变临界点，确定奥氏体化温度为 850℃，保温时间为 60min，在水玻璃溶液中淬火，然后进行 200℃、250℃回火处理，回火时间为 120min。ZG38SiMn2BRE 耐磨钢的铸态组织是由块状铁素体＋珠光体组成。经 850℃淬火，200℃回火后的显微组织为：回火马氏体 M'＋残留奥氏体 A_R。850℃淬火，250℃回火后的组织也为回火马氏体 M'＋残留奥氏体 A_R。

c. ZG50SiMnCrCuRE。ZG50SiMnCrCuRE 耐磨钢是针对中小型球磨机衬板在湿式腐蚀磨损工况条件而研制的一种新型耐磨材料，具体化学成分范围见表 2-43。

表 2-43　ZG50SiMnCrCuRE 耐磨钢的化学成分范围　　　　　单位：%

元素	C	Si	Mn	Cr	Cu	S	P	RE
含量	0.45～0.55	0.6～1.2	1.3～1.8	1.5～2.5	0.5～1.0	<0.03	<0.03	0.1～1.5

　　该耐磨钢衬板经高温淬火加低温回火，再经一次常温淬火加低温回火后，具有较理想的性能。采用的热处型工艺为：650℃均热后升至 1000℃，保温 2h 淬火，200℃回火。然后再进行一次常温热处理，即加热至 650℃均热后升至 820℃，再保温 2h 油淬，230℃回火。

　　采用上述工艺，先进行一次高温淬火，可使合金元素充分扩散和均匀化，使一些微量元素溶于奥氏体中。这种钢的马氏体组织在低温回火时有一韧性极大值，可利用提高奥氏体化温度的办法使韧性极大值再增高。由于未溶第二相质点的数量、大小和形状都影响马氏体的韧性，所以提高奥氏体化温度，第二相质点能减少，显然对提高淬火马氏体的强韧性有利。但是由于锰的存在，钢的过热倾向严重，奥氏体晶粒在高温下易于长大，所以淬火后得到粗大的马氏体组织，这不利于综合力学性能的提高。因此，采用二次油淬，可使粗大马氏体明显减少，这对强度和韧性是有利的。

　　d. ZG50SiMnCr2Mo。ZG50SiMnCr2Mo 耐磨钢是针对锤式破碎机锤头而研制的一种具有良好耐磨性的耐磨材料，它适用于生产中小型锤式破碎机锤头，具体化学成分范围见表 2-44。

表 2-44　ZG50SiMnCr2Mo 耐磨钢的化学成分范围　　　　　单位：%

元素	C	Si	Mn	Cr	Mo
含量	0.45～0.53	0.8～1.0	1.0～1.4	2.0～3.0	0.2～0.4

　　为了使 ZG50SiMnCr2Mo 耐磨钢获得足够的耐磨性，发挥合金元素的作用，对铸件进行淬火＋回火热处理。当铸钢件分别进行风淬和水淬时，发现水淬的铸件，即使经过回火处理，其韧性很低，而且大部分出现显微裂纹，而风淬未出现裂缝，经回火处理韧性也较好，因而铸件的淬火确定为风淬。当锤头风淬温度 820℃时，硬度为 42HRC；温度提高到 920℃时硬度为 53HRC；淬火温度升到 970℃时，硬度反而下降至 48HRC。因而选定 920℃为合适的淬火温度。

　　e. Cr-Ni-Mo 耐磨铸钢。Cr-Ni-Mo 耐磨铸钢是针对锤式破碎机锤头而研制的一种新型耐磨材料。锤头的工况条件是极其复杂的，锤头的大小、破碎物料的岩相特性及块度的大小均影响锤头材质的选择，而合适的材质会取得良好的使用效果。通过化学成分及热处理工艺的调整，可以使 Cr-Ni-Mo 耐磨低合金铸钢的硬度和冲击韧性在较大的范围内变化，以适应不同的工况条件对材料硬度和韧性的要求，具体化学成分见表 2-45。

表 2-45　Cr-Ni-Mo 耐磨铸钢的化学成分　　　　　单位：%

元素	C	Si	Mn	Cr	Ni	Mo	S	P
含量	0.3～0.7	0.8～1.2	1.0～1.5	1.5～2.5	0.5～1.5	0.2～1.0	<0.04	<0.04

　　Cr-Ni-Mo 耐磨铸钢的组织和性能取决于其化学成分和热处理工艺。在化学成分一定的条件下，主要取决于热处理工艺，即淬火温度、淬火介质和回火温度。为简化热处理操作，适应中、小型企业的生产，选择空冷淬火。随淬火温度的提高，Cr-Ni-Mo 低合金耐磨铸钢的冲击韧性提高，在 920℃硬度最高，940℃时硬度有所下降。当回火温度提高时，钢的硬度降低，冲击韧性提高；当回火温度高于 350℃后冲击韧性下降。500℃回火时，冲击韧性

和硬度均降至最低点，说明此时出现回火脆性。回火温度超过500℃时，冲击韧性和硬度均有所提高，硬度提高是由碳化物析出引起的二次硬化造成的。所以回火温度通常选择在350℃以下。由此可见，该钢种的淬火加热温度以920～950℃为宜，回火温度范围通常选择在300～350℃。

（4）低合金贝氏体耐磨钢

① 贝氏体的显微组织。贝氏体是奥氏体在中温区的共析产物，是由含碳过饱和的铁素体与碳化物组成的机械混合物，其组织和性能都不同于珠光体。贝氏体的组织形态是比较复杂的，随着奥氏体的成分和转变温度不同而变化。在中碳钢和高碳钢中，贝氏体具有两种典型形态：一种是羽毛状的"上贝氏体"，它形成于中温区的上部；另一种是针片状的"下贝氏体"，它形成于中温区的下部。

在上贝氏体中，过饱和铁素体呈板条状，一排排地由晶界伸向晶内。在铁素体条之间，断断续续地分布着细条状渗碳体。在下贝氏体中，过饱和铁素体呈针片状，比较散乱地成角度分布。在铁素体片内部析出许多 $\varepsilon Fe_{2.3}C$ 小片，小片平行分布，与铁素体片的长轴成55°～69°取向。

在低碳钢和低碳、中碳合金钢中，还会出现一种粒状贝氏体，它形成于中温区的最上部大约500℃以上和奥氏体转变为贝氏体最高温度（B_S 点）以下的范围内。在粒状贝氏体中，铁素体呈不规则的大块状，上面分布着许多粒状或条状的"小岛"，它们原是富碳的奥氏体区，随后有的分解为铁素体和渗碳体，有的转变成马氏体，也有的不变化而残存下来。所以，粒状贝氏体形态多变，很不规则。

上贝氏体有些像条状马氏体，下贝氏体则很像片状马氏体。同时，片状马氏体的亚结构是精细孪晶，下贝氏体中则没有精细孪晶，而具有高密度位错胞的亚结构。

② 贝氏体的力学性能。贝氏体的力学性能主要取决于其组织形态。贝氏体是铁素体和碳化物组成的复相组织，其各相的形态、大小和分布都影响贝氏体的性能。贝氏体组织形态与其形成温度有关。一般地说，随着贝氏体形成温度的降低，贝氏体中铁素体晶粒变细，含碳量变高；而贝氏体中渗碳体尺寸减小，数量增多，其形态也由断续的杆状或层状向细片状变化。因此，贝氏体强度和硬度增加。

不同的贝氏体组织，其性能大不相同。其中，以下贝氏体的性能最好，具有高的强度、高的韧性和高的耐磨性。从贝氏体形成过程进行分析，越是靠近贝氏体区（中温区）上限温度形成的上贝氏体，韧性越差，强度越低。而在中温区下部形成的下贝氏体，强度、硬度、韧性都很高。在实际生产中采用等温淬火，都是为了得到下贝氏体，以提高强韧性和耐磨性。

一般而言，下贝氏体的性能比片状马氏体好，而上贝氏体的性能则不如条状马氏体。所以，低碳钢不适于等温淬火，中碳、高碳钢的等温淬火效果很好。

③ 贝氏体耐磨钢。

a.50SiMn2Mo贝氏体耐磨铸钢。50SiMn2Mo贝氏体耐磨铸钢是针对冶金、水泥等行业使用的球磨机、破碎机上的磨球、锤头、衬板、颚板等耐磨件而研究的新型耐磨材料。50SiMn2Mo贝氏体耐磨铸钢的化学成分见表2-46。

表2-46 50SiMn2Mo耐磨铸钢的化学成分　　　　单位：%

元素	C	Si	Mn	S	P	Mo	B,V,RE
含量	0.4～0.6	1.5～2.0	2.0～3.0	<0.035	<0.04	0.2～0.5	微量

将 $w(C)0.53\%$，$w(Si)1.51\%$，$w(Mn)2.1\%$，$w(Mo)0.21\%$ 的铸钢加热到850～900℃，取出自然冷却至室温，然后在250℃回火3h，可得到以贝氏体为主的组织。金属薄

膜透射电镜分析表明，该类贝氏体板条中存在高密度的位错，板条间含有奥氏体膜，这种奥氏体膜中由于有较高的碳含量，具有高的稳定性。正是这种贝氏体形态，使该钢具有良好的强韧性配合。

贝氏体耐磨铸钢的力学性能经过测试，可在大尺寸范围内获得较为均匀的力学性能，不仅具有高强度和硬度，而且还具有较高的韧性。该钢种还可通过碳、硅、锰元素的合理调配，获得不同的强韧性配合，满足不同的使用工况。

b. 50SiMn2Cr2RE 贝氏体耐磨铸钢。50SiMn2Cr2RE 贝氏体耐磨铸钢的成分见表 2-47。该种贝氏体耐磨铸钢的最佳热处理工艺为 900～930℃空冷（或风冷），250～300℃回火。组织为板条状贝氏体＋富碳残留奥氏体＋少量马氏体。50SiMn2Cr2RE 贝氏体耐磨铸钢经最佳热处理后，可获得优异的综合力学性能和高的耐磨性。

表 2-47　50SiMn2Cr2RE 耐磨铸钢的化学成分　　　单位：%

元素	C	Si	Mn	Cr	S	P	RE	Mg
含量	0.4～0.6	0.8～1.5	1.5～2.0	1.0～2.0	≤0.03	≤0.03	≤0.03	≤0.03

50SiMn2Cr2RE 贝氏体耐磨铸钢经 930℃奥氏体保温，空淬后的金相组织主要以贝氏体＋奥氏体及少量马氏体组成。在基本化学成分相同的情况下，随着碳、硅含量的不同，其基体组织形态存在着区别。在高碳低硅时，基体组织主要以贝氏体和片状马氏体为主。当降低碳含量，提高硅含量时，由于硅能最大限度地防止锰的偏析，抑制碳化物的析出，促进贝氏体转变，奥氏体以薄膜的形式出现，其组织主要以贝氏体和一定量的板条马氏体组成。特别是随着硅含量的进一步提高，组织中主要是贝氏体。

c. 70SiMn2Cr2MoBRE 贝氏体耐磨铸钢。70SiMn2Cr2MoBRE 贝氏体耐磨铸钢是针对球磨机衬板而研制的一种耐磨材料。该钢种具有优良的强韧性和优异的耐磨性，属于一种低合金耐磨铸钢，且成本低、制造工艺简单可行。70SiMn2Cr2MoBRE 贝氏体耐磨铸钢的化学成分见表 2-48。

表 2-48　70SiMn2Cr2MoBRE 耐磨铸钢的化学成分　　　单位：%

元素	C	Mn	Si	Cr	Mo	B	RE	S	P
含量	0.6～0.9	1.2～1.8	≤1.0	1.5～2.0	0.2～0.6	0.004～0.008	0.12～0.2	<0.04	≤0.04

为了保证该铸钢的性能，热处理采用高温箱式炉加热淬火，奥氏体化温度为（950±10）℃，保温时间可根据零件大小、壁厚和装炉量一般定为 2～4h，然后进行空淬。对厚大件可采用分级淬火，回火温度为 250～300℃，保温 3～4h。这种钢在空淬条件下，获得贝氏体为主的组织，处理后的＞50HRC，无缺口冲击韧性＞20J/cm²。

（5）低合金马氏体-贝氏体复相耐磨钢

① Si-Mn 耐磨钢。贝氏体-马氏体钢具有优良综合力学性能和耐磨性能，一直为人们所关注，但近年来多集中于空冷贝氏体钢的研究。结合控制冷却工艺和 Si、Mn 复合合金化，研制成功了成本低、性能优良的 Si-Mn 贝氏体-马氏体耐磨铸钢，并在生产中获得了应用，具体化学成分见表 2-49。

表 2-49　Si-Mn 耐磨铸钢的化学成分　　　单位：%

元素	C	Si	Mn	S	P
含量	0.4～0.6	1.5～2.5	2.5～3.5	<0.06	<0.06

Si-Mn 贝氏体-马氏体耐磨钢的 TTT 曲线见图 2-28，在 Si 和 Mn 的复合作用下，钢的珠光体转变与贝氏体转变区分离，曲线上存在明显的贝氏体转变区域，贝氏体转变的鼻尖温度

为 270℃，在此温度以上，随等温温度升高，贝氏体转变孕育期延长。贝氏体转变的温度范围为 400～235℃。同时珠光体和贝氏体转变均推迟，过冷奥氏体稳定性增加。通常 Si-Mn 贝氏体-马氏体耐磨铸钢经 800℃奥氏体化，淬火介质使用 50% 的 KNO_3＋50% 的 $NaNO_2$ 混合盐，盐浴温度波动不超过 ±4℃，在 280℃等温 3h 处理后，可获得最佳的综合力学性能。

经过热处理后的 Si-Mn 耐磨钢，在 280℃等温时获得的组织中，贝氏体基体为针状的下贝氏体；在 320℃等温时获得的组织中，针状的下贝氏体量减少，并有粒状化趋势；在 360℃等温时获得的组织则基本呈颗粒状。在贝氏体-马氏体复相组织中，下

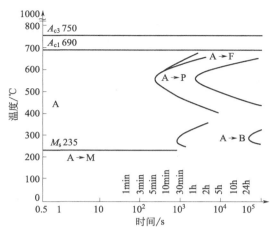

图 2-28 Si-Mn 贝氏体-马氏体耐磨钢的过冷奥氏体转变曲线

贝氏体的含量对性能的提高起关键作用，其中贝氏体组织形态和贝氏体、马氏体及残留奥氏体三者相对含量的变化将直接影响到该钢种的力学性能。在实际应用中，等温温度为 280℃时，可获得含量适当的下贝氏体-马氏体组织，最终获得综合性能优异的 Si-Mn 贝氏体-马氏体耐磨铸钢。

② 空冷马氏体-贝氏体耐磨铸钢。贝氏体组织有较高的硬度和韧性，而获得贝氏体组织，需要进行等温淬火或加入合金元素进行合金化。为使空冷条件下获得马氏体-贝氏体复相组织，获得具有优良力学性能和耐磨性的材料，对材料的化学成分、复合变质处理工艺应严格控制，以满足空冷下获得马氏体-贝氏体组织，具体化学成分见表 2-50。

表 2-50 空冷马氏体-贝氏体耐磨铸钢的化学成分 单位：%

元素	C	Si	Mn	Cr	Mo	Ni
含量	0.4～0.8	0.7～1.3	0.7～1.1	1.5～2.5	0.5～1.0	0.4～0.6

当淬火温度低于 910℃，随淬火温度升高，硬度升高；淬火温度超过 910℃时，硬度反而下降。在 850～950℃时，低合金钢具有较高的淬硬性，再升温时，韧性下降。在回火处理时温度变化对马氏体-贝氏体低合金钢性能影响如图 2-29 所示。可以看出，低合金钢在 350℃左右回火时，硬度值和冲击韧性值均最高。

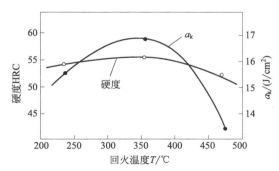

图 2-29 回火温度对空冷马氏体-贝氏体耐磨铸钢性能的影响

冲击磨损条件下，主要存在四种磨损失效机制，即变形磨损、切削磨损、凿削磨损和疲劳磨损。空冷马氏体-贝氏体耐磨铸钢热处理后不仅硬度高，具有较高的抗切削磨损能力，而且韧性好，具有良好的抗变形磨损和疲劳磨损能力。高铬铸铁抗切削磨损能力优于低合金钢，但韧性低，在冲击磨损中

因反复塑变而使其变形层变脆而呈薄片状剥落，因此，综合作用的结果使它的耐磨性略逊于低合金钢。高锰钢在低、中冲击条件下，加工硬化层薄，因而耐磨性较低。

(6) 国外常用的低合金钢 为了了解国外低合金耐磨钢的应用情况，现给出部分钢种的化学成分，供读者参考。

① Cr-Mo 系列钢。Cr-Mo 系列低合金系列耐磨钢的化学成分见表 2-51。

表 2-51　空冷马氏体-贝氏体耐磨铸钢的化学成分

钢种	化学成分/%							硬度 HB	显微组织
	$w(C)$	$w(Mn)$	$w(Si)$	$w(Cr)$	$w(Mo)$	$w(Ni)$	$w(Cu)$		
Cr-Mo	0.63	0.71	0.58	2.30	0.34	—	—	280	P、C
Cr-Mo	0.88	0.95	0.72	2.44	0.35	—	—	343	P、C
Mn-Si-Cr-Mo	0.43	1.39	1.46	0.83	0.49	—	—	366	M、B
Mn-Si-Cr-Mo	0.63	1.44	1.48	0.83	0.49	—	—	620	M、B
Mn-Si-Cr-Ni-Mo	0.55	1.44	1.32	0.83	0.63	0.96	0.8	620	M、B

注：P—珠光体；C—少量碳化物；M—马氏体；B—贝氏体。

② 日本部分低合金耐磨钢。日本部分低合金耐磨钢的化学成分见表 2-52 和表 2-53。

表 2-52　日本水泥磨机部分衬板的化学成分

工件名称	化学成分/%					力学性能
	$w(C)$	$w(Mn)$	$w(Si)$	$w(Cr)$	$w(Mo)$	
一仓筒体衬板	0.42	1.00	1.73	1.56	0.41	52.5HRC
二仓筒体衬板	0.39	0.92	1.61	1.70	0.39	$a_k=1.75J/cm^2$
隔仓板	0.37	0.95	0.85	1.24	0.29	$\sigma_b=1420MPa$，410HBS

表 2-53　日本推土机刀片挖掘机斗齿用钢的化学成分

钢种	化学成分/%								热处理	力学性能
	$w(C)$	$w(Mn)$	$w(Si)$	$w(Cr)$	$w(Mo)$	$w(V)$	$w(B)$	$w(Al)$		
1	0.30		1.75	0.5					980℃油淬，350℃回火后速冷	46~52HRC
2	0.28~0.36	1.0~1.5	1.9~2.4	0.4~1.0	0.1~0.3	0.03~0.15			退火后900℃油淬，300℃回火空冷	50HRC，$a_k=39.2J/cm^2$
3	0.30~0.38	0.8~1.5	1.7~2.2	1.0~1.5	0.3~0.5				退火后900℃油淬，300℃回火空冷	50HRC，$a_k=39.2J/cm^2$
4	0.30~0.38	0.8~1.5	1.7~2.2	1.0~1.5	0.3~0.5	0.04~0.3			退火后900℃油淬，300℃回火空冷	50HRC，$a_k=39.2J/cm^2$
5	0.25~0.38	0.8	1.6~2.6	<0.5	<0.3		0.004	$w(Ti)$ <0.15	退火后900℃油淬，300℃回火空冷	可衬焊，≥50HRC，$a_k=29.4J/cm^2$，热处理性能好

钢种	化学成分/%								热处理	力学性能
	$w(C)$	$w(Mn)$	$w(Si)$	$w(Cr)$	$w(Mo)$	$w(V)$	$w(B)$	$w(Al)$		
6	0.4~0.6	≤1.2	1.8~2.6	≤3.0				0.1~0.5	淬火+回火	320~430HBS
7	0.31~0.45	0.6~1.2	0.5~1.2	1.0~2.0	<1.0	0.05~0.2	<0.01		900℃缓冷到600℃后空冷	贝氏体耐磨铸钢,耐海水腐蚀,可焊

③ 俄罗斯推土机用低合金耐磨铸钢。俄罗斯推土机用低合金耐磨铸钢的化学成分及不同热处理后的性能见表2-54和表2-55。

表 2-54　俄罗斯推土机用低合金耐磨铸钢的化学成分

钢种	化学成分/%										
	$w(C)$	$w(Mn)$	$w(Si)$	$w(Cr)$	$w(Mo)$	$w(V)$	$w(Al)$	$w(Cu)$	$w(Ca)$	$w(S)$	$w(P)$
A	0.33	0.99	0.93	1.01	0.34	—	0.20	0.36	0.10	0.02	0.04
Б	0.38	1.20	0.78	1.08	—	—	0.10	0.11	0.10	0.02	0.04
В	0.46	0.81	0.72	1.28	0.16	0.10	0.11	0.40	0.12	0.02	0.03
推荐成分	0.3~0.45	0.8~1.2	0.7~0.95	0.9~1.3	0.1~0.25	0.05~0.17	0.05~0.20	0.25~0.50	0.05~0.15	<0.04	<0.04

表 2-55　俄罗斯推土机用低合金耐磨铸钢不同热处理后的性能

钢种	热处理工艺	力学性能						刀片的性能		
		硬度HB	σ_b/MPa	$\sigma_{0.2}$/MPa	δ/%	ψ/%	a_{kCV}/(MJ/m²)	表面硬度HRC	I/(mm/100h)	K
A	压缩空气冷却正火	324	1250	1040	12	26	0.29	39.5	3.59	1.73
	水淬后250℃回火	437	1600	1400	5	15	0.18	—	—	—
	水淬后450℃回火	409	1480	1230	10	23	0.26	42.0	3.20	1.94
Б	压缩空气冷却正火	328	960	890	8	22	0.20	35.0	4.70	1.29
	水淬后250℃回火	505	1350	1204	7	14	0.19	—	—	—
	水淬后450℃回火	388	1170	930	10	20	0.26	41.0	4.12	1.50
В	压缩空气冷却正火	415	1170	985	11	28	0.33	42.0	3.74	1.66
	水淬后250℃回火	534	1500	1340	5	26	0.26	—	—	—
	水淬后450℃回火	415	1470	1210	9	27	0.28	43.5	3.44	1.80
110-г13л	1100℃水淬处理	205	820	370	43	48	2.20	2.15	0.20	1.00

2.3.3　抗磨耐蚀不锈钢

当零件在腐蚀性环境或高温下运转时,常用不锈钢来制作。传统上应用的不锈钢按成分和组织可分为五大类：

① 以铬为主要合金元素的铁素体不锈钢，如 ZGoCr17Ti、ZGCr25Ti 等；

② 以铬为主要合金元素的马氏体不锈钢，如 ZG1Cr13、ZG2Cr13 等；

③ 以铬、镍为主要合金元素的奥氏体不锈钢，如 ZG1Cr18Ni9、ZG1Cr18Ni12Mo2Ti 等，以及以铬、锰为主要合金元素的奥氏体不锈钢，如 ZGCr17Mn13Mo2N 等；

④ 奥氏体-铁素体复相不锈钢，如 ZGCr21Ni5Ti 等；

⑤ 沉淀硬化型不锈钢，如 ZGoCr17Ni7Al、ZGoCr15Ni7Mo2Al 等。

铁素体不锈钢的抗擦伤能力很差，又不能通过热处理强化，因此，很少用它来制作要求耐磨的结构零件。从耐磨性考虑用得较多的是奥氏体不锈钢和马氏体不锈钢，特别是后者。下面分别以两种典型的不锈钢钢种为例进行简单的介绍。

(1) 铬镍钼马氏体不锈钢 铬镍马氏体铸造不锈钢的典型钢种是：ZGoCr13Ni4MoR 及 ZGoCr13Ni6MoR，后者较前者仅含镍量高些。ZG0Cr13Ni4MoR 的化学成分为：$w(C) \leqslant 0.6\%$，$w(Mn) 0.5\% \sim 0.8\%$，$w(Si) \leqslant 0.6\%$，$w(Cr) 12.0\% \sim 14.0\%$，$w(Ni) 3.8\% \sim 4.5\%$，$w(Mo) 0.5\% \sim 0.7\%$，$w(P) < 0.035\%$，$w(S) \leqslant 0.035\%$，以及 $w(RE) 0.2\%$。相应的热处理工艺为：$950 \sim 1100℃$正火，625℃第一次回火，600℃第二次回火，钢的组织为呈板条状的低碳马氏体及分布于马氏体板条间的少量残余奥氏体。

ZG0Cr13Ni4MoR 热处理后的力学性能可达到：$\sigma_s = 480 \sim 502MPa$，$\sigma_b = 720 \sim 750MPa$，$\delta = 16\% \sim 22\%$，$\psi = 31\% \sim 64\%$，$\alpha_k = (11 \sim 15) \times 10^5 J/m^2$。还具有高的硬度，在带有泥沙的水流冲刷下，具有良好的抗磨耐蚀性。这种钢的铸造性能较好，铸件在冷却过程中也不易变形与开裂，适合于铸造结构复杂，断面厚度相差大的铸件。它含碳量低，因而焊接性能较好。这种钢已用于铸造重达数十吨的整体铸造水轮机转子和重达十余吨的单体铸造水轮机叶片，经使用性能良好。

(2) 析出硬化型铸造不锈钢 析出硬化型铸造不锈钢典型的钢种是 ZG17-4MoPH 钢（PH 为析出硬化的英文简写）。其化学成分为：$w(C) \leqslant 0.07\%$，$w(Si) \leqslant 1.0\%$，$w(Cr) 15\% \sim 17\%$，$w(Ni) 3.5\% \sim 4.5\%$，$w(Cu) 2.5\% \sim 3.5\%$，$w(Mo) 0.4\% \sim 0.6\%$，$w(S) \leqslant 0.03\%$，$w(P) \leqslant 0.035\%$。热处理工艺为：1050℃固溶，空冷；$500 \sim 600℃$保温 $1 \sim 4h$ 进行时效。时效温度根据对强度或韧性的要求选定。当要求高强度时，选择低温度。

ZG17-4MoPH 钢在用一般炼钢方法和砂型铸造时，由于钢中夹杂物多和晶粒粗大，性能很差，尤其是韧性极低，易于脆断。采用电渣熔铸方法可得到夹杂物含量极低的细晶粒组织，使钢具有高强度、高硬度，又有相当好的韧性。采取 1050℃固溶处理后，在 500℃进行时效。其力学性能为：$\sigma_{0.2} = 1348MPa$，$\sigma_b = 1548MPa$，$\delta = 16\%$，$\psi = 36\%$，404HBW，$\sigma_k = 58J/cm^2$。

由图 2-30 可见，固溶处理后，随时效温度变化，其力学性能变化，随时效温度升高伸长率变化很小，而屈服强度、抗拉强度、断面收缩率和冲击韧性变化都很大。这样可根据使用时对性能的要求，确定时效温度。钢的金相组织为板条状的低碳马氏体、分布于板条间的少量残余奥氏体、弥散分布的微细的富铜析出相。这种钢铸造成的水轮机叶片，在夹带大量泥沙的高速水流的冲击磨损下，具有很强的抗磨耐蚀性能。

2.3.4 轴承钢

轴承是工程机械中很重要的部件，它既要支承轴颈，也要承受轴的压力和冲击，并通过它把这些载荷传递给机架。轴承的工作质量直接影响着机械的精度和寿命。按轴承支承面与轴颈之间相对运动的形式，轴承可以分为滚动轴承和滑动轴承两类，滚动轴承用轴承钢制

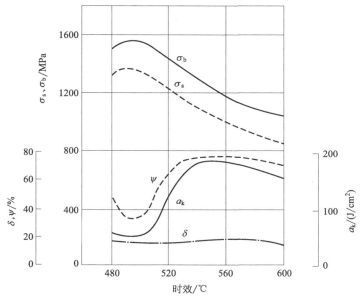

图 2-30 ZG17-4MoPH 钢的时效温度与力学性能的关系

造，滑动轴承主要用有色合金制造。

轴承钢按照成分和使用条件包括：高碳铬轴承钢、高温轴承钢、不锈轴承钢和渗碳轴承钢。

（1）高碳铬轴承钢 高碳铬轴承钢的化学成分见表 2-56。由表可见，高碳铬轴承钢含碳量都很高，$w(C) > 0.95\%$，变化范围也很窄；而铬含量变化范围宽，低的仅 0.40%，高的 1.95%。高碳铬钢的使用范围见表 2-57，最高工作温度仅 160℃。

表 2-56   高碳铬轴承钢的化学成分   单位：%

钢号	$w(C)$	$w(Si)$	$w(Mn)$	$w(Cr)$	$w(Mo)$	$w(S)$	$w(P)$	$w(Ni)$	$w(Cu)$
GCr6	1.05~1.15	0.15~0.35	0.20~0.40	0.40~0.70	≤0.30	≤0.020	≤0.027	≤0.30	≤0.25
GCr9	1.00~1.10	0.15~0.35	0.20~0.40	0.90~1.20		≤0.020	≤0.027	≤0.30	≤0.25
GCr9SiMn	1.00~1.10	0.40~0.70	0.90~1.20	0.90~1.20		≤0.020	≤0.027	≤0.30	≤0.25
GCr15	0.95~1.05	0.15~0.35	0.20~0.40	1.30~1.65		≤0.020	≤0.027	≤0.30	≤0.25
GCr15SiMn	0.95~1.05	0.40~0.63	0.90~1.20	1.30~1.65		≤0.020	≤0.027	≤0.30	≤0.25
GCr18Mo	0.95~1.05	0.20~0.40	0.25~0.45	1.70~1.95	0.20~0.40	≤0.020	≤0.027	≤0.30	≤0.25

表 2-57   高碳铬轴承钢的使用范围

钢号	使用范围						最高工作温度/℃
	套圈壁厚/mm	钢球直径/mm	圆锥滚柱直径/mm	圆柱滚柱直径/mm	球面滚柱直径/mm	滚针直径/mm	
GCr6	<12	≤13.49	≤10.3 总长≤19.8	≤9.4	≤9.4	所有滚针	120

钢号	使用范围						最高工作温度/℃
	套圈壁厚/mm	钢球直径/mm	圆锥滚柱直径/mm	圆柱滚柱直径/mm	球面滚柱直径/mm	滚针直径/mm	
GCr9	<12	>13.49~25.4	>10.3~18.5 总长>19.8~30.6	>9.4~17.2	>9.4~17.1	所有滚针	140
GCr9SiMn,GCr15	<12	≤50.8	≤22	≤22	≤22	所有滚针	160
GCr15SiMn	≥12	>50.8~203.2	>22	>22	>22	所有滚针	160

(2) 高温轴承钢　高温轴承材料是随着燃气轮机、航空和航天工业的发展而产生的专用轴承材料，在选择材料时主要考虑使用条件。可以选用难熔合金、金属陶瓷及陶瓷材料来制造高温轴承，但这些材料成本高、加工困难，用途还很有限。高温轴承钢是应用广、用量大的高温轴承材料。高温轴承钢主要有两类：一般情况下广泛采用高速工具钢；在腐蚀环境下工作的高温轴承材料，选用马氏体不锈钢。为了使轴承心部具有良好的韧性，承受更大的冲击载荷，发展了渗碳型高温轴承钢。

图 2-31 为温度对轴承材料承载能力的影响。由图可见，各种材料承载能力都不同；另外，当温度高于 200℃ 以后，材料的承载能力受温度影响很大。

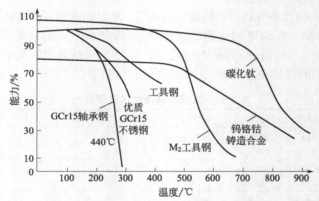

图 2-31　温度对轴承材料承载能力的影响
(GCr15 在室温时的能力为 100%)

表 2-58 为高温轴承钢的化学成分。表 2-59 为高温轴承钢的使用范围。由表 2-59 可见，可以根据使用条件、材料的最高使用温度，选用轴承钢。

表 2-58　高温轴承钢的化学成分　　　　单位：%

钢号	$w(C)$	$w(Si)$	$w(Mn)$	$w(W)$	$w(Mo)$	$w(Cr)$	$w(V)$	其他	$w(S)$	$w(P)$
GCr15Al(MHT)	0.95~1.10	0.25~0.55	0.25~0.45			1.30~1.60		$w(Al)$ 0.75~1.25	≤0.025	≤0.025
GCrSiWV	0.95~1.05	0.70~0.90	0.40~0.60	1.10~1.40		1.30~1.60	0.20~0.35		≤0.020	≤0.027
Cr4Mo4V(M50)	0.75~0.85	≤0.35	≤0.35		4.0~4.5	3.75~4.25	0.90~1.10		≤0.020	≤0.027

钢号	$w(C)$	$w(Si)$	$w(Mn)$	$w(W)$	$w(Mo)$	$w(Cr)$	$w(V)$	其他	$w(S)$	$w(P)$
W6Mo5Cr4V2(M2)	0.78~0.88	0.20~0.45	0.15~0.40	5.5~6.75	4.5~5.5	3.75~4.50	1.75~2.20		≤0.030	≤0.030
W18Cr4V(T1)	0.70~0.80	0.15~0.35	≤0.40	17.5~19.0	≤0.80	4.0~5.0	1.0~1.5		≤0.020	≤0.028
20CrNi2Mo4(M315)	0.15~0.20	0.15~0.30	0.40~0.60		4.8~5.3	1.35~1.75		$w(Ni)$ 2.6~3.0		
Cr14Mo4V(14-4)	1.00~1.15	≤0.60	≤0.60		3.75~4.25	13.4~15.0	0.10~0.20		≤0.030	≤0.030
Cr15Mo4V3W2Co5 (WD65)	1.10~1.15	≤0.15	≤0.15	2.0~2.5	3.75~4.25	14.0~16.0	2.5~3.0	$w(Co)$ 5.0~5.5		

表 2-59　高温轴承钢的使用范围

钢号	最高使用温度/℃	备注
GCr15Al(MHT)	250	GCr15 改型的准高温轴承钢
GCrSiWV	250	空淬硬型中温轴承钢,也可用作中温耐磨材料
Cr4Mo4V(M50)	316	美国和日本应用最广泛的高温轴承钢
W6Mo5Cr4V2(M2)	430	比 Cr4Mo4V 钢有更高的高温硬度
W18Cr4V(T1)	430	苏联和英国应用较广泛的高温轴承钢
20CrNi2Mo4(M315)	430	耐高温和冲击的轴承材料
Cr14Mo4V(14-4)	480	耐腐蚀性较好的高温轻载轴承材料
Cr15Mo4V3W2Co5(WD65)	540	Cr14Mo4V 的改型钢,有更高的高温硬度和耐蚀性

(3) 不锈轴承钢　在腐蚀环境下工作的轴承需要采用不锈钢制造。不锈轴承钢主要采用马氏体不锈钢。9Cr10Mo 的改型钢 Cr14Mo4V,淬适性和高温硬度都有提高,但因价格等因素,应用还不广泛。表 2-60 为不锈轴承钢的化学成分和应用范围。

表 2-60　不锈轴承钢的化学成分与应用范围　　　　　　　　单位:%

钢号	$w(C)$	$w(Si)$	$w(Mn)$	$w(Cr)$	$w(Mo)$	$w(S)$	$w(P)$	应用范围
4Cr13	0.35~0.45	≤0.60	≤0.80	12.0~14.0	≤0.75	≤0.030	≤0.035	耐蚀的滚针及关节轴承
9Cr18	0.95~1.10	≤0.50	≤0.80	16.0~18.0	≤0.75	≤0.020	≤0.027	海水、硝酸及蒸汽、海洋性气候等腐蚀介质中的轴承
9Cr18Mo	0.95~1.10	≤0.50	≤0.80	16.0~18.0	≤0.75	≤0.020	≤0.027	

(4) 渗碳轴承钢　对于表面具有高的耐磨性、高的疲劳强度而心部有高的韧性、承受冲击载荷的轴承,采用渗碳轴承钢制造。渗碳轴承钢经渗碳和热处理后,表面硬度≥60HRC,耐磨性好;心部有良好的韧性。渗碳层表面的碳浓度一般控制在 0.8%~1.0%,渗碳层厚度根据轴承零件的类型和尺寸而变化,并有适当的过渡层。表 2-61 为渗碳轴承钢的化学成分和使用范围。表 2-62 为渗碳轴承钢制造中、小型轴承零件对渗碳层厚度的要求。

表 2-61　渗碳轴承钢的化学成分及使用范围　　　　　　　　　　　单位：%

钢号	w(C)	w(Si)	w(Mn)	w(Cr)	w(Ni)	w(Mo)	w(Cu)	w(S)	w(P)	使用范围
20Cr(5120)	0.17~0.22	0.20~0.35	0.70~0.90	0.70~0.90				≤0.040	≤0.035	小型轴承零件
20CrMo(4118)	0.18~0.23	0.20~0.35	0.70~0.90	0.40~0.60		0.08~0.15		≤0.040	≤0.035	
20CrNiMo(8620)	0.18~0.23	0.20~0.35	0.70~0.90	0.40~0.60	0.40~0.70	0.15~0.25		≤0.040	≤0.035	中、小型耐冲击负荷的轴承零件,如汽车、拖拉机轴承
20Ni2Mo(4620)	0.17~0.22	0.20~0.35	0.45~0.60		1.65~2.00	0.20~0.30		≤0.040	≤0.035	中型耐冲击负荷的轴承零件,如汽车、拖拉机用滚柱轴承
20CrNi2Mo(4320)	0.17~0.22	0.20~0.35	0.45~0.60	1.65~2.00		0.20~0.30		≤0.040	≤0.035	
12Cr2Ni4(3310)	0.80~0.13	0.20~0.35	0.45~0.65	1.40~1.75	3.25~3.75			≤0.025	≤0.025	
20Cr2Ni4	0.17~0.24	0.20~0.40	0.30~0.60	1.25~1.75	3.25~3.75		≤0.25	≤0.035	≤0.025	耐冲击负荷的大型、特大型轴承,如轧钢机、重载矿车轴承。承受高冲击负荷,要求综合性能高的中、小型轴承
20Cr2Mn2Mo	0.18~0.22	0.40~0.65	1.90~2.20	1.40~1.70	≤0.30	0.20~0.30	≤0.25	≤0.025	≤0.025	
12Cr2Ni4Mo(9310)	0.08~0.13	0.20~0.35	0.45~0.65	1.00~1.40	3.00~3.50	0.08~0.15		≤0.025	≤0.025	

注：自上至下淬透性、抗冲击性及心部硬度增加。

表 2-62　渗碳轴承钢制造中、小型轴承零件对渗碳层厚度的要求

套圈的壁厚/mm	渗碳层厚度/mm	滚子直径/mm	渗碳层厚度/mm	钢球直径/mm	渗碳层厚度/mm
6~7	1.3~1.6	7~10	1.4~1.6	≤4	0.38~0.65
8~10	1.8~2.2	11~14	1.7~1.9	5~8	0.8~1.3
11~14	2.3~2.7	15~19	2.0~2.2	9~12	1.4~1.7
15~19	2.8~3.2	20~25	2.3~2.5	13~18	1.8~2.0
20~25	3.3~3.7			19~25	2.1~2.3

注：钢球的渗碳层厚度是指成品钢球中的渗碳层厚度。

参 考 文 献

[1] 陈华辉,邢建东,李卫. 耐磨材料应用手册. 北京：机械工业出版社,2006.
[2] 何奖爱,王玉玮. 材料磨损与耐磨材料. 沈阳：东北大学出版社,2001.
[3] 刘家浚. 材料磨损原理及其耐磨性. 北京：清华大学出版社,1993.
[4] 材料耐磨抗蚀及其表面技术丛书编委会. 材料耐磨抗蚀及其表面技术概论. 北京：机械工业出版社,1988.
[5] 王定祥. Φ4.5m 大型球磨机衬板材质的研制与应用. 第十届全国耐磨材料大会论文专辑,2003.
[6] 符寒光,陈衬高. 多元低合金贝氏体铸钢磨球的研究与应用. 第九届全国耐磨材料磨损失效分析与抗磨技术学术会议论文选集,2000.
[7] 蒋业华,周荣,犁振华,等. SiMnCrMo 耐磨铸钢锤头的研制. 第九届全国耐磨材料磨损失效分析与抗磨技术学术

会议论文选集，2000.

[8] 王定祥，贾存玉，梁士存，等．大型球磨机高铬铸铁 ZGCr13 钢衬板鉴定报告．唐山：唐山水泥机械厂，1986.

[9] 郝石坚．高铬白口铸铁．北京：煤炭工业出版社，1993.

[10] 苏俊义．铬系耐磨白口铸铁．北京：国防工业出版社，1990.

[11] 清华大学机械系、北京机械大学机械系《金属材料及热处理》教材编写小组．金属材料及热处理．北京：清华大学，1973.

[12] 邵荷生，张清．金属的磨料磨损与耐磨材料．北京：机械工业出版社，1988.

[13] 张增志．耐磨高锰钢．北京：机械工业出版社，2002.

[14] 李建明．耐磨与减摩材料．北京：机械工业出版社，1987.

[15] 谢敬佩，等．耐磨铸钢及熔炼．北京：机械工业出版社，2003.

[16] 康沫狂，朱明．关于贝氏体形核和台阶机制的讨论——与徐祖耀院士等商榷．材料热处理学报，2005，26，（2）：1-5.

[17] 赵金山，曹振学，司应新，等．强韧性高锰钢衬板的开发和应用．铸造技术，2008（8）：1149-1151.

[18] 王荣滨．ZGMn13 破碎机铸造齿板失效分析及对策．铸造技术，2007（4）：355-655.

[19] 赵金山．ZGMn13Cr2RE 强韧性高锰钢衬板在球磨机上的应用．中国铸造装备与技术，2008（4）：36-38.

[20] 钟春青．高锰钢铸件铁模铸造机械化及铸态水韧处理试验．中国铸造装备与技术，1973（6）：35-39.

[21] 汪一佛．提高高锰钢耐磨性问题的探讨．中国水泥，1999（3）：40-42.

[22] 何力，金志浩，卢锦德．合金化奥氏体锰钢的研究．机械工程材料，2000（2）：22-72.

[23] 张东风，曹忠孝．低合金耐磨铸钢的研究与应用．鞍钢技术，1998（10）：71-91.

[24] 温新林，王秀梅，崔伟清，等．斗齿低碳低合金耐磨材料研究．新技术新工艺，2006（2）：53-63.

[25] 何力，金志浩，卢锦德，等．铬对高锰钢微观结构的影响．钢铁，2000（5）：40-42.

[26] 王豫，斯松华．高锰钢加工硬化规律和机理研究．钢铁，2001（10）：54-65.

[27] 赵培峰，国秀花，宋克兴．高锰钢的研究与应用进展．材料开发与应用，2008，23（4）：85-90.

[28] 李树索，陈希杰．高锰钢的发展与应用．矿山机械，1998（3）：70-73.

[29] 李卫．我国耐磨材料耐磨铸件的标准化．铸造，2000（增刊）：597-599.

[30] 王洪发．金属耐磨材料的现状与展望．铸造，2000（增刊）：577-580.

[31] 王明胜．奥氏体中锰钢的成分设计分析．机械工程材料，1993（1）：41-43.

[32] 赵四勇，周庆德．关于高锰钢的若干问题．铸造技术，1999（4）：4-38.

[33] 闫华，谢敬佩，王文焱，等．超高锰钢热处理工艺优化及力学性能的提高．铸造，2006，55（10）：106-1070.

[34] 姬玉媛．高锰钢现状及今后发展．商场现代化，2008（1）：282-281.

[35] 宋玉芳，郎艳霞，刘选雷，等．含铬高锰钢工艺优化试验．机械工人（热加工），2008，1：90-92.

[36] 杜末新，邵宏飞，黄永浩．延长高锰钢铸件使用寿命的途径．铸造技术，2003（5）：444-445.

[37] 张旺峰，卢正欣，陈瑜眉，等．中锰钢高应变率诱导的特异塑性．材料研究学报，2002，16（02）：179-183.

[38] 谢敬佩，王爱琴，王文焱，等．铸造复合变质及表面合金化中锰奥氏体钢的强韧化．中国机械工程，2003，14（16）：1436-1441.

[39] 谢敬佩，刘香茹，王爱琴，等．复合变质中锰钢韧性提高研究．热加工工艺，2002（06）：27-30.

[40] 张明，陈晓军，刘凤君，等．变质中锰耐磨钢的性能与应用．机械工程材料，2004，28（01）：38-40.

[41] 谢敬佩，王文焱，王爱琴，等．铌、氮在中锰奥氏体钢中的作用．钢铁研究学报，2002，14（01）：38-41.

[42] 张明，刘凤君，王俊新，等．稀土、镁和钛复合变质中锰钢的耐磨性．热加工工艺，2003（05）：13-15.

[43] 关振民，周春英，谢敬佩，等．中锰奥氏体钢的铸造表面合金化．铸造技术，2004，25（08）：605-607.

[44] 张细菊，吴润，李俊伟，等．中锰奥氏体基耐磨钢组织与性能研究．金属热处理，1997（05）：51-54.

[45] 孔君华，陈大凯．中锰奥氏体基耐磨钢中马氏体的应用．金属热处理，2000（02）：32-35.

[46] 隋金玲，朱瑞富，魏涛，等．变质对中锰钢组织与性能的影响．金属热处理，1996（01）：31-33.

[47] 吕奎龙．多元素高碳中锰钢衬板的试制与应用．热加工工艺，1997（01）：41-42.

[48] 宋延沛，王文，谢敬佩，等．微量元素对高碳中锰钢组织和冲击磨损性能的影响．矿山机械，2001（11）：59-60.

[49] 谢敬佩，林钢，王文焱，等．变质中锰钢的塑变磨损．摩擦学报，2001，21（06）：533-537.

[50] 许振明，姜启川，何镇明，等．碳化物团球化里氏体-贝氏体新型抗磨中锰钢．材料研究学报，1995，9（05）：409-411.

[51] 徐亮．低碳钢经高压处理后奥氏体转变为珠光体的 DSC 研究．热处理，2008（02）：43-52.

[52] 郭佳，杨善武，尚成嘉，等．碳含量和组织类型对低合金钢耐蚀性的影响．钢铁，2008，43（09）：58-62.

[53] 荣守范，郭继伟，纪朝辉，等．轧辊材质热疲劳行为的研究．佳木斯大学学报（自然科学版），2000，18（01）：8-11.

[54] 荣守范，张寅，郭继伟．铸造低合金贝氏体抗磨钢挖掘机铲齿材质的研究．铸造，2007，56（04）：416-418.

[55] 荣守范，郭继伟，朱永长．双金属复合铸造衬板的研究．中国机械工程学会第十一届全国铸造年会论文集，2006：446-448.

[56] 荣守范，金宝士，朱春雷．淬火工艺及含碳、硅量对 B 钢机械性能的影响．哈尔滨理工大学学报，2000，5（03）：108-112.

[57] 谢敬佩，李庆春，何镇明．铸造复合中锰奥氏体钢的耐磨性．洛阳工学院学报，1999，20（01）：5-9.

第3章

耐磨合金
铸铁

　　铸铁自古以来就开始使用，随着社会的进步逐渐成为现代工业中一种重要工程材料，具有良好的机械加工性、耐磨性、减震性和对缺口的不敏感性。铸铁价格低廉、生产工艺简便，因此它在机械、矿山、冶金、化工等行业得到了广泛的应用。在铸铁中附加一种或多种合金元素可以十分有效地改善铸铁的力学性能、物理性能和化学性能，可以达到如下目的：

　　① 改变凝固条件、组织状况，改善力学性能。有的合金元素可以明显细化铸铁中的珠光体并增加其数量，因而可以提高强度和硬度，例如钼、铜、锡、锰等。在普通球墨铸铁中加铜，可使抗拉强度由 $600N/mm^2$ 提高至 $800N/mm^2$，此时，如果再附加钼，通过等温淬火处理，可以把抗拉强度提高至 $1000N/mm^2$ 或更高的程度。

　　② 改变铸铁的化学成分，使其合金化，使铸铁具有耐磨、耐蚀、耐热和无磁等性能，此时需要加入中、高量合金元素。

　　本章着重论述了各种合金元素在铸铁中的作用，并介绍了各种合金铸铁的性能和应用等。

3.1　耐磨铸铁中常用的合金元素

3.1.1　白口铸铁的稳定性

　　白口铸铁由碳化物及基体两部分组成。碳化物的稳定存在是保证耐磨性的首要条件，所以选择化学成分时，必须考虑在该零件制造和使用条件下，碳化物有足够的稳定性，即在热处理、热加工或在高温下工作时仍能保证白口铸铁组织不致发生可逆相变，由碳化物转变为石墨。

　　评定白口铸铁稳定性时，常采用铬当量 E_{Cr} 和，即稳定性参数 S：

$$S = \sum E_{Cr}^i \tag{3-1}$$

　　不产生石墨化的条件是 $S \geqslant 0$。稳定性参数 S 中要计入所有溶质元素，包括碳在内。铬当量 E_{Cr} 按下式计算：

$$E_{Cr}^i = \frac{\beta_i}{\beta_{Cr}} \times \frac{A_{Cr}}{A_i}$$

$$E_{\mathrm{Cr}}^{\mathrm{C}} = \frac{\ln \alpha_{\mathrm{C}}}{\beta_{\mathrm{Cr}}} \times \frac{A_{\mathrm{Cr}}}{A_{\mathrm{Fe}}} \times \frac{100}{C} \qquad (3\text{-}2)$$

式中　E_{Cr}^{i}——元素 i 的铬当量；

　　　β_i——元素 i 在（$\gamma + \mathrm{Fe_3C}$）区间内对碳活度的相互影响系数；

　A_i，A_{Cr}——元素 i 及铬的原子量；

　　　α_{C}——F-C 系内（$\gamma + \mathrm{Fe_3C}$）两相区内碳的活度；

　　　C——碳的质量分数，%。

相互影响系数 β_i 可按 i 元素的相同分配系数 K_i 由下式求出：

$$\beta_i = \frac{(K_i - 1) + (0.25 - K_i N_{\mathrm{C}}^{\mathrm{r}})}{(K_i - 1) N_{\mathrm{C}} + (0.25 - K_i N_{\mathrm{C}}^{\mathrm{r}})} \qquad (3\text{-}3)$$

式中　K_i——i 元素相间分配系数；

　　0.25——渗碳体中碳的原子分数；

　　$N_{\mathrm{C}}^{\mathrm{r}}$——奥氏体中碳原子含量；

　　N_{C}——铸铁平均碳原子含量。

铬当量不是固定不变数值，它随碳元素的含量以及温度高低而变化。在温度下降时，铬当量 E_{Cr} 的绝对值增大。如 3.0%（质量分数）时，铬当量和温度变化关系见表 3-1。其中石墨化元素的铬当量增值最快，所以在热处理的奥氏体化温度区间（800~950℃），白口铸铁石墨化的危险就增大了，碳化物稳定性下降。

表 3-1　铬当量和温度变化关系

铬当量	$E_{\mathrm{Cr}}^{\mathrm{Cr}}$	$E_{\mathrm{Cr}}^{\mathrm{Mn}}$	$E_{\mathrm{Cr}}^{\mathrm{Ni}}$	$E_{\mathrm{Cr}}^{\mathrm{Si}}$	$E_{\mathrm{Cr}}^{\mathrm{C}}$
950℃	1.0	0.96	−0.20	−0.92	−0.31
1050℃	1.0	0.63	−0.17	−0.77	−0.17
1150℃	1.0	0.58	−0.13	−0.63	−0.08

含碳量变化时，铬当量也发生很大变化，例如在 1050℃ 时，碳的质量分数上升，铬当量随之增加，但石墨化元素的铬当量增大较快，也就是说，含碳量增加时，碳化物稳定性下降。铬与硅相互中和（即硅的铬当量为 −1），只是在 $w(\mathrm{C})$ 3.1%、950℃ 或 $w(\mathrm{C})$ 3.3%、1050℃ 条件下才能实现。具体见表 3-2。

表 3-2　铬当量和含碳量的关系

$w(\mathrm{C})/\%$	$E_{\mathrm{Cr}}^{\mathrm{Mn}}$	$E_{\mathrm{Cr}}^{\mathrm{Ni}}$	$E_{\mathrm{Cr}}^{\mathrm{Si}}$	$E_{\mathrm{Cr}}^{\mathrm{C}}$
2.3	0.51	−0.09	−0.40	−0.14
3.0	0.63	−0.17	−0.77	−0.17
4.3	0.74	−0.36	−2.08	−0.20

在 1050℃、$w(\mathrm{C})$ 3.0% 时，稳定性 S 可以如下计算：

$$S = E_{\mathrm{Cr}}^{\mathrm{Cr}} - 0.17 E_{\mathrm{Cr}}^{\mathrm{C}} - 0.77 E_{\mathrm{Cr}}^{\mathrm{Si}} - 0.17 E_{\mathrm{Cr}}^{\mathrm{Ni}} + 0.3 E_{\mathrm{Cr}}^{\mathrm{Mo}} + 0.63 E_{\mathrm{Cr}}^{\mathrm{Mn}} + 0.73 E_{\mathrm{Cr}}^{\mathrm{V}} \qquad (3\text{-}4)$$

元素含量增加，其白口化作用相应变弱，铬含量 4.0%~5.0% 时，由于高于 1.5%~2.0% 含量部分的铬作用变弱，不能稳定碳化物，如果加硅、铝等元素，就可能部分石墨化。铬含量越高，稳定碳化物的作用也越弱，所以选用铬作为标准值时，一定要限制铬值于较窄范围。

上面说的是平衡状态，对于非平衡状态，分配系数 K_i' 不同于平衡状态的 K_i，即

$$K_i' = \frac{1}{1 + [(1-K_i)/K_i]\exp(-\eta)} \tag{3-5}$$

式中　η——无量纲生长速度（$\eta = f\delta/D$）；

　　　f——固相生长速度；

　　　δ——扩散层厚；

　　　D——扩散系数。

随生长速度增长，有效分配系数 K_i' 趋近于 1。自然，铬当量也有变化；铬及反石墨化元素的铬当量下降；而石墨化元素的铬当量则急剧上升，更易生成石墨。例如在 1050℃、$w(C)$ 3.0% 时，各元素的铬当量随 η 值变化关系见表 3-3。

表 3-3　各元素的铬当量随 η 值变化关系

η	0	0.25	0.5	1.0
E_{Cr}^{Mn}	0.58	0.62	0.63	0.66
E_{Cr}^{Ni}	-0.13	-0.15	-0.16	-0.16
E_{Cr}^{Si}	-0.63	-0.85	-1.09	-1.73
E_{Cr}^{C}	-0.08	-0.68	-1.44	-4.18

一般铸态相应的 η 值为 0.25～0.5。由数据可以看出，不平衡状态下，由于铬当量变化，有可能由 $S > 0$ 变为 $S' < 0$，因而退火时发生石墨化。但因平衡 $S > 0$，长时间退火仍有平衡趋势，又变为白口组织。由此，在设计成分时，必须令有效铬当量 E_{Cr}^i 和大于零，即

$$S' = \sum E_{Cr}^i > 0 \tag{3-6}$$

耐磨白口铸铁必须选定最佳显微组织。微观结构（碳化物及基体本身性能，碳化物尺寸、形状、分布与数量）对耐磨性具有影响。在铸铁中，硬质相承受磨损，基体则提供支承，承受外界载荷。碳化物的分布形态是最重要的影响因素。连续分布的碳化物，如 M_3C 等渗碳体型碳化物，割裂了基体，使铸铁的强度及韧性大幅度降低，因而不能承受较大载荷。但在无冲击载荷时，某些试验指出，由于网状碳化物在破裂后不易脱落，留在磨损面上形成保护层，有利于耐磨性的提高。

孤立分布的碳化物，如 M_7C_3 型、VC 型碳化物，能最大限度发挥基体的强度特性，能承受较大载荷，适用于众多场合，提高耐磨性。因此很多人认为，这是耐磨合金的一个显微组织原则，即所谓夏比原则：在强韧基体上分布细小、孤立的硬质相。孤立的硬质相，可以是岛状、块状或板条状。目前耐磨合金研制基本上是沿着这一方向进行。使碳化物孤立的方法有：高合金化，热处理法，压力加工和变质处理等。

硬质相本身性能，如强度、硬度也在很大程度上影响耐磨性能。M_7C_3、M_6C 不如 MC（如 VC、NbC）的强度和硬度高，所以耐磨性也不如后者，见图 3-1。选择适合的碳化物类型能够提高零件的寿命。碳化物的尺寸、数量、形状均影响耐磨性能。

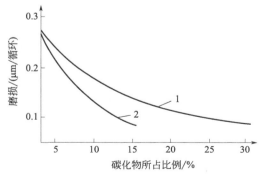

图 3-1　奥氏体基体钢铁材料耐磨性与碳化物数量的关系

1—M_7C_3、M_6C 型复合碳化物；2—VC、NbC 等

基体是承受外界载荷的主体，需要高强度和韧性，但在磨料作用下，也受到强烈磨损，使碳化物凸出表面不能提供良好支承，碳化物容易断裂。基体刚度不够，又将导致碳化物变形而产生裂纹。所以基体要有强韧性，又要具有足够的刚度和硬度，能够抵抗变形与磨损。基体的耐磨性顺序，从强到弱：马氏体 M→屈氏体 T→索氏体 S→珠光体 P→铁素体 α-Fe。奥氏体与耐磨性的关系主要由其稳定性决定。不稳定的奥氏体在外加载荷作用下转变为马氏体（γ→M），因奥氏体韧性好，能终止裂纹扩展，对提高耐磨性有利，否则，就需要另行考虑。

3.1.2 合金元素与碳的相互作用

形成碳化物的元素都是过渡族元素，如钴和镍能够生成 Co_3C、Ni_3C，但不稳定，实际上它们是石墨化元素。其余各种元素生成碳化物就其稳定性而言，自弱至强的排列顺序为：铁、锰、铬、钼、钨、钒、钽、铌、铪、锆、钛。碳化物的稳定性取决于原子键力，可近似根据熔点高低判断其相对稳定性。

碳原子半径 r_C 与金属原子半径 r_M 的比值不同，碳化物的点阵结构也不相同。

① 金属原子较大（$r_C/r_M \leq 0.59$）时，碳化物形成间隙相，如 TiC、WC、MoC 等，金属点阵中的间隙大于碳原子直径，能容纳碳原子。这些碳化物稳定性高，熔点较高，加热时不易溶解于奥氏体中。

② 金属原子较小（$r_C/r_M > 0.59$）时，不易形成间隙相，而生成复杂点阵结构，如 Fe_3C、Cr_7C_3 等，其熔点较低，稳定性差，加热时易溶解于奥氏体中。

碳化物可在一定范围内溶入其他合金元素，如室温下，Fe_3C 可溶入：$w(Cr)18\%\sim20\%$、$w(Mo)1.0\%\sim2.0\%$、$w(V)0.4\%\sim0.5\%$、$w(Ti)0.15\%\sim0.25\%$，其中碳也可以为氧、氮、硼等原子所置换。故可写成 $(Fe, Cr\cdots)_3(C, B\cdots)$。$Cr_7C_3$ 室温时可溶入 $w(Fe)38\%$，1300℃时可溶入 $w(Fe)60\%$。很多点阵相同的碳化物可以无限互溶，如 Mn_3C-Fe_3C、TiC-VC、TiC-ZrC 等。溶入的合金元素如果能形成更稳定的碳化物，将提高原碳化物的稳定性，否则将降低其稳定性。

碳化物依点阵不同，分为正交、六方和立方三个晶系。

① 正交晶系主要是 Mn_3C 和 Fe_3C 型复合碳化物，硬度较低，Fe_3C 的硬度为 1150～1250HV，Mn_3C 的硬度约为 1500HV，热稳定性也差，加热到奥氏体化温度时，将部分溶入奥氏体，呈渗碳体型网状分布。

② 六方晶系主要有 Cr_7C_3、Mn_7C_3。Cr_7C_3 可溶入大量的 Fe，少量的 Mo、W 等，热稳定性较 M_3C 为好，硬度也较高（1800HV），在奥氏体化温度较高时才开始溶解。六方晶系还有 Mo、W 的碳化物 Mo_2C、W_2C、MoC、WC 等，可溶入很多铬，但含铁量极少。

③ 立方晶系都是热稳定性高、硬度高的碳化物，可显著提高钢铁的耐磨性。据研究，在碳化物含量不变时，MC 型碳化物越多越耐磨。这类碳化物，如 TiC、VC、NbC、ZrC 等很稳定，在 900～1000℃加热时也不完全溶于奥氏体。大量未固溶的碳化物，可在高温阻止碳化物长大。它们以极小颗粒分布于基体中，硬度极高，如 TiC 硬度 3200HV，VC 硬度 2500～2800HV。

同一元素形成几种不同碳化物时，出现的碳化物类型取决于两种元素的原子数量比（平衡条件下），例如铬可以形成 Cr_3C、Cr_7C_3、$Cr_{23}C_6$ 三种碳化物，在铬碳比 Cr/C<2.5 时，只形成 Cr_3C；4<Cr/C<8 时，只形成 Cr_7C_3；而 Cr/C>11 以后，则全部形成 $Cr_{23}C_6$。如果考虑到 Fe_3C 中能溶入 $w(Cr)18\%$，则比值有所改变。在 Fe-C-V、Fe-C-W 系中都有类似的现象。因此，要准确获得某一类型碳化物，必须严格控制 M/C 值，并考虑其平衡条件。

耐磨材料中同时存在几种形成碳化物的元素时，强碳化物形成元素将优先与碳结合，或者夺取弱碳化物形成元素所生成的碳化物中的碳，而使该弱元素进入固溶体中。例如原有 Cr_7C_3 时，加入钒后，钒将夺取 Cr_7C_3 中的碳，生成 VC，而使铬进入固溶体中。各种元素与碳的亲和力可由其碳化物生成自由焓比较看出（图 3-2）。在图中位置较低的元素，对碳的亲和力大于位置较高的元素，能够优先形成碳化物。例如钛、锆等与碳的亲和力较铁、锰大很多，将优先与碳结合成碳化物。

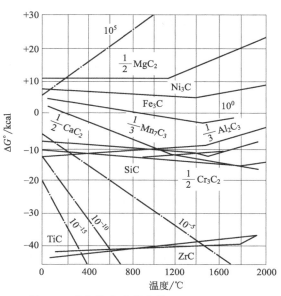

图 3-2　碳化物生成自由焓（1kcal＝4186J）

3.1.3　常用合金元素

耐磨件用途广泛，消耗量大。采用合金铸件时，不能不考虑原材料的来源。耐磨铸铁按其主要耐磨合金元素划分，目前大致有以下几大类：普通白口铸铁、镍硬铸铁、铬系铸铁、锰系铸铁、钨系铸铁、硼系铸铁和钒系白口铸铁。应用最多的还是复合多元素白口铸铁，所用元素大致有 Cr、Ni、Mn、W、B、V、Ti、Co、Mo、Cu、Mg、Zn、Al、RE 等。

地壳表层（不包括海洋与大气）内各元素的平均含量见表 3-4。

表 3-4　地壳表层各元素的平均含量

丰富元素（11 种）	O	Si	Al	Fe	Ca	Na	K	Mg	Ti	（H）	P
元素含量/%	46.6	27.72	8.13	5.00	3.63	2.83	2.59	2.09	0.44	0.14	0.105
稀少元素（46 种）元素含量/%	Mn	F	Ba	Sr	S	C	Zr	V	Cl	Cr	
	9.5	6.25	4.25	3.75	2.6	2.0	1.65	1.35	1.3	1	$\times10^{-2}$
	Rb	Ni	Zn	Ce	Cu	Y	La	Nd			
	9.0	7.5	7.0	6	5.5	3.3	3.0	2.8			$\times10^{-3}$
	Co	Sc	Li	Nb	N	Ga	Pb	B			
	2.5	2.2	2.0	2.0	1.5	1.5	1.3	1			$\times10^{-3}$
	Pr	Th	Sm	Cd	Dy	Yb	Hf	Cs			
	8.2	7.2	6.0	5.4	4.8	3.0	3.0	3.0			$\times10^{-4}$
	Er	Be	Br	Sn	Ta	U	As	Mo			
	2.8	2.8	2.5	2.0	2.0	1.8	1.8	1.5			$\times10^{-4}$
	Ge	W	Eu	Ho							
	1.5	1.5	1.2	1.2							$\times10^{-4}$
极少元素（33 种）元素含量/%	Tb	I	Tm	Lu	Tl	Cd	Sb	Bi	In		
	8	5	5	5	5	2	2	2	1		$\times10^{-5}$
	Hg	Ag	Se	Ru	Pd	Te	Pt				

丰富元素(11 种)	O	Si	Al	Fe	Ca	Na	K	Mg	Ti	(H)	P
极少元素(33 种) 元素含量/%	8	7	5	1	1	1	1				$\times 10^{-6}$
	Rh	Au	Re	Os	Ir						
	5	4	1	1	1						$\times 10^{-7}$

注：部分极少元素未列。

选用合金元素时，需考虑它们与铁及碳的相互作用。前面已经就合金元素与碳的相互作用进行了讨论，并且就碳化物稳定程度和与碳的亲和力大小排列了顺序。就合金元素与碳的相互作用而言，各种元素对白口深度的影响对耐磨铸铁是重要的，特别对低合金铸铁更是如此。归纳起来，各种元素对白口深度的影响如图 3-3。增大白口深度的元素有 S、V、Sn、Cr、Mo、Mn 等。增大白口化倾向、减小石墨化能力的元素叫反石墨化元素；反之，增加石墨化能力的元素叫石墨化元素。各元素的白口倾向和石墨化能力强弱顺序如下。

① 提高石墨化能力由强至弱：Al、C、Si、Ti、Ni、Cu、Co、P；

② 增加白口化倾向由弱至强：Mn、Mo、Cr、V、Mg、Ce、B、Te；

③ 中性：Zr、Nb、W。

合金元素对奥氏体区的影响分为两大类。

① 扩大 γ 区的元素有：相区内均与 γ-Fe 无限互溶的元素 Ni、Mn、Co；与 γ-Fe 有限互溶的元素 C、N、Cu、Zn 等。这些元素使 A_3 点下降，A_4 点上升，称为奥氏体形成元素。

② 缩小 γ 区的元素有：能完全封闭 γ 区，与 α-Fe 无限互溶的有 Cr、V；与 α-Fe 部分互溶的有 Mo、W、Ti、Si、Al；不能完全封闭 γ 区的元素有 Nb、Zr、Sr。与 α-Fe 互溶的元素为铁素体形成元素。

合金元素对淬透性的影响分为两个主要方面。

① 对珠光体转变的影响，很多合金元素抑制 γ→P 转变，增加淬透性，这些元素从强到弱的顺序为：B、Mn、V、Mo、Cr、W、Ni、Cu、Co；而 Si、C 则加速 γ→P 转变，降低淬透性。

② 对马氏体点 M_S 的影响。除 Co、Al 外，所有合金元素均降低 M_S 点，如图 3-4。按影响马氏体点的强弱，从强到弱依次排列为：Cr、Ni、Mo、Cu、W、V、Ti。

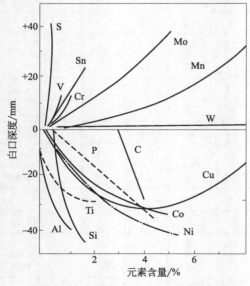

图 3-3 合金元素对白口深度的影响

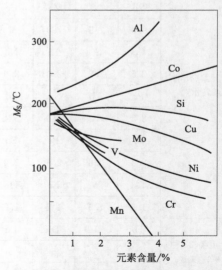

图 3-4 合金元素含量与马氏体点 M_S 的关系

耐磨铸铁的显微组织直接影响耐磨性能，马氏体最耐磨，某些工况条件下，奥氏体也是较好的组织，所以对耐磨件，特别是厚大铸铁件必须认真研究其淬透性大小与 M_S 点的高低。淬透性不够，组织中会掺杂珠光体转变产物，大幅度降低耐磨性。而马氏体点过低，又将产生多量的残余奥氏体，降低硬度和耐磨性，又会在以后工作条件下，产生 $\gamma_R \rightarrow M$ 转变，由于体积膨胀，产生大内应力，促进裂纹形成与扩展，加剧磨损。为防止残余奥氏体过多，合金元素量只宜根据淬透性的需要量加入，不可过量。

马氏体点 $M_S(℃)$ 除按图3-4确定外，也可以根据下述模具钢 M_S 点公式计算：

$$M_S = 550 - 350(C) - 40(Mn) - 35(V) - 20(Cr) - 17(Ni) - 10(Cu) -$$
$$10(Mo) - 5(W) + 15(Co) + 30(Al) - 11(Si) \tag{3-7}$$

上式适用于奥氏体化时不存在碳化物的共析钢，对其他钢铁，各成分只计算奥氏体化时基体中的成分。

3.1.4　常用合金元素在铸铁中的应用

(1) 铬（Cr）　铬是过渡族ⅥB元素，原子序数24，原子量52.00，熔点1877℃，沸点2200℃，密度7.1g/cm³，体心立方晶格。它是最常用、价格较低廉的合金元素，加入量在0.2%～36.0%之间。加入量不同，其组织、性能及用途有明显的不同，如图3-5所示。含铬量低于1.5%～2.0%时仍为灰口铸铁，耐热及力学性能有所改善。铬含量可以大于3.0%，一直到35.0%，可以根据具体的材质要求，确定相应的成分范围。依含碳高低不同，称为高碳（>3.0%）、中碳（2.0%～2.6%）耐磨铸铁，低碳（<2.0%）耐热、耐蚀铸铁。

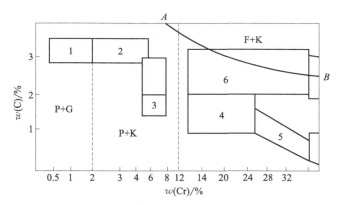

图3-5　铬铸铁的组织与应用范围

-----组织分界线；P—珠光体；G—石墨；F—铁素体；K—碳化物；AB—共晶线；
1—耐热灰铁；2—低铬耐磨耐热铸铁；3—中铬耐磨铸铁；4,5—耐热耐蚀铸铁；6—高铬耐磨铸铁

从Fe-Cr-C三元共晶多剖相图可以看出，铬具有缩小 γ 相区的作用，当 $w(Cr)$20%时 γ 区完全闭合。铬降低共晶碳含量，每 $w(Cr)$1.0%约降低共晶碳量0.05%，即可按

$$C_E = 4.4 - 0.054 w(Cr) \tag{3-8}$$

估计共晶碳量，每 $w(Cr)$1.0%约提高共晶温度1.0～1.5℃。

铬与碳形成四种碳化物，其特征值见表3-5。

铬对显微组织的影响可以从相关文献中的相图中看出，大体上（含碳量为3.0%左右）呈现出如下规律。

表 3-5 铬的碳化物特征值

碳化物	晶系	晶格常数/Å			密度 /(g/cm³)	熔点/℃	硬度 HV₅₀	备注
		a	b	c				
$(Fe,Cr)_3C$	斜方	4.52	5.09	6.74	7.67	1650	800~1000	能溶 18%Cr
$(Fe,Cr)_7C_3$	六方	6.88		4.54	6.92	1665	1370~2440	能溶 50%Cr
	斜方	4.54	6.88	11.94	6.92			
	菱形	13.98	4.52					
$(Fe,Cr)_{23}C_6$	面心立方	10.64			6.97	1590	1225~2280	最多溶 35%F, 含少量铁
$(Fe,Cr)_3C_2$	斜方	2.82	5.52	11.46	6.68			

注：$1 Å = 10^{-10} m$。

① $w(Cr) > 0.3\%$，已能生成莱氏体，（γ+K）共晶；

② $w(Cr) < 0.5\%$，生成（γ+G）共晶，铬细化石墨，阻止铁素体生成，增加珠光体数量；

③ $0.5\% < w(Cr) < 1.0\%$，形成麻口铸铁；

④ $w(Cr) > 3.0\%$，已全部变为白口铸铁，生成 $(Fe,Cr)_3C$ 复合碳化物；

⑤ $w(Cr) > 8.0\%$，开始生成（γ+M_7C_3）型共晶，其数量渐增，同时（γ+M_3C）型共晶渐减；

⑥ $w(Cr) > 12.0\%$，全部生成（γ+M_7C_3）型共晶，碳化物呈条块状，孤立分布；

⑦ $w(Cr) > 20.0\%$，出现（γ+$M_{23}C_6$）型共晶，碳化物硬度又下降。

(2) 锰（Mn） 锰是ⅦB族元素，原子序数 25，原子量 54.94，熔点 1244℃，沸点 2119℃。锰是弱碳化物形成元素，按相图可形成五种不同碳化物：M_7C_3、$M_{23}C_6$、M_3C、$M_{15}C_4$、M_5C_2。但是在 $w(Mn) < 37.0\%$ 时，实际只有 M_3C 存在。Mn_3C 属正交系，晶体常数：$a = 4.519 Å$，$b = 5.080 Å$，$c = 6.734 Å$，显微硬度大于 1100HV，能与 Fe_3C 互溶，一般以 $(Fe,Mn)_3C$ 形式存在。

通常，Fe-C-Mn 合金的共晶转变温度范围很窄。锰量增高时，共晶点 E 向低碳方向移动，共晶温度则增高，使共晶渗碳体量下降。Mn 还降低碳在 γ 中的溶解度，使共晶中碳量降低，如表 3-6 所示。由于渗碳体量在高锰时数量减少很多，不能形成连续网状，共晶渗碳体变成团块状。在慢冷时，渗碳体长成片状或相互连接的夹杂，仍然很脆。但在高速冷却时，或加以适当热处理，可使渗碳体孤立在奥氏体基体中，而大幅度提高韧塑性。

表 3-6 含锰量对共晶的影响

共晶体中含量/%				共晶温度 /℃	奥氏体量 /%	渗碳体量 /%
Mn 元素		C 元素				
原子	质量	原子	质量			
0	0	17.3	4.3	1147	52.2	47.8
5	5.6	16.9	4.1	1165	55.7	45.3
10	11.1	14.8	3.6	1178	63.5	36.5
20	21.6	11.5	2.7	1188	75.0	25.0

锰溶于 γ-Fe 中，强化基体，还能增加碳化物的弥散度与稳定性。锰强烈扩大 γ 区，使 A_3 点下降，$w(Mn)$ 增加 1.0%，A_3 下降 20℃。因此，常用 Mn 代替 Ni。例如在高铬铸铁中，Mn 和 Mo 合用。

Mn 减少 γ→P 转变自由能差，显著降低 γ→P 转变的临界温度与相变速度，使 C 曲线大幅度右移，增加了奥氏体稳定性，延长了奥氏体分解孕育期。锰阻碍碳在 γ 中的扩散与铁的自扩散，延缓 γ 的分解，降低临界冷却速度，因而提高淬透性。例如，在 $w(Cr)12.1%$~$12.7%$，$w(Si)0.55%$~$0.60%$，$w(C)2.96%$~$3.0%$ 的高铬铸铁中，加入锰对奥氏体的等温转变曲线的影响如图 3-6。在含有很低的 Mn（0.22%）时，转变速度在 660℃ 及 340℃ 有两个"鼻子"。在加入 Mn3.64% 以后，下面的"鼻子"不出现，上"鼻子"在 600℃，孕育期由 0 延长到 50s。50% 的转变时间达到 170s。

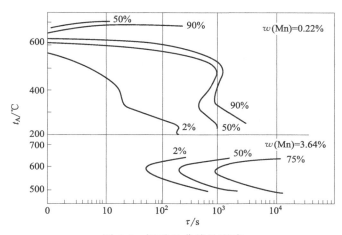

图 3-6　锰对 C 曲线的影响

锰能够大幅度降低马氏体点 M_S，增加残余奥氏体的数量，因而耐磨性有所降低。例如，$w(C)2.8%$~$3.1%$，$w(Si)0.2%$~$0.8%$，$w(Cr)12.0%$~$14.0%$ 的铸铁中，加入锰量与马氏体点的关系见表 3-7。

表 3-7　含锰量与马氏体点的关系

$w(Mn)/%$	0.22	2.0	3.16	3.6	4.5	5.1	5.84	6.2	7.5	8.7
$M_S/℃$	200	180	140	120	110	70	40	30	20	—40
$w(\gamma_R)/%$	25	34	40	53	78	80	87	85	98	100

$w(Mn)>4.5%$ 以后，基本上全是残余奥氏体，要想消除残余奥氏体，必须进行冷处理。在 $w(Mn)>7.0%$ 以后，即使进行 —196℃ 的冷处理，仍然有 40% 的残余奥氏体。

(3) 钨（W） 钨是过渡族ⅥB 元素，原子序数 74，原子量 183.9，熔点 3380℃，沸点 5367℃，体心立方晶格。钨可以与碳形成一系列的化合物：WC、W_2C、M_6C、$M_{12}C$、FeW_3C 等。但是在 $w(W)<40%$ 时，发现碳化物只有 M_3C、M_6C 和 $M_{23}C_6$ 三种。其中，$M_{23}C_6（Fe_{21}W_2C_6）$ 不稳定，稳定性随温度上升而降低，在高温时分解为 WC 及 Fe_3C（渗碳体）。几种碳化物的特征值见表 3-8。M_3C 硬度较低，且呈网状分布，铸铁性能也较差。钨含量较高时，W/C＞6 以后，即易生成 M_6C 型碳化物，呈块状析出时，显微硬度达 2000HV 以上；呈开叉状析出时，硬度为 1600~1800HV。

表 3-8　钨白口铸铁中碳化物特征值

碳化物类型	$(Fe,W)_3C$	Fe_3W_3C 或 Fe_4W_2C	$Fe_{21}W_2C_6$	WC
晶格类型	渗碳体型斜方晶系	面心立方	面心立方	六方
W 最大溶解度/%	约 13	61～75.4	12～19	93.87
硬度/HV	1350～1450	2000～2200	1500～1650	2400～2700

钨在铁中的作用与钼十分相似，但较钼为弱。在相图中，钨提高 A_1、A_3 点温度，降低碳在奥氏体中的溶解度。钨缩小 γ 区，$w(W)$ 为 14% 时，γ 区接近闭合。钨还使 C、E、S 点向低碳方向移动，在碳含量相同时，使共晶及共析组织的数量相应增加。

钨使"C 曲线"明显右移，降低临界冷却速度，提高淬透性。加钨后，可在铸态增加针状组织数量，提高强度与硬度。对厚大铸件，需加入多量钨才能抑制铁素体，减少其数量。

(4) 钼（Mo） 钼是银白色金属，ⅥB 族元素，原子序数 42，原子量 95.94，熔点 2622℃，沸点 4804℃，在铁中加入量一般不高。钼在铁中生成四种碳化物：M_3C，钼可以溶解在 Fe_3C 中，溶解度约为 1.3%，使 Fe_3C 更稳定；Fe_2MoC 为斜方晶格，晶格常数 $a=16.13$Å，$b=9.960$Å，$c=11.09$Å；M_2C，密排六方晶格，$a=3.00$Å，$c=4.71$Å，可溶解大量的铬，而含铁量极少；M_6C，立方晶系，$a=11.16$Å，组成为 Fe_3Mo_3C 或 Fe_4Mo_2C。此外，在铬铸铁中，$Cr_{23}C_6$ 型碳化物中的 Cr 被 Mo 所取代，甚至全部取代而形成（Fe，Mo）$_{23}C_6$ 化合物。Mo_2C 的显微硬度 1500～1600HV。

钼缩小 γ 区，减少碳在 γ-Fe 中溶解度。钼使 C 曲线显著右移，抑制 $\gamma \rightarrow P$ 转变，使其转变为针状组织。通常，含钼铸铁对冷却速度非常敏感，加入少量的钼就能完全形成珠光体，而厚大铸件，则需多加时才能抑制铁素体形成。

钼能够显著细化初晶粒度，细化晶粒，使强度、硬度都有提高，并且能促进高温强度、抗蚀性能、冲击性能的改善。

(5) 钒（V） 钒是 ⅤB 族元素，原子序数 23，原子量 50.94，熔点 1917℃，沸点 3392℃，体心立方晶格，常数 $a=2.878$Å。在 Fe-C-V 相图中 η 相为 Fe_3V_3C，为面心立方，σ 相是 FeV，四方点阵，$a=8.95$Å，$c=4.62$Å，存在的最高温度为 1219℃。在富铁角，生成 $VC(V_4C_3)$，为立方晶格，晶格常数 $a=4.182$Å，熔点 2648～2750℃，显微硬度 2700～2990HV。由于含碳量不足，实际成分为 $VC_{0.88}$ 或 $VC_{0.75}$，所以记为 V_4C_3 或 VC_{1-x}。V_2C 为低碳相、六方晶格，高钒部分才出现。

钒是强碳化物形成元素，它显著降低稳定平衡温度，提高介稳平衡温度，促进共晶碳化物生成。$w(V)0.5\%$ 时，生成 $\gamma+G+Fe_3C$ 三元相；$w(V)0.7\%$ 时，即生成稳定性莱氏体，不再石墨化。在共晶碳含量 $w(C)2.6\%$～2.8% 下，完全生成 $\gamma+VC$ 的含钒量需大于含碳量（6.5%）。但是加入提高碳活度的元素，如 Al、Cu、Si、Ni 等，减少 VC 在 γ 中的溶解度，因而可减少此临界含钒量。反之，加入降低碳活度的元素，如 Cr、Mn 等，增加钒在 γ 中的溶解度，则提高此临界含钒量，并促进奥氏体化过饱和，缓冷时产生弥散强化。钒在 1150℃ 时，在 γ 中溶解度达到 1.28%，双相区（$\alpha+\gamma$）边界 $w(V)$ 达到 1.82%，所以冷却时会有弥散 VC 析出，使其强化，显著提高强度。对灰铁，$w(V)<0.5\%$ 时，每加入 $w(V)$ 0.1%，σ_b 可提高 15～30MPa。这种弥散析出物数量随含钒量提高而增加，例如，$w(V)$ 1.22%，$w(Ti)0.072\%$ 时，为 30349.5 个/mm^2；而 $w(V)4.07\%$，$w(Ti)0.10\%$ 时，即增至 43403.1 个/mm^2，在奥氏体化温度长时间保温后，析出物聚集、粗化、清晰可辨。

钒量较高时，生成块状 VC，其显微硬度可达 2100～3390HV。钒在铁中以固溶态、弥散析出物及块状碳氮化物等形式存在，其分配比例如表 3-9。钒主要在基体中固溶和生成碳氮化物。铁中氮含量仅（20～30）×10^{-6}，氮化物不会很多。

表 3-9 钒的化学相分析结果

含钒量/%	基体固溶		Fe$_3$C 中		碳化物中		氮化物中	
	%	相对含量/%	%	相对含量/%	%	相对含量/%	%	相对含量/%
0.24	0.075	42	0.010	5	0.079	44	0.014	7.6
0.27	0.068	17	0.068	17	0.179	44	0.080	20
2.13	0.9	52	0.47	27	0.544	13	0.237	13
0.22	0.095	27.9	0.043	12	0.117	34	0.086	25
0.26	0.085	31	0.036	13	0.142	52	0.010	3.6

由于弥散强化，钒铸铁的强度有随钒量增加而上升的趋势。如在高温长时间退火，对析出物粗化处理，强度更可大幅度提高，耐磨性也将进一步提高。析出相粗化处理后，钒铸铁的性能变化见表 3-10。

表 3-10 钒铸铁经粗化处理后的抗拉强度变化

成分/%		抗弯强度 σ_{bb}/9.8MPa			
w(V)	w(Ti)	铸态		850℃×10h 空冷	900℃×10h 空冷
0	0.063	42,46,44	平均 44	35	32,35
0.45	0.278	67,70,62	平均 66.3	82,78	97,88
0.66	0.248	45,54,65	平均 53.7	81,71	87,81
2.5	0.086	60,61,67	平均 62.7	98,86	93,88
2.68	0.062	59,66,68	平均 64.3	101,83	112,98
7.05	0.066	72,56,56	平均 61.3	87,87	92,90

加钒后，高温强度也明显提高，当 w(V)>1.0%时，高温抗拉强度成倍提高。w(V)>7.0%时，抗拉强度 σ_b 变化不大，但伸长率仍继续有提高。具体见表 3-11。

表 3-11 钒钛铸铁的高温强度

化学成分/%				抗拉强度 σ_b/9.8MPa		
w(C)	w(Si)	w(V)	w(Ti)	常温	500℃	800℃时$\frac{\sigma_b}{\delta}$/%
3.84	1.37	0	0.049	13	—	3.4/1.8
3.3	1.51	0.83	0.379	31.3	29	9.4/3.0
3.56	1.41	0.78	0.384	30.7	26	8.1/1.5
3.66	1.76	0.75	0.34	27	20	7.3/1.3
3.27	1.28	1.25	0.086	29	—	17.5/1.1
3.30	1.37	2.68	0.062	29.5	—	13.6/0.4
2.96	1.62	7.05	0.066	37.7	37	16/11.8
3.13	1.57	0.03	1.13	26.3	37	7.3/3.4

钒固溶在基体中，有微弱促进珠光体生成的作用，例如在 w(Si) 为 2.1%的铸铁中，

加入$w(V)0.3\%$，珠光体量由 5％增加到 30％，同一铁中，加入 $w(Cu)0.3\%$，珠光体量由 5％增加到 50％。可见钒生成珠光体的能力不如铜。但是由于固溶强化作用，珠光体及铁素体的强度均有所上升，珠光体硬度可高出 30％～58％，铁素体的硬度可高出 25％～62％，具体见表 3-12。

表 3-12　钒含量对珠光体的强化作用

$w(V)/\%$	0	0.34	0.34	0.36	0.50	2.842
$w(Ti)/\%$	0	0.050	0.056	0.095	0.042	0.059
P Hm_{20}	294.7	449.3	380.3	466	431.3	393
F Hm_{20}	213	205.3	320	345	266.7	—

钒能显著增加共晶团数，细化晶粒，与优先生成的 VC 质点起到结晶核心作用相关。钒对铬碳化物尺寸无影响，因钒使结晶区间扩大，生长时间增长，与细化效果相互抵消。

钒本身不影响"C 曲线"位置，但因形成碳化物能力强，能够取代其他元素，使之进入基体，影响 C 曲线位置，同时降低基体中含碳量，还可使马氏体点 M_S 上升。热处理中，钒还能降低残余奥氏体数量。

（6）钛（Ti）　钛是强碳化物形成元素，属ⅣB族，原子序数 22，原子量 47.9，密度 $4.51g/cm^2$，熔点 1688℃，沸点 3169℃。钛在常温为 α-Ti，六方点阵，$a=2.953$Å，$c=4.729$Å。在 882℃以上转变为 β-Ti，属于体心立方点阵，$a=3.32$Å。在 Fe-C-Ti 三元及 Fe-Ti 二元相图中，$TiFe_2$ 为六方晶格，含铁量 68.5％～77％，其晶格常数从 $a=4.774$Å，$c=7.794$Å（27.4％Ti 原子）到 $a=4.81$Å，$c=7.85$Å（37％Ti 原子）。TiFe 为立方晶系，$a=2.976$Å。δ 相是 TiC 基固溶体。TiC 为面心立方晶格，$a=4.325$Å，熔点 2940～3250℃，硬度 2800～3310HV。δ 相的晶格随含铁量增加而降低，在 $w(C)=17\%$，$w(Fe)=15\%$ 时，$a=4.310$Å。

钛在铁中的分布见表 3-13，钛在基体中固溶量很少，根据相关相图，γ 中最大固溶量为 $w(Ti)0.89\%$，在 α 中为 $w(Ti)8.7\%$，室温时 $w(Ti)$ 仅为 1.65％；而试验值只有（50～150）$\times10^{-6}$。在 Fe_3C 中固溶量为（30～150）$\times10^{-6}$，均几乎是常数。90％以上钛呈碳、氮化物存在。TiN 也是一种高硬度间隙化合物，面心立方晶格，点阵常数 $a=4.40$Å，熔点 2950℃，硬度 1994HV。钛的氮化物在铁中呈粉红色，而碳化物则是灰白色，均为规则形状，三角、四角或多边形，轮廓清晰。$w(Ti)>0.1\%$ 即可看到明显块状化合物。

表 3-13　Ti 元素相分析结果

含钛量/%	基体固溶		Fe₃C 中		碳化物中		氮化物中		$\Sigma(TiC+TiN)$
	含量	相对含量/%	含量	相对含量/%	含量	相对含量/%	含量	相对含量/%	
0.051	0.005	7	0.003	5	0.049	50	0.0038	6.3	87.97
0.52	0.015	2.6	0.003	0.4	0.416	73	0.130	23	96.81
1.00	0.008	0.69	0.003	0.2	0.480	41	0.660	57	98.24
1.18	0.011	1.5	0.002	0.32	0.017	2	0.710	95	99.04
2.64	0.011	0.38	0.015	0.5	1.025	35	1.860	63	99.11

钛可以缩小 γ 区，强化铁素体。加入 Ti＜0.1％时，能够细化石墨，降低共晶点，并促

进珠光体的形成。Ti（C，N）在冷却时可以成为奥氏体枝晶核心，细化奥氏体晶粒。

钛的碳化物生成能力很强，而且 TiC 稳定，不溶解，故生成共析体需要更高的含碳量。

（7）硼（B） 硼是ⅢB族非金属元素，原子序数5，原子量10.811，熔点2075℃，沸点3707℃。根据 Fe-C-B 三元相图（700℃等温截面），相图中的一个化合物是 Fe_2B，属正方晶系 $CuAl_2$ 晶格，硬度约为1500HV。两种碳化物：一个为 $Fe_3(C，B)$，硼原子置换渗碳体中的碳原子而成，提高了渗碳体的稳定性和硬度，显微硬度为 840～1000HV；另一个为 $Fe_{23}(C,B)_6$ 型碳化物，从 $Fe_{23}(C_{0.4}，B_{0.6})_6$ 到 $Fe_{23}(C_{0.73}，B_{0.27})_6$，立方晶系（与 $Cr_{23}C_6$ 同），$a=10.58～10.63$Å，硬度约为1100HV，在965℃±5℃时，发生 $Fe_{23}(C,B)_6 \rightarrow \gamma + Fe_3(C,B)$ 转变，故在高温时无此相。

硼在 α-Fe 或 γ-Fe 中溶解度极小。硼原子半径为0.97Å，大于碳原子。在铁素体中形成置换型固溶体，溶解度随温度而变：906℃时为0.0082%（原子分数），887℃时为0.0061%（原子分数），794℃时为0.0011%（原子分数），710℃时为0.0002%（原子分数）。最大溶解度为0.0082%（原子分数）。在奥氏体中形成间隙型固溶体，溶解度在1131℃为0.0128%（原子分数），1049℃为0.0089%（原子分数），919℃为0.0034%（原子分数），915℃为0.0024%（原子分数）。所以绝大部分硼生成复合渗碳体，使碳化物数量增多，硬度上升。在普通白口铁和合金白口铁中加入少量硼，均可使渗碳体硬度上升，数量明显增加，如表3-14所示。因碳化物本身硬脆，铸铁宏观硬度增加，强度相应下降。碳化物显微硬度可以由840HV上升到约1000HV。另据文献，碳化物硬度可达1300HV。

表 3-14 含硼量与碳化物面积率（K）的关系

代号	成分/%			含硼量(%)/碳化物面积率 K(%)				
	C	Si	Mn					
LC	3.0～3.3	0.4～0.6	约0.5	0/37.93	0.15/40.09	0.31/40.24	0.54/45.04	
HC	3.4～3.56	0.47	0.5	0/42.40	0.14/44.68	0.30/48.62	0.4/50.25	0.55/53.34
Mn	2.85～3.05	0.42～0.58	6.06～6.42	0/23.55	0.14/28.31	0.24/37.66	0.35/43.2	0.52/48.67

硼有明显白口倾向。一般铸铁中，加入 $w(B)<0.05\%$ 组织为 G+P+少量 Fe_3C；含有 $w(B)0.1\%$ 时，为均匀麻口组织，出现莱氏体；$w(B)0.25\%$ 时，组织为 $\gamma+L$；$w(B)1.0\%$ 时，则全部为莱氏体组织。

硼降低奥氏体初晶温度和共晶温度，提高共析转变温度。含碳量越高，初晶温 t_A 降低幅度越大，如图3-7所示。

加入的 B<0.2% 时，灰口铸铁共晶团数量随含硼量增加而显著增大，当 $w(B)>0.2\%$ 以后，效果不明显。硼促进高铬铸铁的内生生长，细化其碳化物，并使碳化物形态由条杆状向蜂窝状转化，从 $(Fe,Cr)_7C_3$ 转为 $Fe(C,B)$。

硼还强烈影响淬透性，据文献，加入 $w(B)0.003\%$ 时，在淬透性方面的影响，相当于 $w(Ni)1.0\%$，$w(Cr)0.3\%$，$w(Mn)0.2\%$，$w(V)0.12\%$，$w(Mo)0.1\%$。硼的最佳加入量为 0.2%～0.6%。

硼促进马氏体的生成，而且该种马氏体相当稳定，在高温下也不易转为奥氏体。硼同样促进碳化物的稳定性。

（8）铌（Nb） 铌是ⅤB族，原子序数41，原子量92.91，熔点2469℃，沸点4842℃，体心立方晶格，晶格常数 $a=2.85$Å。铌与钽的性质相似，往往共存。在 γ-Fe 中最大的溶解度为1.0%，α-Fe 中则为1.82%。铌是强碳化物形成元素，极易生成NbC，为面心立方晶

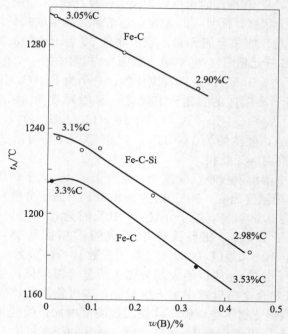

图 3-7 含硼量与奥氏体初晶温度的关系

格，晶格常数 $a = 4.4584\text{Å}$，熔点 3500℃，显微硬度 2470HV。在铌含量高时，还会形成 Nb_2C。Fe-NbC 形成伪二元共晶系，如图 3-8。NbC 在 γ-Fe 中溶解度约为 2.0%，在 α-Fe 中则小于 0.5%。NbC 与 VC、TiC、ZrC 等，以及 VN、TiN、NbN 等形成连续固溶体，还能溶解相当数量的 Mo_2C。

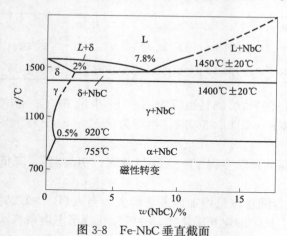

图 3-8 Fe-NbC 垂直截面

铌的碳化物及碳、氮化物（密排六方晶格，$a = 4.41\text{Å}$，$c = 6.75 \sim 7.19\text{Å}$）与渗碳体有共格对应关系，可以成为核心，细化碳化物，并使其形态由蜂窝状转变为短杆状，改善其分布形态。在高铬铸铁中，加入 w(Nb) > 2.0% 时，初生碳化物尺寸急剧减小，基体显微硬度明显上升。而当 Nb、Mo 或 Nb、V、Ti 合用，在 w(Nb) 为 0.2% 时，能够提高高铬铸铁的碳化物的孤立程度，改善其分布状况，并细化晶粒，因而明显提高耐磨性能。

铌降低高铬铸铁的液相线，Nb、Mo 合加可以明显提高高铬铸铁的淬透性，延长珠光体转变时间。铌可以减少过共晶碳化物数量和尺寸，在 CE = 4.85% ~ 5.2% 的含 Cr_7C_3 铬铸铁中，过共晶碳化物数量与 Nb 含量的关系为：

$$K = (\text{CE} - 4.2) \times (32 - 12\lg V_C) - 4.4w(\text{Nb}) \tag{3-9}$$

式中　K——过共晶碳化物体积分数，%；

　　　V_C——过冷度，℃/s；

　　　CE——碳当量，%。

由此可见，加入铌或加大铸件冷却速度都可以减少过共晶碳化物数量，使过共晶碳化物晶粒细化。

3.2 减摩铸铁

减摩铸铁是指在润滑条件下工作的铸铁，例如机床导轨、汽缸套及轴承等。铸铁组织通常是在软基体上牢固地嵌有坚硬的强化相。控制铸铁的化学成分和冷却速度获得细片状珠光体能满足这种要求，铁素体是软基体，在磨损后形成沟槽能储油，有利于润滑，可以降低磨损；而渗碳体很硬，可承受摩擦。

铸铁的耐磨性随珠光体数量增加而提高，细片状珠光体耐磨性比粗片好；粒状珠光体的耐磨性不如片状珠光体。故减摩铸铁希望得到细片状珠光体基体。屈氏体和马氏体基体铸铁耐磨性更好。石墨也能起储油作用。球墨铸铁的耐磨性比片状石墨铸铁好，但球墨铸铁吸震性能差，铸造性能又不及灰铸铁。所以，减摩铸铁一般多采用灰铸铁。普通灰铸铁基础差，加入适量的 Cu、Mo、Mn 等元素，可以强化基体，增加珠光体含量，有利于提高基体耐磨性；加入少量的 P 能形成磷共晶，加入 V、Ti 等碳化物形成元素，形成稳定的、高硬度的 C、N 化合物质点，起支承骨架作用，能显著提高铸铁的耐磨性。

在普通灰铸铁的基础上加入 $w(P)0.4\%\sim0.7\%$ 即形成高磷铸铁，由于高硬度的磷共晶细小而断续分布，提高了铸铁的耐磨性。用高磷铸铁做机床床身，其耐磨性比孕育铸铁 HT250 提高一倍。在高磷铸铁基础上加入 $w(Cu)0.6\%\sim0.8\%$ 和 $w(Ti)0.6\%\sim0.8\%$，形成磷铜钛铸铁。Cu 在铸铁凝固时能促进石墨细化，并形成高硬度的化合物 TiC。因此，磷铜钛铸铁的耐磨性超过高磷铸铁和镍铬铸铁，是用于精密机床的一种重要结构材料。

利用我国钒、钛资源，加入一定量的稀土硅铁，处理得到高强度稀土钒钛铸铁，其中 $w(V)0.18\%\sim0.35\%$，$w(Ti)0.05\%\sim1.15\%$。钒、钛是强碳化物形成元素，能形成稳定的高硬度的强化相质点，并能够细化片状石墨和珠光体基体。其耐磨性高于磷铜钛铸铁，比孕育铸铁 HT300 高约 2 倍。

近年来，迅速发展了廉价的硼耐磨铸铁，其中 $w(B)0.02\%\sim0.2\%$，形成珠光体基体加石墨加硼化物的铸铁组织。若铸铁中含少量的磷，则可形成磷共晶、硼化物硬质点，珠光体是软基体，因此具有优良的耐磨性，用来制造柴油机缸套，其寿命比高磷铸铁提高 50%。

灰铸铁与球墨铸铁都有良好的摩擦学性能，在摩擦磨损条件下，得到了广泛的应用。常用的减摩铸铁都加入了少量的合金元素，如含磷铸铁、钒钛铸铁、硼铸铁及铌铸铁。

3.2.1 含磷铸铁

含磷铸铁一般指 $w(P)>0.30\%$ 的灰铸铁。磷在铸铁基体中的固溶度很低，凝固过程中，在最后凝固的晶界处出现二元磷共晶（α-Fe + Fe$_3$P）或三元磷晶（α-Fe + Fe$_3$C + Fe$_3$P）。$w(P)>0.15\%$ 时，就会出现磷共晶。磷共晶硬度较高（600～800HV），以断续网状分布在金属基体中，且不易剥落，对提高铸铁的耐磨性是有利的。但磷共晶降低铸铁的强度与韧性，又限制了其应用范围。

随着含磷量增加，磨损量显著减小，当 $w(P)>0.7\%$，耐磨性的提高就不明显了，故一般含磷铸铁中磷含量控制在 0.4%～0.7%，如图 3-9 所示。磷降低了铸铁的液相线及共晶温度，含磷铸铁的流动性比一般孕育铸铁提高 30%～50%。磷也降低了铸铁的导热性，磷共晶与基体热胀系数又不同，所以其铸造应力较大，不适宜用水爆清砂工艺清理含磷铸铁件。

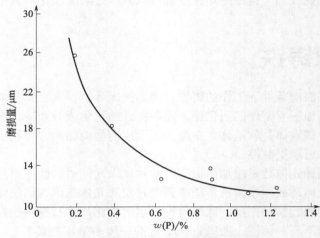

图 3-9　铸铁中含磷量对磨损的影响

含磷铸铁常用的化学成分为：$w(C)2.9\%\sim3.5\%$，$w(Si)1.4\%\sim2.6\%$，$w(Mn)0.5\%\sim1.2\%$，$w(P)0.4\%\sim0.8\%$，$w(S)<0.12$。含磷铸铁中，还发展了磷铜钛铸铁。铜能促进形成并细化珠光体，提高其硬度及耐磨性。少量钛（$0.10\%\sim0.15\%$）能促使形成并细化石墨，减小金属基体的磨损。磷铜钛铸铁的化学成分为：$w(C)2.9\%\sim3.5\%$，$w(Si)1.4\%\sim1.6\%$，$w(Mn)0.5\%\sim1.0\%$，$w(P)0.35\%\sim0.65\%$，$w(S)\leqslant0.12\%$，$w(Cu)0.6\%\sim0.8\%$，$w(Ti)0.10\%\sim0.15\%$，适用于生产精密机床导轨等铸件。

3.2.2　钒钛铸铁

钒钛铸铁是利用河北、四川等地丰富的钒钛共生铁矿资源开发的一种铸铁。钒钛生铁含：$w(V)0.3\%\sim0.5\%$，$w(Ti)0.15\%\sim0.35\%$。钒、钛与碳和氮有很强的亲和力，易形成高硬度的碳化物和氮化物质点，显微硬度可达 960～1840HV，弥散分布在基体中，提高铸铁的耐磨性。通常，钒钛铸铁的耐磨性比含磷铸铁大，如表 3-15 所示。

表 3-15　不同类型铸铁耐磨性比较

铸铁种类	钒钛铸铁	含磷铸铁	灰铸铁
磨损量/mg	0.354	1.005	1.940
硬度/HBS	197～207	229～241	207～229

在钒钛铸铁基础上加入铜或硼，成为铜钒钛铸铁或硼钒钛铸铁，用于生产拖拉机或汽车的活塞环、缸套。

3.2.3　硼铸铁

铸铁中加入少量的硼，一般在 $w(B)0.03\%\sim0.08\%$ 构成了硼铸铁。当硼铸铁中的 $w(B)>0.1\%$ 时，晶界处会出现含硼碳化物和含硼磷共晶共存的情形，这种组织可简称为含硼复合磷共晶，其显微硬度也是比较高的，约 900～1300HV。

硼和铁可以生成硼化物：硼化三铁（Fe_3B）为斜方晶格；硼化二铁（Fe_2B）为四方晶格；硼化铁（FeB）为斜方晶格。铸铁凝固时，硼在奥氏体中的最大溶解度仅 0.018%，在晶界间的残留液体中富集硼元素，达到一定程度（>0.5%）后，将阻碍石墨的析出，凝固按 Fe-Fe$_3$C 介稳系方式进行，析出硼碳化物。加入少量的硼，能在凝固末期，共晶团晶界处析出断续网状或连续网状分布的含硼碳化物相。

根据硼-硅相图，在硼、硅体系中生成两种化合物：SiB$_4$ 为菱形晶，SiB$_6$ 为斜方晶。熔炼硼铸铁时，需要考虑硅和硼的平衡关系，一般 Si/B<80，可以析出硼碳化物；80<Si/B<130，少量析出硼碳化物；Si/B>130 后，则不能析出硼碳化物。因此，随含硼量增加硬度增加，冲击韧性减小；当 w(B)<0.08%时，挠度变化不大；而抗拉强度、抗弯强度随硼量增加而增大，达到峰值后，则逐渐减小。综合考虑，当硼含量在 0.04%～0.08%时，硼铸铁具有最好的综合力学性能。

硼铸铁中，由于硼的加入量不大，对珠光体形态、数量影响不大，石墨仍呈 A 型分布，石墨和硼碳化物较细小，并且均匀分布。硼铸铁中含有硼碳化物，减摩性能得到改善，与碳钢对磨，硼铸铁耐磨性比 HT200 提高 2～3 倍。硼可以大幅度提高铸铁的硬度和耐磨性，硼铸铁能适应壁厚不同的复杂铸件的生产，截面敏感性可以控制，硼铸铁也可以切削加工。

硼铸铁广泛用于内燃机的汽缸套和活塞环，表 3-16 为典型零件的化学成分、铸造方法与硬度。

表 3-16　硼铸铁典型零件的化学成分、铸造方法与硬度

零件名称	材料	化学成分/%							硬度	铸造方法
		w(C)	w(Si)	w(Mn)	w(P)	w(S)	w(B)	其他		
汽缸套[①]	硼铸铁	2.9～3.5	1.8～2.4	0.7～1.2	0.2～0.4	<0.1	0.04～0.05	w(Cr)0.2～0.5	95～102HRB	金属型离心铸造
	高硼铸铁	2.9～3.5	1.8～2.4	0.7～1.2	0.2～0.4	<0.1	0.05～0.10	w(Cr)0.2～0.5	95～102HRB	金属型离心铸造
活塞环[①]	硼铸铁	3.5～3.7	2.4～2.6	0.8～1.0	0.2～0.3	<0.06	0.03～0.05		98～108HRB	单体砂型铸造
	硼钨铬铸铁	3.6～3.9	2.6～2.8	0.7～1.0	0.2～0.3	<0.06	0.03～0.06	w(W)0.03～0.6 w(Cr)0.2～0.4	98～108HRB	单体砂型铸造
	硼钨钒钛铸铁	2.6～3.9	2.6～2.8	0.7～1.0	0.2～0.3	<0.06	0.03～0.05	w(W)0.3～0.5 w(V)0.15～0.25 w(Ti)0.05～0.15	98～108HRB	单体砂型铸造
	硼铬钼铜铸铁	2.9～3.3	1.8～2.2	0.9～1.2	0.2～0.3	<0.06	0.03～0.05	w(Cr)0.2～0.3 w(Mo)0.3～0.4 w(Cu)0.8～1.2	98～108HRB	单体砂型铸造
气压座	高硼铸铁	3.5～3.8	1.8～2.4	0.7～1.0	<0.3	<0.1	0.05～0.15	—	25～35HRC	砂型或精铸
气门导管	硼铸铁	3.2～3.6	1.8～2.4	0.7～1.0	<0.5	<0.1	0.03～0.06	—	90～100HRB	砂型或精铸
水泵叶轮	硼铸铁	3.2～3.5	1.5～1.8	0.5～0.6	<0.1	<0.1	0.04～0.07	w(Cu)0.2～0.3	220～240HB	砂型铸造

① 指中、小型内燃机的汽缸套、活塞环，大机型应适当降低 Cr、Si 含量。

3.2.4　铌铸铁

铸铁中加入少量的铌，一般在 w(Nb) 0.05%～0.50%构成了铌铸铁，是近年来发展的主要用于制造内燃机和汽车发动机缸套、活塞环的材料。

铁和铌形成二铁化铌（$NbFe_2$），呈六方晶格，晶格常数 $a=0.483nm$，$c=0.7880nm$，$c/a=1.630$。除化合物 $NbFe_2$ 外，还有可能生成 Nb_3Fe_2 和 $Nb_{19}Fe_{21}$。在 1680℃时，铁和铌［$w(Nb)84\%$］还有一个共晶点。铌同碳生成稳定的 NbC。NbC 在 3500～3800℃间熔化。固态时还存有 Nb_2C，NbC 呈立方晶格，$a=0.4470nm$；Nb_3C 呈六方晶格，$a=0.3119～0.3111nm$，$c=0.4953～0.4945nm$，$c/a=1.586$。

含硅的铌合金中有一系列的硅化物形成。Nb_3Si_3 在 2480℃熔化。Nb_4Si 呈立方晶格，$a=0.359nm$，$c=0.446nm$。$NbSi_2$ 呈六方晶格，$a=0.44971nm$，$c=0.6592nm$，$c/a=1.37$。铌与氮形成氮化铌，含氮高时有 NbN，呈六方晶格，$a=0.2956nm$，$c=0.1127nm$，$c/a=3.815$。含氮量较低时有 NbN Ⅲ［$w(N)11.8\%～12.4\%$］，呈立方晶格，$a=0.4389nm$；NbN Ⅱ［$w(N)11.8\%$］，呈立方晶格，$a=0.294nm$。$c=0.546nm$，$c/a=1.86$。

铌能够使铸铁的石墨、珠光体和磷共晶有细化的倾向，石墨的形态仍为 A 型片状，没有多大变化。组织中会出现一些方形、菱形或不规则的棒形特殊析出物，为 MC 型碳化物、氮化物或复合型的碳氮化合物 Nb（C，N）。它们的显微硬度达 2300～2500HV，且数量随铌含量增加而增多。

铸铁的抗拉强度、抗弯强度、冲击韧性及挠度都随含铌量的增加而增加（表 3-17）。当 $w(Nb)<0.2\%$ 时，对力学性能没有明显的影响；当 $w(Nb)>0.25\%$ 时，力学性能明显提高。与其他低合金不同的是，铌铸铁在强度、硬度提高时，韧性不降低，反而略有提高的倾向，如图 3-10 所示。

表 3-17　化学成分（Nb 加入量）对力学性能、相对磨损率的影响

编号	化学成分/%					力学性能				相对磨损率/%
	$w(Nb)$	$w(C)$	$w(Si)$	$w(Mn)$	$w(P)$	σ_b/MPa	σ_{bb}/MPa	硬度 HRB	a_k/(J/cm²)	
1	0.06	3.38	1.78	0.74	0.05	217	443	95,95,96	3.5	100
2	0.19	3.36	2.02	0.83	0.07	221	463	96,96,97	3.2	85
3	0.36	3.32	1.96	0.78	0.08	273	582	99,98,96	3.4	53

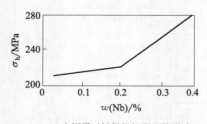

(a) 含铌量对铸铁抗拉强度的影响

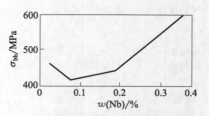

(b) 含铌量对铸铁抗弯强度的影响

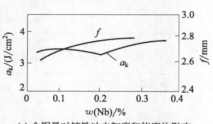

(c) 含铌量对铸铁冲击韧度和挠度的影响

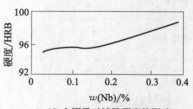

(d) 含铌量对铸铁硬度的影响

图 3-10　含铌量对力学性能的影响

铌铸铁耐磨性比硼铸铁好，但是价格昂贵，目前难于在更大范围广泛应用。人们也正在研究加入锰、钨等稳定碳化物元素于铌铸铁中，以求降低生产成本。

3.3 抗磨铸铁

抗磨铸铁是指在无润滑、干摩擦条件下工作的铸铁，例如轧辊、犁铧、抛丸机叶片、球磨机衬板和磨球等，而把前述润滑滑动条件下工作的铸铁称为减摩铸铁。

抗磨铸铁，是用于抵抗磨料磨损的铸铁，主要由硬颗粒或突出物作用使材料迁移导致的磨损，即所谓的磨料磨损。如犁耙、掘土机铲齿、球磨机磨球与衬板的磨损是典型的磨料磨损。磨料磨损造成的损失，可占工业国家生产总值的 1%～4%。我国水泥、发电、矿山等各工业部门球磨机的磨球耗量约 100 万吨，占钢铁年产量的 1%，由此可见，开发和研究抗磨铸铁，具有重要的实际意义。

抗磨铸铁在干摩擦及磨粒磨损条件下工作。这类铸铁件不仅受到严重的磨损，而且承受很大的负荷。获得高而均匀的硬度是提高这类铸铁件耐磨性的关键。

白口铸铁就是一种良好的耐磨铸铁，普通白口铸铁中加入 Cr、Mo、Cu、V、B 等元素，形成珠光体合金白口铸铁，既具有高硬度和高耐磨性，又具有一定的韧性。如加入 Cr、Ni、B 等提高淬透性的元素可以形成马氏体合金白口铸铁，可以获得更高的硬度和耐磨性。

将铁液注入放有冷铁的金属模成型，形成激冷铸铁，铸件表面因冷速快得到一定深度的白口层而获得高硬度、高耐磨性，而心部为灰口铸铁，具有一定的强度和韧性。加入合金元素 Cr、Mo、Ni 可进一步提高铸件表面的耐磨性和心部强度，广泛用来做轧辊和车轮等耐磨件。

$w(Mn)5.0\%～9.0\%$、$w(Si)3.3\%～5.0\%$ 的中锰合金球墨铸铁耐磨性很好，并具有一定的韧性。这种铸铁的组织为马氏体加碳化物加球状石墨 [$w(Mn)5\%～7\%$] 或为奥氏体加碳化物加球状石墨 [$w(Mn)7\%～9\%$]，适于制造在冲击载荷和磨损条件下工作的零件，如犁铧、球磨机的磨球及拖拉机的履带板等，可以用来代替部分高锰钢和锻钢。

3.3.1 常用的白口铸铁分类

白口铸铁占有很重要的地位，按合金元素加入量的情况一般分为低（非）合金白口铸铁、中合金白口铸铁和高合金（主要是高铬）白口铸铁。总的说来，白口铸铁是由两个基本组织——碳化物和基体所组成，这两个组织的性质、数量及分布决定了白口铸铁的性质。

许多国家及相关行业制定了相应的白口铸铁标准，常用的白口铸铁有：普通白口铸铁、低合金白口铸铁、镍硬铸铁、高铬钼铸铁、高铬铸铁等。它们都含有较多的硬质相——共晶碳化物。抗磨白口铸铁（GB/T 8263）的化学成分、热处理工艺、金相组织和使用特性、硬度分别见表 3-18～表 3-21。

表 3-18　抗磨白口铸铁的化学成分

牌号	化学成分/%								
	$w(C)$	$w(Si)$	$w(Mn)$	$w(Cr)$	$w(Mo)$	$w(Ni)$	$w(Cu)$	$w(S)$	$w(P)$
KmTBNi4Cr2-DT[①]	2.4～3.0	≤0.8	≤2.0	1.5～3.0	≤1.0	3.3～5.0	—	≤0.15	≤0.15
KmTBNi4Cr2-GT[①]	3.0～3.6	≤0.8	≤2.0	1.5～3.0	≤1.0	3.3～5.0	—	≤0.15	≤0.15
KmTBCr9Ni5	2.5～3.6	≤2.0	≤2.0	7.0～11.0	≤1.0	4.5～7.0	—	≤0.15	≤0.15
KmTBCr2	2.1～3.6	≤1.2	≤2.0	1.5～3.0	≤1.0	≤1.0	≤1.2	≤0.10	≤0.15

牌号	化学成分/%								
	$w(C)$	$w(Si)$	$w(Mn)$	$w(Cr)$	$w(Mo)$	$w(Ni)$	$w(Cu)$	$w(S)$	$w(P)$
KmTBCr8	2.1~3.2	1.5~2.2	≤2.0	7.0~11.0	≤1.5	≤1.0	≤1.2	≤0.06	≤0.10
KmTBCr12	2.0~3.3	≤1.5	≤2.0	11.0~14.0	≤3.0	≤2.5	≤1.2	≤0.06	≤0.10
KmTBCr15Mo[②]	2.0~3.3	≤1.2	≤2.0	14.0~18.0	≤3.0	≤2.5	≤1.2	≤0.06	≤0.10
KmTBCr20Mo[②]	2.0~3.3	≤1.2	≤2.0	18.0~23.0	≤3.0	≤2.5	≤1.2	≤0.06	≤0.10
KmTBCr26	2.0~3.3	≤1.2	≤2.0	23.0~30.0	≤3.0	≤2.5	≤2.0	≤0.06	≤0.10

① DT 和 GT 分别是"低碳"和"高碳"的汉语拼音大写字母,表示该牌号含碳量的高低。
② 一般情况下,该牌号应含钼(Mo)。

表 3-19　抗磨白口铸铁热处理参考规范

牌号	软化退火处理	硬化处理	去应力处理
KmTBNi4Cr2-DT	—	430~470℃保温 4~6h,出炉空冷或炉冷	在 250～300℃保温 4~16h,出炉空冷或炉冷
KmTBNi4Cr2-GT			
KmTBCr9Ni5	—	750~825℃保温 4~10h,出炉空冷或炉冷	在 250～300℃保温 4~16h,出炉空冷或炉冷
KmTBCr2	940~960℃保温 1~6h,缓冷至 750~780℃保温 4~6h,缓冷至 600℃以下出炉空冷或炉冷	960~1000℃保温 1~6h,出炉空冷	200~300℃保温 2~6h,出炉空冷或炉冷
KmTBCr8	920~960℃保温 1~8h,缓冷至 700~750℃保温 4~8h,缓冷至 600℃以下出炉空冷或炉冷	940~980℃保温 2~6h,出炉进入 260~320℃盐浴炉等温 2~2h,出炉空冷	200~300℃保温 2~6h,出炉空冷或炉冷
KmTBCr12	920~960℃保温 1~8h缓冷至 700~750℃保温 4~8h,缓冷至 600℃以下出炉空冷或炉冷	920~980℃保温 2~6h,出炉空冷	200~300℃保温 2~8h,出炉空冷或炉冷
KmTBCr15Mo	920~960℃保温 1~8h,缓冷至 700~750℃保温 4~8h,缓冷至 600℃以下出炉空冷或炉冷	920~1000℃保温 2~6h,出炉空冷	200~300℃保温 2~8h,出炉空冷或炉冷
KmTBCr20Mo	960~1000℃保温 1~8h,缓冷至 700~750℃保温 4~10h,缓冷至 600℃以下出炉空冷或炉冷	960~1020℃保温 2~6h,出炉空冷	200~300℃保温 2~8h,出炉空冷或炉冷
KmTBCr26		960~1060℃保温 2~6h,出炉空冷	

表 3-20　抗磨白口铸铁的金相组织和使用特性

牌号	金相组织		使用特性
	铸态或铸态并去应力处理	硬化态或硬化态并去应力处理	
KmTBNi4Cr2-DT	共晶碳化物 M_3C＋马氏体＋贝氏体＋奥氏体	共晶碳化物 M_3C＋马氏体＋贝氏体＋残余奥氏体	可用于中等冲击载荷的磨料磨损
KmTBNi4Cr2-GT			用于较小冲击载荷的磨料磨损

牌号	金相组织		使用特性
	铸态或铸态并去应力处理	硬化态或硬化态并去应力处理	
KmTBCr9Ni5	共晶碳化物（M_7C_3＋少量 M_3C）＋马氏体＋奥氏体	共晶碳化物（M_7C_3＋少量 M_3C）＋二次碳化物＋马氏体＋残余奥氏体	有很好淬透性，可用于中等冲击载荷的磨料磨损
KmTBCr2	共晶碳化物 M_3C＋珠光体	共晶碳化物 M_3C＋二次碳化物＋马氏体＋残余奥氏体	用于较小冲击载荷的磨料磨损
KmTBCr8	共晶碳化物（M_7C_3＋少量 M_3C）＋细珠光体	共晶碳化物（M_7C_3＋少量 M_3C）＋二次碳化物＋贝氏体＋马氏体＋奥氏体	有一定耐蚀性，可用于中等冲击载荷的磨料磨损
KmTBCr12	共晶碳化物 M_7C_3＋奥氏体及其转变产物	共晶碳化物 M_7C_3＋二次碳化物＋马氏体＋残余奥氏体	可用于中等冲击载荷的磨料磨损
KmTBCr15Mo	共晶碳化物 M_7C_3＋奥氏体及其转变产物	共晶碳化物 M_7C_3＋二次碳化物＋马氏体＋残余奥氏体	可用于中等冲击载荷的磨料磨损
KmTBCr20Mo	共晶碳化物 M_7C_3＋奥氏体及其转变产物	共晶碳化物 M_7C_3＋二次碳化物＋马氏体＋残余奥氏体	有很好淬透性。有较好耐蚀性。可用于较大冲击载荷的磨料磨损
KmTBCr26	共晶碳化物 M_7C_3＋奥氏体	共晶碳化物 M_7C_3＋二次碳化物＋马氏体＋残余奥氏体	有很好淬透性。有良好耐蚀性和抗高温氧化性。可用于较大冲击载荷的磨料磨损

注：金相组织中 M 代表 Fe、Cr 等金属原子，C 代表碳原子。

表 3-21 抗磨白口铸铁的硬度

牌号	硬度					
	铸态或铸态并去应力处理		硬化态或硬化态并去应力处理		软化退火态	
	HRC	HB	HRC	HB	HRC	HB
KmTBNi4Cr2-DT	≥53	≥550	≥56	≥600	—	—
KmTBNi4Cr2-GT	≥53	≥550	≥56	≥600	—	—
KmTBCr9Ni5	≥50	≥500	≥56	≥600	—	—
KmTBCr2	≥46	≥450	≥56	≥600	≤41	≤400
KmTBCr8	≥46	≥450	≥56	≥600	≤41	≤400
KmTBCr12	≥46	≥450	≥56	≥600	≤41	≤400
KmTBCr15Mo	≥46	≥450	≥58	≥650	≤41	≤400
KmTBCr20Mo	≥46	≥450	≥58	≥650	≤41	≤400
KmTBCr26	≥46	≥450	≥56	≥600	≤41	≤400

注：洛氏硬度值（HRC）和布氏硬度值（HB）之间没有精确的对应值，因此，这两种硬度值应独立使用。

3.3.2 普通白口铸铁

我国很早以前就用白口铸铁制造犁铧，至今仍广泛用于生产一般的抗磨件，它是不加特殊合金元素的铸铁，是一种成本低、易于生产的抗磨材料。

普通白口铸铁按碳含量可分为亚共晶型［$w(C) < 4.3\%$］、共晶型［$w(C) 4.3\%$］和过共晶型［$w(C) > 4.3\%$］白口铸铁。普通白口铸铁的金相组织为网状渗碳体和硬度较低的珠光体基体。与铸钢材料相比，普通白口铸铁具有较高的抗磨料磨损性能，且成本低。但其缺点是韧性差、整体硬度也不高，故只用于综合性能要求不高的零件。为了克服这些缺点，在普通白口铸铁的基础上加入合金元素，从而形成一系列具有高耐磨性和较高强韧性能的合金白口耐磨铸铁。

普通白口铸铁具有高碳低硅的特点，组织是珠光体和渗碳体，显微硬度分别为：250～320HV、900～1000HV。而含合金的珠光体和渗碳体，显微硬度分别为：300～460HV、1000～1200HV。因此，普通白口铸铁的耐磨性不是很好。表3-22为普通白口铸铁的成分。

表 3-22　普通白口铸铁的成分与组织

化学成分/%					金相组织	硬度/HRC	热处理	应用
$w(C)$	$w(Si)$	$w(Mn)$	$w(P)$	$w(S)$				
3.5～3.8	<0.6	0.15～0.20	<0.3	0.2～0.4	渗碳体＋珠光体	—	铸态	磨粉机磨片、导板
2.6～2.8	0.7～0.9	0.6～0.8	<0.3	<0.1	渗碳体＋珠光体		铸态	犁铧[1]
4.0～4.5	0.4～1.2	0.6～1.0	0.14～0.40	<0.1	莱氏体或莱氏体＋渗碳体	50～55	铸态	犁铧[1]
2.2～2.5	<1.0	0.5～1.0	<0.1	<0.1	贝氏体＋少量托氏体＋渗碳体	55～59	900℃,1h,淬入230～300℃盐浴保温1.5h,空冷	犁铧[1]

[1] 用于沙性土壤的犁铧。

3.3.3　低合金白口铸铁

在普通白口铸铁基础上，加入少量铬、钼、锰、铜、钒、钛、硼等合金元素，就构成了低合金白口铸铁。由于加入合金元素，珠光体、碳化物显微硬度提高；同时，低合金铸铁采用稀土合金炉前变质处理，并进行适当的热处理，使碳化物变成断网状，珠光体细化，这是近十几年发展的一种合金铸铁。有的是利用了钒钛生铁、含硼生铁等资源，由于成本低，耐磨性能好而得到广泛应用。

(1) 低铬合金白口铸铁　铬系耐磨铸铁按含铬量高低可分为三级：低铬铸铁，含铬量小于5%；中铬铸铁，含铬量为5%～10%；高铬铸铁，含铬量大于12%。表3-23为低铬合金白口铸铁的化学成分。表3-24为低铬合金白口铸铁的组织和性能。

表 3-23　低铬合金白口铸铁的化学成分

序号	名称	化学成分/%									
		$w(C)$	$w(Si)$	$w(Mn)$	$w(Cr)$	$w(Mo)$	$w(Cu)$	$w(V)$	$w(Ti)$	$w(S)$	$w(P)$
1	铬钼铜马氏体白口铸铁	2.4～3.6	≤1.0	1.0～2.0	2.0～3.0	0.5～1.0	0.8～1.2			≤0.10	≤0.15
2	低铬稀土白口铸铁	2.4～2.6	0.8～1.2	0.8～1.2	2.5～3.0						
3	铜铬白口铸铁	3.2～3.4	0.4～0.9	0.8～1.2	1.5～1.7	≤0.4	3.3～3.8			≤0.15	≤0.18
4	多元低合金白口铸铁	2.8～3.6	2.8～3.5	4.5～5.5	0.3～0.5		0.3～0.5	0.25～0.4	0.08～0.2	≤0.10	≤0.10
5	低铬锰铜白口铸铁	3.2～3.4	≤1.0	1.5～2.0	3.0～4.0	0.5～0.6	1.5～2.0			≤0.10	≤0.15

表 3-24　低铬合金白口铸铁的组织和性能

序号	状态	金相组织	力学性能			
			硬度/HRC	a_k/(J/cm²)	σ_{bb}/MPa	f/mm
1	铸态 980℃×4h 空冷＋ 300℃×2h 空冷	(Fe,Cr)₃C＋S＋少量 M	50～55	4.0～5.0	500～530	1.5～1.8
		(Fe,Cr)₃C＋M＋Ar	55～62	5.0～7.0	610～640	2.1～2.3
2	980℃×淬入 260～ 300℃×3h 盐浴、空冷	(Fe,Cr)₃＋B＋Ar	53～58	4.0～6.0	450～500	—
3	铸态	(Fe,Cr)₃C＋S＋少量 M	55～60	—	—	—
4	铸态	(Fe,Mn,Cr)₃C＋M＋Ar	45～55	6.5～8.0	650～830	2.5～3.0
5	铸态	(Fe,Cr)₃C＋S＋少量 M	52～58	3.0～5.0	700～720	—

注：1. S—索氏体，M—马氏体，B—贝氏体，Ar—残余奥氏体。
2. 本表内的状态和组织与表 3-23 中同样序号的铸铁相对应。

上述表中的低铬合金白口铸铁的应用范围如下。

① 第 1 种铸铁可用于受冲击负荷不大的抗磨件上，如平盘磨煤机辊套，寿命可达 6000～7000h；水泥球磨机的细粉仓衬板，其寿命为高锰钢的 4 倍以上；

② 第 2 种铸铁主要用于抛光机叶片、定向套等零件；

③ 第 3 种铸铁用于白云石搅拌机的易磨损件上，寿命比原用高锰钢高 10 倍；

④ 第 4 种铸铁以 Mn 和 Si 为主要合金元素，以 Cr、W、V、Ti 为辅助合金元素，其铸态力学性能较高，多数用于薄壁易磨损件，如搅拌机的内外刮板和衬板。

⑤ 第 5 种铸铁用于生产中小型杂质泵易磨损件。

（2）含硼多元白口铸铁　硼主要是进入碳化物中，形成硼碳化物，显著提高基体硬度而提高耐磨性。表 3-25 为硼白口铸铁的化学成分；表 3-26 为硼白口铸铁的组织和力学性能。硼白口铸铁适用于低应力磨料磨损场合。

表 3-25　硼白口铸铁的化学成分　　　　　　　　　单位：%

序号	名称	w(C)	w(Si)	w(Mn)	w(B)	w(Mo)	w(Cu)	w(Ti)	w(RE)	w(S)	w(P)
1	高碳低硼	2.9～3.2	0.9～1.6	0.5～1.0	0.14～0.25	0.5～0.7	0.8～1.2	≤0.18	0.02～0.08	≤0.05	≤0.1
2	低碳高硼	2.2～2.4	0.9～1.6	0.5～1.0	0.4～0.55	0.5～0.7	0.8～1.2	≤0.18	0.02～0.08	≤0.05	≤0.1

表 3-26　硼白口铸铁的组织和力学性能

序号	状态	金相组织	力学性能		
			硬度 HRC	冲击韧性/(J/cm²)	抗弯强度/MPa
1	铸态	Fe₃(C,B)＋少量 Fe₂₃(C,B)₆＋P＋M＋Ar	52～58	3.5～4.2	440～560
	940℃×1h，油淬 250℃×2h 回火	Fe₃(C,B)＋少量 Fe₂₃(C,B)₆＋二次碳化物＋M＋Ar	62～65	4.4～8.1	—
2	铸态	Fe₃(C,B)＋少量 Fe₂₃(C,B)₆＋P＋M＋Ar	49～54	2.5～3.4	450～540
	980℃×1h，油淬 250℃×2h 回火	Fe₃(C,B)＋少量 Fe₂₃(C,B)₆＋二次碳化物＋M＋Ar	63～65	3.3～4.1	—

注：P—珠光体；M—马氏体；Ar—残余奥氏体。

3.3.4　镍硬白口铸铁

由于普通白口铸铁和低合金白口铸铁的基体硬度低，影响其耐磨性。为了提高合金的硬度，必须设法提高基体的硬度。一个有效办法是使基体为马氏体组织。镍是扩大 γ 区，延缓奥氏体→珠光体转变的元素。加入适量镍，有可能在通常冷却速度下，使截面不太大的工件的基体转变为马氏体（加少量残余奥氏体）。然而，镍是石墨化元素，为了保证获得白口组织，必须加入一定量的铬。它是一种强碳化物形成元素，可以抵消镍的石墨化作用，还可以形成一些（Fe，Cr）$_3$C 碳化物。因此，这类白口铸铁常称为镍硬型或镍铬型马氏体白口铸铁。镍硬白口铸铁中镍量随截面厚度（或冷却速度）改变。铬量则是随镍量增加而增加。

镍硬铸铁是含镍铬的白口铸铁，1928 年由克莱麦克斯（Climax）国际钼公司研制成功，国际上通常称之为 Ni-Hard 铸铁。按含铬量将其分为 w(Cr)2％、w(Cr)9％ 两种。w(Cr) 2％ 的镍硬铸铁，碳化物为（Fe，Cr）$_3$C，硬度 1100～1150HV。w(Cr)9％ 的镍硬铸铁硬度更高，加入大量镍的目的是提高淬透性，获得以马氏体为主的基体，但镍硬铸铁铸态下总伴有大量残余奥氏体。表 3-27 为国际钼公司的镍硬铸件成分。

表 3-27　国际钼公司的镍硬铸件成分　　　　　　　　　　单位：％

编号	w(C$_总$)	w(Si)	w(Mn)	w(S)	w(P)	w(Ni)	w(Cr)	w(Mo)[①]
Ni-Hard 1	3.0～3.6	0.3～0.5	0.3～0.7	≤0.15	≤0.30	3.3～4.3	1.5～2.6	0～0.4
Ni-Hard 2	≤2.9	0.3～0.5	0.3～0.7	≤0.15	≤0.30	3.3～5.0	1.4～2.4	0～0.4
Ni-Hard 3	1.0～1.6	0.4～0.7	0.3～0.7	≤0.05	≤0.05	4.0～4.75	1.4～1.8	—
Ni-Hard 4	2.6～3.2	1.8～2.0	0.4～0.6	≤0.10	≤0.06	5.0～6.5	8.0～9.0	0～0.4

① 特殊情况下采用。

从表 3-27 中可以看出，Ni-Hard 1～3 都为 w(Cr)2％ 的镍硬铸铁，其区别主要是含碳量，高碳的抗磨性好而韧性差，低碳的反之。Ni-Hard 4 属于 w(Cr)9％ 的镍硬铸铁，它的含硅量较高以促使形成（Cr，Fe）$_7$C$_3$ 碳化物，其含镍量高而使它的淬透性极高，可以用于厚度 200mm 的铸件。镍硬铸铁的力学性能见表 3-28。

表 3-28　镍硬铸铁的力学性能

种类		力学性能						
		硬度		抗弯强度 /MPa	挠度 /mm	抗拉强度 /MPa	弹性模量 /GPa	艾氏冲击吸收功 (ϕ30mm 试棒)/J
		HBS	HRC					
Ni-Hard 1	砂型	550～650	53～61	500～620	2.0～2.8	230～350	169～183	28～41
	金属型	600～725	56～64	560～850	2.0～3.0	350～420	169～183	35～55
Ni-Hard 2	砂型	525～625	52～59	560～680	2.5～3.0	320～390	169～183	35～48
	金属型	575～675	55～62	680～870	2.5～3.0	420～530	169～183	48～76
Ni-Hard 4	砂型	550～700	53～63	620～750	2.0～2.8	500～600	196	35～42
	金属型	600～725	56～64	680～870	2.5～3.8	—	—	48～76

Ni-Hard 1 和 2 有两种热处理方法。一种是 275℃×12～24h 空冷，使铸态的马氏体得到回火，也使残余奥氏体部分转化成贝氏体，从而提高硬度和冲击疲劳寿命；另一种是450℃×4h 炉冷或炉冷至室温，或冷至 275℃ 然后 275℃×4～16h 空冷。这种双重热处理可

降低奥氏体中的碳量，冷却时使残余奥氏体转变为马氏体。后续的 275℃ 处理中，又使新转变的马氏体得到回火，同时奥氏体又可转变为贝氏体。Ni-Hard 4 的热处理为：750～800℃×4～8h 空冷或炉冷。其空冷后的金相组织为马氏体和合金碳化物。对大型铸件，可降低热处理温度，550℃×4h，空冷至 450℃×16h，空冷。

镍硬铸铁在国外仍广泛用于抗磨料磨损的场合，如冶金轧辊、球磨机及辊磨机衬板、磨球等。在很多情况下，镍硬铸铁比普通白口铸铁、低合金白口铸铁优越得多。镍硬铸铁仍属中合金铸铁，其含有大量的镍，镍是一种短缺而昂贵的元素，因而研究与应用不含镍的合金白口铸铁，仍是非常重要的。

3.3.5 中合金白口铸铁

中合金白口铸铁包括中铬白口铸铁、锰白口铸铁、锰钨及钨铬白口铸铁，这一类白口铸铁应用还不是很广泛。

(1) 中铬白口铸铁 中铬白口铸铁是指 $w(Cr)7\%\sim11\%$，不含镍的一类铸铁。碳化物为 M_7C_3 和 M_3C 混合的形式，韧性和耐磨性介于低铬铸铁与高铬铸铁之间。

中铬铸铁的化学成分与基体有关。以珠光体状态使用时，其化学成分为：$w(C)2.5\%\sim3.6\%$，$w(Si)0.5\%\sim2.2\%$，$w(Mn)0.5\%\sim1.0\%$，$w(Cr)7\%\sim11\%$；以马氏体状态使用时，再加入 $w(Mo)<2\%$，$w(Cu)<2\%$，以提高其淬透性。同时，也要综合考虑 C、Si、Cr 的含量；Cr/C、Si/C 高，M_7C_3 碳化物量相对增加，碳化物硬度和形态相应增加和改善，也将提高铸铁的韧性和耐磨性。另一方面，高的硅量会降低淬透性，低碳量又减少碳化物量，降低耐磨性。

中铬铸铁一般在热处理后使用，热处理工艺与高铬铸铁相同。国内也常将中铬铸铁作为镍硬铸铁 4 型的替代材料。表 3-29 为中铬白口铸铁与镍硬铸铁 4 型的力学性能对比。

表 3-29　中铬白口铸铁与镍硬铸铁 4 型的力学性能对比

项目		镍硬铸铁 4 型	中铬白口铸铁	项目		镍硬铸铁 4 型	中铬白口铸铁
化学成分 /%	$w(C)$	2.9～3.3	2.6～3.2	力学性能	硬度 HRC	55～65	55～65
	$w(Si)$	1.5～2.2	<0.8		抗弯强度/MPa	716～784	784～931
	$w(Mn)$	0.3～0.8	1.5～2.0		挠度/mm	2.20～2.60	2.20～2.80
	$w(Cr)$	8.0～10.0	8.0～10.0		冲击韧性/(J/cm^2)	7.64～8.62	6.86～9.31
	$w(Ni)$	4.5～6.0	—	热处理		780～820℃ 空冷	880～920℃ 空冷
	$w(Mo)$	—	0.3～0.5			400～450℃ 回火	280～350℃ 回火
	$w(Cu)$	—	2.0～3.0	三体磨损相对耐磨性	磨料：硅砂	1.28	1.30～1.47
	$w(V)$	0.2～0.3	—		磨料：石榴石	1.74	1.83～1.96
	$w(Al)$	—	0.2～0.3		磨料：碳化硅	1.51	1.42～1.55

(2) 锰白口铸铁 锰白口铸铁指 $w(Mn)5.0\%\sim8.5\%$ 的铸铁，由于锰量高而稳定奥氏体，也抑制了珠光体，组织中有一定量的马氏体，但残余奥氏体较多。其成本低，但抗磨性较低，铸造性能也较差。表 3-30、表 3-31 分别为锰白口铸铁化学成分、组织和力学性能。

表 3-30　锰白口铸铁的化学成分　　　　　　　　　单位：%

序号	名称	$w(C)$	$w(Si)$	$w(Mn)$	$w(Cr)$	$w(Mo)$	$w(Cu)$	$w(P)$	$w(S)$
1	中锰白口铸铁	2.5~3.5	0.6~1.5	5.0~6.5	0~1.0	0~0.6	0~1.0	—	—
2	奥氏体锰铸铁	1.7~2.0	≤0.8	7.0~8.5	—	—	—	≤0.1	≤0.1

表 3-31　锰白口铸铁的组织和力学性能

序号	状态	金相组织	硬度 HRC	冲击韧性 /(J/cm²)	抗弯强度 /MPa	挠度 /mm	用途
1	铸态	$(Fe,Mn,Cr)_3C+M+Ar$	57~62	4.0~10[①]	—	—	泵体，磨球，衬板
2	铸态 980℃，空冷	$(Fe,Mn)_3C+Ar$	36~37	6.8~7.9[②]	650~720	3.2~3.6	磨辊，齿板
		$(Fe,Mn)_3C+M+Ar$	33~35	17~18[②]	800~850	4.2~4.6	

① 冲击试样为 10mm×10mm×55mm，无缺口。
② ϕ15mm 试样艾氏冲击值。
注：M—马氏体；Ar—残余奥氏体。

锰铸铁可用冲天炉或电炉熔炼，炉衬最好为碱性，以免锰烧损过大。1380~1400℃出炉，加 0.4%~0.8%Al 脱氧，同时变质。1300~1350℃浇注。

锰是储量丰富、价格相对低廉的元素，用作耐磨铸铁的主元素是十分有利的。

(3) 锰钨白口铸铁　表 3-32 和表 3-33 分别为锰钨白口铸铁的化学成分、组织和力学性能。表中 1 号适用于要求机械加工的零件，2 号具有较高的硬度。一般情况下，锰钨白口铸铁都在铸态下使用。

表 3-32　锰钨白口铸铁的化学成分　　　　　　　　　单位：%

序号	名称	$w(C)$	$w(Si)$	$w(Mn)$	$w(W)$	$w(V)$	$w(Ti)$	$w(P)$	$w(S)$
1	锰钨耐磨 1 号	2.5~3.0	1.0~1.5	1.2~1.6	1.2~1.8	0~0.3	0~0.3	≤0.12	≤0.15
2	锰钨耐磨 2 号	3.0~3.5	0.8~1.2	4.0~6.0	2.5~3.5	0~0.3	0~0.3	≤0.12	≤0.15

表 3-33　锰钨白口铸铁的组织和力学性能

序号	状态	金相组织	硬度 HRC	冲击韧性/(J/cm²)	抗弯强度/MPa	挠度/mm
1	铸态	$(Fe,W)_3C+S+P$	40~46	3.0~5.0	520~600	—
2	铸态	$(Fe,Mn,W)_3C+M+Ar$	54~65	3.0~6.0	420~570	1.8~2.5

注：S—索氏体；P—珠光体；M—马氏体；Ar—残余奥氏体。

(4) 钨铬白口铸铁　表 3-34 和表 3-35 为钨铬白口铸铁的化学成分、组织和力学性能。表中 W16Cr2 属高合金的白口铸铁。钨铬白口铸铁主要用于冲击载荷不大的低应力冲蚀磨料磨损和高应力碾磨磨料磨损的场合。其干态抗磨料磨损性能接近 Cr15Mo3。钨价格较高，使其应用受到一定限制。

表 3-34　钨铬白口铸铁的化学成分　　　　　　　　　单位：%

序号	名称	$w(C)$	$w(Si)$	$w(Mn)$	$w(W)$	$w(Cr)$	$w(Cu)$	$w(S)$	$w(P)$
1	W5Cr4	2.0~3.5	0.5~1.0	0.5~3.0	4.5~5.5	3.5~4.5	—	≤0.12	≤0.15
2	W9Cr6	2.0~3.5	0.5~1.0	0.5~3.0	8.5~9.5	5.5~6.5	—	≤0.12	≤0.15
3	W16Cr2	2.4~3.0	0.3~0.5	1.5~3.0	15.0~18.0	2.0~3.0	1.0~2.0	≤0.05	≤0.10

表 3-35　钨铬白口铸铁的组织和力学性能

序号	状态	金相组织	力学性能			
			硬度 HRC	冲击韧性 /(J/cm^2)	抗弯强度 /MPa	挠度 /mm
1	铸态 900℃×1.5h, 空冷+250℃×1h,空冷	(Fe,W)$_3$C+M+Ar	53～64	4.5	500	1.6～2.0
		(Fe,Cr,W)$_3$C+二次碳化物+M+Ar	58	4.6	—	—
2	铸态	(Fe,W)$_3$C+(Fe,W)$_6$C+M+Ar	53～62	5.5	540	2.0～2.2
3	铸态 920℃,空冷	(Fe,W,Cr)$_6$C+A	55～60	6.0～8.0	530～550	1.8～2.2
		(Fe,W,Cr)$_6$C+M$_{23}$C$_6$+M+Ar	63～65	4.5～5.5	630～650	1.8～2.0

注：M—马氏体，Ar—残余奥氏体，A—奥氏体。

3.3.6 高铬钼白口铸铁

铬白口铸铁中，发展较早的是 20 世纪 40 年代初出现的 w(Cr)15%，w(Mo)3% 的白口铸铁，即所谓的 15Cr-3Mo 铬钼白口铸铁。第二次世界大战后，这种白口铸铁的应用范围不断扩大，并随之出现了很多改进型，主要是在碳量上做了些改变，以适应不同工作条件的要求，一般含碳较低的铬白口铸铁，淬透性好些，含碳量高的抗氧化性、耐酸和抗腐蚀磨损好些。

含铬量 12%～20%，含钼量 1.5%～3.0% 的白口铸铁称为高铬钼白口铸铁，也简称为高铬铸铁。钼量对于高铬白口铸铁综合力学性能有较大影响。增大钼含量，例如增大到 10%，能使冲击性磨粒磨损条件下的耐磨性有进一步提高。低钼牌号的铬白口铸铁则主要用于厚度不太大零件，而高铬钼白口铸铁的铬则能改变共晶碳化物类型，改善碳化物形态，增加硬度，使铸铁韧性及耐磨性提高。另外，熔炼设备中电炉的发展与普及，使以铬为主要添加元素的铬系白口铸铁，得到更广泛的应用与发展。

(1) 高铬钼铸铁显微组织　根据 Fe-Cr-C 相图的室温等温切面，随合金中含铬量增加，碳化物的形式由 (Fe，Cr)$_3$C → (Cr，Fe)$_7$C$_3$ → (Cr，Fe)$_{23}$C$_6$，即 M$_3$C → M$_7$C$_3$ → M$_{23}$C$_6$。其中，硬度以 (Cr，Fe)$_7$C$_3$ 型最高，达 1300～1800HV，这对提高铸铁的耐磨性十分有利。铬系白口铸铁碳化物有三种形貌，M$_3$C 型碳化物为连续网状或板状，而 M$_7$C$_3$ 和 M$_{23}$C$_6$ 型碳化物为条状或条块状形貌，即 M$_7$C$_3$ 型和 M$_{23}$C$_6$ 型碳化物较 M$_3$C 型碳化物的连续性低。因此，M$_7$C$_3$ 和 M$_{23}$C$_6$ 型碳化物的白口铸铁的韧性比含有 M$_3$C 型碳化物的白口铸铁的要好。

高铬铸铁的共晶组织由 M$_7$C$_3$ 型碳化物和奥氏体或其转变产物组成。高硬度的碳化物要与硬的基体相配合才表现出高的耐磨性。软基体不能对碳化物提供支承，碳化物在磨损时易受剪力而折断，难以发挥抵抗磨损作用。高铬白口铸铁中各基体的显微硬度是：铁素体 70～200HV，珠光体 300～460HV，奥氏体 300～600HV，马氏体 500～1000HV。由表 3-36 可见，马氏体硬度最高，其磨料磨损抗力也最好，马氏体是经过热处理获得的，一般希望得到马氏体基体。

表 3-36　15Cr-3Mo 铸铁的基体组织对磨损失重的影响

基体组织	硬度 HBW	凿削磨料磨损比[①](实验室颚式破碎机)	碾磨磨损失重/g(橡胶轮试验)
珠光体	406	0.41	0.14
奥氏体	564	0.09	0.08
马氏体	840	0.04	0.04

① 磨损比=试验损失重/标准损失重。

(2) 高铬钼铸铁的化学成分作用　表 3-37 为美国 Climax 钼公司的高铬铸铁。由表可见，常用的高铬铸铁有三种。15Cr-3Mo 适用面较广，有"王牌"高铬铸铁之称。超高碳的 15Cr-3Mo 用于制造承受很小应力或一些不受冲击的输送磨料或浆料的零件。高碳的 15Cr-3Mo 用于断面厚度直至 70mm 的大多数抗磨零件。中碳的 15Cr-3Mo 也可用于这类场合，其淬透的断面厚度可达 90mm。低碳的 15Cr-3Mo 主要用于厚断面铸件。15Cr-2Mo-1Cu 是 15Cr-3Mo 的变种，在同样的含碳量时，有更大的淬透性，适用于大断面铸件，且原材料价格也低。20Cr-2Mo-1Cu 是淬透性最高的一种，适用于厚大断面的复杂件。

表 3-37　美国 Climax 钼公司的高铬铸铁

化学成分/%		15Cr-3Mo				15Cr-2Mo-1Cu	20Cr-2Mo-1Cu
		超高碳	高碳	中碳	低碳		
$w(C)$		3.6~4.3	3.2~3.6	2.8~3.2	2.4~2.8	2.8~3.5	2.6~2.9
$w(Mn)$		0.7~1.0	0.7~1.0	0.6~0.9	0.5~0.8	0.6~0.9	0.6~0.9
$w(Si)$		0.3~0.8	0.3~0.8	0.3~0.8	0.3~0.8	0.4~0.9	0.4~0.9
$w(Cr)$		14~16	14~16	14~16	14~16	14~16	18~21
$w(Mo)$		2.5~3.0	2.5~3.0	2.5~3.0	2.4~2.8	1.9~2.2	1.4~2.0
$w(Cu)$						0.5~1.2	0.5~1.2
$w(S)$		<0.05	<0.05	<0.05	<0.05	<0.05	<0.05
$w(P)$		<0.10	<0.10	<0.10	<0.10	<0.06	<0.06
空冷时不产生珠光体的最大断面/mm		—	70	90	120	200①	>200
硬度 HRC	铸态	—	51~56	50~54	44~48	50~55	50~54
	淬火	—	62~67	60~65	58~63	60~67	60~67
	退火	—	40~44	37~42	35~40	40~44	38~43

① 取决于含碳量。大断面中可能出现贝氏体。

① 铬和碳。铬和碳是高铬钼铸铁中两种重要的元素。铬和碳有利于增加碳化物数量，使耐磨性提高而韧性降低。碳化物数量可以用下式估算：

$$碳化物数量(\%)=12.33[w(C)]+0.55[w(Cr)]-15.2 \qquad (3-10)$$

其中，铬增加碳化物数量的效果比碳差，因此工艺上常用碳量来改变碳化物数量。

另一方面，铬与碳的比值 Cr/C 影响铸铁中 M_7C_3 型碳化物的相对数量。一般 Cr/C>5 就能获得大部分的 M_7C_3 型碳化物，同时 Cr/C 变高，铸铁的淬透性也增加。大多数高铬铸铁中 $w(Cr)$ 为 13%~20%，$w(C)$ 为 2.5%~3.3%，其 Cr/C 大约为 4~8，由图 3-11 可见，不含其他合金元素的高铬铸铁，空淬的最大直径约为 20mm，淬透性是很低的。为了提高淬透性，必须加入其他合金元素。生产中一般采用亚共晶铸铁。当铬含量分别为 15%、20%、25% 时，共晶碳量大约分别为 3.6%、3.2%、3.0%。

② 其他合金元素。高铬铸铁中常含有钼、锰和铜，以提高淬透性。由图 3-11 可见，钼有明显提高淬透性的作用，尤其是当 $w(Mo)>2\%$ 时，作用更明显。钼在各相中的分配是：约有 50% 进入 Mo_2C，约有 25% 进入 M_7C_3 型碳化物中，溶入基体的钼量可用下式估算：

$$溶入基体的钼量=0.23[w(Mo)]-0.029\% \qquad (3-11)$$

略去常数项，基体中的钼量大约占总量的 23%，这部分钼直接起提高淬透性的作用。

钼对马氏体开始转变温度 M_S 影响不大。钼与铜、锰联合使用时，提高淬透性的效果更好。

铜不溶于碳化物，完全溶入金属基体中，可发挥它提高淬透性的作用。但铜降低 M_S 温度，造成较多的残余奥氏体，而且铜在奥氏体中的溶解度不高，仅 2% 左右。

锰既进入碳化物又能溶解于基体。锰对稳定奥氏体有效。锰和钼联合使用时对提高淬透性非常有效。但是锰剧烈降低 M_S 点，因此一般控制在 1.0% 以下。

硅在铸铁中是降低淬透性的元素，一般控制在 0.3%～0.8%。

(3) 高铬钼白口铸铁的热处理 高铬白口铸铁一般采用淬火（空淬）+回火。淬火时加热温度，应根据含铬量和零件壁厚来选择。淬火温度越高，淬透性越高，但淬火后形成的残余奥氏体也可能越多。随含铬量增加，二次碳化物开始析出到转变为溶入为主

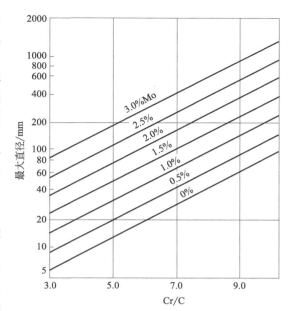

图 3-11 高铬铸铁的铬碳比及钼含量
与空淬能淬透的最大直径的关系

的温度范围也向高温方向移动，故合适的淬火温度也随含铬量而变。$w(Cr)15\%$ 的白口铸铁，得到最大硬度的淬火温度是 940～970℃，而 $w(Cr)20\%$ 时，则为 960～1010℃。同时，铸件壁越厚，淬火温度应选择越高。保温时间根据壁厚，一般为 2～4h，厚壁件可适当延长至 4～6h。

淬火后的高铬铸件，存在较大的内应力，应回火处理。理论研究表明，既消除淬火内应力，又不降低硬度。回火温度以 400～450℃ 为宜。回火处理还能使残余奥氏体减少，淬火马氏体变为回火马氏体。

需要切削加工的高铬铸铁件，加工前用退火处理。15Cr-3Mo 的退火工艺为：随炉缓慢升温至 950℃，至少保温 1h，炉冷至 820℃，再以 50℃/h 的速度冷至 600℃，600℃ 以下就可置于空气中冷却。退火后硬度可降至 36～43HRC。

随着对高铬白口铸铁应用研究的深入，其应用愈来愈广泛。由表 3-38 可见，高铬铸铁主要作为抗磨铸铁使用，但也可作为耐热铸铁使用。抗磨白口铸铁标准（GB/T 8263）中，对已列入的高铬白口铸铁化学成分和硬度范围都做出了规定。

表 3-38 高铬铸铁应用一览表

装置	零件名称
破碎机	叶轮破碎机的叶轮和冲击板 锤式破碎机的锤头和衬板 球磨机的磨球和衬板 辊式破碎机的碾辊
抛丸机	叶片,导向套,定向套,衬板
混砂机	刮板,衬板,输送螺旋
分级机	筒筛挡板,导向板
空气浆液输送装置	导管弯头
抛砂机	衬板

装置	零件名称
泵	杂质泵叶轮,护套,护板,柱塞系衬套
轧钢机	出入口导向型孔,卫板,导向辊,冷、热轧辊
烧结机	炉床金具,炉条,破碎导向板

3.3.7　高铬白口铸铁

高铬铸铁是 20 世纪 30 年代先后在美国、英国研制成功的。高铬白口铸铁是继普通白口铸铁、镍硬铸铁发展起来的第三代白口铸铁。高铬白口铸铁含铬量大于 11%，铬、碳含量比值介于 4~8 之间。在这种条件下，高硬度的 M_7C_3 型碳化物几乎全部代替了 M_3C 型碳化物。M_7C_3 型碳化物基本上是以孤立的中空六角形存在，与呈网状连续分布的 M_3C 型碳化物相比，大大增强了基体的连续性，因而整体材料的韧性显著提高。目前高铬铸铁已经是世所公认的优良的耐磨材料，在采矿、水泥、电力、筑路机械、耐火材料等方面应用十分广泛。

高铬铸铁作为一种抗磨材料在国内外得到了广泛应用。目前常用的高铬白口铸铁是指 $w(Cr)$ 20%~28%，$w(Cr)$ 30%~35%，一般不含 Mo 的两类铸铁。$w(Cr)$ 20%~28% 的白口铸铁主要应用在耐磨、耐蚀工况条件下，$w(Cr)$ 30%~35% 的白口铸铁则主要用于耐热、耐蚀环境。

在高铬铸铁中，由于铬的大量加入，白口铸铁中的 M_3C 型碳化物变成 M_7C_3 型碳化物。这种合金碳化物很硬（1300~1800HV），赋予高铬铸铁较高的耐磨性。另一方面，在凝固过程中 M_7C_3 型碳化物呈杆状孤立分布，使得铸铁的韧性有了一定程度的改善。另外通过热处理还可以获得所需要的基体组织，退火后便于机加工。高铬铸铁的这些特点进一步扩大了其应用范围。

(1) 规格　高铬铸铁在我国已有一些地方标准，国家标准尚未正式颁布。在一些发达国家早已颁布了标准。表 3-39 为美国高铬白口铸铁标准，在美国的标准中有两种规格，一种是 $w(Cr)$ 12%，另一种是 $w(Cr)$ 26%，二者皆添加少量的钼。

表 3-39　美国高铬白口铸铁标准（ASTM A532-75a）

种类	化学成分/%						
	$w(C)$	$w(Mn)$	$w(Si)$	$w(Ni)$	$w(Cr)$	$w(Mo)$	$w(Cu)$
12%Cr	2.4~2.8	0.5~1.5	1.0max	0.5max	11.0~14.0	0.5~1.0	1.2max
25%Cr	2.3~3.0	0.5~1.5	1.0max	1.5max	23.0~28.0	1.5max	1.2max

表 3-40 是国外实际使用的高铬铸铁，其中捷克斯洛伐克的碳、铬量较低，而苏联的稍高，并且添加了镍。德国、美国、英国处于中间，日本没有颁布自己的标准，在使用中主要参照美国标准，即以 $w(Cr)$ 27% 为主。上述高铬铸铁在成分上的差异除在用途方面的考虑外，各国的原材料情况也是一个原因。此外还有在高铬铸铁的基础上加入钼，即所谓的高铬钼铸铁。典型的如 Cr15Mo3，该材料具有优良的耐磨性，但由于钼资源和成本上的原因，其应用受到限制。表 3-41 列出了国外高铬白口铸铁的牌号。

表 3-40　国外使用的高铬铸铁的成分　　　　单位：%

国家	$w(C)$	$w(Mn)$	$w(Si)$	$w(Cr)$	$w(Ni)$
苏联	2.7~3.0	0.5~0.8	0.7~1.4	28~30	1.5~3.0

国家	$w(C)$	$w(Mn)$	$w(Si)$	$w(Cr)$	$w(Ni)$
德国	2.5~3.0	0.3~0.5	0.40	25~38	—
美国	2.25~2.83	0.5~1.0	0.25~1.0	24~30	—
英国	2.3~3.0	—	—	24~28	—
捷克斯洛伐克	2.4~2.7	0.3~0.6	0.7~1.4	24~27	0.5

表 3-41 国外高铬白口铸铁牌号

类别	国家	牌号	化学成分/%								硬度 HRC
			$w(C)$	$w(Si)$	$w(Mn)$	$w(Cr)$	$w(Ni)$	$w(P)$ ≤	$w(S)$ ≤	其他	
高铬	苏联	ЧХ34	1.5~2.2	1.3~1.7	0.4~0.8	32~36	—	0.10	0.10	—	320HB
		250Х25Т	2.3~2.8	0.3~1.0	0.5~1.0	23~28	≤0.5	0.05	0.05	$w(Ti)0.2$~0.4	53~60
高铬镍	苏联	ИЧХ28Н2	2.7~3.0	0.7~1.0	0.5~0.8	28~30	1.5~3.0	0.10	0.08	—	470HB
		250Х25НТ	2.3~2.8	0.3~1.0	0.5~1.0	23~28	0.7~1.0	0.10	0.08	$w(Ti)0.2$~0.4	55~62
		ИЧ200Х33Н3	1.7~2.2	0.7~1.3	≤0.5	32~34	3.0~3.2	0.05	0.05	—	56
		ИЧ300Х33Н3	2.8~3.2	0.7~1.3	≤0.5	32~34	3.0~3.2	0.05	0.05	—	62
	美国	H1C	2.3~3.0	0.2~1.5	≤1.5	24~28	≤1.2	0.10	0.06	$w(Mo)$≤0.6	550HB
	英国	3D	2.4~2.8	≤1.0	0.5~1.5	22~28	≤1.0	0.10		$w(Cu)$[①]≤1.2	600HB
		3E	2.8~3.2	1.0	0.5~1.5	22~28	≤1.0	0.10		$w(Cu)$[①]1.2	650HB
高铬锰	苏联	ИЧ170Х30Г3	1.7~2.0	0.5~0.9	2.8~3.5	29~32	—	0.10	0.06	$w(Zr)$[②]0.05~0.1	42
		ИЧ190Х30Г3	1.85~2.15	0.5~0.9	2.8~3.5	29~33	—	0.10	0.06	$w(Zr)$[②]0.05~0.1	49
		ИЧ210Х30Г3	2.05~2.35	0.5~0.9	2.8~3.5	30~33	—	0.10	0.06	$w(Zr)$[②]0.05~0.1	52

① 含 1.5%Mo。
② 含 0.05%~1.0%Ti。

(2) 组织与热处理 高铬铸铁的铸态基体组织一般为奥氏体。凝固冷却速度快将出现少量马氏体，而凝固冷却速度慢时将有部分铁素体析出。由于奥氏体组织具有耐热、耐蚀等特性，加之成本上的原因，有时也将高铬铸铁在铸态下直接使用。而当以耐磨为主要目的时，则要经过热处理，以求得用马氏体基体来支撑孤立分布的 M_7C_3 型碳化物。高铬铸铁的铸态奥氏体基体中固溶了大量的铬和碳，呈过饱和状态，因而比较稳定，即 M_S 点较低。将其重新奥氏体化，在 $950\sim1070℃$ 范围保温，碳、铬以二次碳化物形式弥散析出，这样经过所谓脱稳处理后，再淬火就可以得到马氏体基体。淬火后内部残余应力较大，因此还要进行回火处理。

（3）**耐磨性**　关于高铬铸铁的耐磨性，国内外做了大量试验，结果表明高铬铸铁在不同的磨损条件下表现出不同的耐磨性。在滑动接触的磨料磨损条件下，高铬铸铁表现出了很高的耐磨性；而在高角度冲蚀磨损条件下，耐磨性则大大下降，甚至还不如低碳钢。高铬铸铁中的碳化物过大易于破碎剥落，过小则将与基体一同被磨粒磨掉，此外碳化物的数量、方向等都对耐磨性有相当程度的影响，这些都是在选用高铬铸铁时需要注意的。但作为一般原则，在无冲击或冲击载荷不大时，推荐用马氏体基体的高铬铸铁，此时在保证不断裂的基础上可以尽量发挥高铬铸铁的耐磨性。

表 3-42 是高铬铸铁喷丸机叶片的磨损数据比较，A 与 B 是碳量一定改变铬量时的磨损数据，从中可见铬含量越小磨损量越大，这是因为随着铬含量的降低，$(Cr,Fe)_7C_3$ 型碳化物减少，$(Fe,Cr)_3C$ 型碳化物出现。C 是固定铬量，改变碳量的试验数据，在共晶成分时 C3、C4 磨损量最小。

表 3-42　高铬铸铁喷丸机叶片的磨损数据比较

类别	化学成分/%				硬度 HRC	磨损率/(g/1000h)
	$w(C)$	$w(Si)$	$w(Mn)$	$w(Cr)$		
A1	2.80	0.37	1.55	12.36	54.6	103.0
A2	2.46	0.46	0.84	18.03	46.2	85.1
A3	2.54	0.42	1.00	20.31	46.5	41.8
A4	2.62	0.44	1.02	22.46	52.8	34.5
A5	2.71	0.45	0.93	27.21	53.2	31.7
B1	3.17	0.40	0.95	11.68	56.8	95.1
B2	3.21	0.77	1.61	17.91	55.1	59.2
B3	2.94	0.39	1.51	18.86	52.1	42.2
B4	2.95	0.35	1.44	24.32	54.2	34.7
B5	2.91	0.43	0.96	27.86	55.0	26.5
C1	2.50	0.68	0.97	27.53	50.4	33.2
C2	2.81	0.75	0.68	26.41	54.9	32.4
C3	2.96	0.46	0.87	27.75	56.2	25.6
C4	3.08	1.25	0.87	26.75	57.1	25.8
C5	3.26	0.67	0.88	26.49	57.0	39.7

（4）**铸造性能与工艺**　高铬铸铁与其他白口铸铁一样，具有热导率低、收缩大、塑性差、切削性差的特点。实际生产中，铸件易产生缩孔、缩松、裂纹、气孔和夹杂等缺陷。

① 铸造性能。表 3-43 为几种白口铸铁的铸造性能。由表可见，高铬铸铁与其他白口铸铁一样流动性差，线收缩、体收缩都大。

表 3-43　几种白口铸铁的铸造性能

铸铁	温度/℃		密度 /(g/cm³)	收缩/%		流动性 (1400℃)/mm	热裂倾 向等级
	液相线	固相线		线收缩	体收缩		
Ni-hard 2	1235~1278	1145~1150	7.72	$\dfrac{2.0}{1.9~2.2}$	8.9	$\dfrac{400}{310~500}$	$\dfrac{1}{1~2}$
高铬白口铸铁(2.8% C,28% Cr,2% Ni)	1290~1300	1255~1275	7.46	$\dfrac{1.94}{1.65~2.2}$	7.5	$\dfrac{350}{300~400}$	$\dfrac{3}{3~4}$
高铬镍白口铸铁 (2.8% C,17% Cr,3% Ni,3% Mn)	1280~1300	1240~1265	7.55~7.63	$\dfrac{2.0}{1.9~2.2}$	7.5	$\dfrac{440}{370~500}$	$\dfrac{3}{3~4}$
珠光体白口铸铁	1290~1340	1145~1150	7.66	1.8	7.75	$\dfrac{240}{230~260}$	<1
高铬钼白口铸铁 (2.8% C,12% Cr,Mo)	1280~1295	1220~1225	7.63	$\dfrac{1.83}{1.8~1.85}$	7.8	$\dfrac{530}{500~560}$	$\dfrac{2}{2~3}$
高铬白口铸铁(2.3% C,30% Cr,3% Mn)	1290~1300	1270~1280	—	1.7~1.9		375~400	—

注：1. 分子为平均值。
2. 数值越小，热裂倾向越大。

对白口铸铁而言，热裂是经常发生的缺陷，当收缩受到阻碍时更易发生，甚至分型面或芯头上的毛刺也会造成热裂。珠光体白口铸铁热裂倾向最大，镍硬铸铁 2 型、高铬钼铸铁次之，高铬镍铸铁热裂倾向最小。显然，加入镍可使高铬铸铁热裂倾向减小。

当铸件壁厚相差悬殊时，铸件的残留应力大，冷裂更易发生。要采用减小铸件各部位温差的方法。通常，接近共晶点成分的高铬铸铁的残留应力最小。残留应力还与碳含量和铬含量有关。

② 铸造工艺。高铬铸铁的铸造工艺，应结合铸钢与铸铁的特点，充分补缩，其原则与铸钢件相同。采用冷铁和冒口，遵循顺序凝固的原则。模型缩尺可取 2%，冒口尺寸按碳钢设计，浇注系统则可按灰铸铁计算，但各断面面积增加 20%~30%。高铬铸铁脆性大，不宜用气割去除冒口，设计时选用侧冒口或易割冒口。也要注意不让铸件的收缩受到阻碍，以免造成开裂。开箱温度过高也是造成裂纹的原因。厚壁铸件在铸型中冷得很慢，从固相线到540℃区间不断析出二次碳化物，奥氏体中碳量降低，M_S 点可上升到室温以上，部分残余奥氏体转变为马氏体，产生相变应力。如果冷速过快，铸件中温差太大，则产生开裂。因此，540℃以下的缓冷是必要的。铸件在铸型中应充分冷却然后开箱。如确需在高温（或在 Ms 点）以上开箱，应迅速移入保温炉或绝热材料中缓冷。

高铬铸铁仅用电炉熔化，炉衬可以是碱性或酸性的。浇注温度不宜太高，以避免收缩过大和粘砂；低温浇注也有利于细化树枝晶和共晶组织。浇注温度一般比液相线温度高 55℃。小件可为 1380~1420℃；壁厚在 100mm 以上的铸件可更低些，为 1350~1400℃。

(5) 高铬铸铁的应用　高铬铸铁主要是为适应高温及腐蚀气氛下的工作条件，而发展起来的含铬更高的白口铸铁，在采矿、选矿、冶金、电力等领域中，大都可以看到它良好的使用效果。但是，在一些场合高铬铸铁的优越性并未得到充分发挥，性价比不能令人满意。这种情况说明，高铬铸铁的应用必须是有选择的。

$w(Cr)25\%~35\%$ 的高铬铸铁对于硝酸、有机酸和碱有非常好的耐蚀性，但不耐盐酸腐蚀。对硫酸只能耐稀的或浓的溶液的腐蚀，在中等浓度情况下则不耐腐蚀；但若加入少量硝酸，则耐蚀性提高。高铬铸铁对海水及矿物水，有良好的耐蚀性，其在含砂的水流中用作杂质泵的过流部件，表现出优越的抗腐蚀磨损性能。在磷酸盐采矿工业中，泵件的 80％为镍硬 4 号，15％为高铬铸铁，寿命约 1～2 年。当磷酸或硫酸积累使 pH 降至 2 或更低，此时镍硬铸铁寿命降至 6 个月，而高铬铸铁仍能坚持使用一年。

高铬铸铁有良好的高温强度和硬度，也能抗高温氧化，特别是在 SO_2 气氛中的抗氧化能力，因此适用于各种炉用零件。

小型轧钢机导板用高铬铸铁的化学成分（％）为：2C-30Cr-6Ni-0.5Si-0.5Mn-0.3V-0.15RE。组织为：70％奥氏体＋10％铁素体＋20％M_7C_3。铸件可以机械加工。

高铬铸铁被誉为当代最优良的抗磨料磨损材料，目前已在国内外广泛使用，但由于成本较高，需要结合本国资源，应从耐磨性和应用性两方面综合考虑。

3.4 冷硬白口铸铁

有些机械零件虽然也是在干摩擦条件下工作，一般无磨料作用，但除了滑动运动外还包含程度不同的滚动运动。而最重要的是，工作中一方面存在着很高的局部应力，要求工作面有高的硬度，很好的耐磨性，另一方面又要求工件有足够高的强度和韧性。例如冶金轧辊、货车车轮等。此外，有一些机器的凸轮轴的凸轮部分、气门摇臂及挺杆等也可属于此类。对这些零件，生产中常采用冷硬铸铁铸造。

3.4.1 冷硬铸铁的成分及性能特点

冷硬铸铁是一种工作面呈白口组织，内部呈灰口组织（球状石墨或片状石墨）的铸铁。由于表层是白口组织，它具有很高的硬度与抗压强度，在高的压应力下有很好的耐磨性。由于内部为灰口，从整体看它具有一定的强度和韧性。

冷硬铸铁的质量主要是由白口层的组织与硬度、白口层（和麻口层）的深度来决定的。

合金元素是影响白口层强度的主要因素，其影响的强弱如下列顺序所示：

S Ti Cu Al Si V Mo Cr Mn P Ni C
弱————————————————→强

白口层的深度也是影响冷硬铸铁工作面寿命的主要指标。各种合金对白口层深度的影响顺序如下：

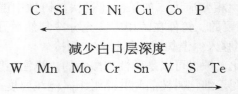

C Si Ti Ni Cu Co P
←————————————————

减少白口层深度

W Mn Mo Cr Sn V S Te
————————————————→

增加白口层深度

可以看出，碳对白口层的硬度及深度都有很大影响。调节碳量可使其性能适应不同的要求。当要求很高的硬度而不需要很高的冲击韧性时，可采用高的碳量。当要求很高强度但对硬度要求不很高时，则可以将碳量降低些。

在白口层和灰口层之间总有一层麻口过渡层。各元素对它的影响也各不相同，C、S、P能减少麻口层厚度，而 Cr、Al、Mn、Mo、V 则使麻口层厚度增加。

表 3-44 给出了一些冷硬铸铁的化学成分、性能及用途。表 3-45 则列出了常用合金元素对冷硬铸铁组织的影响。

表 3-44　常用冷硬铸铁的化学成分、性能及用途

材料类别	化学成分/%						白口层硬度 HRC	灰口部分性能		用途举例
	$w(C)$	$w(Si)$	$w(Mn)$	$w(P)$	$w(S)$	其他		σ_b/MPa	σ_{bb}/MPa	
普通冷硬白口铸铁	3.0~3.6	0.5~0.75	>0.50	≤0.35	≤0.14					冷铸车轮
普通冷硬白口铸铁	3.5~3.6	2.0~2.2	0.7~1.0	—	<0.2		450~550HB			冷铸犁铧
普通冷硬白口铸铁	3.5~3.7	1.8~2.0	0.7~1.0	≤0.2	≤0.12		≥50	20~25	40~47	柴油机汽门挺杆
普通冷硬白口铸铁	3.8~4.0	0.7~1.0	0.9~1.1	≤0.2	≤0.12		≥50	20~25	40~47	拖拉机拖带轮
普通冷硬白口铸铁	3.5~3.7	1.75~2.10	0.5~0.9	≤0.15	≤0.15	$w(Bi)0.003~0.0077$	48~50	>15	>33	拖拉机托链轮
镍铬铜冷硬白口铸铁	3.2~3.4	1.9~2.1	0.65~0.85	≤0.12	≤0.1	$w(Ni)0.4~0.5$ $w(Cr)0.9~1.1$ $w(Mo)0.4~0.55$	铸态53~56 600℃回火50~55	20~25	40~47	发动机汽门挺杆
铬钼稀土冷硬白口铸铁	3.5~3.8	1.7~2.0	0.6~0.9	≤0.2	≤0.09	$w(Cr)0.5~0.8$ $w(Mo)0.5~0.7$ $w(RE)0.5~0.7$	≥58	25	47	柴油机汽门挺杆
稀土冷硬白口铸铁	3.5~3.8	1.7~2.0	0.6~0.9	≤0.2	≤0.09	稀土硅铁合金1.7~2.0	42	40~50	70~90	碾砂机碾轮

表 3-45　合金元素对冷硬铸铁的影响

元素	白口层	麻口层	灰口层	其他
C	减小白口层深度,增加白口层硬度,每0.1%C减小白口层深度3mm	减小	扩大灰口层,降低力学性能	
Si	减小白口层深度,在含碳量低时作用较强,每0.1% Si约减少白口层深度3mm,对白口层硬度无明显影响	显著减小	扩大	加入少量含75% Si的硅铁,可进行孕育处理
Mn	增加白口层深度,提高硬度,但造成白口层脆性较大	显著增大	一定含量内可增加力学性能	中和硫的有害作用
S	增加白口层深度,对硬度影响不大,造成白口层脆性加大	减小	减小	降低强度、耐热性和流动性
P	影响较小	影响较小	影响较小	对消除轧辊表面白口层的纵向热裂有很大作用
Ni	减小白口层深度,作用约为Si的1/4。提高耐热性、硬度和韧性	细化碳化物组织	显著提高力学性能	一般与Cr同时加入
Cr	增加白口层深度,每0.08% Cr增加白口层约3mm	显著增大	强化基体	一般与Ni同时加入
Mo	增加白口层深度,作用约为Cr的1/3,含量低时作用不显著。提高耐热性和硬度	细化晶粒	细化石墨、显著提高力学性能	
Cu	稍微减小白口层深度	稍减小	提高力学性能	

3.4.2　冷硬铸铁的应用

冷硬铸铁主要用来制造轧辊、犁铧和货车车轮。此外,也用来做一些其他机器零件,如凸轮、柴油机挺杆等的摩擦部分。

(1) 轧辊 铸铁轧辊按产品使用对象可分为冶金类轧辊和非冶金类轧辊。按重量计，冶金类轧辊要占 90％以上。

轧辊工作时，靠摩擦力把坯料轧入。因此，轧辊表面除要求有很高硬度外，还应具有较大的摩擦因数。此外，轧制过程中轧辊还要承受很大的弯曲应力。综合这些要求，轧辊的外面应呈白口组织，以保证足够的硬度和耐磨性，心部则呈灰口组织，以具有足够的强度和韧性。因此，使用冷硬铸铁制作轧辊是较合适的。

冶金类轧辊根据工作面内硬度的分布可分为硬面、半硬面和无限冷硬轧辊（如图 3-12）。在硬面轧辊中，由表至里的组织白口层、麻口层与灰口层的分界鲜明，在过渡的麻口层中，硬度急剧下降。与硬面轧辊相反，无限冷硬轧辊中，组织从表至里是逐渐变化的，断面上不能明显区分出白口、麻口和灰口层的分界线。半硬面轧辊的组织变化则介于二者之间。

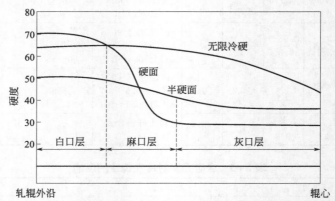

图 3-12 硬面、半硬面和无限冷硬轧辊硬度分布示意图（肖氏硬度）

轧辊按化学成分及石墨形态则可分为普通铸铁轧辊、合金铸铁轧辊及球墨铸铁轧辊等。

普通铸铁或合金铸铁的硬面轧辊有高硬度的纯冷硬层以及适当的麻口层。它的耐磨性很好，但机械强度较差，适宜于热轧小型钢材以及做非铁金属型材的工作辊。其冷硬层深度一般应控制在 13～40mm。

球墨铸铁的硬面轧辊也有高硬度的纯冷硬层，但其过渡层狭小，灰口层与白口层界限分明。这种轧辊的中心强度较高，在重载工作条件下，有较大的抗断能力，适宜于热轧薄板、硅钢片、薄带以及做精轧轧辊，但不宜开槽。

半硬面轧辊有高的强度，能承受较大的轧制负荷。但轧制件表面质量不及硬面轧辊。它的耐磨性优于一般铸钢轧辊，可用于制作热轧大、中、小型型钢的初轧机、精轧机以及轧管机的轧辊，也适合做开深槽的轧辊。

无限冷硬铸铁轧辊是通过加入 Ni、Cr、Mo 等合金元素，使组织从边沿到中心逐渐过渡，因此由表及里硬度的降低比较平缓。这种轧辊的机械强度比硬面轧辊高，适宜用作热轧大、中、小型型钢及轧管的轧辊，也适于开深槽。

非冶金类轧辊包括用于造纸、橡胶、油脂及塑料工业中的工作辊。这类工作辊的冷硬层深度可以浅些，一般控制在 8～35mm。

(2) 凸轮和挺杆 内燃机上使用的凸轮，其材料可以是淬火钢、合金铸铁，也可以用冷硬铸铁。一些国家如英国就曾比较广泛地使用铸铁凸轮，其凸轮的鼻部是激冷处理的。因此，凸轮鼻部为白口组织，而其余部分仍是灰口。

凸轮鼻部的显微组织基本上是由碳化物和珠光体组成，硬度一般是 40～45HRC。通过增加碳化物数量或者加入合金元素形成马氏体，可以使硬度进一步提高。不过，有试验证明，当硬度增加至 47HRC 以上时，表面崩碎的倾向将会增加。

挺杆材料可以是合金铸铁、水淬碳钢、油淬合金钢或渗碳钢。在汽车发动机中的挺杆材料多使用合金铸铁。其成分大约是 $w(C)3.20\%$，$w(Si)2.25\%$，$w(Mn)0.80\%$，$w(Cr)$ 1.10%，$w(Mo)0.60\%$，$w(Ni)0.55\%$，$w(P)\leqslant 0.20\%$ 和 $w(S)\leqslant 0.10\%$。合金铸铁挺杆常经淬火回火处理，也有用冷硬合金铸铁制造挺杆的。与凸轮相联系的冷硬铸铁挺杆，其硬度一般是 45～50HRC。它的组织也和激冷的凸轮鼻部相似。挺杆的硬度太低则很容易磨损，但硬度高于 52～55HRC 则可能发生表面剥落或碎裂。因此，实际使用的挺杆硬度比凸轮鼻部的硬度要高一些，但也不能太高。

3.5　中锰耐磨球墨铸铁

中锰球墨铸铁是一种用于磨粒磨损工作条件下的抗磨铸铁。它是把 $w(Mn)$ 控制在 5%～9%，$w(Si)$ 控制在 3%～5%，用稀土镁合金和硅铁进行球化和孕育处理得到的一种球墨铸铁。该合金中锰、硅是最主要的合金元素，特别是锰。

锰是一种阻碍石墨化的元素。当 $w(Mn)>1.8\%$ 时，铸态组织中就会出现游离渗碳体。锰又是扩大 γ 区、增加奥氏体稳定性的元素。当 $w(Mn)$ 在 5%～7% 范围内时，基体主要为针状组织。当 $w(Mn)$ 增加到 7%～9% 时，基体将主要为奥氏体。

因此，根据中锰球铁中锰（以及硅）的含量，可以把中锰球铁分成两个主要类型：一种是 $w(Mn)5\%～7\%$，$w(Si)3.3\%～3.9\%$，在正常冷却条件下，其组织是针状组织（马氏体、下贝氏体等）加少量奥氏体以及 5%～25% 的块状碳化物和球状石墨；另一类是 $w(Mn)$ 7.5%～9.5%，$w(Si)4.0\%～5.0\%$，在正常冷却条件下，基体主要为奥氏体，其余则为断续网状或块状碳化物及石墨球。

基体主要为奥氏体的中锰球铁，其组织相当于软的基体上镶嵌有硬的碳化物。在冲击或磨料的作用下，硬的碳化物有抵抗外力切削的作用，而奥氏体基体在外力作用下可以产生加工硬化，使零件表面硬度增加，使耐磨性提高，而内部则仍保持奥氏体，使零件具有足够的韧性。

以针状组织为基体，加上一些粒状碳化物的中锰球铁，其性能特点是硬度较高，而韧性却不如前一类的好。这两类中锰球铁的化学成分、性能及用途列在表 3-46 中。

表 3-46　中锰球墨铸铁的成分、性能及用途

类别	化学成分/%						
	$w(C)$	$w(Si)$	$w(Mn)$	$w(P)$	$w(S)$	$w(RE)$	$w(Mg)$
奥氏体型（韧性较好）	3.3～3.8	4.0～5.0	7.5～9.5	<0.15	<0.02	0.025～0.05	0.025～0.06
针状组织型（硬度较高）	3.3～3.8	3.3～4.0	5.0～7.0	<0.15	<0.02	0.025～0.05	0.025～0.06

类别	力学性能				显微组织	应用举例
	σ_b/MPa	σ_{bb}/MPa	f/mm	硬度 HRC		
奥氏体型（韧性较好）	350～450	550～750	4.0～7.0	38～41	奥氏体+5%～25%断续网状或块状碳化物+球状石墨	耙片，球磨机衬板，履带板
针状组织型（硬度较高）	—	550～800	3.0～4.0	48～56	针状组织+少量奥氏体+5%～25%碳化物	磨球

值得指出，中锰球墨铸铁零件一般都很难进行机加工。它们多应用于磨粒磨损和冲击磨

损的工作条件，如球磨机磨球、衬板、破碎机锤头、砂泵叶轮等。

结合我国资源发展起来的钒-钛铸铁或钒-钛球铁，是很有发展潜力的耐磨铸铁。试验表明，当 $w(Ti)$ 为 0.15% 左右，含钒量是钛量的 0.8～1.0 倍时，可具有很好的耐磨性。

最近几年来，针状组织的球墨铸铁在世界范围内引起了相当重视。针状球墨铸铁是一种以镍、铜和钼合金化，在冷却过程中从奥氏体到珠光体的转变能全部或部分被抑制的球墨铸铁。其抗拉强度可达 1463MPa，而且具有较高的冲击韧性值。针状球铁分铸态和热处理态两类。前者合金元素含量较高，组织为针状铁素体和奥氏体。后者多采用等温处理或正火，组织为针状贝氏体或贝氏体-马氏体。它们具有很高的强度、韧性和耐磨性，可用于制作某些锻件的成型模、泵体和齿轮。尤其是等温处理获得奥氏体-贝氏体组织的球墨铸铁，是一种相当有前途的结构材料。

参 考 文 献

[1] 郝石坚. 高铬白口铸铁. 北京：煤炭工业出版社，1993.
[2] 苏俊义. 铬系耐磨白口铸铁. 北京：国防工业出版社，1990.
[3] 何奖爱，王玉玮. 材料磨损与耐磨材料. 沈阳：东北大学出版社，2001.
[4] 刘家浚. 材料磨损原理及其耐磨性. 北京：清华大学出版社，1993.
[5] 《材料耐磨抗蚀及其表面技术丛书》编委会. 材料耐磨抗蚀及其表面技术概论. 北京：机械工业出版社，1988.
[6] 郝石坚. 高铬白口铸铁. 北京：煤炭工业出版社，1993.
[7] 苏俊义. 铬系耐磨白口铸铁. 北京：国防工业出版社，1990.
[8] 邵荷生，张清. 金属的磨料磨损与耐磨材料. 北京：机械工业出版社，1988.
[9] 李建明. 耐磨与减摩材料. 北京：机械工业出版社，1987.
[10] 曾大本，唐靖林. 灰铸铁研究和生产的新进展与展望. 现代铸铁，2005 (1)：332-401.
[11] 王丽红，周继扬，王怀林. 奥氏体等温淬火灰口铸铁. 铸造，1999 (9)：42-71.
[12] 张山纲，李计云. 杂质泵用白口铸铁的种类、性能及应用范围. 现代铸铁，2005 (04)：35-38.
[13] 李涌. 高铬铸铁抗磨、耐热、耐蚀性能的研究. 云南冶金，2005 (6)：76-79.
[14] 陈壕琚，余自更，许光奎，等. 合金高铬铸铁及应用. 北京：冶金工业出版社，1999：120-268.
[15] 任颂赞. 钢铁金相图谱. 上海：上海科学技术文献出版社，2003：150-248.
[16] 黄钧声. 我国高铬抗磨高铬铸铁磨片材料的发展. 现代铸铁，2007 (1)：81-84.
[17] 崔忠圻. 金属学与热处理. 北京：机械工业出版社，1997：236-305.
[18] 黄四亮. 高铬白口铸铁热处理工艺研究与探讨. 铸造技术，2000 (6)：43-27.
[19] 李茂林. 我国金属耐磨材料的发展和应用. 铸造，2002，51 (9)：527-529.
[20] 周庆德. 铬系白口铸铁. 西安：西安交通大学出版社，1986.
[21] 中国机械工程学会铸造分会. 铸造手册：第3卷. 北京：机械工业出版社，2002.
[22] 黄积荣. 铸造合金金相图谱. 北京：机械工业出版社，1980.
[23] 赵建康. 铸造合金及其熔炼. 北京：机械工业出版社，1985.
[24] 陆文华，李隆盛，黄良余. 铸造合金及其熔炼. 北京：机械工业出版社，1996.
[25] 仇俭，缪进鸿. 铸造用有色合金及其熔炼. 北京：机械工业出版社，1965.
[26] 杜磊. 钢铁耐磨铸件铸造技术. 广州：广东科技出版社，2005.
[27] 中国机械工程学会铸造分会. 铸造手册：第1卷. 北京：机械工业出版社，2002.
[28] 王文才，刘根生，李海鹏，等. Si/C 和冷却速度对中磷铸铁铸态组织性能的影响. 铸造，2002，51 (1)：18-21.
[29] Chang Sam Kyu. Kim Dong Gyu and Choi. Effect of alloying elements and austenite destabilization heat treatment on graphitization of high chromiumcast iron [J]. International，1992，32 (11)：1163-1165.
[30] 刘金海，李景仁，王昆军. 钼硼铜对铸态高铬铸铁力学性能的影响. 热加工工艺，1998 (2)：9-11.
[31] 孙广平，贾树盛，周宏，等. 锰对硼白口铸铁组织与性能的影响. 机械工程材料，1992，18 (1)：31-35.
[32] 麻生节夫，田上道弘，後藤正治. Fe-Cr-C-B 系合金铸造材の机械的性质. 日本金属学会志，1992，56 (6)：707-714.
[33] Anijdan S H M, Bahrami A, Varahram N, et al. Effects of tungsten on erosion-corrosion behavior of high chromium

white cast iron. Materials Science & Engineering A, 2007: 454-455.

[34] Chang Kyu Kim, Sunghak Lee, Jae-Young Jung. Effects of heat treatment on wear resistance and fracture toughness of duo-cast materials composed of high-chromium white cast iron and low-chromium steel. Metallurgical and Materials Transactions A, 2006, 37A (3): 633- 643.

[35] Wu X J, Xing J D, Fu H G, et al. Effect of titaniumon the morphology of primary M7C3 carbides in hypereutectic high chromium white iron. Materials Science & Engineering A, 2007, 457 (1-2): 180-185.

[36] Bedolla-Jacuinde A, Correa R, Quezada J G, et al. Effect of titanium on the as-cast microstructure of a 16% chromium white iron. Materials Science & Engineering A, 2005, 398 (1- 2): 297-308.

[37] Yilmaz S O. Wear behavior of TiB2 inoculated 20Cr-3Mo-4C high chromium white cast irons. Journal of Materials Science, 2007, 42 (16): 6769-6778.

[38] 尚可，苏玉林，贾树胜，等.白口铸铁的断裂韧性与耐磨性.现代铸铁，1987 (4): 17-20.

[39] 王玉玮，何奖爱，刘越，等.低铬硼耐磨铸铁的研究与应用.铸造，1994 (6): 22-26.

[40] 中国机械工程学会铸造分会.铸造手册.2版.北京：机械工业出版社，2002.

第4章

有色合金及其他耐磨材料

对于那些耐磨性较好的有色合金，主要用来制造滑动轴承的材料。由于主要用来制造滑动轴承轴瓦（轴套），所以这种合金又称轴承合金。轴承合金按主要成分可分为锡基、铅基、铜基、铝基等，前两种称为"巴比特合金"或"巴氏合金"。

4.1 概述

4.1.1 滑动轴承合金的组织与性能

轴承合金主要用于制造滑动轴承，是汽车、拖拉机、机床及其他机器中的重要部件。当轴旋转时，轴瓦与内衬直接和轴颈配合使用，相互间有摩擦，同时承受轴颈传递的交变载荷，并抵抗冲击和振动，为此轴承合金应具备一定的组织和性能。

（1）轴承合金应具备软硬兼备的组织，特点是在软基体上均匀分布着硬质点或者是硬基体上均匀分布着软质点。

① 软基体上分布硬质点。轴承工作时，软的组织很快因磨损而凹陷，耐磨的硬质点便相对凸出而起着支撑轴的作用，使轴与轴瓦的接触面减小，面凹下的空间又可储存润滑油，保证了轴瓦良好的润滑条件和低的摩擦因数，减轻轴和轴瓦的磨损。另外，软组织可承受冲击和振动，而且偶然进入的外来小硬物也能被压入软组织内，保证轴颈不被擦伤。

② 硬基体上分布软质点。工作时组织中的软质点被磨损，构成油路，形成连续的油路，保证良好的润滑，承载能力较大，但磨合能力较差。

（2）由于轴是重要的零件，应确保其受到最小的磨损，所以要求轴瓦的硬度比轴颈低得多，但为保证机器正常运转，轴承合金应具备足够的抗压强度，良好的减摩性（摩擦因数要小），良好的磨合性；还应具备一定的塑性、韧性、导热性及耐腐蚀性。对其材料的性能要求如下。

① 具有足够的强度和硬度，以承受轴颈传递的较大的单位压力；

② 具有足够的塑性和韧性，高的疲劳强度，以承受轴颈的周期性载荷；

③ 耐磨性高，与轴的摩擦因数小，并能保住润滑油；

④ 具有良好的抗腐蚀性、导热性和较小的膨胀系数；

⑤ 具有良好的磨合能力，以使负荷分布均匀。

4.1.2 滑动轴承合金的种类

主要的轴承合金有：锡基轴承合金、铅基轴承合金、铜基轴承合金、锌基轴承合金、镉基轴承合金、金属-非金属复合轴承合金。

4.2 锡基合金

锡基轴承合金也叫锡巴比特，是一种具有悠久使用历史的轴承合金，含有80%～90%锡，3%～16%锑，1.5%～10%铜。其组织为在软基体（α固溶体）上分布着硬质点β相（以化合物SnSb为基的固溶体）。这类合金具有较小的线胀系数，良好的导热性能、工艺性能和耐蚀性，主要用作汽车、拖拉机、汽轮机等机械上的高速轴承。

4.2.1 锡-锑、铜-锡二元相图及锡-锑-铜合金的组织

图4-1为锡-锑二元相图，轴承合金的成分为80%～90%Sn、3%～16%Sb、1.5%～10%Cu，由图可知，在结晶过程中，246℃时锑在锡中的最大溶解度为10.4%，含Sb量小于10.4%的合金，结晶结束时由包晶转变成单相α固溶体。但是，在铸造时由于冷却速度较快，出现不平衡组织，当Sb量超过9%就出现了第二相——化合物β（SnSb）。随着温度降低，从结晶的α相中将析出β相，由于冷却速度较快，能析出的β相数量是很少的。基本组织由软基体上硬质点组成。锑在锡中的固溶体α相具有良好的塑性，构成锡基合金的软基体，化合物SnSb（β相）为硬而脆的方形晶体，构成了硬质点，进一步提高合金的强度和耐磨性。

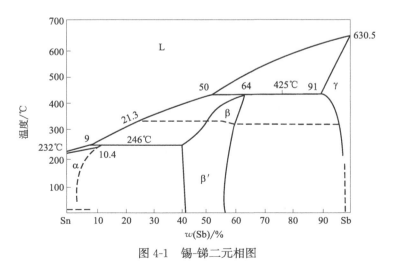

图4-1 锡-锑二元相图

锡基合金中，随着Sb量的增加，β相的数量相应增多，合金塑性下降而强度有所提高。如果Sb量过高（大于20%）会使脆性增加。为了保证使用性能，对β相的数量控制在15%～30%，因此，一般Sb量为4%～12%。

锑的密度较锡小，因而合金中β相的密度较α相小。在结晶过程中β相易上浮形成密度

偏析。为了克服密度偏析，常在 Sn-Sb 合金中加入 Cu。

4.2.2　锡基轴承合金化学成分及其性能

锡基巴氏合金的优点是：减磨性好、耐蚀性好、摩擦因数小（0.005），基体具有较高的塑性和韧性，硬度适中（30HB 左右），疲劳极限较低，其工作温度不能超过 150℃。当工作温度达到 100℃时，其强度和硬度均可降低一半左右，则轴承的使用寿命大大缩短。由于锡的产量少，这种轴承合金昂贵，一般用于较重要的轴承，如汽轮机、发动机、压气机等巨型机器的高速轴承，其具体化学成分、性能及用途见表 4-1。

表 4-1　锡基轴承合金的成分、性能及用途

合金代号	化学成分/%				力学性能			用途
	w(Sb)	w(Cu)	w(Pb)	w(Sn)	σ_b /MPa	δ /%	硬度 HB	
ZChSnSb12-4-10	11.0～13.0	2.5～5.0	9.0～11.0	其余			29	性软而韧，耐磨，适用于引擎主轴，不适合用于高温场合
ZChSnSb11-6	10.0～12.0	5.5～6.5	—	其余	90	6.0	27	电动机、离心泵、发动机、柴油机等的高速轴承
ZChSnSb8-4	7.0～8.0	3.0～4.0	—	其余	80	10.6	24	内燃机的高速轴承
ZChSnSb4-4	4.0～5.0	4.5～5.0	—	其余	80	7.0	20	内燃机，特别是航空和汽车发动机的高速轴承

4.3　铅基合金

4.3.1　概述

虽然锡基轴承合金性能较好，但锡价格昂贵，用价廉的铅替代锡的铅基轴承合金在工业上得到应用。铅基轴承合金具有塑性好、抗疲劳性能高、成本低廉等优点，但合金的强度、硬度、耐蚀性和耐磨性均不如锡基合金，只能用于低速低载荷或静载下的中等载荷轴承。

铅的晶体结构是面心立方晶格，具有良好的塑性，断后伸长率达 45%，断面收缩率达 90%，但强度和硬度较低（σ_b＝18MPa，4HBS），是工业上常用金属中最软的金属，在受到轴颈的负荷后，很容易自轴承中被挤压出来。为了提高其强度和硬度，必须加入其他的合金元素，钠、锡、钙、镁和锑能明显提高铅的硬度，对改善铅的性能具有良好的作用。

铅基轴承合金可以分为两类：铅-锑系合金，含锑、锡、铜等元素；铅-钙钠系合金，含钙、钠、锡等元素。

铅-钙-钠系轴承合金在 315℃时才开始熔化，有较好的高温强度，在 125℃仍具有 20HB 的硬度，所以有较好的抗咬合性和冲击韧性，可以用来制造低速、重载和受冲击载荷的铁路客货车辆的轴瓦。Pb-Ca-Na 系合金存在着线胀系数较大、氧化倾向严重、耐腐蚀性较差、熔炼工艺复杂等缺点，在工业中使用不很普遍。

铅-锑系合金具有塑性好、抗疲劳性能高、成本低等优点，在工业中得到广泛的应用，主要用于低速低载荷或静载荷下中等载荷的轴承，而不适于制造有强烈震动和冲击条件下工作的轴承。

4.3.2 铅锑轴承合金

锑是铅基轴承合金的主要添加元素，其含量不同，组织也不同。锑含量较低的亚共晶型 Pb-Sb 合金，其组织为初生的铅枝晶均匀分布在（Pb＋Sb）共晶基体上。这类合金塑性较好，具有足够的耐蚀性，较好的顺应性、抗咬合性及疲劳强度，如 ZPbSb10Sn6。锑含量较高的过共晶型合金，组织中出现方形晶体 β（SbSn）相的硬质点和针状 Cu_6Sn_5 化合物，它们分布于（Pb＋Sb）共晶基体上，如 ZPbSb16Sn16Cu2 合金，这类合金塑性较差，但强度较高。由于二元 Pb＋Sb 合金的硬度和耐磨性不够理想，常在铅基轴承合金中加 Sn 和 Cu 等合金元素。锡与铅形成固溶体，锡与锑形成化合物（SnSb），从而提高合金的强度和耐磨耐蚀性。因铅基轴承合金较锡基轴承合金有更严重的偏析倾向，加入铜可与锡形成针状和星形化合物 Cu_6Sn_5，降低合金的偏析倾向，并提高合金的耐磨性能。合金中加入适量的 Cd，可有效改善合金的耐蚀性能，提高强度和硬度。加入少量的 As 以细化组织，提高强度和高温硬度。

杂质元素 Al 增加合金的氧化倾向，使合金与钢背粘结减弱。Bi 为低熔点金属，与铅形成低熔点共晶体，严重破坏了合金的强度。

表 4-2～表 4-7 分别列举了铅锑轴承合金的牌号、化学成分，铅锑轴承合金的物理性能，铅锑轴承合金的力学性能，铅锑轴承合金的工艺性能，添加元素对铅锑轴承合金性能的影响及铅锑轴承合金的特点与应用。

表 4-2　铅锑轴承合金的牌号、化学成分（质量分数）（GB/T 1174—1992）　单位：%

合金牌号	$w(Sn)$	$w(Pb)$	$w(Cu)$	$w(Zn)$	$w(Al)$	$w(Sb)$	$w(Ni)$	$w(Mn)$	$w(Si)$	$w(Fe)$	$w(Bi)$	$w(As)$	$w(Cd)$	其他元素总和
ZPbSb16Sn16Cu2	15.0～17.0		1.5～2.0	0.15	—	15.0～17.0	—	—	—	0.1	0.1	0.3	—	0.6
ZPbSb15Sn5Cu3Cd2	5.0～6.0		2.5～3.0	0.15	—	14.0～16.0	—	—	—	0.1	0.1	0.6～1.0	1.75～2.25	0.4
ZPbSb15Sn10	9.0～11.0	其余	0.7[①]	0.005	0.005	14.0～16.0	—	—	—	0.1	0.1	0.6	0.05	0.45
ZPbSb15Sn5	4.0～5.5		0.5～1.0	0.15	0.01	14.0～15.5	—	—	—	0.1	0.1	0.2	—	0.75
ZPbSb10Sn6	5.0～7.0		0.7[①]	0.005	0.005	9.0～11.0	—	—	—	—	—	0.25	0.05	0.7

① 不计入其他元素总和。

表 4-3　铅锑轴承合金的物理性能

合金牌号	密度 ρ /(Mg/m³)	线胀系数 α /×$10^{-6}K^{-1}$	热导率 λ /[W/(m·K)]	摩擦因数 μ 有润滑	摩擦因数 μ 无润滑
ZPbSb16Sn16Cu2	9.26	24.0	25.12	0.006	0.25
ZPbSb15Sn5Cu3Cd2	9.60	28.0	20.93	0.005	0.25
ZPbSb15Sn10	9.60	24.0	23.86	0.009	0.38
ZPbSb15Sn5	10.20	24.3	24.28	—	—
ZPbSb10Sn6	10.50	25.3	—	—	—

表 4-4　铅锑轴承合金的力学性能

性能		ZPbSb16Sn16Cu2	ZPbSb15Sn5Cu3Cd2	ZPbSb15Sn10	ZPbSb15Sn5	ZPbSb10Sn6
抗拉强度 σ_b/MPa		76.5	67	59	—	78.5
屈服强度 $\sigma_{0.2}$/MPa		—	—	57	—	—
断后伸长率 δ_5/%		0.2	0.2	1.8	0.2	5.5
抗压强度 σ_{bc}/MPa		121	133	125.5	108	—
抗压屈服强度 $\sigma_{-0.2}$/MPa		84	81	61	78.5	—
疲劳极限 σ_{-1}/MPa		22.5	—	27.5	17	25.5
弹性模量 E/GPa		—	—	29.4	29.4	29.0
冲击韧性 a_k/(kJ/m^2)		13.70	14.70	43.15		46.10
硬度 HBS	17～20℃	34.0	32.0	26.0	20.0	23.7
	50℃	29.5	24.9	24.8	—	18.0
	70℃	22.8	21.3	22.1	—	—
	100℃	15.0	14.0	14.3	9.5	11.0
	125℃	6.9	12.1	—	—	—
	150℃	6.4	8.1	—	—	—

表 4-5　铅锑轴承合金的工艺性能

合金牌号	液相线温度/℃	固相线温度/℃	浇注温度范围/℃	体收缩率/%	流动性(螺旋线长度)/cm
ZPbSb16Sn16Cu2	410	240	450～470	—	54
ZPbSb15Sn5Cu3Cd2	416	232	450～470	—	—
ZPbSb15Sn10	268	240	380～400	2.3	—
ZPbSb15Sn5	380	237	450～470	2	—
ZPbSb10Sn6	256	240	380～400	2	—

表 4-6　添加元素对铅锑轴承合金性能的影响

添加元素	含量/%	在合金中存在的形式	对合金性能的影响
锡	5～16	部分固溶在铅里,其余以 SnSb 和 Cu$_6$Sn$_5$ 金属间化合物形式存在	可提高合金的强度、硬度、耐磨性和耐腐蚀性。当 w(Sn)＞16%时,合金形成低熔点的三元共晶体,降低合金性能
铜	1～2	以 Cu$_6$Sn$_5$ 金属间化合物形式存在	可消除合金的偏析,增加合金的耐磨性。过量的铜会增大合金的结晶温度范围,恶化合金的铸造性能,并使合金变脆
砷	0.3～1.2	固溶在基体内	细化晶粒,提高合金的强度。过量时,使合金变脆
镉	1.25～2.25	固溶在锑内,在有砷存在的条件下,生成 AsCd 化合物	可提高合金的强度、硬度、耐磨性和耐腐蚀性。过多时,使合金变脆
镍	0.2～0.6	少量镍固溶在锑内,主要以 NiSb$_3$ 化合物形式存在	可细化组织,提高合金的耐磨性,改善合金的力学性能,提高合金的硬度和韧性

表 4-7　铅锑轴承合金的特点及应用

合金牌号	主要特点	应用范围
ZPbSb16Sn16Cu2	优点：和 ZSnSb11Cu6 相比，抗压强度较高，价格较便宜，耐磨性较好，使用寿命较长。缺点：塑性和冲击韧性较差，在室温下比较脆，经受冲击载荷时容易形成裂纹和剥落。承受静载荷时，情况较好	适用于工作温度低于 120℃ 的条件下承受无显著冲击载荷的重载高速轴承，例如汽车拖拉机的曲柄轴承和 800kW 以上的蒸汽涡轮机、小于 750kW 的电动机、小于 500kW 的发动机、350kW 以上的压缩机以及轧钢机等的轴承
ZPbSb15Sn5Cu3Cd2	和 ZPbSb16Sn16Cu2 相比，含锡量约低 2/3，但因加有镉和砷，性能无多大差别。可代替 ZPbSb16Sn16Cu2 合金	用于浇注汽车、拖拉机、船舶机械、小于 250kW 的电动机、抽水机、球磨机和金属切削机床的轴承
ZPbSb15Sn10	冲击韧性高于 ZPbSb16Sn16Cu2，具有良好的嵌入性和摩擦顺应性，但摩擦因数较大	用于浇注中速中等载荷的轴承，如汽车拖拉机的曲柄和连杆轴承，也适用于高温轴承
ZPbSb15Sn5	为含锡量最低的铅锑合金。与 ZSnSb11Cu6 相比，抗压强度相当，但塑性和导热率较差。在温度不超过 80～100℃ 和冲击载荷较低的条件下，使用寿命不低于 ZSnSb11Cu6	用于低速中载荷的机械轴承，一般多用于矿山水泵轴承，也可用于汽轮机中等功率电动机、拖拉机发动机、空气压缩机等轴承和轴衬
ZPbSb10Sn6	为含铅量最高的铅锑合金，主要优点：强度与弹性模量的比值较大，抗疲劳能力较强；具有良好的嵌入性；合金硬度较低，对轴颈的磨损较小；软硬适中，韧性好，装配时容易刮削加工；原材料价廉，制造工艺简单，浇注质量容易保证。缺点：合金本身的耐磨性和耐腐蚀性不如锡基轴承合金	可替代 ZSnSb4Cu4，用于工作温度不超过 120℃，承受中等载荷或高速重载荷的机械轴承，例如汽车汽油发动机、高速转子发动机、空气压缩机、制冷机和高压液压泵等的主机轴承，也可用于金属切削机床、通风机、真空泵、离心泵、燃气泵、涡轮机和一般农机上的轴承

4.4　铜合金

铜及铜合金是人类生产与应用历史最悠久的一种金属材料，也是现代工业中广泛应用的主要材料之一，具有较高的力学性能和耐磨性能，很高的导热性和导电性。铜合金的电极电位高，在大气、海水、盐酸、磷酸溶液中均有良好的抗蚀性，因此常用于船舰、化工机械、电工仪表中的重要零件及换热器。铜合金又分为铸造铜合金和变形铜合金。制造耐磨耐腐蚀的材料例如轴套、螺旋桨等的材料主要是铸造铜合金。铸造铜合金分为铸造青铜与黄铜。青铜又分为锡青铜与无锡青铜，无锡青铜包括铝青铜、铅青铜、铍青铜等。

4.4.1　锡青铜

图 4-2 为 Cu-Sn 二元相图。工业上用的锡青铜中出现的相有：α、β、γ 和 δ。

α 相是锌在铜中的固溶体，具有面心立方结构。

β 相是电子化合物 Cu_5Sn 为基的固溶体，具有体心立方结构。在 586℃ 时发生 β——→α+γ 共析反应，其中 γ 在 520℃ 再次发生 γ——→α+δ 共析反应，所以 β 相只在高温时出现，室温下以 α+δ 共析体形式存在。δ 相硬而脆。

γ 相是以电子化合物 Cu_3Sn 为基的固溶体，具有体心立方结构，在 520℃ 时发生 γ——→α+δ 共析转变。γ 相只在高温下存在。

δ 相是以电子化合物 $Cu_{31}Sn_8$ 为基的固溶体，具有复杂立方晶格，在常温下，硬而脆，有利于合金的耐磨性能。虽然相图上表明在 350℃ 时有 δ——→α+ε 共析反应，实际上由于温度低，Cu、Sn 原子扩散困难，这一反应在铸造条件下不能进行，因此以电子化合物 Cu_3Sn 为基的固溶体 ε 相通常很难出现。

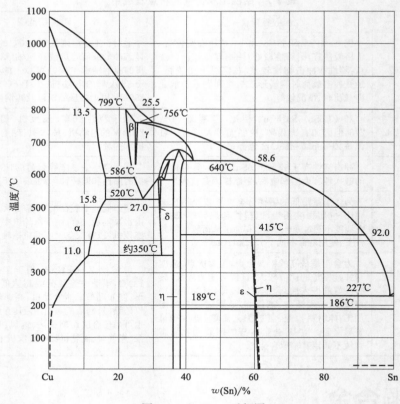

图 4-2　Cu-Sn 二元相图

　　锡青铜的结晶温度间隔很宽，而且锡原子在铜中的扩散速度较慢，所以枝晶偏析十分严重。在一般铸造条件下，含锡量大于 6% 的合金组织中就出现共析体。含锡量为 6%～10% 的合金，经扩散退火后可以得到均一的 α 组织。锡青铜中随着含锡量的增加，δ 相数量也相应增加。

　　含锡量 20%～30% 的锡青铜，从高温时的 β 相或 γ 相淬火可以得到均一组织，β 相淬火组织具有类似马氏体的形貌。含 20%Sn 的合金经淬火可以使其强度由 294MPa/m^2 提高到 431MPa/m^2，伸长率由 2% 提高到 6%。含 24%～32%Sn 的高锡青铜经淬火得到的单一 γ 相组织，具有较好的塑性，便于机械加工。

　　锡青铜具有以下特点。

　　① 锡对青铜的力学性能有较大影响。当含锡量小于 5% 时，强度和塑性随含锡量的增加而提高；当含锡量超过 8% 时，其塑性急剧降低，强度却继续升高；当含锡量大于 20% 时，强度也开始显著降低。因此，一般工业用锡青铜的含锡量较低，用于压力加工的锡青铜含锡量不超过 8%；用于铸造的锡青铜含锡量可达 10%～14%。

　　② 锡青铜的耐磨性和耐蚀性均比较好。在大气、海水、淡水和蒸汽中的抗蚀性都比黄铜好。但在亚硫酸钠、氨水和酸性矿泉水中极易被腐蚀。因此，锡青铜宜制作暴露在海水、海风、大气和承受高压过热蒸汽的用具和零件。

　　③ 锡青铜的铸造性并不理想，主要是流动性较差，易产生偏析和端孔。但铸造收缩率很小，是有色金属合金中铸造收缩率最小的合金，可用来制造形状复杂、气密性和强度要求不太高的壁厚较大的铸件和工艺品。

④ 工业用锡青铜除了主添加元素锡外，还分别加入磷、锌、铅等元素，以进一步改善其力学性能和工艺性能。如加入磷可提高强度、疲劳极限、弹性极限及耐磨性，并可改善铸造性，可用于制造高精度工作母机的耐磨零件和弹性零件，也可用于制造轴承和耐磨零件；加入少量铅会提高耐磨性能和切削加工性能，加入锌的主要作用是节约部分锡，同时还能改善流动性和提高铸件的气密性。

表 4-8～表 4-10 分别介绍了铸造锡青铜的化学成分、各种元素在锡青铜中的作用和铸造锡青铜的力学性能及应用。

表 4-8　铸造锡青铜的化学成分（GB 1176）

合金牌号	合金名称	主要化学成分质量分数/%					
		锡	锌	铅	磷	镍	铜
ZCuSn3Zn8Pb6Ni1	3-8-6-1 锡青铜	2.0～4.0	6.0～9.0	4.0～7.0		0.5～1.5	其余
ZCuSn3Zn11Pb4	3-11-4 锡青铜	2.0～4.0	9.0～13.0	3.0～6.0			其余
ZCuSn5Pb5Zn5	5-5-5 锡青铜	4.0～6.0	4.6～6.0	4.0～6.0			其余
ZCuSn10Pb1	10-1 锡青铜	9.0～11.5			0.5～1.0		其余
ZCuSn10Pb5	10-5 锡青铜	9.0～11.0		4.0～6.0			其余
ZCuSn10Zn2	10-2 锡青铜	9.0～11.0	1.0～3.0				其余

合金牌号	杂质限量/% ≤													
	铁	铝	锑	硅	磷	硫	砷	碳	铋	镍	锡	锌	铅	锰	总和
ZCnSn3Zn8Pb6Ni1	0.4	0.02	0.3	0.02	0.05										1.0
ZCuSn3Zn11Pb4	0.5	0.02	0.3	0.02	0.05										1.0
ZCuSn5Pb5Zn5	0.3	0.01	0.25	0.01	0.05	0.10				2.5①					1.0
ZCuSn10Pb1	0.1	0.01	0.05	0.02		0.05				0.10		0.05	0.25	0.05	0.75
ZCuSn10Pb5	0.3	0.02	0.3		0.05						1.0①				1.0
ZCuSn10Zn2	0.25	0.01	0.3	0.01	0.05	0.10				2.0①		1.5①		0.2	1.5

① 不计入杂质总和。

注：未列出的杂质元素，计入杂质总和。

表 4-9　各种元素在锡青铜中的作用

元素	合金类型	作用			
		残余氧含量	流动性	铸造组织	力学性能
Sn	Cu-Sn	降低	改善	$w(Sn)<6\%$形成单相 α 固溶体,$w(Sn)>6\%～7\%$形成(α+δ)共析体,δ 相硬而脆	明显提高强度、硬度和耐磨性,并有良好的耐磨性
Zn	Cu-Sn Cu-Sn-P Cu-Sn-Pb	降低	改善	溶入 α 固溶体,增加(α+δ)共析体的数量,缩小凝固温度范围	减少分散缩孔,提高力学性能
P	Cu-Sn-Zn	有良好的脱氧作用	改善	在固溶体中 P 的溶解度为 1%,$w(P)>1\%$形成(α+Cu₃P)共晶,Cu₃P 硬而脆,常与 α、δ 相组成二元和三元共晶。扩大结晶温度区间,容易产生偏析	$w(P)<0.07\%$时有好的作用
	Cu-Sn-P				增加硬度和耐磨性

元素	合金类型	作用			
		残余氧含量	流动性	铸造组织	力学性能
Pb	Cu-Sn Cu-Sn-P Cu-Sn-Pb	不影响	稍有改善	以金属 Pb 的形式存在	降低强度和伸长率,改善耐磨性、切削性和耐水压性
Ni	所有 Cu-Sn 合金	不影响	稍有改善	溶入 α 固溶体,细化晶粒,使 Pb 分布均匀,增加($\alpha+\delta$)的数量;w(Ni)>2%时形成 Ni_3Sn 化合物	提高力学性能,特别是提高冲击韧性,改善耐磨性和耐水压性,降低热脆性
Fe	所有 Cu-Sn 合金	稍降低	稍降低	固溶体中可溶 0.2%,w(Fe)>0.2%时形成金属化合物	w(Fe)至 0.3%稍有提高,w(Fe)>0.3%时,降低塑性
	Cu-Sn-Zn Cu-Sn-Pb Cu-Sn-Zn-Pb				提高强度和硬度
Al	Cu-Sn Cu-Sn-P Cu-Sn-Zn-Pb	降低	明显降低	增加($\alpha+\delta$)数量	很有害
Si	Cu-Sn Cu-Sn-Zn	降低	降低	增加($\alpha+\delta$)数量	很有害
	Cu-Sn-Zn-Pb		明显降低		
Mn	Cu-Sn Cu-Sn-Zn	降低	降低	w(Mn)<0.5%时不影响	有害
	Cu-Sn-Zn-Pb		明显降低		w(Mn)<0.1%不影响,w(Mn)>0.1%时有害
Sb	Cu-Sn Cu-Sn-Zn	不影响	不影响	增加($\alpha+\delta$)数量	强烈降低
	Cu-Sn-P Cu-Sn-Zn-Pb				w(Sb)至 0.1%不影响
S	不含或含 Pb 很少的 Cu-Sn	不影响	>0.1%降低	形成夹渣	较为有害
	含 Pb 合金				稍有影响

表 4-10　铸造锡青铜的力学性能及应用

合金牌号	铸造方法	力学性能≥				主要特性	应用举例
		抗拉强度 σ_b/MPa	屈服强度 $\sigma_{0.2}$/MPa	伸长率 δ_5/%	布氏硬度 HB		
ZCuSn3Zn8Pb6Ni1	S	175(17.8)		8	590	耐磨性较好,易加工,铸造性能好,气密性较好,耐腐蚀,可在流动海水下工作	在各种液体燃料以及海水、淡水和蒸汽(≤225℃)中工作的零件,压力不大于 2.5MPa 的阀门和管配件
	J	215(21.9)		10	685		

合金牌号	铸造方法	力学性能≥				主要特性	应用举例
		抗拉强度 σ_b/MPa	屈服强度 $\sigma_{0.2}$/MPa	伸长率 δ_5/%	布氏硬度 HB		
ZCuSn3Zn11Pb4	S	175(17.8)		8	590	铸造性能好,易加工,耐腐蚀	海水、淡水、蒸汽中,压力不大于 2.5MPa 的管配件
	J	215(21.9)		10	590		
ZCuSn5Pb5Zn5	S、J	200(20.4)	90(9.2)	13	590	耐磨性和耐蚀性好,易加工,铸造性能和气密性较好	在较高负荷,中等滑动速度下工作的耐磨、耐腐蚀零件,如轴瓦、衬套、缸套、活塞、离合器、泵件压盖以及蜗轮等
	Li、La	250(25.5)	100(10.2)	13	635		
ZCuSn10Pb1	S	220(22.4)	130(13.3)	3	785	硬度高,耐磨性极好,不易产生咬死现象,有较好的铸造性能和切削加工性能,在大气和淡水中有良好的耐蚀性	可用于高负荷(20MPa 以下)和高滑动速度(8m/s)下工作的耐磨零件,如连杆、衬套、轴瓦、齿轮、蜗轮等
	J	310(31.6)	170(17.3)	2	885		
	Li	330(33.6)	170(17.3)	4	885		
	La	360(38.7)	170(17.3)	6	885		
ZCuSn10Pb5	S	195(19.9)		10	685	耐腐蚀,特别对稀硫酸、盐酸和脂肪酸	结构材料,耐蚀、耐酸的配件,以及破碎机衬套、轴瓦
	J	245(25.0)		10	685		
ZCuSn10Zn2	S	240(24.5)	120(12.2)	12	685	耐蚀性、耐磨性和切削加工性能好,铸造性能好,铸件致密性较高,气密性较好	在中等及较高负荷和小滑动速度下工作的重要管配件,以及阀、旋塞、泵体、齿轮、叶轮和蜗轮等
	J	245(25.0)	140(14.3)	6	785		
	Li、La	270(27.5)	140(14.3)	7	785		

注:S—砂型铸造;J—金属型铸造;Li—离心铸造;La—连续铸造。

4.4.2 铅青铜

以铅为主加元素的铜合金称为铅青铜。这种青铜具有高的导热性(较锡青铜大 4 倍)、良好的耐磨性和较高的疲劳强度,并能在较高温度(300~320℃)下工作。这些性能对于在高负荷高速度下工作的轴承是很重要的。铅青铜是机械制造和航空工业上应用最广,而且性能优良的轴承材料,能在很大的压强及高速(8~10m/s)下工作。

轴承用铅青铜可按其成分分为两类,一类是含 30%~45%铅的二元铅青铜,另一类是加入镍和锡的多元铅青铜。

常用的铅青铜 QPb30 的结晶过程如下:先由液相中结晶出铜的晶体,到 955℃时,剩余液相 L_1 发生偏晶反应:

$$L_1(36Pb\%) \longrightarrow Cu + L_2(87\%Pb) \tag{4-1}$$

继续冷却时,由 L_2 中不断析出铜晶体,到达 326℃时,L_2 变为含 99.94%Pb,并产生下列共晶反应:

$$L_2(99.94Pb\%) \longrightarrow Cu + Pb(共晶体) \tag{4-2}$$

此共晶体中铜含量很少,故铅青铜 QPb30 最后的组织由铜的晶粒+共晶体(Cu+Pb)所组成,亦可认为是由铜和铅的晶粒所组成。

简单铅青铜的强度较低,可浇注在钢管或薄钢板上制成双金属轴承使用,使钢的强度和铅青铜的耐磨性很好结合起来。铅青铜和钢套能结合得很好，不易剥落和开裂。

铅青铜的缺点是浇注时容易产生密度偏析，因为铅和铜的熔点和密度都相差很大（铜的熔点为1084.5℃，密度为8.9g/cm³；铅的熔点为327.5℃，密度为11.3g/cm³），所以浇注前应仔细搅拌，浇注后快速冷却，才能获得铅粒细而均匀的组织。铅青铜的另一缺点是抗蚀性较差。

铅青铜中加入锡和镍时，二者都溶入以铜为基体的固溶体中，提高合金的力学性能和抗腐蚀性能。其显微组织则仍与二元铅青铜相似（含锡＜7％时）。这种多元铅青铜的强度较高，用作轴承时，可不用钢背。

表4-11～表4-16分别为常用铅青铜的化学成分、铅基轴承合金的力学性能、铜铅轴承合金的物理性能、铜铅轴承合金的耐磨性、铜铅轴承合金的工艺性能和铜铅合金的应用范围。

表 4-11　常用铅青铜的化学成分

合金代号	主要成分/%				杂质含量/% ≤											
	$w(Sn)$	$w(Zn)$	$w(Pb)$	$w(Cu)$	$w(Fe)$	$w(Al)$	$w(Sb)$	$w(Si)$	$w(P)$	$w(S)$	$w(As)$	$w(Bi)$	$w(Mg)$	$w(Sn)$	$w(Zn)$	总和
ZQPb 10-10	5.0~11.0		8.0~11.0	其余	0.25	0.02	0.5	0.02	0.05			0.005			1.0①	1.0
ZQPb 12-8	7.0~9.0		11.0~13.0	其余	0.20	0.02	0.5	0.02	0.05	0.05		0.005	0.02			0.75
ZQPb 17-4-4	3.5~5.0	2.0~6.0	14.0~20.0	其余	0.40	0.06	0.3	0.02	0.05							0.75
ZQPb 24-2	1.0~3.0		20.0~25.0	其余	0.25	0.02	0.3		0.08		0.1	0.005				0.75
ZQPb 25-5	4.0~6.0		23.0~27.0	其余	0.20	0.02	0.3		0.08	0.05		0.005	0.02			0.75
ZQPb30			27.0~33.0	其余	0.50	0.02	0.2	0.02	0.08		0.1	0.005		1.0①	$w(Mn)$ 0.3	1.0

① 不计入杂质总和。

表 4-12　铅基轴承合金的力学性能

合金代号	铸造方法	力学性能≥		
		抗拉强度 σ_b/MPa	伸长率 δ_5/%	布氏硬度 HB
ZQPb10-10	S	180.00	7	65
	J	220.00	5	70
ZQPb12-8	S	147.10	6	60
	J	196.14	8	55
ZQPb17-4-4	S	147.10	5	55
	J	176.65	7	60
ZQPb24-2	J	99.00	6	35
ZQPb25-5	S	140.00	4	45
	J	150.00	6	55
ZQPb30	J	59.00	4	25

注：S—砂型铸造；J—金属型铸造。

表 4-13　铜铅轴承合金的物理性能

合金代号	液相点/℃	密度/(kg/m³)	线胀系数/×10⁻⁶K⁻¹	热导率/[W/(m·K)]	电阻率/μΩ·m
ZQPb10-10	925	8900			
ZQPb12-8	930	9100	17.1	41.87	
ZQPb17-4-4	920	9200		60.71	
ZQPb25-5	890	9400	18.0	58.62	
ZQPb30	954	9400	18.4	142.35	0.1

表 4-14　铜铅轴承合金的耐磨性能

合金代号	摩擦因数		合金代号	摩擦因数	
	有润滑	无润滑		有润滑	无润滑
ZQPb10-10	0.0045	0.1	ZQPb25-5	0.004	0.14
ZQPb12-8	0.005	0.1	ZQPb30	0.005	0.18
ZQPb17-4-4	0.01	0.16			

表 4-15　铜铅轴承合金的工艺性能

合金代号	温度/℃		流动性/cm	线收缩率/%	被切削加工性/% (以 HPb63-3 为 100%)
	加热温度	浇注温度			
ZQPb10-10		1000~1100		1.57	
ZQPb12-8	1200~1250	1000~1150	45	1.40	80
ZQPb17-4-4	1180~1220	1150~1170	25		90
ZQPb25-5	1200~1250	950~1050	40	1.50	95
ZQPb30	1200~1250	1030~1050	45	1.00	80

表 4-16　铜铅合金的应用范围

合金代号	用途举例
ZQPb10-10	铸造发动机、水车、汽轮机、发电机和机床中承受中等载荷的整体轴承、轴套或双金属轴承
ZQPb12-8	铸造高压下工作的重要轴承，如冷轧机轴承
ZQPb17-4-4	可代替 ZQPb10-10、ZQPb12-8 铸造耐磨轴套、蒸汽机车的浮动轴承以及汽轮机轴承、轴套等
ZQPb25-5	铸造高压力轴承、轧钢机轴承、蒸汽机轴箱的轴承、机床轴承和轴衬、内燃机和高速泵等高载荷双金属轴承，也适用于铸造轻载荷、高速度下工作的整体轴承以及汽车和船用柴油机轴承
ZQPb30	代替锡青铜和巴氏合金用作轴承合金，主要用于浇注承受高载荷、高速度和高温下工作的双金属轴承，如航空发电机、大功率柴油机、拖拉机柴油机等发动机曲轴和连杆的轴承以及其他高负荷高速机器的轴承、高速车床轴承

4.4.3　铸造铝青铜

　　铸造铝青铜是无锡青铜中最常用的一种，它是以铜和铝为基的铸造铜合金。铝青铜有较高的强度和塑性，良好的耐磨性和耐蚀性。由于铸件组织致密，还有较高的耐水压性能。

　　图 4-3 为 Cu-Al 二元相图铝侧，只存在 α、β、γ₂ 三种相组成。α 相具有铜的面心立方晶格，塑性高并因溶入铝而强化，故单相 α 铝青铜用于冷、热压力加工成型材；β 相是以电子

化合物 Cu_3Al 为基的固溶体，体心立方晶格，在高温时稳定，降温过程中（在 565℃）共析分解。γ_2 相是以电子化合物 $Cu_{32}Al_{19}$ 为基的固溶体，具有复杂的立方晶格，硬而脆，出现 γ_2 相后，合金的塑性下降。

$$\beta \longrightarrow \alpha + \gamma_2 \tag{4-3}$$

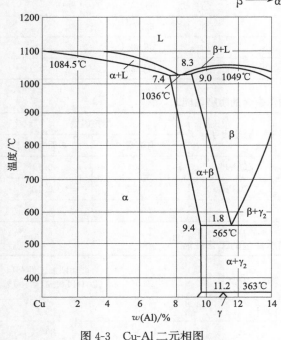

图 4-3　Cu-Al 二元相图

在平衡的条件下，α 相区很宽，室温下铝在铜中的溶解度可达 9.4%，铸造条件下发生非平衡结晶，α 相区将缩至 Al 77.5% 甚至以下。

缓冷脆性是铝青铜特有的缺陷，在缓慢冷却的条件下，共析分解式（4-3）的产物 γ_2 相呈网状在 α 相晶上析出，形成隔离晶体联结的脆性硬壳，使合金发脆，这就是"缓冷脆性"，也称为"自动退火脆性"。

消除缓冷脆性的工艺措施有：

① 加入铁、锰等合金元素，增加 β 相的稳定性，不使 β 相分解；

② 加入镍以扩大 α 相区，消除 β 相；

③ 提高冷却速度，对于薄壁铸件，β 相将被过冷至 520℃进行有序转变

$$\beta \longrightarrow \beta_1 \tag{4-4}$$

325℃时又进行马氏体无扩散转变

$$\beta_1 \longrightarrow \beta' \tag{4-5}$$

β' 是具有密排六方晶格的介稳定相，强度、硬度较高，塑性较低。当含有适量的 β' 相，且分布均匀时，合金有较高的综合力学性能。但 β' 超过 30% 时，合金变脆。

二元铝青铜具有较高的力学性能，它的抗拉强度可达 400~500N/mm^2，伸长率在 20% 以上。在含铝量<7.5% 时铝青铜为单相 α 组织，强度、硬度和塑性随含铝量增加而增加，伸长率可高达 70%。当含铝量进一步提高时，组织中有硬而脆的 γ_2 相析出，塑性急剧下降，而强度和硬度继续提高。当含铝量>11% 时，塑性趋近于零，强度也有所下降。为此，铝青铜的含铝量一般为 9%~11%。

二元铝青铜具有较好的耐磨性，因其铸态组织为塑性很好的 α 基体上分布着强度、硬度都高的 β 相，组成了良好的耐磨组织。

铝青铜硬度高（120~150HB），干摩擦因数很大。在干摩擦下工作，摩擦面容易发热，因此铝青铜只适于在润滑充分的工作条件下使用。

二元铝青铜的铸件表面上有一层 Al_2O_3 保护膜，使铝青铜具有很高的耐蚀性能。但组织中有 γ_2 相时，则由于 γ_2 相电极电位低，微电池作用显著，容易被腐蚀掉，并在铸件中形成孔洞，使腐蚀逐渐扩展。

铝青铜的结晶温度范围很小，流动性好，铸件组织致密，壁厚效应小。凝固时的体收缩率较大，达 4.1% 左右，容易形成集中性大缩孔，因此必须设置大冒口，配以冷铁，严格控制顺序凝固方能获得合格的铸件。

熔炼铝青铜时，液面大部分由 Al_2O_3 组成，如不排除，进入铸件中，将恶化力学性能，可采用铝合金的精炼方法，除渣除气。设计浇注系统时，必须设置严密的挡渣系统，如采用带过滤网、集渣包的先封闭后开放的底注式浇注系统，以防在型腔中生成二次氧化渣。

铝青铜的线收缩率大，如浇注系统设置不合理，型芯退让性差，浇注温度过高，杂质含量高等原因，都会在厚、薄壁的连接处或内浇口附近产生裂纹。设计浇注系统时应尽量使内浇口分散，避免热量集中，并采取相应措施消除上述因素。

表 4-17～表 4-19，分别为铸造铝青铜的主要化学成分、铸造铝青铜的物理性能和铸造铝青铜的特点和应用。

表 4-17　铸造铝青铜的主要化学成分　　　　　　　　　　单位：%

合金牌号	$w(Al)$	$w(Fe)$	$w(Mn)$	$w(Ni)$	$w(Sn)$	$w(Zn)$	$w(Cu)$
ZCuAl7Mn12Zn4Fe3Sn1	6.5～7.5	2.5～3.5	11.0～14.0	—	0.4～0.8	3.0～6.0	其余
ZCuAl8Mn13Fe3	7.0～9.0	2.0～4.0	12.0～14.5	—	—	—	其余
ZCuAl8Mn13Fe3Ni2	7.0～8.5	2.5～4.0	11.5～14.0	1.8～2.5	—	—	其余
ZCuAl9Mn2	8.0～10.0	—	1.5～2.5	—	—	—	其余
ZCuAl9Fe4Ni4Mn2	8.5～10.0	4.0～5.0	0.8～2.5	4.0～5.0	—	—	其余
ZCuAl10Fe3	8.5～11.0	2.0～4.0	—	—	—	—	其余
ZCuAl10Fe3Mn2	9.0～11.0	2.0～4.0	1.0～2.0	—	—	—	其余
ZCuAl10Fe4Ni4	9.5～11.0	3.5～5.5	—	3.5～5.5	—	—	其余

表 4-18　铸造铝青铜的物理性能

合金牌号	固相点/℃	液相点/℃	密度/(Mg/m³)	比热容/[J/(kg·K)]	热导率/[W/(m·K)]	电阻率/μΩ·m	线胀系数/×10⁻⁶K⁻¹
ZCuAl7Mn12Zn4Fe3Sn1	944	980	7.40	—	—	0.164	17.53(100℃) 19.92(400℃)
ZCuAl8Mn13Fe3	—	—	—	—	—	—	—
ZCuAl8Mn13Fe3Ni2	949	987	7.50	439	30.1	0.478	17.74(0～100℃)
ZCuAl9Mn2	—	1061.4	7.60	435	71.0	0.110	17.0
ZCuAl9Fe4Ni4Mn2	1040	1060	7.64	418	34.3	0.248	—
ZCuAl10Fe3	1039	1047	7.45	377	69.0	0.145	16.2(20～200℃)
ZCuAl10Fe3Mn2	—	1046	7.50	418	59.0	0.164	—
ZCuAl10Fe4Ni4	1037	1054	7.52	377	55.0	0.191	15.3(20～200℃)

表 4-19　铸造铝青铜的特点和应用

合金牌号	特点	应用范围
ZCuAl7Mn12Zn4Fe3Sn1	有很高的力学性能，高的耐腐蚀性和腐蚀疲劳强度，铸造工艺性好，熔点低、流动性好，可以焊接	要求高强度的耐腐蚀零件，加大型船舶螺旋桨等，是 ZCuAl8Mn13Fe3Ni2 的代用材料
ZCuAl8Mn13Fe3	有很高的强度和硬度，良好耐磨性和铸造性能，耐腐蚀性较 ZCuAl8Mn13Fe3Ni2 低，作为耐磨件工作温度可达 400℃，可以焊接	适用于重型机械用的轴套，要求强度高、耐磨、耐压的零件，如衬套、法兰、阀体、泵体等
ZCuAl8Mn13Fe3Ni2	有很高的力学性能，在大气、淡水和海水中均有良好的耐腐蚀性，腐蚀疲劳强度高，铸造性能好，合金组织致密，气密性高，可以焊接，但不宜钎焊	要求强度高、耐腐蚀的重要铸件，如大型船舶螺旋桨，高压泵体、阀体；耐压耐磨件，如涡轮、齿轮、法兰、衬套等
ZCuAl9Mn2	有较高的力学性能，良好的耐磨性能和耐腐蚀性，铸造性能好，组织致密，气密性高，可以焊接	耐腐蚀耐磨零件，形状简单的大型铸件，如衬套、齿轮以及 250℃ 以下工作的管配件、增压器零件等

续表

合金牌号	特点	应用范围
ZCuAl9Fe4Ni4Mn2	有很高的力学性能,在大气、淡水和海水中均有良好的耐腐蚀性,抗空泡腐蚀性好,腐蚀疲劳强度高,并有良好的耐磨性和铸造性能,在400℃以下具有耐热性,可以热处理	要求强度高、耐腐蚀的重要铸件,是船舶螺旋桨的重要材料之一,也可用作耐磨和400℃以下工作的零件,如轴承、齿轮、涡轮、螺母、法兰、阀体、导向套管、管配件等
ZCuAl10Fe3	有高的力学性能,高的耐磨性,良好的耐腐蚀性,大型铸件自700℃空冷可防止缓冷脆性	要求强度高、耐磨耐腐蚀的重要铸件,如大型轴套、螺母、涡轮以及250℃以下工作的管配件等
ZCuAl10Fe3Mn2	有高的力学性能和耐磨性,在大气、淡水和海水中有良好的耐腐蚀性,可热处理,大型铸件自700℃空冷可防止缓冷脆性	要求强度高、耐磨耐腐蚀的零件,如齿轮、轴承、衬套、管嘴、耐热管配件等
ZCuAl10Fe4Ni4	有很高的力学性能,优良的耐腐蚀性,高的腐蚀疲劳强度,可以热处理强化,在400℃下有高的耐热性,铸造性能不如ZCuAl9Fe4Ni4Mn2好	高温耐腐蚀零件,如齿轮、球形座、法兰、涡轮、搅拌器零件以及航空发动机的导套等

4.4.4　其他青铜

(1) 铍青铜　含铍的铜合金称为铍青铜,简称铍铜。铍青铜经淬火时效处理后具有很高的强度、硬度、疲劳极限和弹性极限;弹性滞后小,弹性稳定;耐蚀、耐磨、耐寒、无磁性;导电导热性好,冲击无火花,常被用作高级精密的弹性元件(如弹簧、膜片、膜盒等)及特殊要求的耐磨元件(如罗盘及钟表的机动零件,高速高压高温下工作的轴承、衬套、齿轮等);此外,还被用作各种换向开关、电接触器,矿山、炼油厂用以制造冲击不发生火花的工具等,在电子工业及仪表工业中铍青铜应用很广泛。

铜-铍二元系相图富铜部分如图 4-4 所示,这一部分相图有 α、β、γ 三个单相区。α 相是以铜为基的固溶体,具有面心立方晶格;β 相是以电子化合物 CuBe 为基的无序固溶体;γ 相也是以化合物 CuBe 为基,但原子排列有序化,为有序固溶体。β 和 γ 均具有体心立方晶格,在 605℃发生下列共析反应:

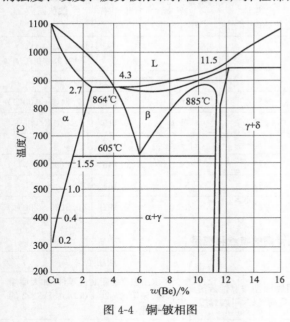

图 4-4　铜-铍相图

$$\beta \longrightarrow \alpha + \gamma \tag{4-6}$$

铍在钢中的极限溶解度为 2.7%(866℃),但随温度下降而急剧降低,在 300℃已降为 0.02%。铍青铜具有很高的淬火时效强化效果。

工业用铍青铜中含 0.2%~0.5%Ni,故铍青铜实际上是 Cu-Be-Ni 三元系合金。

镍能强烈降低铍在固态铜中的溶解度,降低 β 相的百分含量,并提高合金的共析反应温度。例如,0.5%Ni 使 820℃下铍在固态铜中的溶解度从 2.3%降低至 0.4%,并使其共析转变温度由 605℃升高至 642℃。

表 4-20~表 4-22 分别为铸造铍青铜的化学成分、铸造铍青铜的力学性能和铸造铍青铜

表 4-20　铸造铍青铜的化学成分　　　　单位：%

牌号	w(Be)	w(Co)	w(Ni)	w(Si)	w(Cu)	w(Ni)	w(Fe)	w(Al)	w(Sn)	w(Pb)	w(Zn)	w(Cr)	w(Si)	w(Sb)
ZCuBe2	1.9~2.15	0.35~0.7①	—	0.20~0.35	>96.5	0.20	0.25	0.15	0.10	0.02	0.10	0.10	—	—
ZCuBe2.4	2.25~2.45	0.35~0.75	—	0.20~0.35	>95.2	0.20	0.25	0.15	0.10	0.02	0.10	0.10	—	—
ZCuBeFe1Al8Co1	0.7~1.2	0.7~1.2	—		其余	—	0.40	7.0~8.0	—	0.05	—	—	0.10	0.05
ZCuBe0.6Co2.5	0.45~0.8	2.1~2.4①	—		>95	0.20	0.10	0.10	0.10	0.10	0.10	0.15	—	—
ZCuBe0.6Ni2	0.35~0.8	—	1.0~2.0		>96.5	0.10	0.10	0.10	0.10	0.10	0.10	0.15	—	—

① 包括 Co+N。

表 4-21　铸造铍青铜的力学性能

牌号	状态	抗拉强度 σ_b/MPa	屈服强度 $\sigma_{0.2}$/MPa	伸长率 δ/%	室温硬度		
					HB	HRB	HRC
ZCuBe2	铸态	515~585	275~345	15~30	137.5	80~85	—
	铸态+时效	690~725	485~575	10~20	235	20~24	
ZCuBe2.4	铸态	550~585	310~345	15~25	152	81~86	
	铸态+时效	655~725	415~450	5~15	245		20~25
	固溶处理	515~550	205~240	15~30	128	70~76	
	固溶处理+时效	1170~1240	1105~1170	1~3	397	—	40~43
ZCuBeFe1Al8Co1	铸态	645~735	295~355	20~30	153.5~182.5	—	
ZCuBe0.6Ni2	铸态	310~370	85~175	15~25	93	45~60	
	铸态+时效	380~515	170~345	10~15	122.5	65~75	
	固溶处理	275~345	70~105	20~30	—	35~45	
	固溶处理+时效	655~760	485~550	3~15	211	92~100	
ZCuBe0.6Co2.5	铸态	345	140	20	88	55	—
	铸态+时效	450	225	12	—	40	
	固溶处理	325	105	25		40	
	固溶处理+时效	670	515	8	191	95	—

表 4-22　铸造铍青铜的特点和应用

合金	特点	应用范围
ZCuBe0.6Co2.5 ZCuBe0.6Ni2	有高的导电、导热性，较高的强度、硬度，良好的耐磨性和优良的高温抗氧化性以及较高的热强性	要求高强度及高导电、导热性的零件，如断电器开关、电阻焊机夹持器、水平臂、连铸机的水冷模、结晶器、压铸机的活塞头、电烙铁焊头
ZCuBe2	很高的强度、硬度，高的耐磨性和耐腐蚀性，受冲击时不产生火花	要求一定强度的耐磨零件，如塑料成型模、压铸机零件及凸轮、衬套、轴承、阀、安全工具以及首饰等

合金	特点	应用范围
ZCuBe2.4	比 ZCuBe2 合金的强度和硬度更高	塑料成型模具、轴承、阀等
ZCuBeFe1Al8Co1	兼有铝青铜和铍青铜的特点,有很高的强度、优良的耐腐蚀性和抗海水冲击腐蚀性能,良好的铸造工艺	船舶和化工结构件,如螺旋桨、叶片、泵零件等

(2) 硅青铜 含有锰和镍的硅青铜使用极广。这类合金具有高的力学性能、耐蚀性和耐磨性,有良好的焊接和钎焊性,无磁性,在冲击下不产生火花,在低温下不会丧失原有特性。

硅青铜能良好地承受热态和冷态压力加工。

Cu 与 Si 形成固溶体,其溶解度随温度而变化。在生产冷却条件下,Si 含量超过 3.5%时,组织中产生脆硬相,会降低合金的伸长率和冲击韧性。铸造硅青铜的含 Si 量通常低于4.5%。硅青铜中加入一些其他元素后可以改善其力学和物理化学性能。加入适量的 Mn 可以改善硅青铜的力学性能、耐蚀性和铸造工艺性能。Ni 是一种极有益的合金元素,与 Si 形成 Ni_2Si 化合物,使合金可以通过热处理强化。

(3) 锰青铜 锰青铜有相当高的力学性能,抗腐蚀,耐热,可进行冷、热压力加工,多用于制造在高温下工作的零件。Mn 可大量固溶于铜,有较高的固溶强化作用,提高铜的再结晶温度(150~200℃)。含 16.3%(原子分数)Mn 的铜合金在 400℃形成面心立方晶格的有序相 γ'(Cu_5Mn)。含 25.0%(原子分数)Mn 的铜合金于 450℃形成面心立方晶格的有序相 γ''(Cu_3Mn)。

Mn 提高合金的硬度与强度,伸长率开始阶段随 Mn 含量的提高而上升,于 4%~5%Mn 时达到最大值,而后下降,但变化不大。

(4) 铬青铜 铬青铜有高的力学性能,高的导电性和导热性,高的再结晶温度。添加少量的 Al 或 Mg 可在合金表面上形成高熔点的致密性氧化膜,能显著提高合金的抗高温氧化性和耐磨性。加入少量的 Zr 能进一步提高合金的热处理效果并改善其力学性能。

这种合金广泛用作电焊机的电极,制造电动机的整流子,而且用这种合金做整流子要比镉青铜和整流子铜质量优良。

此外,铬青铜用来制造在高温下工作的各种零件,这时要求它们有高的强度、硬度、导电性和导热性。铬青铜能很好地在热态和冷态下承受压力加工,而且它还有足够好的减摩性。

硅青铜、锰青铜、铬青铜的化学成分和杂质限量见表 4-23 和表 4-24。硅青铜、锰青铜、铬青铜的物理性能见表 4-25。硅青铜、锰青铜、铬青铜的力学性能见表 4-26。硅青铜、锰青铜、铬青铜的铸造工艺性能及参数见表 4-27。硅青铜、锰青铜、铬青铜的特点和应用见表 4-28。

表 4-23　硅青铜、锰青铜、铬青铜的化学成分

名称	合金牌号	主要化学成分/%			
		w(Mn)	w(Si)	w(Cr)	w(Cu)
硅青铜	ZCuSi3Mn1	1.0~1.5	2.75~3.50	—	其余
锰青铜	ZCuMn5	4.5~5.5	—	—	其余
铬青铜	ZCuCr1	—	—	0.5~1.2	其余

表 4-24　硅青铜、锰青铜、铬青铜的杂质限量

表 4-24　硅青铜、锰青铜、铬青铜的杂质限量

合金牌号	杂质限量/% ≤								
	$w(Pb)$	$w(P)$	$w(Sn)$	$w(Fe)$	$w(Zn)$	$w(As)$	$w(Sb)$	$w(Ni)$	$w(Si)$
ZCuSi3Mn1	0.03	0.05	0.25	0.30	0.50	0.02	0.02	0.20	—
ZCuMn5	0.03	0.01	0.10	0.35	0.40	0.01	0.002	0.50	0.10
ZCuCr1	0.02	—	0.10	0.10	0.10	0.10	—	—	0.15

表 4-25　硅青铜、锰青铜、铬青铜的物理性能

合金牌号	固相点/℃	液相点/℃	密度 $\rho/(Mg/m^3)$	比热容 c/[J/(kg·K)]	热导率 λ/[W/(m·K)]	电阻率 $\rho/\mu\Omega\cdot m$	电导率 κ/%IACS	线胀系数 $\alpha/\times10^{-6}K^{-1}$
ZCuSi3Mn1	971	1026	8.53	377	36.3	0.246	7	18.0(208~300℃)
ZCuMn5	—	1047	8.60	—	108	0.197	8.7	20.4(20~300℃)
ZCuCr1	1060	1090	8.86	384	312	0.022	80	17.0(20~270℃)

表 4-26　硅青铜、锰青铜、铬青铜的室温力学性能

合金	状态	抗拉强度 σ_b/MPa	屈服强度 $\sigma_{0.2}$/MPa	伸长率 δ/%	硬度 HBS	弹性模量 E/GPa	切变模量 G/GPa
ZCuSi3Mn1	S	280	—	58	860	88.6	—
	J	345	100	25	880	102	—
ZCuMn5	S	200~360	120~170	30~40	685~785	103	—
ZCuCr1	S	205	80	35	1000	—	—
	S+时效	365	250	11	1200	110	41

注：S—砂型铸造；J—金属型铸造。

表 4-27　硅青铜、锰青铜、铬青铜的铸造工艺性能及参数

合金	特点	流动性/cm	线收缩率/%	浇注温度/℃	
				壁厚<30mm	壁厚>30mm
ZCuSi3Mn1	中等流动性和造渣性,较强的吸气性,线收缩率小	—	1.6	1120~1150	1080~1120
ZCuMn5	中等吸气性和造渣性,线收缩率大,流动性较差	25	1.96	1130~1160	1100~1130
ZCuCr1	吸气和造渣性较强,线收缩率大,中等流动性	75	2.1	1200~1250	1170~1200

表 4-28　硅青铜、锰青铜、铬青铜的特点和应用

合金	特点	应用
ZCuSi3Mn1	有较高的强度,容易焊接,在大气、淡水和海水中有高的耐腐蚀性,撞击时不产生火花,耐低温	耐蚀制件、齿轮、衬套等耐磨零件
ZCuMn5	在较高温度下保持高的强度和硬度,耐腐蚀性好	蒸汽阀、火花塞、锅炉配件
ZCuCr1	在 400℃以下有较高的强度、硬度,导电、导热性好,高的抗氧化性和耐腐蚀性	要求高温强度和导电、导热的结构零件,如电焊机的夹持器、电极等

4.4.5　变形青铜轴承合金

表 4-29～表 4-33 列出了变形青铜轴承合金的牌号和成分、力学性能、物理性能和工艺

性能、耐磨性能与耐蚀性能、应用范围。

表 4-29 变形青铜轴承合金的牌号和成分 单位：%

合金代号	$w(Al)$	$w(Be)$	$w(Fe)$	$w(Mn)$	$w(Ni)$	$w(Sn)$	$w(P)$	$w(Zn)$	$w(Pb)$	$w(Cu)$	杂质总和
QSn4-3						3.5～4.5		2.7～3.3		其余	<0.2
QSn4-4-2.5						3.0～5.0		3.0～5.0	1.5～3.5	其余	<0.2
QSn4-4-4						3.0～5.0		3.0～5.0	3.5～4.5	其余	<0.2
QSn7-0.2						6.0～8.0	0.10～0.25			其余	<0.3
QAl9-4	8.0～10.0		2.0～4.0							其余	<1.7
QAl10-3-1.5	8.5～10.0		2.0～4.0	1.0～2.0						其余	<0.75
QAl10-4-4	9.5～11.0		3.5～5.5		3.5～5.5					其余	<0.8
QBe2		1.9～2.2			0.2～0.5					其余	<0.5
QBe2.15		2.0～2.3								其余	<1.2

表 4-30 变形青铜轴承合金的力学性能

合金代号	状态	E/MPa	σ_b/MPa	σ_1/MPa	δ/%	A_k/J	硬度 HB
QSn4-3	软		343.52		40	32	60
	硬	121607	539.39		4		160
QSn4-4-2.5	软		294.21～343.25	127.49	35～45	16	60
	硬		539.39～637.46	274.60	2～4		160～180
QSn4-4-4	软		304.02	127.49	46	29.2	62
	硬		539.39～637.46	274.60	2～4		160～180
QSn7-0.2	软	105916	353.05	225.56	64	142.4	75
	硬		490.35		15	56	180
QAl9-4	软	109838	490.35～588.42	196.14	40	53.6	110
	硬	113761	784.56～980.70	343.25	5		160～200
QAl10-3-1.5	软		490.35～588.42	205.95	20～30	48～64	125～140
	硬	98070	686.49～882.63		9～12		160～200
QAl10-4-4	软	112781	588.42～686.49	323.63	35～45	24～32	140～160
	硬	127491	882.63～1078.77	539.39～588.42	9～15		180～225
QBe2	软	114742	441.32～490.35	245.18～294.21	40	114.4	90HV
	硬	118665	931.67	735.53	3	10	250
QBe2.15	软	102974	480.54		50		
	硬		627.65		15		

表 4-31　变形青铜轴承合金的物理性能和工艺性能

合金代号	液相点/℃	密度/(kg/m³)	线胀系数(20℃)/×10^{-6}K^{-1}	热导率(20℃)/[W/(m·K)]	电阻率(20℃)/×10^{-6}Ω·m	凝固时的线收缩率/%	流动性/cm	和HPb63-3相比的切削加工性/%
QSn4-3	1046	8800	18.0	83.74	0.087	1.45		
QSn4-4-2.5	1019	9000	18.2	83.74	0.087	1.5~1.6	20	90
QSn4-4-4	1000(1018)[1]	9000	18.2	83.74	0.087	1.5~1.6		90
QSn7-0.2	996	8800	17.5	50.24	0.123	1.5		
QAl9-4	1041.4	7500	16.2	58.62	0.123	2.49	70	20
QAl10-3-1.5	1046.4	7500	16.1	58.62	0.189	2.4	70	20
QAl10-4-4	1085.4	7500	17.1	75.36	0.193	1.8	66~85	20
QBe2	956	8230	16.6	83.74~104.67	0.068~0.1			20
QBe2.15	956	8220	16.6	83.74~104.67				20

① 上临界点温度。

表 4-32　变形青铜轴承合金的耐磨性能与耐蚀性能

性能		合金代号							
		QSn4-3	QSn4-4-2.5	QSn4-4-4	QAl9-4	QAl10-3-1.5	QAl10-4-4	QBe2	QBe2.15
耐腐蚀性(质量损失)/(g/m²)	在10%硫酸中	4.8	4.9	4.9	0.40	0.70	0.53		
	在海水中	0.53	0.67	0.67	0.25	0.2~0.25	0.18	0.22	0.22
摩擦因数	有润滑		0.016	0.016	0.004	0.012	0.011	0.016~0.05	
	无润滑		0.26	0.26	0.18	0.21	0.23		

表 4-33　变形青铜轴承合金的应用

合金代号	用途举例	合金代号	用途举例
QSn4-3	制造轴承轴套等耐磨零件	QAl9-4	制作在高负荷下工作的轴承、轴套
QSn4-4-2.5	制造在摩擦条件下工作的轴承、卷边轴套和衬套等	QAl10-3-1.5	制作在高温条件下工作的轴承、轴套等
QSn4-4-4	与 QSn4-4-2.5 相同,但使用温度可达 300℃	QAl10-4-4	制作在 400℃高温条件下工作的轴承和衬套
QSn7-0.2	制作中等负荷、中等滑动速度下承受摩擦的轴承和轴套等	QBe2	制作在高速、高压和高温条件下工作的轴承和衬套
		QBe2.15	与 QBe2 相同

4.4.6　黄铜（铜锌）合金

黄铜是以锌为主要合金元素的铜合金,单纯的铜锌二元合金称为普通黄铜,再加入少量锰、铝、铁、硅、铅、镍等构成三元、四元或多元铜合金称为特殊黄铜,作为轴承合金的黄铜都为特殊黄铜。

与青铜相比，黄铜具有资源丰富、成本低廉、熔点较低、熔炼方便、流动性好、疏松倾向小、废品少和强度高等优点。因此，黄铜比锡青铜和铝青铜的品种多、产量大、应用广。但黄铜的耐磨性和耐蚀性都不如青铜。所以，对于用来制造轴承合金的黄铜，只有部分牌号能够满足要求。

Cu-Zn 状态图中有五个包晶反应，从液相中可见析出六个不同的相：α、β、γ、ε、δ 及 η（图 4-5）。

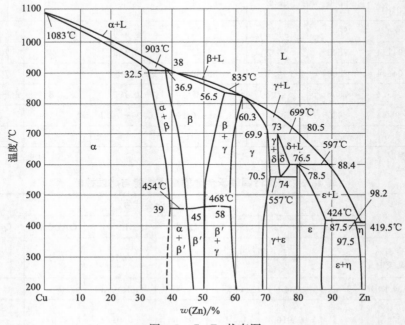

图 4-5 Cu-Zn 状态图

α 相具有铜的晶格（面心立方体），是 Zn 溶于 Cu 内的固溶体。在刚凝固以后 α 相中含 Zn 约为 32%，而在室温下可达 39%，这是一个随温度下降而溶解度增高的典型例子。

β 相是以电子化合物 CuZn 为基，具有体心立方晶格的固溶体。在高温下具有足够宽阔的单相区域，当温度下降时，由于成分的不同，β 晶体中可能析出 α 或 γ 晶体，在 454~468℃时 β 相发生有序化转变，转变后的固溶体以 β′ 表示。

γ 相及 ε 相是分别以电子化合物 Cu_5Zn_8 及 $CuZn_3$ 为基而形成，它们在组织中为脆性组成物，对合金性能起着有害的影响，因而在工业上只采用含 Zn 不高于 45%~47% 的黄铜。

锌不仅使铜的强度升高，而且大大改善铜的塑性。含锌量为 30% 的合金，其塑性最高。当超过单相区时（39%Zn），由于组织中 β′ 相出现，其强度大增而塑性下降。当达到纯 β′ 相时，由于其脆性极大而无使用价值。所以常用的黄铜均具有 α 组织或 α+β 组织。

铜锌轴承合金的牌号和成分见表 4-34。铜锌轴承合金的力学性能和应用范围见表 4-35。

表 4-34 铜锌轴承合金的牌号和成分

合金牌号	合金名称	主要化学成分/%									
		锡	锌	铅	磷	镍	铝	铁	锰	硅	铜
ZCuZn38	38 黄铜		其余								60.0~63.0

合金牌号	合金名称	主要化学成分/%									
		锡	锌	铅	磷	镍	铝	铁	锰	硅	铜
ZCuZn25Al6Fe3Mn3	25-6-3-3 铝黄铜		其余				4.5~7.0	2.0~4.0	1.5~4.0		60.0~66.0
ZCuZn26Al4Fe3Mn3	26-4-3-3 铝黄铜		其余				2.5~5.0	1.5~4.0	1.5~4.0		60.0~66.0
ZCuZn31Al2	31-2 铝黄铜		其余				2.0~3.0				66.0~68.0
ZCuZn38Mn2Pb2	38-2-2 锰黄铜		其余	1.5~2.5					1.5~2.5		57.0~60.0
ZCuZn40Mn2	40-2 锰黄铜		其余						1.0~2.0		57.0~60.0
ZCuZn40Mn3Fe1	40-3-1 锰黄铜		其余					0.5~1.5	3.0~4.0		53.0~58.0
ZCuZn33Pb2	33-2 铅黄铜		其余	1.0~3.0							63.0~67.0
ZCuZn40Pb2	40-2 铅黄铜		其余	0.5~2.5				0.2~0.8			58.0~63.0
ZCuZn16Si4	16-4 硅黄铜		其余							2.5~4.5	79.0~81.0

合金牌号	杂质限量/% ≤														
	铁	铝	锑	硅	磷	硫	砷	碳	铋	镍	锡	锌	铅	锰	总和
ZCuZn38	0.8	0.5	0.1		0.01				0.002		1.0①				1.5
ZCuZn25Al6Fe3Mn3				0.10						3.0①	0.2		0.2		2.0
ZCuZn26Al4Fe3Mn3				0.10						3.0①	0.2		0.2		2.0
ZCuZn31Al2	0.8									1.0①	1.0①		0.5		1.5
ZCuZn38Mn2Pb2	0.8	1.0①	0.1								2.0①				2.0
ZCuZn40Mn2	0.8	1.0①	0.1								1.0				2.0
ZCuZn40Mn3Fe1		1.0①	0.1									0.5			1.5
ZCuZn33Pb2	0.8	0.1		0.05	0.05					1.0①	1.5①			0.2	1.5
ZCuZn40Pb2	0.8			0.05						1.0①	1.0①			0.5	1.5
ZCuZn16Si4	0.6	0.1	0.1								0.3		0.5	0.5	2.0

① 不计入杂质总和。

注：未列出的杂质元素，计入杂质总和。

表 4-35　铜锌轴承合金的力学性能和应用范围

合金牌号	铸造方法	力学性能（不低于）				主要特性	应用举例
		抗拉强度 σ_s/MPa	屈服强度 $\sigma_{0.2}$/MPa	伸长率 δ_5/%	布氏硬度 HB		
ZCuZn38	S	295(30.0)		30	590	具有优良的铸造性能和较高的力学性能，切削加工性能好，可以焊接，耐蚀性较好，有应力腐蚀开裂倾向	一般结构件和耐蚀零件，如法兰、阀座、支架、手柄和螺母等
	J	295(30.0)		30	685		

合金牌号	铸造方法	力学性能(不低于)				主要特性	应用举例
		抗拉强度 σ_s/MPa	屈服强度 $\sigma_{0.2}$/MPa	伸长率 δ_5/%	布氏硬度 HB		
ZCuZn25Al6Fe3Mn3	S	725(73.9)	380(38.7)	10	1570①	有很高的力学性能,铸造性能良好,耐蚀性较好,有应力腐蚀开裂倾向,可以焊接	适用于高强、耐磨零件,如桥梁支承板、螺母、螺杆、耐磨板、滑块和蜗轮等
	J	740(75.5)	400(40.8)①	7	1665①		
	Li、La	740(75.5)	400(40.8)	7	1665①		
ZCuZn26Al4Fe3Mn3	S	600(61.2)	300(30.6)	18	1175①	有很高的力学性能,铸造性能良好,在空气、淡水和海水中耐蚀性较好,可以焊接	要求强度高、耐蚀的零件
	J	600(61.2)	300(30.6)	18	1275①		
	Li、La	600(61.2)	300(30.6)	18	1275①		
ZCuZn31Al2	S	295(30.0)		12	785	铸造性能良好,在空气、淡水、海水中耐蚀性较好,易切削,可以焊接	适用于压力铸造,如电机、仪表等压铸件,以及造船和机械制造业的耐蚀零件
	J	390(39.8)		15	885		
ZCuZn38Mn2Pb2	S	245(25.0)		10	685	有较高的力学性能和耐蚀性,耐磨性较好,切削性能良好	一般用途的结构件,船舶、仪表等使用的外形简单的铸件,如套筒、衬套、轴瓦、滑块等
	J	345(35.2)		18	785		
ZCuZn40Mn2	S	345(35.2)		20	785	有较高的力学性能和耐蚀性,铸造性能好,受热时组织稳定	在空气、淡水、海水、蒸汽(小于300℃)和各种液体燃料中工作的零件和阀体、阀杆、泵、管接头,以及需要浇注巴氏合金和镀锡的零件等
	J	390(39.8)		25	885		
ZCuZn40Mn3Fe1	S	440(44.9)		18	980	有高的力学性能,良好的铸造性能和切削加工性能,在空气、淡水、海水中耐蚀性较好,有应力腐蚀开裂倾向	耐海水腐蚀的零件,以及300℃以下工作的管配件,制造船舶螺旋桨等大型铸件
	J	490(50.0)		15	1080		
ZCuZn33Pb2	S	180(18.4)	70(7.1)①	12	490①	结构材料,给水温度为90℃时抗氧化性能好,电导率约为10～14MS/m	煤气和给水设备的壳体,机器制造业、电子技术、精密仪器和光学仪器的部分构件和配件
ZCuZn40Pb2	S	220(22.4)		15	785①	有好的铸造性能和耐磨性,切削加工性能好,耐蚀性较好,在海水中有应力腐蚀倾向	一般用途的耐磨、耐蚀零件,如轴套、齿轮等
	J	280(28.6)	120(12.2)①	20	885①		

合金牌号	铸造方法	力学性能(不低于)				主要特性	应用举例
		抗拉强度 σ_s/MPa	屈服强度 $\sigma_{0.2}$/MPa	伸长率 δ_5/%	布氏硬度 HB		
ZCuZn16Si4	S	345(35.2)		15	885	具有较高的力学性能和良好的耐蚀性,铸造性能好,流动性高,铸件组织致密,气密性好	接触海水工作的管配件,及水泵、叶轮、旋塞和在空气、淡水、油、燃料及工作压力在4.5MPa和250℃以下蒸汽中工作的铸件
	J	390(39.8)		20	980		

① 数据为参考值。

注:1. 布氏硬度试验力的单位为 N。

2.S—砂型铸造;J—金属型铸造;Li—离心铸造;La—连续铸造。

4.5　铝基轴承合金

4.5.1　铝基轴承合金的性能特点及其类型

　　铝基轴承合金是近代随着汽车、拖拉机、内燃机、航海、航空发动机向高速、高压重载方向发展而兴起的一种新型滑动轴承材料。它是一种优良的减摩材料,具有密度小、导热性好、摩擦因数小、抗擦伤能力高以及耐蚀、耐高温和机加工性能良好等优点,唯线胀系数较大和硬度较高是其不足之处。为了提高铝基合金的抗咬合性,常常要求在轴瓦表面镀一层厚度在 0.025mm 左右的铅-锡合金(合锡 10%)。使用时尽可能提高轴颈的表面硬度(一般不低于 230HB)。

　　用来制造轴承合金的铝合金有铝锡、铝锑、铝硅、铝铜、铝镍、铝铅等合金。常用的有铝铅、铝锑合金,较有发展前途的还有铝硅合金。

　　图 4-6 是铝-锡合金的状态图,由图可知,锡不固溶于铝中,因此,很少量的锡也能形成熔点为229℃的铝-锡共晶体(其中 Sn 占 99.5%)。Al-Sn 共晶体的塑性较高,强度和硬度

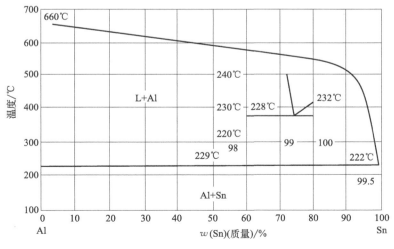

图 4-6　铝-锡状态图

较低。通常采用加入少量铜、硅或镍等元素来增加强度，加入硅还能改善抗磨性，在铝-锡-硅合金中加入少量铜和镍可得到最佳的抗磨性。

图 4-7 是铝-锑合金的二元相图，由图可知，锑亦不固溶于铝中，加入少量的锑即生成共晶体，继续增加锑量则形成针状 AlSb 初晶。AlSb 化合物熔点高，且硬而脆，所以常用的铝-锑轴承合金成分区取在过共晶区，这时合金的组织是由软质基体铝基 α 固溶体和硬质点 AlSb 化合物组成。

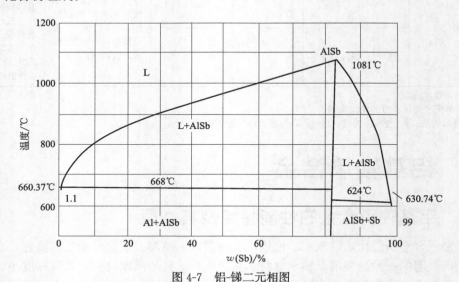

图 4-7　铝-锑二元相图

铝锑合金中通常加入少量镁使针状 AlSb 化合物变为片状，从而提高合金强度、韧性和耐磨性。这种合金承载能力$<196.14\times10^5$Pa，允许滑动线速度<10m/s，只适用于制作小负荷柴油机轴承。

4.5.2　铝基轴承合金的化学成分、力学性能与应用范围

铝基轴承合金的化学成分、力学性能与应用范围见表 4-36～表 4-39。

表 4-36　铝基轴承合金的代号和化学成分

代号	化学成分/%													
	主要成分							杂质≤						
	w(Sn)	w(Cu)	w(Si)	w(Ni)	w(Mg)	w(Sb)	w(Al)	w(Fe)	w(Si)	w(Mn)	w(Zn)	w(Pb)	w(Ti)	w(Cu)
ZLSn1	6.0～9.0	2.0～3.0	—	1.0～1.5	<1	—	其余	0.8	0.5	0.5	0.1	0.1	0.5	—
ZLSn2	6.5～7.0	1.0～1.5	2.0～2.5	0.5～1.0			其余	0.4	—		0.1	0.1		—
ZLSn3	2.0～4.0	3.5～4.5	—		1.0～2.0		其余	0.8	0.5	0.5	0.1	0.1	0.5	—
ChAlSn20-1	17.5～22.5	0.8～1.2					其余	0.7	0.7	0.7			0.2	—
LSh5-0.6	—	—			0.3～0.7	3.5～5.5	其余	0.75	0.5	0.2	0.1		—	0.1

表 4-37 铝基轴承合金的力学性能

代号	使用状态	抗拉强度 σ_b /MPa	双金属间的结合强度 σ_g/MPa	伸长率 δ_5 /%	硬度 HBS
ZLSn1	J,T2	147	—	10	45
ZLSn2	J,T2	147	—	10	45
ZLSn3	J,T7	—			100
ChAlSn20-1	连同钢板一起轧成双金属轴瓦材料	98～108	78.5～98	—	22～32
LSh5-0.6	—	72.6	—	24.4	28.6

注：J—金属型铸造；T2—退火；T7—固溶处理加稳定化处理。

表 4-38 铝基轴承合金的物理性能

合金牌号（代号）	密度 ρ/(Mg/m^3)	线胀系数 $\alpha/\times10^{-6}$K^{-1}	热导率 λ/[W/(m·K)]	熔化温度/℃
ZLSn1	2.88	23.2	180	210～635
ZLSn2	2.83	22.7	167	229～630
ZLSn3	—	—	—	—
ChAlSn20-1	3.1	24	—	229～630
ZAlSn6CuNi1	2.9	23.1	184	225～650

表 4-39 铝基轴承合金的主要特点和应用

合金牌号（代号）	主要特点	应用范围
ZAlSn6CuNi1	耐磨性超过锡基和铅基轴承合金，抗疲劳性和承载能力较强，密度较小，耐腐蚀性良好，在受重载荷作用时，轴承工作表面的温度较低。其缺点是嵌入性和摩擦顺应性不如锡基和铅基轴承合金	若制成有钢壳的双金属轴瓦，可用于高速和重载荷轴承，如重载荷柴油机和压缩机曲轴轴承、齿轮箱和自动传动装置轴承。也可用于铸造一般机床的轴套
ZLSn1	和 ZAlSn6CuNi1 相比，力学性能略高	
ZLSn2	和 ZAlSn6CuNi1 相比，耐磨性和减摩性较好，其他性能相近	
ZLSn3	含锡量最低的铝合金，价格低廉，强度较高，接近于锡青铜的强度，耐磨性较好。主要缺点是嵌入性和摩擦顺应性较差，摩擦因数较大	适用于中速中载荷轴承，如切削机床及水泵、鼓风机等机械设备的一般轴套和轴瓦
ChAlSn20-1	有高的疲劳强度和承载能力，良好的耐热性、耐腐蚀性和导热性；摩擦顺应性和嵌入性较好，良好的切削加工性能，硬度较低	连同钢板一起轧成双金属轴瓦板材，可用于压强为 28MPa、滑动线速度为 13m/s 条件下工作的各种轴承，如高速和大功率内燃机车、重载汽车和拖拉机柴油机上的轴承，也适用于淬火的曲轴

4.6 锌基轴承合金

锌合金具有熔点低、流动性好及耐磨性良好等特点，力学性能与黄铜相近，价格低，常可作为黄铜、铅青铜及低锡巴氏合金的代用材料，在拖拉机、汽车、机械制造、印刷制版及电池阴极等工业中广泛应用。锌合金的缺点是抗蠕变性能和耐蚀性能低。Cu 和杂质的交互作用能提高锌-铝合金的耐蚀性能，Zn-Ti 系合金是一种新型的弥散强化型合金，显著提高合金的蠕变强度和尺寸稳定性。Zn-Cu-Ti 合金具有良好的室温性能和高温性能，在 150～

300℃条件下基本不软化，蠕变强度高，此种合金可制成各种产品，也可代替黄铜做冲压件，广泛地应用于汽车、坦克、电机、仪表和日用五金等方面。

4.6.1　锌合金的组织

为了提高锌合金的力学性能和耐蚀性能，在锌合金中常采用铝、铜、镁等作为合金元素。

(1) 铝（Al） Al 是锌合金中最主要的合金元素。Al 固溶于 Zn 中，提高合金的强度和塑性，同时还减轻合金的氧化倾向，提高合金的耐蚀性。

在 Zn-Al 二元合金相图中（图 4-8），η 和 β 分别是以 Zn 和 Al 为基的固溶体。合金的结晶过程中包括一个共晶转变 L $\longrightarrow$ η+β（382℃）和一个共析转变 β $\longrightarrow$ β′+η（275℃）。在平衡的条件下，合金的组织应为 η+(η+β′)$_{共晶}$（w_{Al}<5%），或是 β′+(η+β′)$_{共晶}$（w_{Al}>5%）。而在实际的铸造过程中，由于冷却不是十分缓慢，故共析转变不能发生，因而常温下的组织中存在的仍是 β 相。在常温下 β 相实际上是含 Al 过饱和的固溶体，随时间的迁移，β 相将会分解为富 Al 的 β′相和含 Al 低的 η 相。在这个转变过程中，伴随有体积膨胀，因而在合金中造成很大的内应力，使合金的塑性降低，以至变脆。这种属于自然时效过程的现象称为锌合金的"老化"。

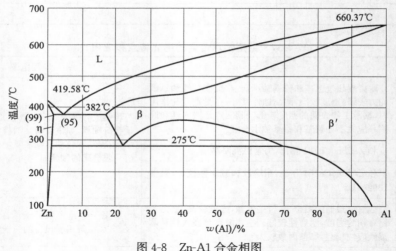

图 4-8　Zn-Al 合金相图

(2) 铜（Cu） 在 Zn-Al 合金中加入的 Cu 除少量固溶于 η 相中以外，还形成以 CuZn$_3$ 化合物为基的固溶体 ε 相（图 4-9），从而使合金强化。Cu 还提高合金的硬度，从而使合金具有良好的耐磨性。此外，Cu 还提高锌液的流动性。Cu 的不利作用是促进锌合金中 β 相的分解，从而加速锌合金的老化过程。有资料表明，当合金中含 Cu 量高时，其老化过程进行得也较快。

(3) 镁（Mg） 往 Zn-Al 合金中加入少量的 Mg 能固溶于合金中，降低共析转变温度，抑制 β 相的分解，起防止合金老化的作用。

4.6.2　锌基轴承合金的化学成分与性能

表 4-40～表 4-44 为锌基轴承合金的化学成分、物理性能、力学性能、磨痕宽度与试验时间关系、特点和用途。

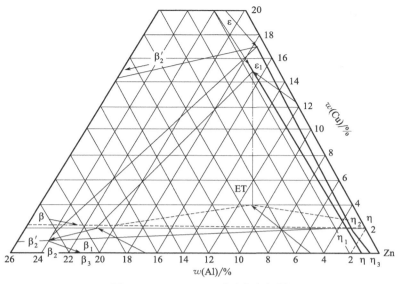

图 4-9 Zn-Al-Cu 三元系合金相图

表 4-40 锌基轴承合金的化学成分

牌号	主要成分/%				杂质/% ≤			
	$w(Al)$	$w(Cu)$	$w(Mg)$	$w(Zn)$	$w(Fe)$	$w(Pb)$	$w(Cd)$	$w(Sn)$
ZZnAl9-1.5	8.0～11.0	1.1～2.0	0.03～0.06	其余	0.2	0.03	0.02	0.01
ZZnAl10-5	9.0～12.0	4.0～5.5	0.03～0.06	其余	0.2	0.03	0.02	0.01
ZA8	8.0～8.8	0.8～1.3	0.015～0.03	其余	0.1	0.004	0.03	0.02
ZA12	10.5～11.5	0.5～1.25	0.015～0.03	其余	0.075	0.004	0.003	0.02
ZA27	25.0～28.0	2.0～2.5	0.015～0.03	其余	0.1	0.004	0.003	0.02

表 4-41 锌基轴承合金的物理性能

牌号	密度 /(g/m³)	热导率 /[W/(m·K)]	线胀系数(20～100℃)/×10^{-6}K^{-1}	比热容 /[J/(kg·K)]	电导率 /%IACS	凝固温度范围/℃
ZZnAl9-1.5	6.2	—	26.9	—	—	380～410
ZZnAl10-0.5	6.3	100.5	27.0	—	—	378～395
ZA8	6.3	115	23.2	—	27.7	375～404
ZA12	6.0	116	24.1	500	28.3	380～430
ZA27	5.0	125.5	25.9	—	29.7	380～490

表 4-42 锌基轴承合金的力学性能

牌号	铸造方法	抗拉强度 σ_b/MPa	屈服强度 σ_s/MPa	伸长率 δ_5/%	弹性模量 E/GPa	抗扭强度 τ_b/MPa	硬度 HBS	冲击韧性 a_k/(kJ/m²)
ZZnAl9-1.5	S	275	—	0.5	—	—	80	—
	J	294		1			100	
ZZnAl10-0.5	J	314～334	295	1～2			105～115	3.4～4.2

牌号	铸造方法	抗拉强度 σ_b/MPa	屈服强度 σ_s/MPa	伸长率 δ_5/%	弹性模量 E/GPa	抗扭强度 τ_b/MPa	硬度 HBS	冲击韧性 a_k/(kJ/m^2)
ZA8	S	248~276	200	1~2	85.5	241	90~100	17.6~24.4
	J	221~255	207	1~2	85.5		80~90	—
	Y	365~385	283~296	3~10			99~107	87~119
ZA12	S	275~317	207~214	1~3	83~89	248~262	90~100	6~33
	J	310~345	—	1~3		—	90~100	4~12
	Y	392~414	310~331	4~7			95~105	50~92
ZA27	S	400~440	365~372	3~6	75	283~296	110~120	33.9~54.2
	J	424	365				110~120	
	Y	407~441	357~379	1		—	116~122	24~37

注：S—砂型铸造；J—金属型铸造；Y—压力铸造。

表 4-43 锌基轴承合金的磨痕宽度与试验时间的关系　　　　单位：mm

合金代号	试验时间/min			
	6	10	14	18
ZA27	0.46	0.53	0.60	0.62
ZA12	0.48	0.58	0.61	0.64
ZA4-3	1.05	1.16	1.20	1.26
ZQSn6-5-3	0.83	0.96	1.00	1.05

表 4-44 锌基轴承合金的特点和用途

牌号	特点和用途
ZZnAl9-1.5 ZZnAl10-0.5	铸造性好、强度较高、耐磨性较好。可用作锡青铜及低锡轴承合金的代用品，制造在 80℃以下工作的各种起重运输设备、机床、水泵、鼓风机等的轴承
ZA8	铸造性好，特别适合于金属型铸造，也可用于热室压铸。可用于管接头、阀、电气开关和变压器零件、工业用滑轮和带轮、客车和运输车辆的零件、灌溉系统零件、各种器具、小五金
ZA12	铸造性好、强度较高、耐磨性好，适合于金属型、砂型铸造，也可用于冷室压铸。可制造润滑的轴承、轴套、抗擦伤的耐磨零件、气压及液压配件、工业设备及农机零件、运输车辆和客车零件
ZA27	铸造性好、强度高、耐磨性好，工作温度可达 150℃。可用于砂型、金属型铸造，也可用于冷室压铸。适用于制造高强度薄壁零件、抗擦伤的耐磨零件、轴套、气压及液压配件、工业设备及农机零件、运输车辆和客车零件

4.7　钴基和镍基耐磨合金

耐磨工件的合金有高碳、中碳和低碳钴基合金和高碳镍基合金。这几类合金不仅具有良好的抗粘着磨损，磨料磨损的能力，还具有耐酸和盐各种介质的腐蚀能力。合金工件可以铸造或锻造成型，也可用粉末冶金法成型。合金的金相组织在相当高的温度范围内是稳定的，适宜用作耐磨工件的表面堆焊材料。合金材料一般用于空气或低润滑液体中的耐磨工件。例如，石油化工设备、原子能设备和内燃机等设备中应用的阀门、泵件、活塞、活塞环、密封件、制动器、凸轮、挺杆、轮叶及叶片等。

4.7.1 钴基耐磨合金

1899 年，哈莱斯（Hayuess）发明了以钴、铬为基本成分的高碳合金，向美国政府申请了专利，并命名为司特拉（Stellite）合金。司特拉合金的化学成分除钴和铬外，还含有钨和少量钼、镍和铁等元素。美国生产的司特拉合金的主要化学成分范围为：1%～3%C，40%～60%Co，15%～35%Cr 和 10%～15%W。钴基合金的碳含量不宜超过 3%，超过 3%时，可能出现部分石墨化，引起合金的整体硬度降低。合金中的铬和钨元素部分固溶于富钴的基体中，部分与碳形成稳定的六方晶型 M_7C_3 和立方晶型 M_6C 合金碳化物。钴基合金的基体组织为面心立方结构，层错能较低，在塑性变形时，位错流动易穿过晶界，不易形成位错包和裂纹形核倾向性。

低碳钴基合金是 20 世纪 70 年代美国杜邦公司的 Tribaloy 系耐磨合金。合金碳含量在 0.08%以下，所含合金元素除钴外，还含有 30%～35%Mo，0～20%Cr 和 3%～10%Si。低碳钴基合金组织中含有 35%～70%的金属化合物莱夫相（Lave）。莱夫相是六方密排晶体结构，成分相当于 CoMoSi 和 CoMo$_2$Si，硬度为 1000～1300HV。合金中铬大部分溶于基体，部分溶于莱夫相。从低于室温到共晶温度（1230℃左右），这类合金的组织是稳定的。在温度高于 500℃，低碳钴基合金表面生成一层稳定的氧化物膜，对减轻粘着磨损有利。

(1) 钴基合金的化学成分　几种不同碳含量的钴基合金的化学成分列于表 4-45。

表 4-45　钴基合金的化学成分　　　　单位：%

合金代号	$w(C)$	$w(Co)$	$w(Cr)$	$w(Fe)$	$w(Ni)$	$w(Mo)$	$w(W)$	$w(Si)$
S1	2.5	其余	33	2.5	1.0		13	
S3	2.5	其余	30	1.5	2.0	0.3	13	
S6	1.0	其余	26	3	1		5	
S12	1.8	其余	29	2	1		9	
S19	1.7	其余	29	1	3	0.5	10	
S21	0.25	其余	27	2	3	5.5		
X-40	0.5	其余	25	2	10		7	
X-45	0.3	其余	29	2	10		7	
X-150	<0.08	其余				35		10
X-400	<0.08	其余	8			28		3
X-800	<0.08	其余	17			28		3

(2) 钴基合金的力学性能　铸态高碳钴基合金的硬度见表 4-46。精密铸造合金在不同温度下的抗张性能和室温冲击功见表 4-47。铸态中碳钴基合金在不同试验温度下的抗张性能见表 4-48。合金的力学性能见表 4-49。

表 4-46　合金的室温硬度

合金	硬度 HRC		合金	硬度 HRC	
	砂型铸造	石墨模铸造		砂型铸造	石墨模铸造
S1	54		S12	48	51
S3	50	53	S19	50	53
S6	45	46			

表 4-47　合金的抗拉性能和冲击功

合金	σ_b/MPa					δ/%					冲击功/J	
	室温	200℃	400℃	600℃	800℃	室温	200℃	400℃	600℃	800℃	缺口	无缺口
S1	365	350	400	390	410	0	0	0	1	1		
S3	820	730	660	570	490	1	2	3	3	8	2.0	5.0
S12	690	680	640	630	520	1	1	2	2	3	1.5	3.0

表 4-48　S21 钴基合金的抗张性能

σ_b/MPa				δ/%			
室温	400℃	600℃	800℃	室温	400℃	600℃	800℃
840	650	600	570	9	11	13	26

表 4-49　合金的力学性能

合金	硬度 HRC	σ_b/MPa	冲击功/J	σ_{-1}/MPa
T-400	52~58	1880	4	200
T-800	54~62	1600	1	240

(3) 钴基合金的抗氧化和耐腐蚀性　铸态高碳钴基合金在各种介质中的腐蚀失重和腐蚀率见表 4-50、表 4-51，在氧化物和热盐中的腐蚀率见表 4-52。

表 4-50　合金在酸溶液中的腐蚀失重

合金	100h,30cm² 面积的腐蚀失重/%			
	王水(室温)	10%HCl(室温)	10% H_2SO_4(66℃)	60% HNO_3(66℃)
S1	3.8	0.5	1.0	0.1
S6	6.5	1.3	31.3	0.3
S12	4.9	0.5	17.8	0.5

表 4-51　S3 合金在不同介质中的腐蚀率

176h,室温下的腐蚀率/mg·cm⁻²				
10% HNO_3	10% H_2SO_4	10% KOH	海水	水
1.59	0.86	0.92	0.72	0.02

表 4-52　合金的腐蚀率

合金	腐蚀率/[g/(cm²·h)]		合金	腐蚀率/[g/(cm²·h)]	
	PbO(910℃)	80% V_2O_5+20% Na_2SO_4		PbO(910℃)	80% V_2O_5+20% Na_2SO_4
S6	0.01	0.02	S12	0.01	

铸态中碳钴基合金在不同加热温度下的氧化增重见表 4-53，在不同介质中的腐蚀率见表 4-54、表 4-55。

表 4-53　合金的氧化增重率

合金	在不同温度下的氧化增重率/[g/(m² · h)]			
	815℃	900℃	950℃	1000℃
X-40			0.035	
X-45	0.020	0.057		0.086

表 4-54　合金的腐蚀率（一）

合金	腐蚀率/[g/(m² · h)]		
	王水（室温）	60% HNO₃（66℃）	空气：燃油=38:1,盐雾浓度70×10⁻⁶（900℃）
S12	0.7	0.0	
X-40			0.62
X-45			0.40

表 4-55　合金的腐蚀率（二）

合金	腐蚀率/[g/(cm² · h)]				
	10% FeCl₃（室温）	65% HNO₃（66℃）	85% H₃PO₄（66℃）	5%醋酸（100℃）	10% H₂SO₄（100℃）
T-400	101	1365	0.3	极微	218
T-800	9	39		极微	34

（4）钴基合金的耐磨性　高碳钴基合金在很宽温度范围内，不仅有良好的抗塑性变形能力，而且与其他合金在硬度相近的情况下相比，也有较好的耐磨性。

① 铸造高碳钴基合金的磨料磨损。相同化学成分的合金在砂型和石墨型中铸造。其合金碳化物的结构类型和含量是相似的，但碳化物的颗粒尺寸则相差很大。合金在橡胶轮试验机上进行干砂磨损试验，结果见表 4-56。磨损试验条件：磨料为 20 目干石英砂，流量为 200g/min，负荷为 130N，滑行距离为 1440m。砂型铸造各合金中碳化物颗粒粗大，耐磨性则较好。

表 4-56　高碳钴基合金的干磨料磨损

合金	硬度 HRC	磨损体积/mm³		耐磨性/(g · cm/cm³)	
		砂型	石墨型	砂型	石墨型
S3	53	2.9	35.0	6.71	5.5
S6	45	12.4	31.7	1.57	6.1
S12	48	13.6	32.0	1.43	6.1
S19	50	6.1	28.5	3.18	6.8

② 锻造高碳钴基合金的磨料磨损。对 7 炉具有不同碳化物颗粒尺寸的高碳钴基合金经锻造于 1230℃退火后进行磨料磨损试验，结果见图 4-10。磨损试验条件同铸造合金。合金的化学成分为：1.6%C、30%Cr、2.0%Fe，2.4%Ni、4.3%W、0.8%Mo、1.3%Mn，其余为 Co。同铸造合金一样，碳化物颗粒尺寸愈大，合金的耐磨性愈佳。

③ 粉末烧结合金的磨料磨损。用含有三组不同尺寸的颗粒碳化物的 S6 和 S19 合金制成粉末，在 1160～1240℃范围内进行烧结。烧结合金的主要化学成分和碳化物尺寸大小列于

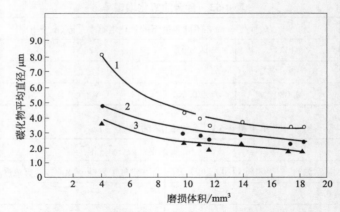

图 4-10　合金中碳化物颗粒尺寸大小与磨料磨损的关系

1—25％的碳化物等于或大于图示尺寸；2—50％的碳化物等于或大于图示尺寸；
3—75％的碳化物等于或大于图示尺寸

表 4-57。烧结合金试样在橡胶轮试验机上进行磨损试验，除磨料为 70 目 Al_2O_3 干砂外，其余试验条件同上述铸造合金的磨损试验方法，试验结果见图 4-11。

表 4-57　烧结合金的主要化学成分和碳化物颗粒尺寸

合金	主要化学成分/%						碳化物颗粒尺寸/μm		
	$w(C)$	$w(Co)$	$w(Cr)$	$w(W)$	$w(Ni)$	$w(B)$	细小	中等	粗大
S6	1.4	61	29	4	1.2	0.57	18～22	25～30	32～38
S19	2.4	51	31	10	2.0	0.09	8～23	23～29	31～36

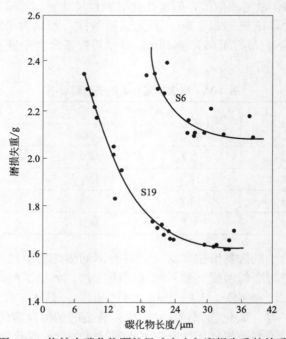

图 4-11　烧结中碳化物颗粒尺寸大小与磨损失重的关系

④ 表面堆焊合金的磨料磨损。在低碳钢上用氧-乙炔、钨氩弧等离子弧堆焊 2~3mm 厚合金层制备磨损试样,进行干磨料磨损和湿磨料磨损试验。

在橡胶轮试验机上进行干磨料磨损试验,试验条件同前述铸造合金的磨损试验方法,试验结果列于表 4-58。湿磨料磨损的试验装置如图 4-12 所示。湿磨料的灰浆为:1000cm³ 水加 250g 碳化硅粉(约 140 目),负荷为 230N,转速为 250r/min。试验结果列于表 4-59。

表 4-58　堆焊合金的干磨料磨损

合金	磨损体积/mm³		合金	磨损体积/mm³	
	氧-乙炔焊	钨氩弧焊		氧-乙炔焊	钨氩弧焊
S6	29.0	66.0	S12	30.0	53.0

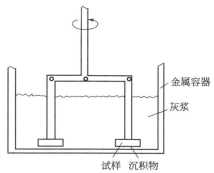

图 4-12　合金湿磨料磨损试验装置

表 4-59　堆焊合金的湿磨料磨损

合金	堆焊层硬度 HRC	磨损失重/g	合金	堆焊层硬度 HRC	磨损失重/g
S1	52	0.85	S12	45	0.56
S6	40	0.46			

⑤ 铸造高碳钴基合金的粘着磨损。合金中的碳化物对合金粘着磨损的影响与对磨料磨损的影响相似,在合金的化学成分和碳化物含量相近的情况下,碳化物颗粒尺寸较大,一般表现为较好的耐磨性。砂型和石墨型铸造合金,前者的碳化物颗粒粗大,后者的碳化物颗粒细小。在 LFW-Ⅰ型环块试验机上进行粘着磨损试验,结果见表 4-60。试验条件:块状合金试样,用表面硬度为 60HRC 的镍钼渗碳钢制备圆环与合金试样匹配,外加载荷 135N,转动速度为 9m/min,滑动距离 225m,不加任何润滑剂。

表 4-60　铸造高碳钴基合金的粘着磨损

合金	硬度 HRC	磨损体积/mm³		耐磨性/($\times 10g \cdot cm/cm^3$)	
		砂型	石墨型	砂型	石墨型
S3	55	0.24	0.35	12.5	8.53
S6	46	0.48	0.38	6.22	7.86
S12	51	0.34	0.62	8.79	4.82
S19	53	0.38	0.40	7.86	7.49

在合金的其他化学成分一定时，降低钴含量，提高镍含量，合金的粘着磨损有明显降低，外加载荷增大，合金的磨损也增大，试验结果见表 4-61。试验是在环块试验机上进行，试验条件同上。

表 4-61 高碳钴基合金中的镍含量和外加载荷对粘着磨损的影响

合金	$w(Ni)/\%$	$w(Co)/\%$	不同外加载荷下的磨损体积/mm³				
			135N	400N	680N	950N	1350N
S6	2.4	60	0.20	1.10	2.60	9.50	18.80
S6-1	17.2	44	0.15	0.16	0.26	0.44	3.30
S6-2	32.3	29	0.04	0.06	0.21	0.36	0.60

⑥ 锻造高碳钴基合金的粘着磨损。合金与不同材料匹配组成摩擦副，其粘着磨损随匹配材料不同而有很大差异。表 4-62 是与 S6 合金组成摩擦副的合金的化学成分，表 4-63 是 S6 合金的粘着磨损的试验结果。磨损试验机是用砂轮机改进的，组成摩擦副的试样为直径 12.7mm 的圆柱体互相垂直接触，接触负荷为 70N，相对转速为 100r/min，每次试验为 10000r。

表 4-62 与 S6 合金匹配的合金的化学成分   单位：%

合金材料	$w(C)$	$w(Mn)$	$w(Cr)$	$w(Ni)$	其他元素
304	0.024	1.10	18.4	9.3	$w(Cu)3.2$
17-4	0.044	0.29	15.8	4.3	
N-32	0.10	12.7	20.0	1.5	
N-60	0.10	8.0	16.7	8.0	
In718	0.05		18.2	52.2	$w(Fe)20, w(Mo)3.0, w(Ti)0.96$
X-750	0.04		15.0	75	$w(Ti)2.5$
W	0.07		19.0	57	$w(Ti)2.0, w(Al)1.4$

表 4-63 S6 合金在不同匹配材料的情况下的粘着磨损

匹配材料型号	S	304	17-4	N-32	N-60	In718	X-750	W
S6 磨损失重/mg	10	31	38	20	19	2.7	80	24

核子反应堆冷却系统中控制流向的阀门衬套和传动轴摩擦副，每年滑动行程累积可达 150000m。合理选择这种摩擦副材料，对减轻粘着磨损，延长阀门使用寿命有重要作用。衬套一般是用 S1 或 S6 合金制造，传动轴是用低碳钴基合金 HS25 制造，或用 HS25 合金渗硼处理，渗硼层厚 55μm。为模拟衬套和传动轴工作条体，在如图 4-13 所示销轴试验装置进行磨损试验，结果见表 4-64。试验条件：销轴接触载荷为 27N，轴转速为 500r/min，滑动速度为 1m/s，介质为氢氧化铵溶液，pH 值为 10，溶液温度为 275℃。

表 4-64 不同销轴匹配合金的高碳钴基合金磨损

销合金材料	轴合金材料	滑动距离/m	销合金磨损体积/mm³
S1	HS25 渗硼	84500	5.1
S1	HS25 渗硼	107700	20
S1	HS25 渗硼	192300	113
S6	HS25	84500	273
S6	HS25	107700	350

⑦ 高碳钴基堆焊合金的粘着磨损。用氧-乙炔和钨氩弧在 0.4%C 的碳素钢试料上堆焊两道钴基合金，制备试样，在环块试验机上进行粘着磨损试验，结果见图 4-14。试验条件：环样为表面硬度 63HRC 的镍铝渗碳钢，相对滑动速度为 8.8m/min，滑动距离为 220m。

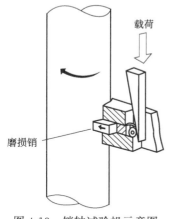

图 4-13　销轴试验机示意图

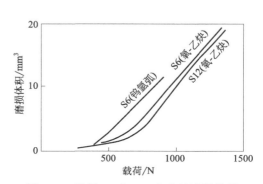

图 4-14　堆焊 S6 和 S12 合金的磨损体积与载荷的关系

除载荷大小对合金粘着磨损有影响外，滑动距离、滑动速度和堆焊合金的表面光洁程度对合金的粘着磨损也有影响，见表 4-65～表 4-67。试验条件：环块试验机，环块试样为镍钼渗碳钢。

内燃机阀门座和衬垫常用高碳钴基合金堆焊，阀门的工作温度在 400℃ 以上。为模拟阀门和垫圈的工作条件，在高温磨损试验装置上对合金进行高温磨损试验。高温磨损试验装置如图 4-15 所示，合金垫圈试样与其匹配的 M2 工具钢垫圈的尺寸为外径 16mm，内径 8mm，厚 6.3mm。试验条件：轴向载荷为 440N，转动速度为 100r/min。堆焊合金的粘着磨损试验结果见表 4-68。

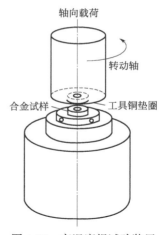

图 4-15　高温磨损试验装置

表 4-65　堆焊合金的粘着磨损与滑动距离的关系

滑动距离/m	磨损体积/mm³			滑动距离/m	磨损体积/mm³		
	S1	S6	S12		S1	S6	S12
55	0.09	0.70	0.31	275	0.53	1.32	1.15
110	0.28	0.77	0.46	330	0.65	1.57	1.05
165	0.45	0.88	0.65	385	0.52	1.76	1.22
220	0.61	1.08	0.90	440	0.73	1.61	1.09

表 4-66　堆焊合金的粘着磨损与滑动速度的关系

滑动速度 /(m/min)	磨损体积/mm³			滑动距离/m	磨损体积/mm³		
	S1	S6	S12		S1	S6	S12
2.2	0.35	0.35	0.33	13.2	0.29	0.78	0.71
4.4	0.29	0.63	0.44	17.6	0.22	1.23	1.24
8.8	0.28	0.77	0.46	19.8	0.18	1.52	2.42

注：载荷400N，滑动距离219.5m。

表 4-67　堆焊合金表面光洁度与磨损体积的关系

表面状态	磨损体积/mm³			表面状态	磨损体积/mm³		
	S1	S6	S12		S1	S6	S12
120# 刚玉砂纸研磨	0.22	0.85	0.59	600# 刚玉砂纸研磨	0.29	0.92	0.83
240# 刚玉砂纸研磨	0.38	0.94	0.69	0.05μm 刚玉抛光	0.55	1.06	0.72
400# 刚玉砂纸研磨	0.41	1.11	0.73	电解抛光	0.29	1.22	0.80

注：载荷400N，滑动速度8.8m/min，滑动距离200m。

表 4-68　高碳钴基堆焊合金的高温和室温磨损率比较

合金	磨损率/(mg/h)	
	室温	425℃
S6	22.3	26.7

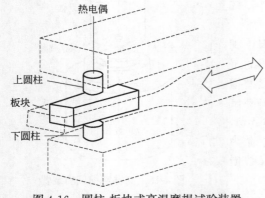

图 4-16　圆柱-板块式高温磨损试验装置

在如图 4-16 所示的高温圆柱-板块式试验装置对堆焊合金进行自匹配磨损试验中，圆柱试样尺寸为 $\phi6.4mm \times 3.2mm$，板块试样尺寸为 25.4mm×12.7mm×9.5mm。圆柱试样和板块试样安装于真空金属容器内。圆柱试样是固定的，板块试样在水平位置往复滑动，用铬镍-镍铝热电偶插入上圆柱样中测温。合金的磨损率与试验温度，载荷和滑动速度的关系见表 4-69。磨损率是以上下面圆柱试样和板块试样磨损失重的平均值的二分之一除以滑动距离计算的。

表 4-69　S1 和 S6 堆焊合金的高温磨损率

合金摩擦副	试验温度/℃	接触应力/MPa	滑动速度/(m/s)	磨损率/(g/m)
S1-S1	25	20.69	7.88×10^{-3}	2.85×10^{-5}
S1-S1	250	20.69	7.88×10^{-3}	1.38×10^{-4}
S1-S1	500	20.69	7.88×10^{-3}	8.15×10^{-5}
S1-S1	500	6.9	7.88×10^{-3}	4.9×10^{-5}
S1-S1	500	27.50	7.88×10^{-3}	7.21×10^{-5}
S1-S1	750	20.69	7.88×10^{-3}	5.5×10^{-5}

合金摩擦副	试验温度/℃	接触应力/MPa	滑动速度/(m/s)	磨损率/(g/m)
S1-S1	1000	20.69	7.88×10^{-3}	增重 2.3×10^{-5}
S6-S6	25	20.69	7.88×10^{-3}	4.8×10^{-5}
S6-S6	250	20.69	7.88×10^{-3}	9.65×10^{-4}
S6-S6	500	20.69	7.88×10^{-3}	1.46×10^{-4}
S6-S6	500	6.9	7.88×10^{-3}	5.65×10^{-5}
S6-S6	500	27.5	7.88×10^{-3}	1.74×10^{-4}
S6-S6	500	20.69	7.06×10^{-4}	2.44×10^{-4}
S6-S6	750	20.69	7.88×10^{-3}	1.29×10^{-4}
S6-S6	1000	20.69	7.88×10^{-3}	6.55×10^{-5}

为模拟压力水冷却核子反应堆中的冷却系统的销套和轴的磨损条件,采用图 4-17 所示的试验机对堆焊钴基合金进行磨损试验。合金堆焊在 304 不锈钢板上,堆焊层厚度约 2.3mm。动和静试样尺寸分别为 38mm×19mm×9.5mm 和 9.5mm×9.5mm×0.5mm。试样安置于夹具上并浸入含硼量为 550×10^{-6} 的硼酸盐水溶液中。动试样的滑动速度为 6.6cm/min,滑动距离为 1910cm。试验合金的化学成分列于表 4-70,钴基合金自匹配摩擦副在不同载荷条件下的磨损失重如表 4-71。钴基合金与镍基合金组成摩擦副以及镍基合金自匹配组成摩擦副的粘着磨损试验结果见表 4-72。镍基合金的主要化学成分见表 4-73。

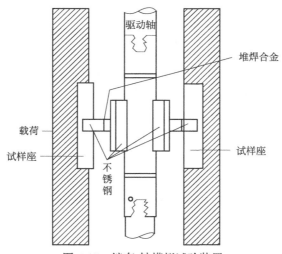

图 4-17　销套-轴模拟试验装置

表 4-70　等离子堆焊合金的化学成分　　　　单位:%

合金	$w(C)$	$w(Co)$	$w(W)$	$w(Ni)$	$w(Cr)$	$w(Mo)$	$w(Fe)$	$w(Mn)$	$w(Si)$
Co-156	1.6	其余	4.5	3	29	<1.0	<1.0	<1.0	<1.2
Co-12	1.4	其余	8	2.5	30	<1.0	2.5	0.2	<1.7
Co-6	1.2	其余	4	3	28	<1.0	3.0	0.5	<1.5

表 4-71　不同载荷下合金的磨损失重

合金		磨损失重/mg					
		35N		100N		200N	
动样	静样	动样	静样	动样	静样	动样	静样
Co-156	Co-156	0.47	0.5	3.7	0.1	3.8	2.7
Co-12	Co-12	1.4	0.1	3.7	1.3	12.0	7.9
Co-6	Co-6			3.9	0.6	13.9	5.0

表 4-72　钴基和镍基合金的磨损失重

合金		磨损失重/mg			
		100N		200N	
动样	静样	动样	静样	动样	静样
Co-156	T-700	3.5	3.8	38.4	121.0
Co-156	H	7.3	2.0	48.5	154.0
Co-156	C	5.6	6.8	21.5	28.0
Co-156	D	0.6	2.2	20.5	35.0
T-700	T-700	68.7	57.1	145.0	136.0

表 4-73　镍基合金的化学成分　　　　　　　　　单位：%

合金	$w(C)$	$w(Co)$	$w(Ni)$	$w(Cr)$	$w(Mo)$	$w(W)$	$w(Fe)$	$w(Si)$	$w(B)$
T-700	0.08		其余	15.5	32.5			3.4	
H	2.7	12	其余	17	8	3	23	1	
C	1.1		其余	29		7.5	2	2	1.3
D	0.35		其余	7.5			1.5	3.5	1.7

钴基合金自匹配摩擦副，其磨损失重随载荷增加而增加，动样的磨损失重较大。钴基合金与镍基合金组成摩擦副，镍基合金的磨损较大。

金属摩擦副在外加载荷作用下，不加润滑剂相对滑动一定距离后，接触表面开始出现擦伤磨损，这种现象称为咬合。通常用出现咬合时的应力大小，即门槛应力衡量合金的抗咬合能力。抗咬合试验装置如图 4-18 所示。销样尺寸为 $\phi10mm \times 12mm$，块样尺寸为 12.5mm×

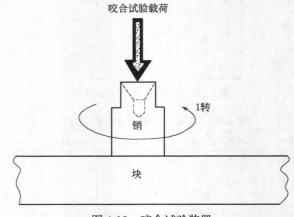

图 4-18　咬合试验装置

100mm×150mm，所有试样的接触表面应研磨到相近的光洁度水平。合金抗咬合的门槛应力高低与其含镍量有关，提高镍含量，则合金的堆垛层错能有所降低，从而降低合金抗咬合的门槛应力。铸造合金的门槛应力与其镍含量的关系的试验结果见表4-74。

表4-74 合金的门槛应力

销、块样合金的主要成分/%			门槛应力/MPa	销、块样合金的主要成分/%			门槛应力/MPa
$w(C)$	$w(Co)$	$w(Ni)$		$w(C)$	$w(Co)$	$w(Ni)$	
1.05	60.0	1.0	>500	1.00	29.0	32.0	190
1.10	44.0	17.0	250	1.00	14.0	47.0	84

用氧-乙炔分别在碳素钢板上堆焊两道 S6 和 S12 合金与不同材料匹配组成摩擦副进行咬合试验，结果见表4-75。

表4-75 不同合金的摩擦副的门槛应力

销样合金	块样合金	门槛应力/MPa	销样合金	块样合金	门槛应力/MPa
S6	S6	>500	S12	S12	>500
S6	1020	≤250	S12	1020	130
S6	316	130	S12	316	130

在固体和液体冲蚀磨损条件下，合金的体积磨损与其合金碳化物在基体中的分布状态有关。含 33%Cr 和 16%W 的 S1 合金在铸造状态下，针状合金碳化物不均匀分布于基体中。S3 合金在铸造状态下，其合金碳化物呈树枝状均匀分布于基体中。这两种合金在赫斯柯克（Heathcock）设计的固体-液体冲蚀磨损试验条件下，其体积磨损如图4-19所示。

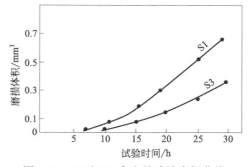

图 4-19 S1 和 S3 合金的冲蚀磨损曲线

在 LFW-Ⅰ型环块试验机上对合金进行粘着磨损试验，铸造 T-400 和 T-800 合金的磨损试验结果见表4-76，堆焊和喷涂合金的磨损试验结果见表4-77。试验条件：块试样用合金制备，环试样为表面硬度 60HRC 的镍铜渗碳钢，载荷 270N，转速为 7.9m/min，滑动距离为 474m，润滑剂为石脑油。

表4-76 铸造合金的粘着磨损

合金	磨损失重/mg	
	块试样	环试样
T-400	0.0	0.7
T-800	0.0	0.4

表4-77 堆焊和喷涂合金的粘着磨损

合金	磨损失重/mg		合金	磨损失重/mg	
	块试样	环试样		块试样	环试样
堆焊 T-400	1.4	0.0	喷涂 T-100	0.5	1.0
堆焊 T-800	0.0	0.0	喷涂 T-400	5.1	0.6

在滑动速度和滑动距离一定时，合金的粘着磨损与载荷的关系见图 4-20，在载荷和滑动距离一定时，合金的磨损与速度的关系见图 4-21。

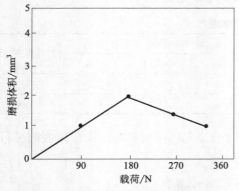

图 4-20　T-400 合金的磨损与载荷的关系

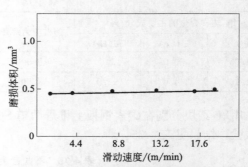

图 4-21　T-400 合金的磨损与滑动速度的关系

4.7.2　高碳低钴合金和高碳镍基合金

钴是一种稀有金属，价格昂贵，钴基合金生产成本高，这就限制了它更广泛的应用。近年来，为节约钴，发展了高碳低钴耐磨合金。低钴合金主要是在高碳钴基合金的化学成分基础上以铁和镍代替部分钴。合金的基体组织为面心立方结构，一次合金碳化物分布于基体中。合金碳化物主要是立方晶系 M_7C_3 和 M_6C 型。高碳镍基合金的基体组织为面心立方结构，合金中的强化相主要是 M_7C_3 和 M_2C 型合金碳化物。

（1）高碳低钴合金的化学成分与性能　高碳低钴合金的化学成分见表 4-78。

表 4-78　低钴合金的化学成分　　　　　　　　　　单位：%

合金代号	$w(C)$	$w(Co)$	$w(Cr)$	$w(Ni)$	$w(Fe)$	$w(W)$	$w(Mo)$	$w(Si)$
NS1	2.1	30	34	8	13		12	1
NS2	1.2	33	31	8	18		8	1
NS3	1.8	31	33	8	15		10	1
NS4	2.2	28	25	21	8	14		1.5
NS5	2.0	33	29	20	9	6		1.5
NS6	2.0	28	28	20	10	9		1.5

铸造高碳低钴合金的室温和高温抗拉性能如表 4-79。

表 4-79　合金的抗拉性能

合金代号	σ_b/MPa					δ/%				
	室温	200℃	400℃	600℃	800℃	室温	200℃	400℃	600℃	800℃
NS1	410	386	380	440	490	0	0	0	0	1
NS2	720	550	530	530	510	1	2	2	2	2
NS3	500	550	540	490	430	1	1	1	1	1

用氧-乙炔、钨氩弧和等离子弧分别在 0.4% 的碳钢上堆焊一道或二道低钴合金，堆焊

层的室温硬度见表 4-80。

表 4-80　堆焊合金的室温硬度

合金代号	硬度 HRC		
	氧-乙炔	钨氩弧	等离子弧
NS1	53.0	53.7	
NS2	43.5	44.0	
NS3	49.0	50.4	
NS4			48.0
NS5			41.0
NS6			40.0

① 低钴合金的耐蚀性。铸造合金在不同的酸溶液中腐蚀，其腐蚀率列于表 4-81。在不同的热盐介质中，其腐蚀失重列于表 4-82。

表 4-81　合金的腐蚀失重

合金	100h,30cm² 表面积的失重/%			
	王水(室温)	10% HCl(室温)	10% H_2SO_4(66℃)	60% HNO_3(66℃)
NS1	9.3	0.1	0.1	1.1
NS2	5.8	0.2	0.1	0.3
NS3	7.7	0.1	3.4	0.3

表 4-82　合金热盐中的腐蚀率

合金代号	腐蚀速度/[g/(cm² · h)]		
	PbO(912℃)	80% V_2O_5-20% Na_2SO_4(798℃)	99% Na_2SO_4-1% NaCl(982℃)
NS2	0.06	0.01	0.004
NS3	0.08	0.01	0.002

② 低钴合金的耐磨性。低钴合金的湿磨料磨损的试验结果见表 4-83。为了比较，表中列入了高碳钴基合金在同样条件下的试验结果。试验条件：载荷为 23N，转动速度为 250r/min，灰浆中的碳化硅粉（-140 目）和水之比为 1:4，试验时间为 15min。

表 4-83　合金在灰浆中的磨损失重

合金代号	硬度/MPa	磨损失重/g	合金代号	硬度/MPa	磨损失重/g
NS4	48	0.38	NS6	40	0.37
NS5	41	0.48	S1	52	0.85

1020 碳钢板上堆焊低钴合金，在橡胶轮磨损试验机上进行干磨料磨损试验，结果见表 4-84。为了比较，表中列入了高碳钴基合金在同样条件的试验结果。试验条件：载荷 136N，滑动距离为 1440m，20 目石英砂流量为 220g/min。

低钴合金 NS2 的自匹配摩擦副的高温粘着磨损试验结果见表 4-85。

表 4-84　合金的体积磨损

合金代号	磨损体积/mm³		合金代号	磨损体积/mm³	
	氧-乙炔	钨氩弧		氧-乙炔	钨氩弧
NS2	17.5	52.5	S12	30.0	53.0
NS3	8.9	32.0			

表 4-85　NS2 合金自匹配摩擦副的磨损率

温度/℃	载荷/N	滑动速度/(m/s)	磨损率/(g/m)
250	21	7.88×10^{-3}	1.15×10^{-3}
500	7	7.88×10^{-3}	3.82×10^{-4}
500	21	7.88×10^{-3}	9.62×10^{-4}
500	29	7.88×10^{-3}	9.82×10^{-3}
500	21	7.06×10^{-4}	2.34×10^{-3}
750	21	7.88×10^{-3}	7.23×10^{-4}
1000	21	7.88×10^{-3}	4.15×10^{-4}

（2）高碳镍基合金的化学成分与性能　镍基合金的化学成分见表 4-86。镍基合金的室温和高温硬度见表 4-87。

表 4-86　镍基合金的化学成分　　　　　　单位：%

合金代号	$w(C)$	$w(Ni)$	$w(Co)$	$w(Cr)$	$w(W)$	$w(Mo)$	$w(Fe)$	$w(Si)$	$w(Mn)$
E1	2.4	其余	10.0	29.0	15.0		8.0	1.0	0.5
E2	2.2	其余		29.0	14.0		8.0	1.5	
E3	2.0	其余		29.0		5.5	8.0	1.2	0.5
E4	2.0	其余		29.0		3.5	8.0	1.2	0.5
E5	2.2	其余		29.0		3.5	2.5	1.2	
E6	1.1	其余		29.0		5.5	0.68		

表 4-87　镍基合金的硬度

合金代号	硬度/HV					合金代号	硬度/HV				
	室温	480℃	540℃	650℃	769℃		室温	480℃	540℃	650℃	769℃
E1	500	430	420	370	290	E4	480	430	400	330	260
E2	430	380	330	310		E5	450		400	320	
E3	410		330	310	250	E6	375				190

在橡胶轮磨损试验机上进行湿砂磨损试验，铸造合金的磨损结果列于表 4-88，为了比较，表中列入高碳钴基合金在同样条件下的磨损试验结果。

表 4-88　合金的湿磨料磨损

合金代号	磨损失重/(mg/h)	合金代号	磨损失重/(mg/h)
E1	113.6	E4	63.0
E3	93.7	E6	41.6

高碳镍基合金与 M2 工具钢组成摩擦副进行粘着磨损试验，结果见表 4-89。试验条件：轴向载荷为 440N，转动速度为 100r/min，为了比较，表中列入钴基合金在同样条件下的磨损试验结果。

表 4-89　合金的粘着磨损

合金代号	不同温度下磨损失重/(mg/h)		合金代号	不同温度下磨损失重/(mg/h)	
	室温	425℃		室温	425℃
E2		1.75	E5		2.4
E3	7.2	4.0	E6	22.3	26.7
E4	3.2	3.1			

高碳镍基合金自匹配摩擦副的高温粘着磨损的试验结果见表 4-90。

表 4-90　E6 合金的高温磨损率

温度/℃	试验载荷/N	滑动速度/(m/s)	磨损率/(g/m)
250	21	7.88×10^{-3}	4.98×10^{-3}
500	7	7.88×10^{-3}	2.84×10^{-4}
500	21	7.88×10^{-3}	2.14×10^{-3}
500	29	7.88×10^{-3}	4.74×10^{-3}
500	21	7.06×10^{-4}	2.90×10^{-3}
750	21	7.88×10^{-3}	2.11×10^{-4}

参 考 文 献

[1]　中国机械工程学会铸造分会.铸造手册.北京：机械工业出版社，2002.
[2]　杜磊.钢铁耐磨铸件铸造技术.广州：广东科技出版社，2005.
[3]　孙维连.工程材料.北京：中国农业大学出版社，2006.
[4]　机械工业职业技能鉴定指导中心.金属材料及热处理.北京：机械工业出版社，1999.
[5]　王晓敏.工程材料学.哈尔滨：哈尔滨工业大学出版社，1998.
[6]　何奖爱，王玉玮.材料磨损与耐磨材料.沈阳：东北大学出版社，2001.
[7]　曾晔昌.工程材料及机械制造基础.北京：机械工业出版社，1990.
[8]　郑明新.工程材料.北京：清华大学出版社，1986.
[9]　姚贵升.汽车金属材料应用手册.北京：北京理工大学出版社，2000.
[10]　中国机械工程学会铸造分会.铸造手册.北京：机械工业出版社，2002.
[11]　黄积荣.铸造合金金相图谱.北京：机械工业出版社，1980.
[12]　刘勤，周建平，王伟民.实用材料 500 问.北京：中国建材工业出版社，1998.
[13]　有色金属及其热处理编写组有色金属及其热处理.北京：国防工业出版社，1981.
[14]　赵建康.铸造合金及其熔炼.北京：机械工业出版社，1985.
[15]　陆文华，李隆盛，黄良余.铸造合金及其熔炼.北京：机械工业出版社，1996.
[16]　斯米良金.工业用有色金属与合金手册.北京：中国工业出版社，1965.
[17]　裘俭，缪进鸿.铸造用有色合金及其熔炼.北京：机械工业出版社，1965.
[18]　谭树松.有色金属材料学.北京：冶金工业出版社，1993.
[19]　廖健诚.金属学.北京：冶金工业出版社，1994.
[20]　王爱珍.工程材料及成形技术.北京：机械工业出版社，2003.

[21]　董均果．实用材料手册．北京：冶金工业出版社，2000．

[22]　田荣璋，王祝堂．铜合金及其加工手册．长沙：中南大学出版社，2002．

[23]　邵荷生，张清．金属的磨料磨损与耐磨材料．北京：机械工业出版社，1988．

[24]　杨瑞成．机械工程材料．重庆：重庆大学出版社，2000．

[25]　郑昌琼．简明材料词典，北京：科学出版社，2002．

[26]　张清．金属磨损和金属耐磨材料手册．北京：冶金工业出版社，1991．

[27]　张淑珍，盖雅宏，于忠诚．工程材料．北京：化学工业出版社，2004．

[28]　张士林，任颂赞．简明铝合金手册．上海：上海科学技术文献出版社，2001．

[29]　左武炘，鲍剑斌．最新实用五金手册．成都：成都科技大学出版社，1994．

[30]　戈晓岚，杨兴华．金属材料与热处理．北京：化学工业出版社，2004．

[31]　崔昆．钢铁材料及有色金属材料．北京：机械工业出版社，1981．

[32]　朱敏．功能材料．北京：机械工业出版社，2002．

[33]　中国铸造协会．熔模铸造手册．北京：机械工业出版社，2000．

[34]　李建明．磨损金属学．北京：冶金工业出版社，1990．

[35]　（美）布鲁克斯（C. R. Brooks）．有色合金的热处理、组织与性能．北京：冶金工业出版社，1988．

第5章

先进金属耐磨材料制备技术

近年来,铸造复合新技术如雨后春笋般涌现出来,在内容上已不拘于传统的工艺生产,复合的材料也变得多样化,以迎合应用工况的日益复杂化。在局部承受磨料磨损的工件中,为了提高其使用寿命,最有效的途径是采用表面深度合金化和用特殊工艺制造,由两种材料组成复合耐磨材料(耐磨件),以提高工件局部的耐磨性。本节所涉及的复合耐磨材料,近年来在国内得到了广泛的研究和应用,在经济建设中取得很大的效益。本章着重从传统的复合铸造工艺为起点,并介绍了新出现的一些方法与工艺。

5.1 铸渗复合

铸渗是表面深度合金化的一种方法,又称被覆铸造法,它是在铸型型腔壁上涂敷贴固一定粒度的合金粉末膏剂,当金属液体注入后,液态金属浸透膏剂毛细孔隙,靠液态金属的热量,使膏剂熔融,与铸件基体金属表面熔合为一体,在界面处有扩散渗透,在铸件表面上形成具有一定厚度的,与基体金属组织、性能截然不同的合金耐磨层。铸件局部表面合金化,可使基体材料和铸渗合金层得到最佳的使用性能配合。

铸渗法在砂型铸造、精密铸造和压力铸造中均可应用,可进行表面合金化的基体材料包括各种铸钢和铸铁。

5.1.1 普通铸渗法

(1) 铸渗膏剂及工艺 合金膏剂通常由合金粉末加粘结剂和熔剂组成。膏剂合金粉末的设计,主要考虑铸渗层的性能和厚度,作为耐磨材料的铸渗层,广泛采用耐磨性好、熔点较低的高铬白口铁,或在其中加入碳化物硬质点的耐磨相,形成组合耐磨层。制作高铬白口铁的合金粉末,可使用铁合金粉或合金粉。

铸渗层的厚度,取决于浇注时合金膏剂被液态金属浸透的深度,这与合金粉末的粒度有关。合金膏剂获得最大浸透深度的粉末粒度范围在 0.06～0.50mm 之间,制造薄型铸件,推荐适宜的合金粉末粒度为 0.20～0.32mm,大型铸件宜选用粗粒度合金粉末,可获得较厚的铸渗层。

粘结剂的作用是将合金粉末粘结在一起，并使膏剂具有一定的强度。粘结剂能改善液态金属与合金膏剂的浸润性，增加铸渗层的深度。常用的几种粘结剂对含铬合金膏剂浸润性的影响列于表 5-1，所有有机粘结剂都能改善合金膏剂的浸润性，水玻璃得到普遍的应用，聚乙烯醇（PVA）也有很好的效果。

表 5-1　粘结剂对合金膏剂浸润性的影响

粘结剂	膏剂中粘结剂加入量/%	开始浸润角/(°)	液滴完全流散时间/s
无	0	130	30
水玻璃	2～5	95～110	10～15
天然干性油	1	115～125	4.8
粉状酚醛树脂	2	36～40	0.7
纸浆废液	3	60～70	4.5
纸浆废液	6	40～50	0.6

注：1. 纸浆废液即亚硫酸盐酒精废液。
2. 浸润角愈小，液滴完全流散时间愈短，浸润性愈好。

熔剂的作用是包覆合金颗粒，使之在浇注时不受氧化，受热熔化后能去除合金颗粒表面的氧化膜，从而增加液态金属对合金膏剂的浸润。不同溶剂对铬铁合金膏剂浸润性的影响见表 5-2。水玻璃既是粘结剂也是熔剂。硼砂作为熔剂与水玻璃的作用相类似，其改善膏剂浸润性的能力大约是水玻璃的 10 倍，硼砂作为熔剂被广泛应用。

表 5-2　熔剂对烙铁合金浸润性的影响

熔剂	膏剂中熔剂质量分数/%	开始浸润角/(°)	液滴完全流散时间/s
无	0	130	30
硼砂	0.5	110～124	10
硼砂	1.0	—	1
硼酸	1.0	134	45
氯化钠	10	132	300
苏打	1.0	137	42
硼砂：硼酸：氯化钠＝1：1：1	33.1	<90	<1

膏剂合金料可选用符合粒度要求的铁合金粉末，按设计成分配制，加入 1% 左右的熔剂和适当的粘结剂，调成膏状备用，也可将配好的合金膏剂压制成一定尺寸和厚度的粉块，经烘烤后备用。膏剂用于涂敷，粉块用于贴固。

表面铸渗合金耐磨层铸件的造型，和一般铸件相似，为了便于合金膏剂的贴敷和烘烤，最好采用组芯造型。浇口不宜开在膏剂贴敷处，以避免液态金属直冲膏剂，破坏合金层的完整性，还应加强膏剂贴敷处的透气性，以免出现气孔、呛火等缺陷。

膏剂涂层的厚度将影响铸渗层的质量，表 5-3 是用中碳低合金钢浇铸高铬白口铁涂层的测量结果，见图 5-1，可看出，铸渗层的相对厚度随膏剂涂层相对厚度的增加而减小。当涂层相对于铸件厚度较薄时，合金膏剂易于熔化，并被铸件金属稀释，形成相对较厚的铸渗层，当涂层过厚时，不能完全被钢液浸透和熔化，反而使铸渗层变薄。膏剂涂层厚度一般取铸件厚度 1/10 以下；当涂层厚度小于 5mm，铸渗层厚度为 1～3 倍涂层厚，涂层相对厚度较小时取上限，反之取下限。

表 5-3 铸渗层厚度与膏剂涂敷厚度的关系

炉号	铸件厚度 δ/mm	膏剂平均厚度 δ_1/mm	铸渗层平均厚度 δ_2/mm	膏剂相对厚度 δ_1/δ	铸渗层相对厚度 δ_2/δ_1	浇注温度/℃
1	45	0.5	1.5	0.01	3.0	1850
2	35	1.0	1.4	0.03	1.4	1620
3	35	1.5	4.1	0.04	2.7	1621
4	35	2.0	4.0	0.06	2.0	1630
5	40	3.0	5.0	0.08	1.7	—
6	40	4.0	4.3	0.10	1.1	1555

贴敷合金膏剂的组芯或砂型,在浇注前一定要烘烤,以去除膏剂中水分和挥发性气体,对保证得到良好的铸渗层十分重要。用水玻璃作粘结剂的膏剂烘烤温度为 $250\sim300℃$;聚乙烯醇为 $200℃$,烘烤时间为 $4\sim8h$。

基体金属的浇注温度,是影响铸渗层厚度的重要因素之一,一般浇注温度应高于基体金属液相线温度 $150℃$ 以上,常用的几种基体金属液相线温度和适宜的浇注温度列于表 5-4。

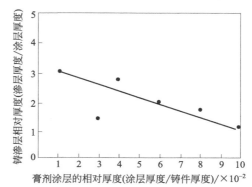

图 5-1 铸渗层相对厚度与膏剂涂层相对厚度的关系

表 5-4 几种基体金属的液相线温度及浇注温度

基体金属	计算的液相线温度/℃	浇注温度/℃
白口铁	1198	1350
灰口铁	1183	1335
中碳低合金钢(5CrNiMo)	1476	1630
高速钢(W18Cr4V)	1440	1595

(2) 铸渗层的成分、组织和耐磨性 合金膏剂的化学成分应用较多的是高铬白口铁,和加入碳化物硬质相的组合耐磨铸渗层。

用 30MnSiTi 钢浇注的不同成分高铬白口铁膏剂的铸渗层化学成分列于表 5-5,合金膏剂涂层在浇注过程中有不同程度的烧损和稀释,因此合金元素在铸渗层中的质量分数低于在膏剂中的质量分数,经过九个炉次测算的收得率列于表 5-6。

表 5-5 高铬白口铁铸渗层的化学成分

膏剂系列	铸渗层的化学成分/%						涂层厚度/mm	铸渗层平均厚度/mm
	$w(C)$	$w(Cr)$	$w(Mo)$	$w(Cu)$	$w(V)$	$w(Fe)$		
Cr	3.84	20.3	—	—	—	其余	2.5	2.7
Cr-Mo-Cu	2.45	16.8	1.74	0.14	—	其余	2.5	3.4
Cr-V	2.45	15.8	—	—	0.99	其余	2.5	3.0

表 5-6 表面铸渗层中合金元素收得率

合金元素	碳	铬	钼	铜	钒
收得率/％	30～50			25～30	

注：收得率＝(表面铸渗层中合金质量/膏剂中合金质量)×100％。

在 ML-10 型销盘式磨料磨损试验机上测得的高铬白口铁铸渗层的耐磨性，列于表 5-7。试验条件为：用 30MnSiTi 铸钢作标样，磨料为 140 目的刚玉砂纸，载荷 49N，用万分之一的分析天平测量磨损失重。

表 5-7 高铬白口铁铸渗层的耐磨性

膏剂系列	热处理状态	硬度 HRC	相对耐磨性 ε
Cr	950℃淬火	60	1.76
Cr-Mo-Cu		58	2.45
Cr-V	250℃回火	60	2.74
30MnSiTi 铸钢标样		48	1.00

为了进一步提高铸渗层的耐磨性，可往高铬白口铁膏剂中加铸造 WC 颗粒。在耐磨铸件浇注中，膏剂合金熔化、浸透过程中 WC 颗粒不发生熔化，只界面与膏剂合金发生浸润和部分溶解，凝固后形成在膏剂合金基体上镶嵌着 WC 颗粒硬质相的组合铸渗层。为了改善组合铸渗层的韧性，膏剂合金也可设计成韧性较好的低合金钢，WC 颗粒硬质相的组合膏剂中，WC 颗粒的含量一般为 30％～70％，粒度为 20～30 目。加 WC 颗粒硬质相的组合铸渗层组成、耐磨性列于表 5-8。组合铸渗层的耐磨性主要取决于其中 WC 的数量，其影响如图 5-2 所示。

表 5-8 WC 颗粒铸渗层的组成与耐磨性

WC 颗粒组合膏剂系列	组合铸渗层磨损面中 WC 颗粒面积比/％	相对耐磨性
30MnSiTg 钢＋WC(铸态)	53.6	31.2
	19.9	14.3
高铬白口铁＋WC(铸态)	47.3	24.5
	44.5	21.4
	41.7	20.2
	25.0	19.2
	0	1.8
高铬白口铁＋WC(950℃淬火,250℃回火)	48.2	21.4
	11.7	12.8
	5.3	4.0
30MnSiTi 铸钢	0	1.0

为了更进一步地提高铸渗层的耐磨性，用各种金属化合物，主要是碳化物、氮化物和硼化物的硬质点为基，组成合金膏剂，用铸铁或合金钢作耐磨铸件的基体材料。浇注后形成的铸渗层中，由于基体材料的浸润和渗透，起到粘结硬质相的作用。以铸铁和合金工具钢为基体材料的化合物硬质相铸渗层的组成和硬度列于表 5-9，耐磨性列于表 5-10，表中耐磨系数

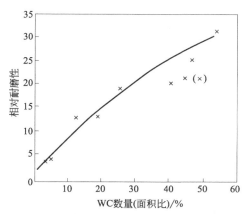

图 5-2　组合铸渗层中 WC 数量对耐磨性的影响

是在滑动磨损条件下，以 CT3 钢为标样，分别与铸渗层和基体材料对磨后，取同一铸件的基体材料与铸渗层的磨损量之比值表示，故铸渗层的耐磨系数相当于以相应基体材料为标样的相对耐磨性。

表 5-9　各种金属化合物硬质相为基的铸渗层硬度

膏剂成分 ＼ 基体材料	白口铁	灰口铁	5%HM	P18
WC	50.5	53.0	65.5	66.3
TiC	64.0	58.0	67.0	67.0
WC-W_2C	62.5	57.0	67.5	69.0
Cr_3C_2	65.0	50.5	61.5	62.9
80% WC+20% TiC	61.0	56.0	66.0	66.0
TiN	59.0	54.0	61.0	60.5
50% TiC+50%TiN	61.0	55.0	62.5	62.5
90% Cr_3C_2+10% TiC	59.0	53.0	62.5	63.0
80% Cr_3C_2+20% TiC	60.0	54.0	64.0	64.5
70% Cr_3C_2+30% TiC	61.5	57.5	64.5	66.0
50% Cr_3C_2+50% TiC	63.0	58.0	66.0	67.0
50% Cr_3C_2+50%CrB	56.0	52.0	62.5	63.0
CrB	55.0	51.0		
基体材料	42.0	26.0	44.0	48.0

表 5-10　金属化合物硬质相为基的铸渗层的耐磨性

膏剂成分 ＼ 基体材料	白口铁	灰口铁	5%HM	P18
WC	8.4	10.0	4.8	4.8
TiC	8.5	10.6	5.1	6.0
WC-W_2C	8.8	11.3	5.6	5.2

膏剂成分 ＼ 基体材料	白口铁	灰口铁	5%HM	P18
Cr_3C_2	3.8	4.2	2.5	2.4
CrB	2.8	2.1	1.7	1.6
90% Cr_3C_2＋10% TiC	4.0	5.6	2.7	2.7
80% Cr_3C_2＋20% TiC	4.2	5.9	3.0	2.9
70% Cr_3C_2＋30% TiC	5.0	6.1	3.4	3.2
50% Cr_3C_2＋50% CrB	5.4	6.3	3.9	3.6

5.1.2　先进铸渗工艺

从 20 世纪 90 年代后期开始，国内诸多高校、研究院所及企业都开展了铸渗陶瓷技术的研发。在铸渗工艺、增强相材料、液态金属与增强颗粒表面的润湿性、金属液渗透能力、界面结合状况等方面，进行了大量的研究工作，并在部分耐磨铸件上试验应用。铸渗工艺主要有普通砂型铸渗、负压铸渗（消失模和 V 法）、离心铸渗三类。将颗粒增强相制成涂层、膏块或预制块，置于待铸渗的工件表面，浇注高温液态金属，制成金属基陶瓷复合材料。

颗粒增强相中的陶瓷材料分为金属陶瓷和普通陶瓷两大类。金属陶瓷又分为五类：氧化物基（氧化铝等），碳化物基（碳化钨等），氮化物基（氮化钛等），硼化物基（硼化钒等），硅化物基（硅化钼等）。普通陶瓷主要是 Al_2O_3、ZrO_2 或 ZTA（氧化锆增韧氧化铝）。

金属基体材料有高铬铸铁、高锰钢、耐热钢、合金钢、碳钢、灰铸铁等。

(1) 压力铸造渗法　在金属复合材料中，SiC 颗粒增强铝基复合材料的研究和开发一直受到世界各国研究者和有关大公司的关注。SiC 颗粒增强铝基复合材料具有比强度、比模量高，耐磨性好，热胀系数低且可以根据需要调整等优异性能，并且可以利用各种传统的加工技术和设备进行加工，因此被认为是一种有希望用于汽车工业、航空航天和电子工业的新材料。

目前，SiC_P/Al 的制备主要采用冶金法和复合铸造法。后者因成本低、工艺相对简单使用较多。但是用复合铸造制备的 SiC_P/Al 往往含有较多的氧化夹杂、气孔和界面反应产物等缺陷。此外，由于 SiC 与铝的浸润性比较差，而且大量的颗粒加入会导致熔体粘度的增加，使得搅拌困难，因而用普通的浸渗铸造方法难以达到相应的工艺要求。

采用真空压力浸渗法制备 SiC_P/Al 的工艺，对颗粒预制件进行预热和真空除气处理。同时，铝锭在真空炉中熔化，保温足够时间使温度场达到均匀化后，通入高压惰性气体，使熔融铝液在真空和压力作用下，渗入颗粒预制件，达到浸渗复合的目的。

真空渗流铸造法制备颗粒增强金属基复合材料，使金属液在真空环境下渗流，在一定压力下凝固，可改善金属与增强体的界面结合的情况。渗流过程中，液态金属渗流速度极快，并在渗流充型的同时伴有复杂的物理化学过程，采用试验方法研究这一问题较为困难。通常研究金属液在多孔预制体中的渗流过程中工艺参数对成型的影响，主要利用有限元软件 ANSYS/FLOTRAN 模块，对多孔介质内的铝液的渗流行为进行传热和传质耦合数值模拟。由于颗粒增强预制体中含有相互连通的孔洞，可看作多孔介质，而多孔介质又可看作一种假想无结构的连续介质，是由具有相对稳定的平均孔隙率的表征体积函数单元构成的。在假想的连续介质中，可对任一数学点规定任意一种性质（介质的性质或充满孔隙空间的流体性质）的数值。根据多孔介质的连续介质模型，通过平均孔隙率、渗透率和相对水力直径的计算，得出压力损失系数。然后，以分布阻力的形式赋予多孔介质，从而避免了对介质精确建模的困难。

运用上述有限元方法处理多孔介质中金属液的流动与传热，可有效解决渗流过程中的流动与传热耦合问题；通过跟踪不同时刻温度场分布情况，实现对真空渗流铸造瞬态过程的近似描述，从而预测现有工艺方案可能出现的铸造缺陷。

（2）离心铸渗法 西安交通大学采用离心铸渗法制备出 WC 颗粒增强高锰钢基复合材料。WC 颗粒的硬度 2080HV，颗粒的体积分数约为 30%；基体材料为 Mn13。复合材料经水韧处理后，在 MLD-10 型冲击磨料磨损试验机上对比磨损试验。当 WC 粒径为 0.60～0.94mm 时，在冲击载荷 2.0J 条件下，耐磨性优于 Mn13；在冲击载荷 3.5J 和 5.0J 条件下，耐磨性劣于 Mn13。当 WC 粒径为 0.10～0.315mm 时，在三种冲击载荷条件下，耐磨性均优于 Mn13。说明应根据冲击载荷的大小选择适宜的 WC 粒径。

（3）负压铸渗法 西安交通大学采用负压铸渗法制备出 Al_2O_3 颗粒增强耐热钢复合材料。将 Al_2O_3 颗粒（表面有 Ni 涂层）和耐热钢颗粒按不同比例混合，再将圆柱形耐热钢放在混合颗粒上面，熔化过程中抽真空，使钢液渗透到颗粒间，颗粒的体积分数为 18%～52%。在 900℃ 条件下检测复合材料试样的耐磨性。结果表明，颗粒体积分数为 39% 时具有最好的高温磨料磨损抗力，耐磨性是耐热钢的 3.27 倍。同时，采用负压铸渗法制备出 WC 颗粒增强高铬铸铁基复合材料喷射口衬板。选择 0.6～0.85mm WC 颗粒作为硬质相，制成 8～10mm 厚的预制块，置于型腔底部，颗粒的体积分数可达 52%；在负压条件下浇注 Cr20 高铬铸铁溶液。铸件经 200～300℃ 保温 2h 后空冷，基体硬度 55.9HRC。

（4）消失模负压铸渗法 淮阴工学院采用消失模负压铸渗法制备出 WC 颗粒增强高硼钢基复合材料锤头。复合层材料组成：40～100 目的 WC 颗粒 20%～40%，60～100 目的铬铁粉 10%～20%，其余为 EPS 微珠、硼砂和 PVA 粘结剂，制成 4～10mm 厚的预制块，置于泡沫锤头的工作部位。在负压条件下浇注含 B 0.8%～1.5% 的高硼钢钢水。铸件经 1020℃ 保温 2h 后水冷，180℃ 回火 4h，基体硬度 50.4HRC，复合层硬度 65.4HRC。但没有文献报道其实际的应用效果。

5.2 铸镶复合

铸镶复合耐磨材料，是将一定形状的耐磨合金块经过表面净化处理，固定在耐磨件铸造型腔的要求部位，利用浇注入液态金属的热量，在凝固时使耐磨合金块与基体合金焊合为一体，它是一种没有焊料的镶焊，故称为铸镶。用铸镶工艺制造复合耐磨件，是我国耐磨材料研究工作者的一大创造，从 20 世纪 70 年代末开始，先后研制成功了钻井机铸镶复合楔齿滚刀，斗轮挖掘机铸镶复合斗齿，铸镶复合耐磨锤头和风扇磨煤机铸铰复合打击板等。

（1）铸镶工艺 为了保证与浇入的液态金属有良好的浸润，要求铸镶用的耐磨合金块表面要清洁，无油污和氧化。冷模铸造时耐磨合金块应喷砂；热模铸造时可在喷砂处理后的耐磨合金块表面浸渍过饱和的硼砂水溶液，烘干后表面形成一层白色的硼砂膜，以防止合金的氧化和增加浸润性。

放入型腔内的耐磨合块的总质量，应不大于浇入的液态金属质量的 10%～20%，否则液态金属因降温过多而产生"冷隔"，一般浇入的基体材料质量是铸铁时取上限，合金钢取下限。

采用砂型铸造，造型无特殊要求，耐磨合金块在型腔内的摆放位置，除满足耐磨件的设计要求外，要保证使浇入的浓密金属畅流无阻，浇口不应直冲合金块，以免浇注过程中合金块发生位移或脱落。

（2）铸镶焊合层的结合强度　以球铁为基体材料，铸镶钢结硬质合金焊合区的结合强度列于表 5-11。

表 5-11　球铁铸镶钢结硬质合金焊合区的结合强度

材料	热处理状态	焊合区弯曲强度/MPa
Cu-Mo-V 球铁	原始铸造状态	1107.4
	1020℃加热,330℃等温 1.5h,250℃回火	2097.2
钢结硬质合金 GW50	1020℃加热,330℃等温 1.5h,250℃回火	989.8
球铁铸镶 GW50	原始铸造状态	803.6
	1020℃加热,330℃等温 1.5h,250℃回火	1166.2
球铁铸镶 GT35	原始铸造状态	401.3
	980℃油淬,250℃回火	441.0
球铁铸镶 TM52	原始铸造状态	稍加载即断
	1020℃水淬,200℃回火	548.8

研究铸镶焊合区的结合强度表明，以 WC 为基的钢结硬质合金与铁基材料的结合强度大于以 TiC 为基的钢结硬质合金，这是由于铁对 WC 的浸润性大于 TiC 所致。铸镶焊合区的强度受热处理的影响，故铸镶复合耐磨件通过适当的热处理，除能提高材料的性能外，也能提高焊合区的结合强度。因此，制造铸镶复合耐磨件，在选择基体材料和耐磨合金时要考虑两种材料的热处理工艺匹配性。

（3）铸镶复合耐磨材料的耐磨性　铸镶复合耐磨材料是由基体材料和耐磨合金组成，它的耐磨性取决于耐磨合金，或耐磨合金与基体材料的综合作用，这要视复合耐磨件的结构而定。基体材料一般选择韧性好的低碳钢，或强韧性的低合金钢，耐磨合金块主要是用高铬白口铁或钢结硬质合金。常用的几种基体材料金属和耐磨合金的耐磨性列于表 5-12。磨损率是在 ML-10 型销盘式磨损试验机上测得，试验时磨料选用 140 目刚玉砂纸，载荷 49N，磨盘转速 60r/min，相对耐磨性是以 20 钢为标样的体积磨损率之比值。

表 5-12　常用几种金属材料的耐磨性

材料	热处理状态	硬度 HV	体积磨损率/($\times10^{-5}m^3/g$)	相对耐磨性
20 钢	热轧态	190	59.5	1.0
ZGMn13	1050℃水淬	191	45.7	1.3
Cu-Mo-V 球铁	1020℃加热,330℃等温 1.5h,250℃回火	389	43.3	1.4
ZG30CrMnSiTi	930℃淬火,250℃回火	535	38.6	1.6
Cr15Mo2 白口铁	980℃加热,空冷	820	28.1	2.1
钢结硬质合金 GW50	1020℃淬火,250℃回火	730	10.9	5.4
钢结硬质合金 GT35	980℃淬火,250℃回火	730	10.5	5.7
钢结硬质合金 TM60	950℃淬火,250℃回火	708	3.1	7.3

金属材料的耐磨性除与材料的组织、性能有关外，还受磨损条件的影响，几种常用的金属材料在 DM-1 型动载磨损试验机上测得的耐磨性列于表 5-13，磨料为 150 目石英砂布，相对耐磨性是以 20 钢为标样的失重磨损率之比值。

表 5-13　几种金属材料的耐磨性对比实验结果

金属耐磨材料	热处理方式	硬度	相对耐磨性
ZGMn13	1050℃水淬	210HV	1.16
Mn13(1.53%C)	1050℃水淬	230HV	1.30
高韧白口铁	900℃加热,300℃等温淬火	58HRC	1.47
高韧白口铁	900℃油淬	62～64HRC	1.23
45SiMn	960℃油淬,180℃回火	—	1.24
7Cr2WVSi 铸钢	1000℃淬火,400℃回火	—	1.37
GT35 钢结硬质合金	950℃油淬,200℃回火	68～70HRC	9.60
TM52 钢结硬质合金	1050℃水淬	61～62HRC	16.50

采用铸镶复合工艺生产的工件，如竖井钻机铸镶楔齿滚刀、斗轮挖掘机铸镶复合斗齿、风扇磨煤机铸镶复合打击板等使用寿命均有明显提高。

5.3　双液双金属复合铸造抗磨材料

双液双金属铸件由衬垫层、过渡层和抗磨层所组成。衬垫层由塑性和韧度高的金属材料形成，常用中低碳铸钢以使铸件能承受较大的冲击载荷，或球墨铸铁、灰铸铁以使铸件具备较高的强度并节约贵重的抗磨层材料。抗磨层多用高铬抗磨白口铸铁、铬钨白口铸铁和镍硬铸铁等，过渡层为两种金属的熔融体。

双液双金属复合铸造常用的合金化学成分列入表 5-14。

表 5-14　双液双金属复合铸造常用的合金化学成分

复合铸造用材料		化学成分/%								备注
名称	牌号	$w(C)$	$w(Si)$	$w(Mn)$	$w(P)$	$w(S)$	$w(Cr)$	$w(Mo)$	$w(Cu)$	
碳钢	ZG230-450	0.20	0.50	0.80	<0.04	≤0.04	—	—	—	衬垫层（母材）
	ZG270-500	0.40	0.50	0.80	≤0.05	≤0.05	—	—	—	
高铬铸铁		2.2～3.3	0.6～1.2	0.5～1.5	≤0.06	≤0.06	14～16	0.5～3.0	0.3～0.8	抗磨层

(1) 双液平浇工艺　两种不同的铸造合金液体按先后次序通过各自的浇道注入同一个铸型内。两种合金液体的浇注时间需保持一定的时间间隔。熔点高、密度大的钢液先浇注，熔点低、密度小些的铁液后浇注。浇注工艺的关键是严格控制两种合金液体的浇注间隔时间。一般当钢层的表面温度达 900～1400℃时，可浇注铁液。钢层的表面温度与钢液的浇注温度、钢层厚度、铸型散热条件等因素有关。两层合金浇注时间间隔，除取决于钢层表面温度，还与铁液的浇注温度、铁层厚度有关。浇注温度高，铁层厚度较厚，钢液与铁液浇注间隔时间可以适当长些。浇注应采取快浇为宜。

实际生产中，通过冒口或铸型专设的窥测孔用肉眼判断钢层表面温度，也可用测温仪测定钢层表面温度，以便确定铁液注入型腔的最佳时间间隔。通常铸型水平放置，以得到厚度均匀的钢层、铁层。如欲得到不同厚度的合金层，也可按需要以不同的倾斜角放置铸型。在铸型上分别开设钢液和铁液的浇注系统。由于钢液先浇，铁液后浇，所以钢液中的浇注系统按一般铸钢的浇注系统参数设计，而铁液浇注系统则应保证有充分的补缩能力和较快的浇注速度，以免出现缩孔和冷隔缺陷。先浇注金属液的定量方法可以采用定量浇包或者在铸型上设液面定位窥测孔。

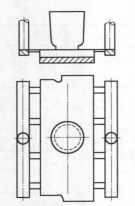

图 5-3　风扇磨煤机冲击板的铸型工艺示意图

为防止结合层氧化，在钢液表面覆盖保护剂。保护剂应具有防氧化、流动性好、熔点低、气化温度高的特点。可采用脱水硼砂（硼砂的分子式为 $Na_2B_4O_7 \cdot 10H_2O$）或 O 型玻璃保护渣（北京玻璃研究所生产）。当铁液随后浇入型腔时，覆盖在钢表面上的保护剂被铁液流冲溢至铸型的溢流槽或冒口中，完成其保护结合层的作用。风扇磨煤机冲击板的铸型工艺如图 5-3 所示。

（2）双液隔板立浇工艺　采用平造立浇方式，在铸型中间设一薄的碳素钢隔板，将铸型分为两部分。浇注时，两种金属即中低碳钢和高铬铸铁同时浇注，分别浇入各自的型腔，应尽量使钢铁液面同时上升，防止隔板在浇注过程中变形或烧穿。碳素钢隔板须除锈处理。隔板过厚则成为内冷铁而易产生冷隔，太薄则易在浇道附近被烧穿或严重变形。对质量在 50~150kg 之间的磨煤机衬板铸件，碳素钢隔板厚度（mm）可用下式计算：

$$\delta = \alpha h + b \tag{5-1}$$

式中　h——铸件厚度；α 取 0.03；b 取 -0.5。

（3）双液离心铸造工艺　采用离心铸造工艺适于回转体形状的抗磨件铸造。采用离心铸造工艺，可铸造合金白口铸铁-灰铸铁双金属中速磨煤机辊套，高铬铸铁-球墨铸铁复合冷轧轧辊，高铬铸铁-碳钢泥浆泵缸套。工艺关键仍然是双金属的浇注温度和浇注间隔时间。

5.4　液/半固态双金属铸造复合技术

双液铸造复合技术制备低碳钢/高铬铸铁复合薄板时，低碳钢内部的较宽半固态或糊状凝固区在高铬铸铁液浇入过程冲刷下产生混料，难于保证复合板质量。如果沿用传统的双液铸造复合技术的“固-液”复合思路，当低碳钢上表面完全凝固后开始浇注高铬铸铁液，由于热容量不足难于保证两种金属间界面结合质量，低碳钢表面凝固后形成的氧化夹杂粘滞于界面处也极难去除。

（1）液/半固态铸造复合思路提出　在传统双液铸造复合技术的基础上，利用冷却介质调整低碳钢凝固过程温度场，如图 5-4 所示。首先从浇口杯 I 浇注低碳钢，低碳钢液在铸型型腔底部放置的冷却介质激冷作用下，实现自下而上的逐层凝固。低碳钢凝固末期将在上表面形成一定宽度的半固态区，然后从浇口杯 II 浇注高铬铸铁。当高铬铸铁液与低碳钢半固态区内的液相接触后，实现低碳钢和高铬铸铁的完全结合。

（2）液/半固态铸造复合工艺原理　液/半固态双金属铸造复合作为一种新的材料制备方法，主要以低碳钢逐层凝固为前提，避免低碳钢较宽的凝固区间的存在，防止发生糊状凝固，为实现低碳钢和高铬铸铁的冶金结合和避免出现氧化夹杂提供工艺保证。通过改变低碳钢底部冷却介质调控低碳钢的凝固行为，促使低碳钢在较大的温度梯度条件下，金属液从下

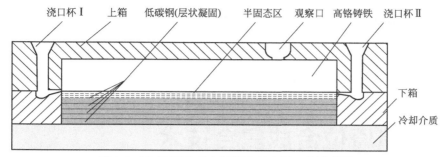

浇口杯Ⅰ 上箱 低碳钢(层状凝固) 半固态区 观察口 高铬铸铁 浇口杯Ⅱ

下箱

冷却介质

图 5-4　液/半固态双金属铸造复合板工艺示意图

至上实现快速凝固，强化金属逐层凝固倾向，缩小固-液相线区间，从而保证低碳钢的凝固前沿有着相对清晰的过渡区。耐磨板纵断面上存在较大的温度梯度，在低碳钢上表面形成宽度较窄的半固态区，然后开始浇注高铬铸铁液，从而实现高铬铸铁液与半固态区内液相的连接，实现良好复合，保证大平面薄板复合界面层的完全结合。工艺原理如图 5-5 所示。

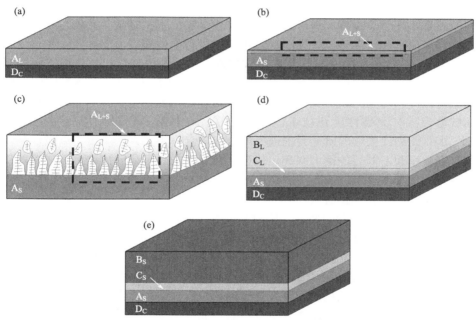

图 5-5　液/半固态双金属复合工艺原理示意图

A_L—先浇注低碳钢液；A_S—已凝固低碳钢；A_{L+S}—低碳钢半固态区；B_L—液相高铬铸铁；

B_S—已凝固高铬铸铁；C_L—低碳钢重熔区；C_S—界面层；D_C—冷却介质

① 在图 5-5(a) 中，A_L 为先浇注的低碳钢液，其下部采用冷却介质 D_C 进行激冷。

② 低碳钢在冷却介质 D_C 的作用下，从下表面至上表面产生较大的温度梯度，倾向于层状凝固，下部凝固后形成完全的固相 A_S，上部则形成宽度较窄的半固态区 A_{S+L}，如图 5-5(b) 所示。

③ 将图 5-5(b) 局部放大，低碳钢半固态区 A_{S+L} 主要由固液两相组成，如图 5-5(c) 所示。低碳钢的上表面存在着半固态区，此时为开始浇入高铬铸铁的最佳时机。

④ 当高铬铸铁液 B_L 浇注后，实现了两种金属液相连接的同时，因高铬铸铁液携带的大

量热量促使低碳钢半固态区 A_{S+L} 重熔，在合金元素相互扩散后形成低碳钢重熔区 C_L，如图 5-5(d) 所示。

⑤ 随着温度的不断下降，低碳钢重熔区 C_L 和高铬铸铁 B_L 依次凝固，变为完全固相的界面层 C_S 和高铬铸铁 B_S，如图 5-5(e) 所示。

液/半固态双金属铸造复合工艺原理主要是通过控制低碳钢凝固前沿半固态区宽度，从理论上保证铸造复合界面层实现冶金结合，也满足铸造复合大尺寸耐磨铸件的工艺需求。

5.5 铸造原位合成复合技术

颗粒增强复合材料具有高比强度和比刚度、耐磨、耐疲劳、低热胀系数、低密度、高屈服强度、良好的尺寸稳定性和导热性优异等的力学性能和物理性能，可广泛应用于航空、航天、军事、汽车、电子、体育运动等领域。因此，世界各国竞相研究开发这类材料，从材料的制备工艺、微观组织、力学性能与断裂特性等方面进行了许多基础性研究工作。传统的颗粒增强金属基复合材料中增强颗粒多是由外部加入的，这就存在着颗粒尺寸大、颗粒表面有污染、界面结合差且易生成脆弱性副产物等一系列缺点。虽然对增强颗粒进行表面处理、表面改性，但效果不能令人满意，最终导致其制备成本高、工艺复杂、颗粒与基体润湿性和相容性差、性能不稳定和可靠性低等弊端，限制了该材料的发展。

1989 年，由 Kockaz 等首先提出反应合成技术，又称原位复合材料，用于制备颗粒增强金属基复合材料。这种技术由于增强体是从金属基体（通常为 Al）中原位形核、长大的热力学稳定相，因此，增强体表面无污染，避免了与基体相容性不良的问题，且界面结合强度高，因而被誉为具有突破性的新技术而备受重视。自从 20 世纪 80 年代中后期，美国的 Lanxide 公司和 Drexel 大学的研究者报道了原位和复合材料及其制备工艺以来，铝基原位复合材料的研究就引起了同行的巨大兴趣。经过十多年的发展已研究出许多较成功的铝基原位复合材料制备的新技术。

近年来，铸造原位合成复合技术已成为金属基特别是铝基复合材料研究中的一个新热点。同时，Yan、Pu 等人以灰口铸铁为原材料研究了 $TiCp_2$-Fe 的原位复合技术，使得铸造原位合成复合技术研究领域得以空前发展。然而，原位反应合成技术不可避免地存在不足，诸如反应温度高、时间长、能耗大、吸气严重，在反应过程中产生有害化合物，如 Al_3Ti、Al_4C 和 Fe_3C 等，降低了材料的力学性能；夹杂物往往与增强相并存，难以有效去除。为了减少这些缺陷，人们将电磁场引入复合材料的原位合成过程，利用交变电磁场在液态金属中感生电磁压力和感应热，电磁压力将减少液态金属与结晶器壁的接触，感应热将影响结晶器的传热过程，进而改善液态金属的初始凝固状态，从而大大提高铸坯表面质量，同时电磁压力也有利于改善铸坯内部质量；其次，改变成型工艺。

TiC 颗粒具有高硬度、高熔点、高弹性模量和优良的耐磨性等优点，常被作为理想的增强相。以 TiC 为增强相的复合材料日益受到人们的重视，对 TiC 增强铁基、铝基材料已有大量研究。目前对于利用熔铸法制备 TiC 增强铜基复合材料也有很多研究，TiC 颗粒增强铜基原位复合材料的制备方法很多，最常见的方法就是利用球磨或者高温自蔓延制备，其关键技术在于 TiC 颗粒的合成。南昌大学汪志斌等人利用原位生成法制备高强高导电的铜基复合材料。以电解纯铜为原料，将 Ti 粉、Cu 粉、石墨粉按以下配比准确称取：（Ti 粉＋石墨粉）：Cu 粉（质量比）＝1∶1。Ti 粉的质量和石墨粉质量根据 Ti/C（摩尔比）分别为 1.0、1.5、2.0 称取。将称取好的粉末加入到事先经过石墨粉预磨、干洗的行星式球磨机的磨瓶中，球粉比为 10∶1，干磨 2h，球磨机的转速设置为 220r/min。球磨后粉末过筛（200 目），将制备好的粉末，按最终试样中 TiC 体积分数分别为 2%、5% 的比例称取粉末，把粉末放入直径为 15mm 的模具中，放在压片机的基座上，压力设置为 25MPa，将粉末压制成块状试样。利用 Cu-Ti-C 三元系粉末预压块在铜熔体中的热爆反应制备弥散强化铜材料。反应体系为 Cu-Ti-C，相互反应可能产生的化合物有 TiC，也可能有金属间化合物 Cu_4Ti_3、Cu_3Ti_2 等，并结合 XRD、EDS 结果分析预制块中 Ti/C（原子比）对 TiC 生成的影响及对 TiC 形成机理的初步探讨。

5.6　堆焊耐磨合金层制备技术

耐磨堆焊合金层的制备采用粉/丝复合堆焊技术，基本原理如图 5-6 所示。焊丝与基材间引发高温电弧，电弧熔化焊丝与基材形成熔池，合金粉体经堆焊喷头送入高温电弧区，经电弧加热至熔融或半熔融状态后，连同熔滴一同进入熔池。电弧移过，熔池金属热输入小于热散失，熔池随之冷却凝固，形成堆焊层。

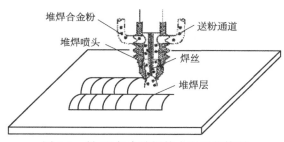

图 5-6　粉/丝复合堆焊技术的工艺简图

粉/丝复合堆焊技术的工艺参数如表 5-15 所示。堆焊工艺参数的选择应保证合金粉体能够溶解于熔池金属内部，不存在夹杂等焊接缺陷。

表 5-15　堆焊工艺参数

焊接电压 U/V	焊接电流 I/A	保护气体流量 $q_1/(L/min)$	送粉气体流量 $q_2/(L/min)$	送粉速度 $V_1/(g/min)$	送丝速度 $V_2/(m/min)$
25	220	17	15	55	12

试验用基材为 Q235 钢板，尺寸规格 150mm×150mm×10mm，焊前表面经除锈除油处理。堆焊用焊丝为 ϕ1.2mm 的 H08Mn2Si。保护气体、送粉气体采用 CO_2 气体或 N_2 气体。碳化硼合金粉体的粒度≤80 目。合金粉体焊前经立式行星混料机混合 1h，置于远红外焊条烘箱中 150℃烘干 24h 后使用。

堆焊层化学成分采用直读光谱仪（QSN 750-Ⅱ，OBLF，Germany）检测。为研究合金元素对堆焊合金中初晶 Fe_2B 的影响，采用 X 射线能谱仪（EDS；FALCON-60S，EDAX Inc，Mahwah，NJ）分析合金元素在堆焊层各处的分布情况，以及某相组织内部的合金元素含量，判断合金元素对组织结构的影响。

高硼铁基堆焊合金的物相组成为 Fe、Fe_2B 与 $Fe_3(C,B)$。其中，Fe、$Fe_3(C,B)$ 的衍射峰与标准 PDF 卡片峰位峰强完全吻合。Fe_2B 的衍射峰峰位吻合，但衍射峰峰强出现异常，特别是试样 G、J，衍射角 $2\theta=42.527°$ 的（002）晶面衍射峰相对强度明显增加，表明试样中有大量 Fe_2B 相的（002）晶面参与了衍射，如图 5-7～图 5-9 所示。

高硼铁基堆焊合金中各物相的衍射峰峰强与硼、碳的相对含量有关。Fe_2B 的衍射峰峰

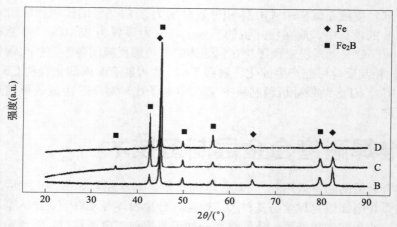

图 5-7　低碳高硼铁基堆焊合金 XRD 衍射图谱

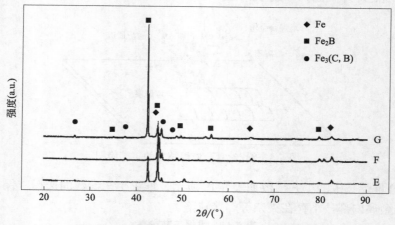

图 5-8　中碳高硼铁基堆焊合金 XRD 衍射图谱

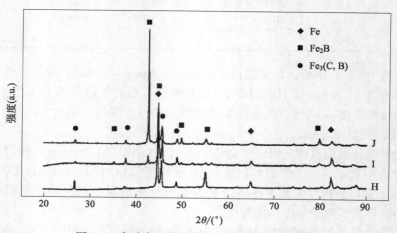

图 5-9　高碳高硼铁基堆焊合金 XRD 衍射图谱

强随硼含量的增加而变强变锐，相应的 Fe 的衍射峰是逐渐减弱的。$Fe_3(C,B)$ 的衍射峰只出现于碳含量＞0.55％（质量分数）的 E～J 试样，随碳含量增加，$Fe_3(C,B)$ 的衍射峰峰强增加。

通过粉/丝复合堆焊技术可以设计和制备不含有贵重合金元素的 Fe-B-C 系耐磨堆焊合金涂覆于 Q235 钢板表面，制备高硼铁基耐磨堆焊合金层。结合现代先进检测分析设备，可以研究硼化物硬质相的类型、形态、体积分数与不同基体的配合对堆焊合金磨料耐磨性能的影响。Fe-B-C 系堆焊合金典型的显微组织有树枝晶状 Fe、棒状 Fe_2B、鱼骨状 Fe_2B 以及菊花状 $Fe_3(C, B)$，调整硼、碳的含量与配比可控制堆焊合金中各显微组织的体积分数。不同组织结构堆焊合金的磨料耐磨性不同，过共晶成分合金以粗大的棒状 Fe_2B 为硬质相，以共晶组织为基体，棒状 Fe_2B 硬质相可有效保护共晶基体免受磨粒的损伤，阻断磨粒的切削路径，高显微硬度的共晶组织基体可避免因其过度磨损而引起硬质相脱落，两者良好的配合可表现出优异的磨料耐磨性。

采用粉/丝复合堆焊的工艺方法，可以针对磨料磨损的工况条件，研究硼与碳的交互作用对硼化物的类型、生长形态、分布状态的影响，以及不同基体与硼化物的组合、同一基体与不同硼化物的组合对堆焊层磨料磨损失效行为的影响，也可以利用该技术制备和研究高硼铁基堆焊合金和其他类别的耐磨合金层的组织结构与磨料耐磨损性能之间的关系，进一步拓展高硼铁基堆焊合金的应用。

5.7　等离子熔覆制备技术

表面熔覆技术是改善石油、化工、工程机械等领域中机械零部件表面性能的重要途径之一。它不仅可以修复旧的零部件，还可以在零部件表面形成具有特殊性能的复合层，对零部件起到改善表面质量、延长使用寿命和降低成本的作用。

目前，表面熔覆技术主要有等离子喷涂、激光熔覆和等离子熔覆技术等。其中，等离子喷涂制备出的金属涂层与基体属于一种机械结合，涂层中硬质颗粒极易脱落；激光熔覆时由于能量大，热量集中，涂层的残余应力较大，极易产生裂纹缺陷。因此，它们在工程实际应用中受到了限制。

等离子熔覆技术是通过机械压缩效应、热压缩效应、磁压缩效应将自由电弧压缩成电离度更高、温度更高、能量密度更集中的压缩电弧，并利用其作为热源，将合金粉末或者焊丝与基材表面同时熔化形成熔池，冷却凝固后形成与基材呈冶金结合的堆焊层。与激光熔覆技术相比，等离子熔覆材料熔融充分，热应力分配较均匀，形成的过渡区更深，原子结合力强。同时，其设备价格低，操作简便，因此在工程领域得到了广泛应用。

通过 WC/Ni 为研究主体，可以考察 TiC 粉末对熔覆层耐磨性的影响。因为 WC 拥有优异的耐蚀性、耐磨性、耐热冲击性和热强性，且 WC 拥有高硬度、高弹性模量、抗氧化性强、低热胀系数等优点。由于 WC 颗粒在高温下能被 Ni 润湿，因此在制备镍基自熔合金时加入适量的 WC 颗粒可以形成含 WC 的弥散型超硬合金。在实际使用过程中为进一步提高硬质合金材料的硬度和耐磨性，往往要再添加 TiC、TiB_2 等硬质相，如图 5-10 所示。TiC 的耐磨性和硬度比 WC 高，WC-TiC-Ni 硬质合金中的 $TiWC_2$ 不但可以提高合金的强度和硬度，而且可以提高合金材料的耐磨性。

熔覆层组织均匀致密，熔覆层与基体材料之间为冶金结合，如图 5-11 所示，熔覆层表面无裂纹和气孔，结合过渡区宽度为 $10 \sim 30 \mu m$。图 5-12 显示熔覆层中的 Cr 多以 Cr_4Ni_5W、Cr_2Ni_3 形式存在，Ti 多以 $TiWC_2$ 形式存在。分析主要原因为：Ti 元素的活性比 Cr 元素高，且生成 $TiWC_2$ 的吉布斯自由能比 CrC 低，因此 Ti 与 C 的亲和力比 Cr 与 C 的亲和力强。在熔覆过程中 WC 脱碳分解形成 W_2C 和 W，$TiWC_2$ 是由 TiC 与 W 反应生成，或是熔融状态的 WC 和 TiC 相互融合所形成，又或是 TiC 粉末中的游离 Ti 与 C 和 W

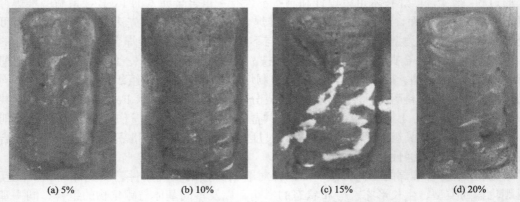

(a) 5%   (b) 10%   (c) 15%   (d) 20%

图 5-10   不同 TiC 添加量的等离子熔覆层的原始形貌

反应生成。$TiWC_2$ 的高强度、高硬度、抗高温等性能令熔覆层的硬度和强度得到进一步提高。

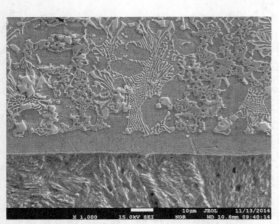

图 5-11   WC/Ni＋5％ TiC 熔覆
层纵切面的显微组织

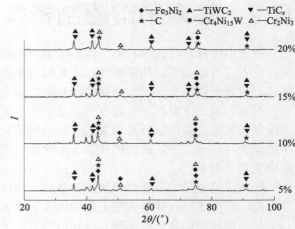

图 5-12   WC-TiC-Ni 熔覆层的
X 射线衍射谱图

参 考 文 献

[1]   杜磊 . 钢铁耐磨铸件铸造技术 . 广州：广东科技出版社，2005.
[2]   孙维连，魏凤，兰华 . 工程材料 . 武汉：华中科技大学出版社，2006.
[3]   机械工业职业技能鉴定指导中心 . 金属材料及热处理 .1999.
[4]   何奖爱，王玉玮 . 材料磨损与耐磨材料 . 沈阳：东北大学出版社，2001.
[5]   曾晔昌，陈文明 . 工程材料及机械制造基础 . 北京：机械工业出版社，1990.
[6]   郑明新 . 工程材料 . 北京：中央广播电视大学出版社，1986.
[7]   姚贵升 . 汽车金属材料应用手册 . 北京：北京理工大学出版社，2002.
[8]   中国机械工程学会铸造分会 . 铸造手册：第 3 卷 铸造非铁合金 . 北京：机械工业出版社，2002.
[9]   黄积荣 . 铸造合金金相图谱 . 北京：机械工业出版社，1980.
[10]   有色金属及其热处理编写组 . 有色金属及其热处理 . 北京：国防工业出版社，1981.
[11]   赵建康 . 铸造合金及其熔炼 . 北京：机械工业出版社，1985.

[12]　陆文华，李隆盛，黄良余 . 铸造合金及其熔炼 . 北京：机械工业出版社，1996.

[13]　斯米良金 . 工业用有色金属与合金手册 . 北京：中国工业出版社，1965.

[14]　仇俭，缪进鸿 . 铸造用有色合金及其熔炼 . 北京：机械工业出版社，1965.

[15]　中国机械工程学会铸造分会 . 铸造手册：第 1 卷 铸铁 . 北京：机械工业出版社，2002.

[16]　郑明新 . 工程材料 . 北京：清华大学出版社，2011.

[17]　黄积荣 . 铸造合金金相图谱 . 北京：机械工业出版社，1980.

[18]　陆文华，李隆盛，黄良余 . 铸造合金及其熔炼 . 北京：机械工业出版社 .

[19]　裘俭，缪进鸿 . 铸造用有色合金及其熔炼 . 北京：机械工业出版社，1965.

[20]　王丹虹 . 原位制造颗粒增强 MMCs. 机械工程材料，1996，20（6）：34-36.

[21]　汪志斌，谭敦强，王巍，等 . 原位生成 TiC 制备弥散强化铜材料 . 铸造，2009，58（5）：486-488.

[22]　朱永长 . 液/半固态双金属铸造复合耐磨薄板界面层组织及形成机制 . 哈尔滨：哈尔滨工业大学，2017.

[23]　庄明辉 . 高硼铁基堆焊合金组织结构形成机理及耐磨性研究 . 哈尔滨：哈尔滨工业大学，2017.

[24]　秦利锋 . TiC 添加量对等离子熔覆 Ni60-WC 复合涂层性能的影响 . 电镀与涂饰，2021，40（20）：1551-1555.

第6章

典型耐磨零件
生产实例

我国每年因磨料磨损报废大量零件。某些典型零件，用量巨大，耗费惊人。在土木建筑机械、破碎机械、水泥机械、混拌机械、泵类、疏浚机械、铸造机械、造纸机械以及金属矿山、钢铁冶炼机械中都有大量耐磨料磨损的零件，其中很大一部分承受载荷不大，冲击较小的零件，是用耐磨铸铁制造的，而且随着铸铁性能的提高，其品种范围不断扩大。对于一些要求有较好的耐磨性，又要有较高的冲击韧性的工况下，适宜采用耐磨铸钢件迎合需求。随着生产条件及环境复杂性提高，将铸铁与铸钢或其他耐磨材料通过多种途径配合、复合使用，是未来金属耐磨材料发展的主要趋势之一。

6.1 磨球

球磨机大量应用于粉碎物料，在水泥、发电、各种采矿业中年耗量甚大。例如我国水泥生产中耗球量约十几万吨，发电业耗球量也接近十万余吨，金属矿山的耗量还要更多。磨球在磨机中工作条件苛刻，受到凿削及高应力磨损，所以对磨球材料要求很严。

我国铸造磨球国家标准（GB/T 17445）牌号的化学成分及其力学性能见表 6-1 和表 6-2。国标还规定，铸造磨球沿通过绕道至球心的直径方向的硬度差不得超过 HRC3，磨球的碎球率质量分数原则上应小于或等于 1%。标准的附录介绍了落球冲击疲劳寿命试验方法，采用垂直落程 3.5m 的 MQ 型落球试验机，试样为 $\phi100mm$ 磨球，以磨球表面剥落层平均直径大于 20mm、中部厚度大于 5mm，或者磨球沿中部断裂为磨球的失效判据。

表 6-1　铸造磨球的化学成分　　　　　　　　　　　　单位：%

名称	牌号	$w(C)$	$w(Si)$	$w(Mn)$	$w(Cr)$	$w(Mo)$	$w(Cu)$	$w(Ni)$	$w(P)$	$w(S)$
高铬铸铁磨球	ZQCr26	2.0~2.8	≤1.0	0.5~1.5	22~28	0~1.0	0~2.0	0~1.5	≤0.10	≤0.06
高铬铸铁磨球	ZQCr20	2.0~2.8	≤1.0	0.5~1.5	18~22	0~2.5	0~1.2	0~1.5	≤0.10	≤0.06

名称	牌号	$w(C)$	$w(Si)$	$w(Mn)$	$w(Cr)$	$w(Mo)$	$w(Cu)$	$w(Ni)$	$w(P)$	$w(S)$
高铬铸铁磨球	ZQCr15	2.0～3.0	≤1.0	0.5～1.5	13～17	0～3.5	0～1.0	0～1.5	≤0.10	≤0.06
中铬铸铁磨球	ZQCr8	2.1～3.2	0.5～2.2	0.5～1.5	7～10	0～1.0	0～0.8	0～1.5	≤0.10	≤0.06
低铬铸铁磨球	ZQCr2	2.2～3.6	≤1.2	0.5～1.5	1.5～3.0	0～1.0	0～0.8	—	≤0.10	≤0.10
贝氏体球墨铸铁磨球	ZQSi3	3.2～3.8	2.0～3.5	2.0～3.0	—	—	—	—	≤0.10	≤0.03

表 6-2　铸造磨球的力学性能

名称	牌号	表面硬度 HRC		落球冲击疲劳寿命/次
		淬火态(A)	非淬火态(B)	
高铬铸铁磨球	ZQCr26	≥56	≥45	≥8000
高铬铸铁磨球	ZQCr20	≥56	≥45	≥8000
高铬铸铁磨球	ZQCr15	≥56	≥49	≥8000
中铬铸铁磨球	ZQCr8	—	≥48	≥8000
低铬铸铁磨球	ZQCr2	—	≥45	≥8000
贝氏体球墨铸铁磨球	ZQSi3	≥50	—	≥8000

　　磨球用于冲击碾磨金属矿石、煤、耐火材料和水泥等。在冲击碾磨这些材料时，包含了许多不同的环境条件，例如有湿的和干的磨料磨损，腐蚀，冲击疲劳等。条件虽然各异，但共同的要求是，磨球要有足够的抗磨性和抗冲击破碎能力。

　　磨球直径为 $\phi10～127mm$。一般说，磨机内被磨材料粒度越大，材质越硬，磨球尺寸要选得越大。相反，最后出口的被磨材料要求越细，磨球尺寸则用得越小，以利碾磨。通常是大小球按一定比例混合使用，运行中，经常添加大球，使磨机工作时保持有大小球固定的混合比例。

　　镍硬马氏体白口抗磨铸铁的磨球因脆性而应用受到限制。目前国内有多种抗磨材料用来制造磨球，如各种高、中、低合金白口铸铁，马氏体球墨铸铁，贝氏体球墨铸铁等。其中高铬白口铸铁的磨球应用较广泛，工况不同时，可选择不同的化学成分，如碳较高的高铬白口铸铁适用于制造小球，碳较低又经热处理的高铬白口铸铁则可制造大磨球。

　　磨球运行中不应碎裂，亦不应失圆，铸造质量至关重要。砂型铸造磨球的工艺如图 6-1 所示。铁液由分型面引入，首先进入冒口，流动平稳，不致卷入气泡。冒口的尺寸以及冒口颈的大小和形状均应精心设计使磨球能得到充分补缩，而冒口大小又能恰到好处。磨球取下后冒口颈留下的残根尽可能小。

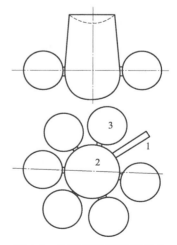

图 6-1　磨球的砂型铸造工艺
1—内浇道；2—冒口；3—磨球

　　高铬铸铁磨球通常经高温空淬并中低温回火热处理，以得到高硬度的马氏体或贝氏体基体组织，淬火态的力学性能见表 6-2。对高铬铸铁淬火态磨球而言，应尽量减少残余奥氏体量并力求硬度高于 60HRC。中、低铬铸铁及 Cr12 铸铁磨球一般采用铸态去应力处理，以得到抗冲击疲劳性能优异的珠光体类型的基体组织，其力学性能见表 6-2。

在水泥厂和火力发电厂的干磨工况，抗磨合金白口铸铁磨球及抗磨球墨铸铁磨球应用比较广泛。在湿磨工况，合金抗磨白口铸铁磨球的性能价格比不如干磨工况，但仍表现出优良的抗磨性能。但湿磨工况常常是物料（如矿石）硬，又伴随有腐蚀，因而抗磨球墨铸铁磨球及高碳低合金锻钢磨球也占有一定的市场份额。

6.2　球磨机衬板

衬板是用于保护球磨机筒体免受研磨体和物料直接冲击和摩擦的关键易损件。球磨机衬板耗用量在水泥业中约为磨球用量的三分之一，也是用量极大的零件之一。球磨机衬板（包括筒体衬板、端衬板、隔仓板、篦子板）是水泥厂、选矿厂主要的易损件，更换衬板不仅消耗人力物力，而且影响球磨机产量。改进衬板质量，提高耐用性，对于使用球磨机的工厂来说，是一项亟待解决的问题。

磨球机衬板与磨球配对使用，工况一致，对衬板的基本要求是抗磨损、不断裂、不变形，为此衬板须有较高的硬度和屈服比，须配有良好的强韧性。

国内外最常用的衬板材料是高锰钢。球磨机在运转过程中，高锰钢衬板受到磨球和被磨物料的冲击，表面发生加工硬化，表层硬度提高，从而获得较好的抗磨能力。高锰钢还有良好的韧性，受到较大的冲击而不致发生断裂。这是它作为球磨机衬板得到广泛应用的原因。

高锰钢衬板在长期使用过程中也发现一些问题。磨球和物料的冲击常常不能使衬板充分加工硬化，其抗磨潜力得不到有效发挥。另外，因其屈服强度较低，容易在冲击、碾压作用下变形。有些衬板使用一定时间后，因过度变形而难于拆卸，有些篦子板篦孔尺寸因变形而减小到过度限制物料的通过量，以致影响球磨机产量。

多年来，国内外对球磨机衬板材料进行了广泛的研究。曾经使用过的衬板材料有：铬钼钢、镍硬铸铁和高铬铸铁等。美国 Climax 公司对几种用于湿磨矿石的球磨机衬板材料进行了比较。在选矿厂实际使用的结果表明，高铬钼铸铁衬板与奥氏体锰钢衬板相比，相对费用虽然较高，但是磨损率降低，更换衬板次数少；与镍硬铸铁衬板相比，高铬钼铸铁衬板具有更好的耐磨性和韧性，不但寿命长，质量较稳定，而且能避免在重冲击载荷作用下突然断裂失效。在一些球磨机中的使用情况表明：高铬钼合金铸铁衬板寿命比铬钼钢衬板寿命延长 20%～50%。在 Climax 公司的选矿厂，高铬钼合金铸铁已成为标准的衬板材料。

砂型铸造高铬铸铁衬板的工艺示意图如图 6-2 所示。铁液通过冒口进入型腔，可使冒口与铸件的温差增大，延长冒口的补缩时间，提高冒口的补缩能力。对衬板的抗磨工作表面，在铸造时还可以用外冷铁，以提高表层的质量特别是硬度，进而提高抗磨性能。

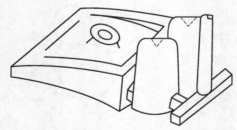

图 6-2　阶梯衬板的砂型铸造工艺示意图

高铬铸铁衬板通常经高温空淬并中低温回火热处理，热处理后的硬度最好高于 60HRC。

高铬铸铁衬板用于水泥球磨机显示了其优越性。国内许多工厂曾使用高铬铸铁衬板并与高锰钢衬板进行耐用性比较。在中、小型球磨机中高铬铸铁衬板寿命一般为高锰钢衬板寿命的 1~2 倍，而在大型球磨机中，两者使用期限之比约为 1.5~2.5。高铬铸铁衬板最长的使用寿命已达 6 年之久，而高锰钢衬板使用 2~3 年后即磨穿。

在小型磨球机，或者重大型磨球机而又磨球尺寸较小时（如大型水泥磨的二仓），或者使用了较大的磨球时，就需改用韧性好的材料，如耐磨合金铸钢，以免衬板断裂而早期失效。

6.2.1　平做立浇法双金属复合衬板

目前，我国建材、水泥、冶金、矿山、电力等工业部门使用的大型球磨机衬板多为高锰钢材质，虽韧性较好，但耐磨性还不足够好，屈服强度低，在使用过程中易产生变形，致使球磨机衬板因螺栓拉断而脱落，且无法与硬度高、耐磨性好的高铬铸铁球匹配使用。高铬铸铁衬板，虽耐磨性好，不变形，但冲击韧性较差，破裂严重，只能制造直径不超过 3m 的小型球磨机衬板。双金属复合铸造是根据铸件的使用工况要求，在其不同部位选用不同金属进行铸造的工艺方法。采用该法生产的铸件能充分发挥不同金属各自的优异性能，有效弥补各自的不足，从而表现出优良的整体性能。

平做立浇法是将两种材质金属同时冶炼、同时浇入型腔，并要求保证两种金属液面同时等速度缓慢上升，熔融的钢水、铁水在隔板两侧使隔板温度迅速升高，隔板金属表面熔化 0.5mm 左右，逐渐形成良好的冶金结合。双金属复合衬板的结构示意见图 6-3，工作面采用高铬铸铁，非工作面采用优质碳钢，中间隔板采用低碳钢。对于立

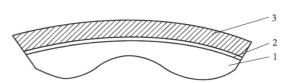

图 6-3　双金属复合衬板的结构示意图
1—工作面；2—中间隔板；3—非工作面

浇双金属的铸造工艺，采用中间隔板是这种工艺的最大特点，隔板做成圆弧状，与衬板的非工作面成同心圆弧。隔板位置放置在衬板波谷厚度的 1/2 处，隔板的厚度约为 2mm。在中间隔板的两侧，各建立一个浇冒口系统，形成双浇冒口系统。在设计浇冒口系统时，采用阶梯式浇注系统，同时要避免金属液直接冲击中间隔板。双金属复合衬板的化学成分见表 6-3。

表 6-3　双金属复合衬板化学成分表　　　　　　　　单位：%

材质	$w(C)$	$w(Cr)$	$w(Mn)$	$w(Si)$	$w(Mo)$	$w(Cu)$	$w(Re)$	$w(P)$	$w(S)$
高铬铸铁（工作面）	2.4~3.8	12~14	1.0	0.4~0.8	0.4~0.6	0.5~1.0	0.1	<0.1	<0.06
20 铸钢层（非工作面）	0.15~0.25		0.3~0.6	0.2~0.4				≤0.04	≤0.04
Q235A（中间隔板）	0.14~1.22		0.30~0.65	0.30				0.045	0.050

平做立浇的铸造工艺结构示意见图 6-4。浇注前隔板需要经过 90% 的盐酸清洗干净，烘干后再放入砂箱。隔板的固定，可采用一般铸件常用的冷铁的固定方法或其他固定方法，浇注时不容移动。高铬铸铁和碳钢分别在熔炼炉中熔炼，高铬铸铁的熔炼温度在 1520℃ 左右，碳钢的熔炼温度在 1600℃ 左右。浇注时，高铬铸铁的浇注温度在 1400℃ 左右，碳钢浇注温度在 1500℃ 左右。通过隔板两侧的双浇冒口同时进行浇注。在浇注过程中要求两种金属液面在隔板两侧等速缓慢上升，即两液面的瞬时位置高度一致，以减少隔板两侧的压力差。因

为压差会引起隔板向压力小的一侧倾斜，增加耐磨层厚度的不均匀性，同时也会使液面高的金属通过隔板与型腔的空隙，向液面低的一侧渗流，影响铸件的成分与组织均匀性。因此，在浇注过程中需要很好控制两种金属的浇注速度。

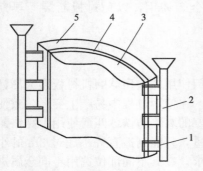

图 6-4　铸造工艺结构图
1—横浇道；2—立浇道；3—高铬铸铁；
4—隔板；5—碳钢

用平做立浇铸造工艺生产的双金属复合衬板必须进行热处理。热处理工艺的加热温度范围为 820～1000℃，淬火后在 300～500℃下进行回火。热处理后高铬铸铁的硬度可达到甚至超过 65HRC。

当浇注过程引起的液体金属的翻滚刚停止时，隔板表面达到熔化状态，铸铁中的碳和合金元素在隔板处于液相时，向低碳钢一侧快速扩张，使碳和合金元素均匀过渡，得到的组织从铸铁到铸钢依次为铸铁、过共析钢、共析钢、亚共析钢。这是双金属结合承载能力最强的理想组织。隔板的理想厚度是高铬铸铁液与优质碳素钢液在停止翻滚时，刚好将隔板完全熔化，而不发生金属液的冲混。在实际的生产中，不可能得到理想的隔板厚度。为了保证金属液不至于冲混，要求隔板不能完全熔透。

因此，隔板不能太厚也不能太薄。隔板太薄，在浇注过程中隔板很快烧穿，引起铸铁与铸钢的冲混，影响耐磨层的性能；隔板偏厚将导致铸铁一侧的隔板熔化太浅，造成该处碳的浓度梯度大，增大了组织应力。

平做立浇双金属复合铸造衬板的金相组织与力学性能都要有一定的要求，高铬铸铁层工作面的金相组织为：马氏体＋M_7C_3碳化物＋$A_残$。铸钢层非工作面的金相组织为：珠光体＋铁素体。高铬铸铁层（工作面）的抗弯强度 $\sigma_w \geqslant 600MPa$、硬度≥55HRC、冲击韧性 $a_k = 3\sim7J/cm^2$。铸钢层（非工作面）的抗弯强度 $\sigma_w \geqslant 490MPa$，硬度<200HB，冲击韧性 $a_k > 35J/cm^2$。

平做立浇工艺方法，由于金属液面缓慢上升，双金属与隔板的结合部位不易出现气泡和非金属夹杂。平做立浇法生产的衬板其工作面为抗压强度高、耐磨性能好的高铬合金铸铁，非工作面为韧性好的优质碳素钢，既有较高的耐磨性，又有良好的整体韧性，同时又克服了水平浇注易出现的冲混和冷隔现象，提高了衬板的使用寿命，保证了设备安全运行。

6.2.2　双液双金属复合铸造衬板

粉磨过程中，磨球与衬板间产生相对滑动和滚动，除受到反复冲击作用外，表面还产生切削沟槽、犁沟和挤压坑。物料硬度越高，可粉碎性越差，凿削挤压就越严重。而球磨机筒体直径越大，衬板受到的冲击作用也越大。所以衬板主要受高应力研磨与撞击，为塑性变形与磨料磨损。因此要求衬板用铸造合金既具有良好的耐磨性，又具有高的强度和韧性。对于物料硬度较高、筒体直径较大的研磨机，衬板用铸造合金的强韧性应更优些，硬度也应高些，单一材质往往很难满足较宽应力范围工况的要求。

双液双金属复合铸造衬板，铸型下部放置激冷材料，先浇入中碳低合金贝氏体抗磨钢衬层液态金属，经过一段时间后，再快速浇入高碳低合金贝氏体抗磨钢工作层（抗磨层）液态金属，而形成工作表面为高硬度的抗磨层，其余为韧性较好衬层的双金属复合衬板，具体结构如图 6-5 所示。

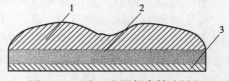

图 6-5　双液双金属复合铸造衬板
1—耐磨层；2—衬层；3—激冷材料

造型时将工作面朝上，型腔下面设置冷铁，先以较快的速度由浇口浇入定量的中碳低合金贝氏体抗磨钢的液态金属，使其成为韧性较高的衬层。间隔3～6s后，以较慢的速度浇入高碳低合金贝氏体抗磨钢的液态金属，使其成为抗磨性较高的抗磨层。采用双液双金属复合铸造衬板克服了现有衬板存在的不足，该衬板既具有良好的耐磨性，又具有高的强度和韧性。

该衬板生产工艺过程简单，无需中间隔板，生产成本低，制造方便，衬层与耐磨层之间形成的冶金结合面积大，强度高，具备高的使用寿命。同时该工艺方法适合生产平板型衬板，材质复合适应性强，对于铸铁-铸钢，铸铁-铸铁，铸钢-铸钢等复合都能达到较好的效果，对于大中小型复合铸造衬板皆适用。

6.3　液/半固态双金属铸造复合耐磨板

"液/半固态"双金属铸造复合技术针对复合板材的大平面冶金结合、较薄的使用厚度等特定工况需求，利用基底材质在冷却介质作用下形成较大的温度梯度，促使金属液在凝固过程中趋于层状凝固，当基底材质上表面处于半固态时浇注耐磨层金属，实现两种金属的冶金结合。液/半固态双金属铸造复合板不但可以实现两种材质大面积平面冶金复合，又能有效避免因表面完全凝固后出现氧化夹杂难于去除的弊端，同时可以有效解决焊接方法出现的焊接残余应力、宏观裂纹及成分不均匀等问题，进而避免综合力学性能受到影响，提高耐磨板的使用寿命。

在水冷铜板及冷铁冷却条件下，采用液/半固态双金属铸造复合工艺制备的尺寸为300mm×400mm×30mm的低碳钢/高铬铸铁复合板，如图6-6(a)所示。选用的装机测试设备为型号PF-1007反击式破碎机，复合板作为护板被安装在破碎机内部物料流动冲击较为剧烈的内衬位置，如图6-6(b)。PF-1007反击式破碎机的最大进料尺寸约为300mm，排料粒度为100～20mm，产量为35t/h，按破碎作业的排料粒度划分属于中碎设备，测试选用的物料为比较坚硬的花岗岩，装机破碎的物料粒度范围为150～300mm，排料粒度要求为30～50mm。复合板的工况环境主要为承载破碎花岗岩料块的滑动磨损及一定程度的冲击磨损。

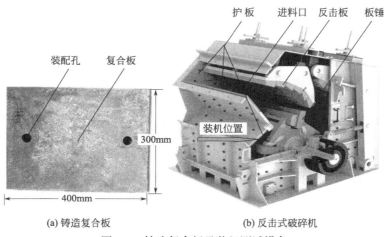

(a) 铸造复合板　　　　(b) 反击式破碎机

图6-6　铸造复合板及装机测试设备

实际生产中，反击式破碎机多采用高锰钢材质作为护板，由于护板所在位置受到的冲击力相对较小，高锰钢冲击硬化能力较为不理想，也有部分工矿企业采用堆焊耐磨板，在上述工况条件参数下，装机测试结果如表 6-4 所示。

表 6-4　不同材质耐磨板装机磨损测试数据

序号	材质类型	使用寿命/月	
		湿磨	干磨
1	高锰钢	6	8
2	高铬铸铁堆焊耐磨板	10	15
3	低碳钢/高铬铸铁铸造复合板	12	18

利用表 6-4 中装机测试数据分析可知，不同材质的耐磨板在湿磨工况下使用寿命低于干磨工况条件；在干磨或湿磨工况下，单一材质的高锰钢使用寿命为 6～8 个月，高铬铸铁堆焊耐磨板使用寿命为 10～15 个月，液/半固态双金属铸造低碳钢/高铬铸铁复合板使用寿命为 12～18 个月，与同化学成分的堆焊耐磨板的使用寿命相比提高约 20%～30%。液/半固态双金属铸造复合板生产设备简单，复合板产品可以一次成型，满足设备装配需求，生产成本平均降低 30%。

在不同冷却条件下，高铬铸铁浇注温度为 1530℃，分别取低碳钢浇注温度为 1520℃、1530℃和 1540℃的低碳钢/高铬铸铁铸造复合板进行对比测试分析。铸造复合板高铬铸铁耐磨层质量约为 18.36kg，基底低碳钢质量约为 9.36kg，复合板总质量约为 46.08kg。在干磨工况中应用 16 个月后拆卸，然后利用失重法对复合板耐磨性进行评估。获取的具体测量数据如表 6-5 所示。

表 6-5　不同冷却条件下制备的复合板装机磨损测试

序号	复合板低碳钢浇注温度/℃	水冷铜板冷却条件		冷铁冷却条件	
		磨损后质量/kg	磨损比重(质量分数)/%	磨损后质量/kg	磨损比重(质量分数)/%
1	1520	13.95	75.98	13.46	73.31
2	1530	13.76	74.94	13.12	72.54
3	1540	13.31	72.54	12.85	69.98

通过表 6-5 中铸造复合板装机测试获得的磨损数据可知，采用液/半固态铸造复合工艺制备的耐磨板使用寿命受到冷却条件和低碳钢浇注温度的影响。根据不同冷却条件下的耐磨板磨损比重，水冷铜板冷却条件下制备的复合板耐磨性明显优于冷铁条件下的。水冷铜板条件下激冷效果强，低碳钢逐层凝固的半固态区窄，而且易于控制浇注高铬铸铁时半固态区上方存有的液相，高铬铸铁原始成分受到低碳钢重熔稀释作用小，从而保证高铬铸铁的力学性能，磨损后的复合板表面比较光滑平整，如图 6-7(a)、(b) 和 (c) 所示。冷铁条件下制备的复合板，低碳钢凝固时半固态区较宽，而且浇注高铬铸铁时半固态区上方液相不易控制，高铬铸铁浇注后被一定程度稀释，从而耐磨性能受到一定影响，同时因为合金成分的波动，导致局部磨损表面不平整，如图 6-7 (d)、(e) 和 (f) 所示。在不同的冷却条件下，随着低碳钢浇注温度的提高，复合板表面磨损形貌也稍有差异。水冷铜板条件下低碳钢浇注温度为 1520℃和 1530℃时，复合板表面光亮平整；浇注温度为 1540℃时，复合板表面局部出现高度差异，主要是因为重熔区变宽，成分不均匀造成局部磨损性能差异。冷铁条件下低碳钢浇

注温度为 1520℃、1530℃和 1540℃时，复合板表面磨损高度差异较大，重熔区较宽引起成分不均匀造成局部磨损性能差异，随着低碳钢浇注温度的升高，因成分波动加大导致耐磨性能的差异更为明显。

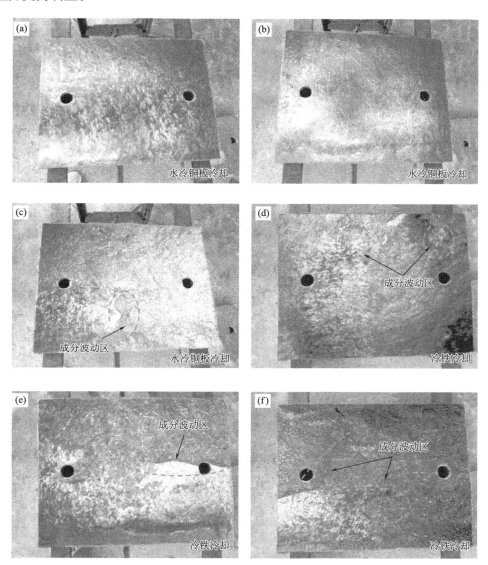

图 6-7 不同低碳钢浇注温度制备的复合板表面磨损形貌实物图
(a) 1520℃；(b) 1530℃；(c) 1540℃；(d) 1520℃；(e) 1530℃；(f) 1540℃

通过以上研究，在水冷铜板和冷铁条件下采用液/半固态双金属铸造复合工艺制备复合板都是可行的，复合耐磨板可以满足实际生产中的复杂工况条件。在实际生产中，利用液/半固态双金属铸造复合工艺可以将耐磨板最小厚度控制在约 20~23mm，其中基底材料厚度最小为 10mm，高铬铸铁耐磨层厚度可根据需要进行相应调整，如图 6-8(a) 所示。铸造复合耐磨板相对其他方法有着优良的冶金质量，避免了微观裂纹源的产生，直接杜绝了耐磨层宏观裂纹的产生，而且复合板可以通过热处理工艺进一步提高力学性能，并能进行热整形，对磨粒直径和流向无特殊要求。实际生产中可以根据需要一次铸造成所需形状，避免了按需要形状切割和加工导致的 15%～20% 板材浪费，如图 6-8(b) 所示。

图 6-8　反击式破碎机用低碳钢/高铬铸铁铸造复合耐磨板配件
(a) 双金属复合耐磨板最小板厚；(b) 耐磨板实物图

　　液/半固态双金属铸造复合工艺是一个涉及工艺控制、材料设计、组织分析和性能测试的多学科内容，在实际生产应用过程中应根据工况需求进行多方面深入研究，从而实现液/半固态双金属铸造复合板材的连续化生产和质量控制。液/半固态双金属铸造复合工艺制备耐磨薄板技术可显著节约资源与能源。铸造复合耐磨板相对其他方法有着优良的冶金质量，避免了微观裂纹源的产生，直接杜绝了耐磨层宏观裂纹的产生，而且复合板可以通过热处理工艺进一步提高力学性能，并能进行热整形，对磨粒直径和流向无特殊要求。实际生产中可以根据需要一次铸造成所需形状，避免了按需要形状切割和加工导致的板材浪费。液/半固态双金属铸造复合耐磨板较高的使用寿命和减少装拆机更换零配件时间，可大幅提高生产效率，为耐磨复合板的生产与应用提供了新途径。

6.4　破碎机颚板

　　颚板是颚式破碎机上的重要零件，也是破碎机上消耗最大、最容易损坏的零件。目前，国内破碎机使用的各种型号的传统颚板，大多都是采用中碳合金钢、高锰钢或高铬铸铁。一般用高锰钢、工具钢、中锰球铁等材料制造，寿命低，改用高铬铸铁 [$w(\mathrm{C})=2.2\%\sim2.8\%$；$w(\mathrm{Cr})=12\%\sim16\%$；$w(\mathrm{Mo})=1\%\sim1.5\%$；$w(\mathrm{Cu})=<1.2\%$；$w(\mathrm{Mn})=0.8\%\sim1.2\%$；$w(\mathrm{Si})=1.6\%$；$w(\mathrm{W})=0.2\%\sim0.5\%$；$w(\mathrm{V})<0.3\%$] 后，寿命较高锰钢提高 4 倍以上。

　　中碳合金钢和高锰钢韧性虽好，但硬度低，抗磨性相对较差，颚板使用寿命低；高铬铸铁虽然抗磨性好，但因其韧性较差，使用过程中容易产生断裂现象。

6.4.1　双液浇注可变铸型双金属复合铸造颚板

　　双金属颚板铸件（图 6-9，图 6-10）的型腔分别由砂型下箱，金属型上箱和砂型上箱三部分组合而成。砂型上箱与下箱分别在现场造型，金属型上箱可预制，重复使用，使用前先预热。在铸件形成过程中，先由砂型下箱和金属型上箱合箱后，构成高铬铸铁耐磨层铸型型腔（图 6-11），浇入第一种高铬铸铁金属液体，控制好时间，等凝固后，将金属型上箱去除，合上砂型上箱，构成颚板的背部形状（图 6-12），再浇入第二种碳钢金属液体，在碳钢高温液体的作用下，已凝固的高铬铸铁表面会形成一薄的熔融层，使碳钢与高铬铸铁之间形成良好的冶金结合，经开箱清理、热处理等工艺处理后即得到所要求的成品。

图 6-9　动颚板纵向截面示意图

图 6-10　双金属颚板截面示意图

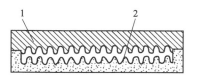

图 6-11　第一次浇注合箱示意图
1—金属型上箱；2—砂型下箱

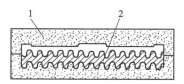

图 6-12　第二次浇注合箱示意图
1—砂型上箱；2—砂型下箱

　　双液浇注可变铸型双金属颚板制造工艺的优点如下。

　　① 无需采用定量浇包，对造型浇注现场的水平度要求不高，可直接浇注出颚板的高铬铸铁耐磨层部分，方便了现场工人的操作，并且不会产生如双液双金属水平浇注工艺中易产生的上型箱的疏松、落砂，甚至于塌箱等现象。同时金属型箱的采用，可使浇入的液态高铬铸铁金属冷却速度加快，有利于细化晶粒。

　　② 金属型箱的采用，使结合面形状不局限于平面，如在横向截面上，结合面可设计成波浪形（图 6-13），这样可增加双金属间的结合面积，使得双金属结合更为牢固，对弧度较大的曲面，金属箱型腔形状在纵向截面上，可根据零件弯曲形状设计成弧形结合面，这样可以较好地满足具有弧形曲面、截面厚度不均的磨损件的双金属制造。对衬板（图 6-14）双金属的厚度设计能较好地满足零件的实际磨损要求，同时也节约了合金材料。

　　③ 由于是在观察到第一层金属已凝固后再浇入第二种金属，因此本工艺实施时不会产生水平浇注时易产生的双金属液体冲混现象，双金属结合层厚度均匀，不会产生分层、冷隔等缺陷。虽然在工艺实施中，要调换一次上型箱，造成一定的操作难度，但与平做立浇等双液双金属制造工艺相比，只要掌握工艺规程，控制好各工序之间的时间，其质量控制是有保障的，可以批量生产。

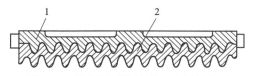

图 6-13　固定颚板波浪形双金属结合面
1—碳钢；2—高铬铸铁

图 6-14　衬板弧形双金属结合面
1—碳钢；2—高铬铸铁

6.4.2　双液双金属复合铸造颚板

　　双液双金属复合铸造颚板生产工艺方法，由于耐磨工作层表面采用了高铬铸铁，衬层用低合金钢材质制作，既发挥了工作层高铬铸铁耐磨性好的作用，也发挥了衬层材料韧性强的特长，使鄂板的使用寿命明显增加。

　　由于采用双液双金属复合铸造方法生产颚板，使工作面具有很高的耐磨性，衬层部分具有良好的冲击韧性，充分发挥了各种材料的特长。同时雨淋式浇注系统的使用，确保了复合材料界面的均匀和完整，使颚板的使用性能得以优化。

双液双金属复合铸造颚板的铸造工艺见图 6-15，图中 1 是复合材料工作层，其材质为高碳贝氏体钢、高铬铸铁或高铬钢，在耐磨工作层处放置激冷材料，用于加速金属液的冷却，为了防止混料现象，激冷材料应放置在双液结合面以下，根据铸件大小，可以放置在颚板结合部位以下的两侧或四周；图中 2 是衬层，材质为低合金钢，以保证颚板的整体强度；图中 3 是工作层的浇注系统，用于浇注或补缩高铬铸铁或高合金钢液体；图中 4 是用于浇注衬层的雨淋式浇注系统，用于浇注或补缩衬层的金属液，并防止后浇注的金属液对结合界面的过度冲刷，确保结合界面的均匀和完整；图中 5 是双金属复合界面。

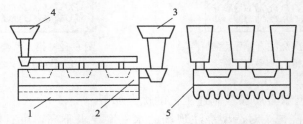

图 6-15　双液双金属复合铸造颚板的铸造工艺示意图
1—工作层；2—衬层；3—工作层浇注系统；4—衬层雨淋式浇注系统；5—双金属复合界面

采用两个浇注系统，先在工作层浇口处浇入高铬铸铁（或高碳贝氏体钢、高铬钢），当金属液达到复合界面或稍下一点时，根据铸件大小，间隔 3～120s 之后，再在衬层浇口处浇入低合金钢，并在耐磨工作层处放置激冷材料，同时，衬层采用雨淋式浇注系统，防止后浇注的金属液对结合界面的过度冲刷，以保证结晶界面与基体具有一定的温度梯度和一定厚度及均匀、完整的结合界面。

6.4.3　双金属组合式齿板

颚式破碎机机内所用齿板由于破碎物料时受力复杂，工况条件恶劣，磨损较快。目前国内外多采用高锰钢齿板。高锰钢是韧性材料，它的起始硬度低（180～210HB），并不很耐磨。将齿板的抗磨齿条部位应用硬度高而耐磨性好的高铬铸铁齿块，支承部位使用冲击韧性极佳的高锰钢，再用胶粘剂将两种金属粘结而成"复合齿板"。该齿板既有高韧性，又有高耐磨性。

在生产过程中，首先在高锰钢基体的齿条上铸出若干盲孔后，镶入高硬度的材料高铬铸铁齿块，然后用胶把双金属粘结而成双金属复合齿板。

镶入的高铬铸铁齿块主要靠胶的粘结固定，然后靠破碎物料的压力作用，使高锰钢基体产生塑性变形，把镶入盲孔的齿块包紧。这样齿板的双金属材料就发挥着各自的优点，达到耐冲击、耐磨损的优良使用性能。

6.5　锤头

锤式锤头是建材、矿山、化工等行业使用的锤式破碎机上的关键配件，也是破碎机上消耗最大、最容易损坏的零件。目前，国内破碎机使用的各种型号的传统锤式锤头，大多是采用中碳合金钢、高锰钢或高铬铸铁。中碳合金钢和高锰钢韧性虽好，但硬度低，抗磨性相对较差，锤头使用寿命低；高铬铸铁虽然抗磨性好，但因其韧性较差，使用过程中容易在锤头的柄部发生断裂。由于锤头寿命短而频繁停机更换，降低了设备运转率，近年来，广大专业工作者不断探索新材料新工艺，以提高锤头的性能和使用寿命。

锤式破碎机的锤头在高速运转下，线速度达 25～55m/s，破碎物料时为提高生产率，冲击角都选为60°～90°。在破碎时，锤头受到冲蚀磨料磨损，而在锤头转向机器底部时，还将和堆积在底部的物料接触，一方面冲击破碎物料，另一方面高速从物料中挤过，碾压物料，冲击角度为0°左右，受到擦划、切削磨损。高锰钢锤头残体表面有众多擦划，犁削沟槽，并有小块裂开、剥落现象。高铬铸铁锤头则无严重犁削痕迹，但有开裂、剥落现象，能够明显提高锤头寿命。锤头在破碎物料时，磨损机制和冲蚀磨损多次变形机制相同。在此条件下，常用铸铁的冲蚀磨损耐磨性见表6-6和表6-7。由表中数据可以看出：除玻璃外，高合金铸铁在高位冲击条件下，没有特殊优越性。在前面磨蚀磨损中也提到过这一点。但在低位冲击角时，由于切削、犁沟机制较主要，铸铁的硬度高，有一定优越性。锤头通常在破碎过程中，既受到高冲击角的冲蚀磨损，又受到犁削、切削磨损，所以采用铸铁，特别是韧性较好的镍硬4、高铬铸铁及钒铸铁是合适的。

表6-6　铸铁的冲击耐磨性

材质	硬度HV	石灰石 120~190HV		玻璃 550~600HV		石英砂 1150HV	
		30°	90°	30°	90°	30°	90°
高铬铸铁 15-3	620	6.3	3.8	41.7	14.7	1.8	0.9
珠光体白口体	525	4.6	3.0	21.5	9.4	1.4	0.7
灰铁 24-44	210	0.7	0.5	—		0.7	0.5

注：1. 冲蚀速度灰铁为165m/s，其余为100m/s。
2. 标样为45钢（175HV）。

表6-7　几种铸铁的冲蚀磨损耐磨性

名称	成分/%					热处理	硬度HV	显微硬度/MPa		速度约70m/s				速度约35m/s	
	$w(C)$	$w(Si)$	$w(Mn)$	$w(Cr)$	其他			基体	碳化物	长石(640~830HV)		石英砂(1150HV)			
										15°	90°	15°	90°	15°	90°
镍硬4	2.94	1.62	0.80	7.65	Ni 5.58	无	400	348	1069~1720	2.3	0.9	1.8	0.4	1.9	0.5
						780℃×4h空	736			2.9	1.1	2.0	0.5	2.3	0.4
钒铸铁	2.67	0.85	0.73	1.02	V 7.10	铸态	512	287	2332~2520	2.2	1.3	1.8	0.7	1.8	0.7
						960℃×2h油	838			3.5	1.3	2.5	0.7	2.5	0.5
15-3	2.94	0.61	0.73	14.86	Mo 2.06	铸态	554	401	1427~1835	3.1	1.2	2.0	0.6	2.3	0.5
						950℃×2h空	918			4.8	1.8	2.8	0.8	3.0	0.5
Cr27Mo2	2.80	1.30	0.69	26.67	Mo 1.8	铸态	642	409	1505~1783	4.0	1.5	2.2	0.6	2.2	0.5
						950℃×4h炉	492			2.2	1.1	1.7	0.6	1.8	0.8
镍硬2	2.79	0.58	0.69	2.11	Ni 4.24	铸态	444	282	1097~1286	2.7	1.0	1.7	0.4	2.2	0.4
马氏体钢						淬火	707			1.8	1.0	1.9	0.6	2.0	0.5

注：标样st37（110HV）。

锤头失效的另一主要形式是整体断裂，断裂部位在锤柄部。为防止断裂，常用锤头材质是高锰钢和低合金钢，例如：30CrNiMoRE、70MnMoRE、70Mn2Mo、30CrNiMn、30SiNiMo、50Mn2等，在$\phi 400mm \times 600mm$锤式破碎机内（800r/mm）破碎水泥熟料时，锤头单耗见表6-8。

表6-8　不同材质的锤头单耗

材质	30CrNiMoRE	70MnMoRE	30SiMnMo	70Mn2Mo	50Mn2	30CrNiMn	Mn13
磨损/(g/t水泥)	15.3	16.7	22	30	34	52.6	65.8

高锰钢锤头磨损最大，因为它的加工硬化程度很低，原硬度220～250HB，磨损后只有230～350HB，仍然很低，不能充分发挥其优越性，故寿命不高。铸铁锤头，除小型破碎机锤头外，容易断裂，不能采用。最合理的方法就是使用复合锤头，例如柄部用钢35（250～300HB，$a_k = 58.84J/cm^2$以上），锤头部用Cr15Mo1Cu1高铬铸铁，制成$\phi 1300mm \times 160mm$破碎机锤头，经装机使用，与高锰钢锤头比较见表6-9。复合锤头的寿命较高锰钢提高5.8倍，经济效益可观。

表6-9　复合锤头与高锰钢锤头的比较

项目	破白云石时间/h	破石灰石时间/h	合计/h
高锰钢锤头	63	120	183
复合锤头	133	1112	1245

注：石灰石硬度140HV，含SiO_2 1.28%，含Al_2O_3 1.81%，白云石硬度190HV，含SiO_2 2.08%。

6.5.1　双液双金属复合铸造锤头

锤头由头（工作部位）、柄两部分组成。因为两部分的作用不同，所以对材质性能的要求也不一样。头部材质要求既要有高耐磨性，又要具备良好的抗冲击性，这两点决定了其使用寿命。柄部材质对于耐磨性要求不高，重要的是要具有较高的韧性，以保证锤头工作时不断裂。

双金属复合铸造工艺成败关键在于两种金属的界面熔合优劣和接合强度的高低。首先在不使其混合的情况下，使两种金属熔为一体，其次要有尽可能大的结合面积。

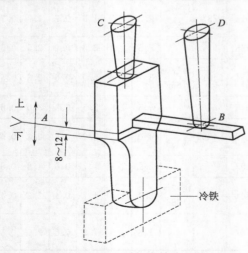

图6-16　双金属复合铸造工艺

造型工艺要点如下。

① 结合面取在最大截面A处，如图6-16所示；

② 为保证ZG35由下而上的凝固顺序，底部设置U形冷铁，以保证结合界面与基体具有一定的温度梯度和一定厚度及完整的结合界面；

③ ZG35浇口设在C处；

④ 为确保接合面的位置不变，ZG35要求定量浇注，特设溢流口B；

⑤ 为防止在浇注高铬铸铁时，ZG35被冲混，高铬铸铁浇口设在D处，以求液流平稳进入型腔。

浇注工艺要点如下。

① ZG35出炉温度1550℃，浇注温度1500℃；

② 浇注 ZG35 时，要适当溢流，保证液面高度固定，并排出杂质，使接合面清洁；

③ 当溢流停止后，封住 B 口；

④ 高铬铸铁的浇注时机确定为 ZG35 凝固时间的 1/3～2/3 为宜，若这一时间过长，则后浇注的高铬铸铁液将不能使 ZG35 重熔，使得铸钢表面的氧化物不能完全浮起和去除；

⑤ 高铬铸铁出炉温度 1500℃，浇注温度 1420℃。

双液双金属复合铸造锤式锤头的生产工艺方法，由于锤头采用了高铬铸铁或高合金钢，锤柄采用低合金钢或普通铸钢材质生产，既发挥了锤头抗磨部分高铬铸铁耐磨性好的作用，又发挥了锤柄钢质材料韧性强的特长，锤柄部位具有良好的抗冲击作用，使锤头的使用寿命明显增加。

采用两个浇注系统，先在铸钢浇口处浇入低合金钢或普通铸钢，当钢液达到复合界面或稍下一点，根据铸件大小，间隔 3～120s 之后，再在高铬铸铁浇口处浇入高铬铸铁或高合金钢，并在钢铁连接部位的铸钢处放置激冷材料。

6.5.2 组合式双金属复合铸造锤头

双金属复合铸造锤式锤头生产工艺方法，由于采用了双液双金属复合铸造的方法铸造出了双金属块，使钢质锤柄部分与双金属块的铸钢部分很容易采取焊接或机械组合的方法进行连接，从根本上解决了高铬铸铁难以与钢进行连接的问题，既发挥了锤头抗磨部分高铬铸铁耐磨性好的作用，又发挥了锤柄钢质材料韧性强的特长，使锤头的使用寿命明显增加。

在生产过程中，首先采用高铬铸铁与铸钢浇注成双液双金属复合块备用，并在两种金属复合处的铸钢部位放置激冷材料，同时浇注出铸钢锤柄（图 6-17）备用；然后，将双液双金属复合铸造块与铸钢锤柄用焊接或机械组合的方法进行连接（图 6-18）。

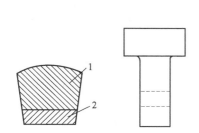

图 6-17 双液双金属复合块及锤柄
1—高铬铸铁；2—低合金钢或普通铸钢

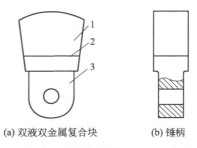

(a) 双液双金属复合块   (b) 锤柄

图 6-18 组合式双金属复合铸造锤式锤头的示意图
1—双液双金属复合铸造块；2—双金属复合块与锤柄连接处
（焊接或螺栓连接）；3—钢质锤柄

图 6-18（a）是双液双金属复合铸造块的示意图。为了让高铬铸铁能与铸钢部分可以采用焊接或螺栓组合，采取在锤头与锤柄连接处用双液双金属复合铸造方法做成金属块，工作面为高铬铸铁 1，下部为低合金钢或普通铸钢 2（与锤柄 3 材料一致）。

图 6-18（b）是铸钢锤柄部位的示意图。锤柄部位主要低抗冲击，要求具有良好的冲击韧性和耐磨性，因而采用低合金钢或普通铸钢，根据具体使用情况，可以随时更换锤头，而锤柄可以反复使用。

6.5.3 镶铸法复合铸造锤头

(1) 液-固结合镶铸复合 采用液-固结合将外材金属镶铸在芯材上。高铬铸铁的凝固收缩和线收缩基本接近于碳钢，所以复合浇注双金属铸件的造型工艺与碳钢造型工艺基本相同。先把内部的碳钢（芯材）铸造成型，然后浇注外层高铬铸铁（外材）。采用湿砂造型，砂型为CO_2硬化水玻璃砂，其流动性好，造型容易控制。

实验采用CO_2硬化水玻璃砂造型，为了保证双金属复合材料横截面的化学成分和组织的均匀性，不产生偏析，将内浇道设在型腔的底部。在双金属复合材料的制备过程中，芯材的偏心将影响到双金属复合材料界面结合状态。若采用两箱造型，则在合箱时很难保证芯材的准确定位。因此，通过整体造型砂芯芯头保证芯材的准确定位，最后进行浇注。

采用底注式浇注系统，在中频感应电炉内熔炼高铬铸铁，在铸件最上部开设溢流冒口，排除最开始浇注的溶液。利用高温液态高铬铸铁材料加热芯材，从而得到结合良好的双金属复合铸件。对于外材金属液，经验上认为浇注温度越高，结合界面的性能越好，结合强度也越高。浇注温度过低，铸件的结合处容易产生冷隔、缩孔等缺陷。但是，如果浇注温度过高，容易产生热裂缺陷，凝固缓慢，碳化物生长较为粗大，共晶组织粗化，降低高铬铸铁的抗磨能力和力学性能。另外，过分提高高铬铸铁浇注温度，增加了熔炼时间，浪费资源，同时增加了合金元素的烧损率。为了使高铬铸铁能在铸型中浇注成型，铁水应该在炉中过热至液相线以上200～300℃，同时考虑铁水在型腔内流动时的温度下降，因此浇注复合锤头的高铬铸铁的出炉温度应该为1450～1550℃。参照镶铸体积比和芯材预热到800℃时来合理地选择浇注金属液温度，从而获得良好的冶金结合界面。

960℃淬火的高铬铸铁，在250℃回火时，硬度基本上不发生变化，材料的韧性大大提高。采用缓慢加热到960℃，保温4h时，出炉强制风冷。当铸件温度低于100℃时，再次入炉进行回火处理，回火温度为250℃，保温2h，出炉空冷。

(2) 型内感应加热镶铸复合 双金属复合锤头锤端复合层采用高铬铸铁，锤柄采用碳素结构钢。工艺方法上也可以采用型内感应加热工艺进行镶铸复合。造型时锤柄预先放置在砂型中，锤端和浇注系统内浇道的成型采用消失模工艺。复合时将包含锤柄的砂型整体放入到感应圈内，采用中频感应原理对锤柄进行预热，锤柄温度升高，锤端消失模受热气化，锤柄达到预定温度后浇注并继续进行加热，复合层熔液将锤端部分锤柄包覆后停止加热并继续浇注，使金属液充满冒口（图6-19）。所得到的双金属复合锤头结合界面为完全冶金结合。经过热处理后，复合层组织为断续分布的Cr_7C_3共晶碳化物＋马氏体＋少量残余奥氏体，硬度≥58HRC，冲击韧性≥12J/cm^2。基体组织为珠光体＋铁素体。

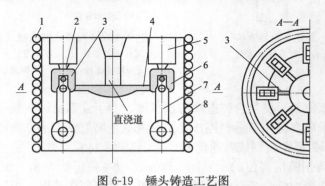

图6-19 锤头铸造工艺图

1—感应圈；2—冒口颈锤柄；3—泡沫塑料；4—内浇道；5—冒口；6—连接孔；7—锤柄；8—砂型

6.5.4 消失模真空吸铸工艺镶铸双金属复合铸造锤头

高铬白口铸铁是目前优良的抗磨材料，但是它的强韧性较低，受到强冲击易发生断裂。

因此，设想以高铬铸铁为工作部硬质点，以高锰钢作为支承相和锤柄。将高铬铸铁与高锰钢液态冶金结合，生产双金属复合锤头，使其结合面为冶金结合，结合强度高。

复合锤头由高锰钢基体和高铬铸铁耐磨相组成，采用消失模真空吸铸工艺使其成型。高铬铸铁熔炼在酸性150kg中频炉中进行，高锰钢在碱性中频炉中熔炼，两炉同时进行。高铬材质用高碳铬铁和废钢等配料，高锰钢用中碳锰铁和废钢等配料。熔炼前对炉料进行认真清理、分类并化验成分。在熔炼中要对碳、铬、锰、硅进行炉前分析。装料后先用部分功率送电，待电流稳定后用满功率送电熔化，化清时要及时覆盖造渣材料，并用铝终脱氧。高铬铸铁的出炉温度为1480～1500℃，浇注温度为1450℃。高锰钢的出炉温度为1550～1600℃，浇注温度为1500℃。复合锤头的化学成分见表6-10。

表6-10　复合锤头的化学成分　　　　　　　　单位：%

项目	$w(C)$	$w(Mn)$	$w(Si)$	$w(Cr)$	$w(P)$	$w(S)$
耐磨材料	2.8～3.0	≤0.8	≤0.8	12～15	≤0.05	≤0.05
基体材料	1.17～1.22	11～13	≤0.5		≤0.05	≤0.05

(1) 铸造工艺　整体采用消失模真空吸铸工艺，型砂采用粒度代号为30的水洗砂，真空度为0.025～0.04MPa。复合工艺制作EPS模样，再把经过稀盐酸清洗烘干的钢结构（起隔离两种金属液作用）放入EPS模样中，钢结构材质为Q235A，箱形结构，一端开口，要求浇注高铬铸铁时不熔穿，粘接浇注系统后，刷涂料3次，并在40℃下烘干，然后进行浇注。先浇高铬铸铁后浇高锰钢，工艺如图6-20所示。

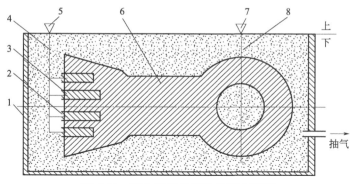

图6-20　双金属复合锤头的复合工艺

1—砂箱；2,6—EPS模样；3—钢结构；4,8—直浇道；5—浇口杯（浇高铬铸铁）；7—浇口杯（浇高锰钢）

(2) 热处理工艺　铸件清理后进行水韧处理，因为锤头由两种不同材质构成，材料的热导率不同，所以其水韧处理工艺与普通的高锰钢有些不同，开始升温阶段不宜过快，以防止裂纹出现。热处理工艺如图6-21所示。

在980～1000℃时，铬及其他合金元素能充分固溶于奥氏体中，增加奥氏体的稳定性，降低M_s点，促使基体中残余奥氏体增多，同时在高温保温时，初生碳化物的尖端自由能高，原子扩散能力强，尖端的碳和铬元素能扩散在低浓度的基体

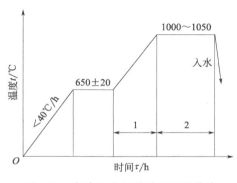

图6-21　复合锤头的热处理工艺曲线

中，使碳化物钝化，降低了对基体的割裂作用，因此材料的冲击韧性升高。但是温度继续升高，会促使颗粒状碳化物长成细条状，这种碳化物存在于组织中，增加应力，形成裂纹源，故随温度继续升高，冲击韧性有所下降，综合分析，奥氏体化温度选为1000℃最为合适。

6.5.5 双金属复合铸造/焊接组合式耐磨锤头

(1) 双面焊接锤头的整体设计 将锤头设计成双面焊接锤能够有效提高生产效率，既可以充分发挥高铬铸铁的耐磨性与低合金钢的韧性，又有效利用了低合金钢的焊接性能，从而有效提高锤头使用寿命。生产锤头时可以将其分为三个部分，分别为两个异种金属复合耐磨块和一个低合金钢锤柄，三部分利用焊接方式进行连接，其结构如图6-22所示。耐磨块采用双液双金属复合铸造技术制备，可焊接性的低合金钢与高铬铸铁复合在一起，如图6-23所示，可以避免锤柄金属的大量浪费，同时也解决锤头"吃柄"现象，充分发挥了金属复合材料的优越力学性能。

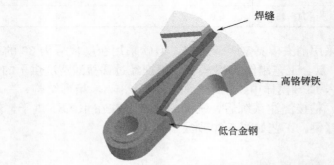

图6-22 组合式双面焊接护锤柄结构示意图

图6-23 耐磨块和锤柄

(2) 耐磨块中低合金钢的厚度设计 利用双液双金属复合技术，先浇入低合金钢液，待凝固一层后，浇入高铬铸铁液，利用高铬铸铁的热容量熔化凝固的低合金，冷却凝固后达到完全的冶金结合，如图6-24所示。低合金钢层需要足够的散热空间，低合金钢的厚度层设计尺寸为 $d=12\sim15$mm，如果厚度 $d>15$mm，高铬铸铁的厚度层就会随之增加，最终导致耐磨块整体重量增加，增加生产成本，锤式破碎机承载过大，危险性增加；如果 $d<12$mm，为了考虑整体耐磨块的结构，高铬铸铁的厚度会随之减少，会导致耐磨块的磨损时间减少，出现严重的"吃柄"现象，致使锤头整体使用寿命降低。

(3) 锤柄的设计 锤柄是破碎机械与锤头的桥梁，起着连接作用，必须具有一定的韧性、强度和一定的可焊接性能，在工作过程中，受到很大的力。受力分析如图6-25所示，因为圆圈标记处受力最大，所以锤柄前端设计成左宽右窄的尺寸结构。

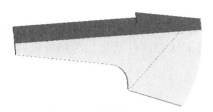

图 6-24　耐磨块示意图

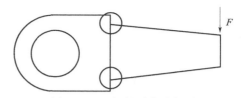

图 6-25　锤柄的受力分析图

（4）耐磨层厚度的设计　耐磨块中高铬铸铁的耐磨层满足角度 20°～25°，如图 6-26 所示，拥有足够的耐磨体积，才能保证锤头整体的使用寿命。如果角度过大，高铬铸铁耐磨层就会增加，导致破碎机械承载过大，危险系数增加；如果角度偏小，耐磨体积不足，会出现"吃柄"现象，导致锤头整体寿命降低，造成金属的大量浪费。耐磨层的宽度 h 可以适量增加，使寿命可以提高，如图 6-27 所示。

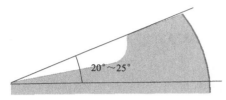

图 6-26　耐磨块角度示意图

图 6-27　耐磨层宽度示意图

（5）化学成分及热处理工艺设计　根据锤端的实际工况条件及合金元素的作用，选用合适的材质：工作部位选用高铬铸铁材质，能够满足高磨损条件下使用；支撑部位选用低合金钢，能够具有足够的韧性抵挡高速运转产生的冲击力，及一定性能的焊接性。两种金属复合在一起使这两种金属有效发挥各自的优良性能，既拥有较高的耐磨性，又可保证使用过程不断裂，真正达到强韧匹配。

利用中频感应电炉熔化高铬铸铁水，浇注成标准试样，对不同成分的试样进行热处理，冷却方式为空冷。后进行硬度、冲击韧性等实验，根据测试结果可对材质和热处理工艺进行相应调整，确定生产锤端的最理想材质和热处理工艺，如图 6-28 所示。

耐磨层的过共晶高铬铸铁中的金相组织中，均含有尺寸较大的长杆状及六边形的先共晶碳化物和相对较细且呈团状的共晶碳化物。随着碳含量的增加，尺寸较大的白亮色组织逐渐增多。根据材料的成分和组织形貌，初步断定图中尺寸较大白亮色组织为先共晶铬系碳化物。在材料凝固过程中，碳含量越高，过共晶程度越大，生成的先共晶

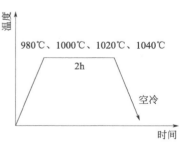

图 6-28　热处理工艺曲线

碳化物越多，随着碳含量的进一步增加，冲击试样中会出现贯穿式的裂纹，标准冲击试样冲击韧性也将不断下降，但此时洛氏硬度随着含碳量的增加逐渐提高，所以，选材时需要综合考量硬度与冲击韧性的关系，确保过共晶高铬铸铁的装机应用的稳定性。

热处理工艺是过共晶高铬铸铁生产必要的工艺步骤，而奥氏体化温度是影响材质性能的重要因素。铸态下过共晶高铬铸铁的金相组织中，主要由先共晶碳化物＋共晶碳化物＋基体组织组成，其中基体组织包括少量马氏体＋部分残余奥氏体＋珠光体。铸态组织中的马氏体主要是由于过共晶高铬铸铁中存在大量的铬元素及其他能促使"C 曲线"右移的元素，促使

部分组织无法在短时间内发生珠光体转变和贝氏体转变。采用淬火工艺可以得到的组织均为先共晶碳化物＋共晶碳化物＋基体组织，其中基体组织包括大量马氏体＋残余奥氏体组织，而且在共晶碳化物周围有少量的颗粒状碳化物，有资料中认为这种碳化物为热处理时析出的二次碳化物。

6.5.6　护柄式双液金属复合铸造锤头

双金属复合铸造是根据铸件的使用要求，在其不同部位选用不同金属进行铸造的工艺方法。采用这种方法生产的铸件能够充分发挥不同金属各自的优异性能而有效弥补其不足，从而表现出优良的整体性能。护柄式双液金属复合铸造锤头就是为了解决直锤存在严重的"吃柄"现象（如图 6-29 所示）而设计的一种带有护柄块式的直斜锤。采用耐磨性较好的中碳中合金钢材质铸造出护柄块，利用双液双金属复合铸造及镶铸技术，将低合金钢（锤柄）和高铬铸铁（锤头）复合在一起，同时在锤柄易磨损部位镶铸护柄块，有效增加了护柄块和锤柄的结合强度，如图 6-30 所示，工艺简单，容易操作，节能环保，有效地解决直锤存在的"吃柄"现象，使用寿命比高锰钢提高 4～5 倍以上。

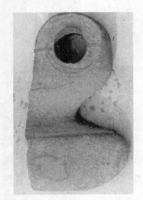

图 6-29　锤头"吃柄"现象

图 6-30　护柄式双液金属复合铸造锤头

锤头预制材料分别选用高铬铸铁和碳钢，高铬铸铁中的 Cr 含量为 18%，C 含量约为 3.0%，而选用的碳钢主要起到增加韧性的作用。通过对两种金属间界面的研究，显微硬度均由高铬铸铁往碳钢方向降低，而界面区域的显微硬度介于高铬铸铁和碳钢之间，并由高铬铸铁侧部分至碳钢处逐渐降低。同时界面处的硬度值比碳钢的硬度值有所增加，表明在界面处存在元素的扩散。图 6-31 是对界面区域不同位置所做的能谱分析，图中 A～F 是由碳钢往高铬铸铁的方向移动。从右侧所对应的成分含量，尤其是 C 和 Cr 的变化情况，我们可以看出：界面区域形成时存在原子的扩散，并且在界面区域内呈梯度分布。

6.5.7　双金属复合铸造-焊接连接方锤

砖厂用锤式破碎机中锤头是重要的零部件，其使用工况恶劣，损耗大。现用锤头全部采用组合式锤头，即锤头与锤柄分别制造，使用时用销轴连接在一起，为保证在使用过程中不断裂，锤头全部采用高锰钢材质。这种锤头耐磨寿命一般为 8～20h，远不能满足要求，若采用耐磨性较好的材料，如高铬铸铁、中碳合金钢，则由于韧性差而易发生断裂。若采用双液双金属复合的工艺，则由于第一种金属液浇入型腔之后是一个平面，无法一次成型。锤头易被磨损的部分采用多元合金高铬铸铁，支撑部分采用微合金化铸钢。利用双液双金属铸造

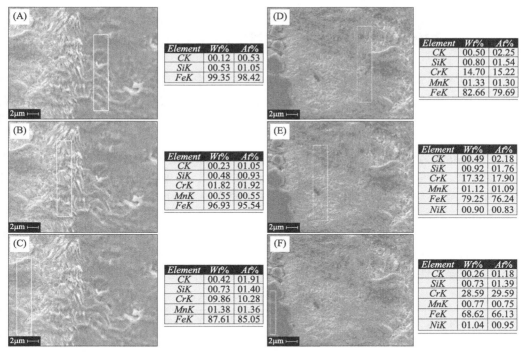

Element	Wt%	At%
CK	00.12	00.53
SiK	00.53	01.05
FeK	99.35	98.42

Element	Wt%	At%
CK	00.50	02.25
SiK	00.80	01.54
CrK	14.70	15.22
MnK	01.33	01.30
FeK	82.66	79.69

Element	Wt%	At%
CK	00.23	01.05
SiK	00.48	01.92
CrK	01.82	01.92
MnK	00.55	00.55
FeK	96.93	95.54

Element	Wt%	At%
CK	00.49	02.18
SiK	00.92	01.76
CrK	17.32	17.90
MnK	01.12	01.09
FeK	79.25	76.24
NiK	00.90	00.83

Element	Wt%	At%
CK	00.42	01.91
SiK	00.73	01.40
CrK	09.86	10.28
MnK	01.38	01.36
FeK	87.61	85.05

Element	Wt%	At%
CK	00.26	01.18
SiK	00.73	01.39
CrK	28.59	29.59
MnK	00.77	00.75
FeK	68.62	66.13
NiK	01.04	00.95

图 6-31　界面区域内不同位置的能谱分析及结果

工艺将高铬铸铁和低合金钢连接在一起，解决单一材质易碎和耐磨性不够的问题，将方锤分成结构相同的两部分，先用双金属铸造工艺铸出耐磨块，然后焊接在一起，解决砖厂用方锤实际生产中遇到的问题。

（1）方锤结构设计　普通单一材质的方锤如图 6-32 所示，工作时磨损严重的部位是四个锤端，中间部分为支撑部位，中间孔为装配孔，放入销轴可以完成锤柄和锤头的连接。根据液液双金属复合铸造的工艺，第一种金属液浇入型腔之后是一个平面，所以这种方锤要想一次性通过双金属复合成型是不可能的。因此，将锤头分成结构形状相同的两部分，分别双液双金属复合铸造后焊接在一起。双液双金属复合铸造半部分锤头如图 6-33 所示，焊接连接后的完整锤头如图 6-34 所示。这种设计不但能解决现役方锤不耐磨的问题，而且造型简单，不用放砂芯，为双金属复合铸造过程简化了工艺，节约了成本。

图 6-32　单一材质的锤头

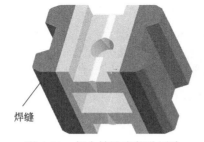

焊缝

图 6-33　复合铸造半部分锤头

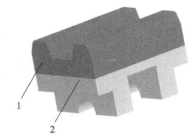

1

2

图 6-34　焊接连接生产完整锤头
1—高铬铸铁；2—低合金钢

（2）双金属复合材料及制备

① 高铬铸铁材质。高铬铸铁的耐磨性，主要取决于材质的硬度。在标准高铬铸铁化学

成分范围的基础上，调整其部分化学元素，采用一种新型超高碳高铬铸铁。

② 铸钢材质。铸钢部分材质的选择，应具有优良强度、韧性并且满足焊接要求，因为韧性材料焊接在一起不会发生脆性断裂。根据焊接工艺对铸钢材质的要求，设计铸钢的化学成分。

③ 工艺过程。将两种金属熔炼成铁水后采用普通液-液双金属浇注方式将铸件浇注成型，清理，焊接连接，最后热处理。浇注工艺：先将温度为 1570℃ 的低合金钢铁铁液浇入造好的型腔中，待表面完全凝固后再将 1520℃ 的高铬铸铁铁液浇入型腔。热处理工艺：980℃×120min＋320℃×60min。

(3) 高铬铸铁力学性能 新型超高碳高铬铸铁在普通高铬铸铁的基础上，增加了 C、Mn、B 的含量，力学性能对比如表 6-11 所示。取 3 组试样做冲击磨损实验，实验结果如表 6-12 所示。可以看出，新型超高碳高铬铸铁的硬度较普通高铬铸铁有明显上升，冲击韧性有少许下降，新型超高碳高铬铸铁的耐磨性明显优于普通高铬铸铁。碳是形成碳化物的重要组成部分，碳量的增加使得初生碳化物的数量增多，硬度升高，韧性有所下降。Mn 对淬透性有强烈的促进作用，同时 Mn 可以中和 S 的有害作用，增加含量可以明显提高硬度。B可以明显提高淬透性，其含量增加，使得硬度升高，冲击韧性下降。

表 6-11　高铬铸铁力学性能表

材料名称	$\alpha_k/(J/cm^2)$	硬度 HRC
普通高铬铸铁	3.5～4.5	60～62
超高碳高铬铸铁	3.5	64

表 6-12　高铬铸铁冲击磨损试验

材料名称	试样尺寸/mm	三次平均磨损量/g	硬度 HRC	$a_k/(J/cm^2)$
普通高铬铸铁	10×10	2.95	61	5
超高碳高铬铸铁	10×10	2.06	64.5	4.6

对两种高铬铸铁的金相组织进行分析计算，得出超高碳高铬铸铁金相组织中，碳化物数量由普通高铬铸铁 30%～35% 增加到 40%～42%，碳化物的增加，使得高铬铸铁中硬质相增加，使得硬度明显升高，耐磨性提高，金相图片对比如图 6-35 所示。

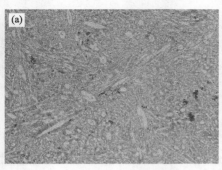 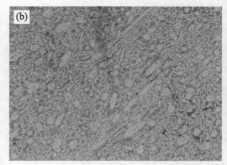

图 6-35　高铬铸铁金相对比图
(a) 普通高铬铸铁；(b) 超高碳高铬铸铁

(4) 双金属复合界面 根据双液双金属复合铸造工艺，先将低合金钢浇入型腔，待表面完全凝固后，浇注高温高铬铸铁液。高铬铸铁的热容量可熔化一薄层固态低合金钢，其双金属界面结合区是通过熔合和扩散形成的。将半部分铸件切割后，观察高铬铸铁和铸钢的复合界面处的金相组织，看到界面处出现犬牙交错的组织，说明界面处已经完全冶金结合。界面处金相图如图 6-36 所示。

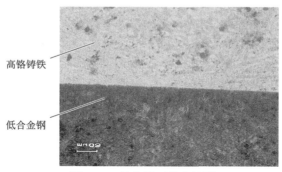

图 6-36　复合界面处金相图

（5）装机结果　将这种用双液双金属技术生产的新型复合锤头进行装机试验，新型复合锤头使用寿命是普通单一材质高锰钢锤头的 4～6 倍。计算生产成本费用，新型双金属复合铸造-焊接连接锤头生产成本是单一材质高锰钢锤头的 1.5 倍。将使用前后的锤头作对比。图 6-37 为新型合金复合铸造-焊接连接锤头使用前后图片对比，图 6-38 为高锰钢锤头使用前后对比。

图 6-37　新型锤头使用前后对比图

图 6-38　高锰钢锤头使用前后对比图

砖厂用破碎机锤头耐磨性能较差，将现有传统单一结构设计成对称的分体结构，采用焊接工艺进行连接。分体结构选用高铬铸铁和低合金钢成分，结合双液双金属复合铸造工艺，充分发挥复合材料的高耐磨性和良好的冲击韧性，可以有效提高产品的使用寿命。这种新型双金属复合铸造-焊接连接锤头生产成本是单一材质高锰钢锤头的 1.5 倍，但使用寿命却提高了 3～5 倍。高铬铸铁/低合金钢复合层实现冶金结合，焊接后整体强度好，使用过程中无断裂现象。

6.6 风扇磨冲击板

冲击板是风扇磨煤机的主要易损零件。冲击板是耗量极大，材质要求极严的零件之一。风扇式磨煤机是一种高速锤击式磨煤机，兼有制粉和排粉的作用。破碎的原煤在进入风扇磨后即被高速旋转的叶片（冲击板）击碎，因此，冲击板经常受到煤粒和煤粉的冲蚀磨损，进口区投射角较大，出口区投射角较小，最终冲蚀成凹凸不平的磨损面，使用寿命一般为 700～1200h 左右。

冲击板的安装使用情况如图 6-39 所示。对 $\phi1600mm$ 磨煤机叶轮，冲击板尺寸为 590mm×290mm×40mm，转速 950r/min，煤粒对板的冲击速度与角度，根据计算见表 6-13。

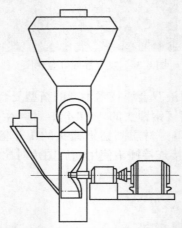

图 6-39 $\phi1600mm×600mm$ 型风扇磨煤机

表 6-13 煤粒对板的冲击速度与角度

距入口侧距离/mm	0	50	100	150	200	250	290
相对速度 v/(m/s)	51.4	61.3	70.5	79.3	87.9	96.2	102.5
相对角度 α/(°)	90	67.4	61	57.5	55	53.3	52.3

可见冲击角都大于 45°，是高位冲击，冲击速度则大多在 80～100m/s 之间，为高速冲蚀磨损。冲击板承受大量煤粉颗粒冲击，其中直径较大的粗粒或大块，不受气流影响，首先撞击在入口侧附近部位，造成径向磨损，使冲击板该部位成为流线型。煤块破碎后，反弹回去，随气流运动至距进口侧 70～200mm（试验统计值）处，再次与冲击板相遇，被撞成粉末。

小煤粉粒，受气流影响，偏向叶轮盘根侧和大粒（块）煤的二次撞击，形成强烈冲刷。以 9t/h 磨煤量，平均煤粒径 100～200μm 计，煤粒子数为 10^{12}～10^{13} 个，叶轮每转一圈，冲击板每平方毫米面积上可能冲击次数 10^2～10^3 次以上。

对延性材料制成的冲击板残体磨损表面进行检查，未发现显微切削产生的沟槽和可能引起表层剥落的表层裂纹。可见到直径 10～20μm，到 100μm，甚至 500μm 的不同大小的撞击坑，绝大多数为 20～30μm 大小，坑密度达 10^2～10^3 个/mm^2。坑边形成明显的翻边，经反复冲击，这些翻边上会产生裂纹，裂纹扩展产生磨屑。ZG50Mn2 冲击板（α_k=123J/cm^2，硬度为 230HV）的磨损面观察结果证实上述论述。整个过程如图 6-40(a)。

脆性材料冲击板磨损情况与此不同。基体（塑性部分）形成小坑，与上相同，但由于脆

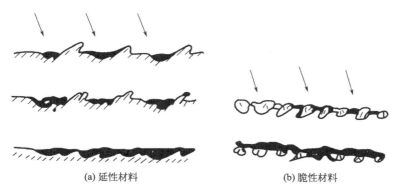

(a) 延性材料　　　　　　　　　(b) 脆性材料

图 6-40　冲击板磨损过程示意图

性质点（碳化物）存在，而有差异。因为基体在冲击力作用下，可能发生变形，使硬质点受到拉应力，而致开裂；或者在煤粒正压力冲击下，硬质点可能直接产生裂纹。裂纹扩展，导致硬质点脱离，如图 6-40(b)。残留裂纹继续扩展。在基体磨损以后，硬质点突出表面，在煤块的冲击下，还可能折断，在表面上留下一个坑。

从宏观上看，冲击板入口侧约 1/3 板宽处，磨损表面较平整，呈斑疤状；而靠出口侧 2/3 板宽，则呈波浪状，冲刷沟槽，如鱼鳞状，塑性及脆性材料均具有同一形貌。根据运动学及磨损面微观分析，凿削磨损的可能性不大。可以认为：冲击板的磨损机制以冲击疲劳磨损为主。经测定，冲击板材质磨损后未发现明显加工硬化效果。例如，ZGMn13 材质原硬度为 197～207HB，磨损后为 197～266HB；ZGMn6Cr 材质原硬度为 215～225HB，磨损后为 220～294HB；ZG50Mn2 材质冲击板磨损后硬度为 230～280HV，内外硬度差仅约 50HV。由此可知，冲击应力不大，没有明显的加工硬化。

冲击板常用材质为 ZGMn13，因加工硬化效应很小，冲击板寿命很低，一般为 400～1000h，有时低到 290h。近年来我国做了大量工作，改进冲击板材质，延长其服役期限。几种新材质冲击板工业对比试验结果见表 6-14。试验结果表明：Cr15Mo3 复合浇注冲击板的使用寿命最高。铸铁冲击板有巨大优越性。但是我国各电站进入风扇磨的煤中往往含有铁块、石块、木块和大煤块，易致冲击板断裂，造成重大事故，因而不得不采用高韧性材料，如 ZGMn13，使材料潜力得不到充分发挥。目前情况下，采用复合铸造、镶铸，或铸渗法制造冲击板，确保安全生产，仍不失为一个良好的解决方法。

表 6-14　各种冲击板对比试验结果

冲击板材质	单耗/(g/t)		磨损速率/(g/h)		计算使用寿命/h	
	A厂	B厂	A厂	B厂	A厂	B厂
ZGMn13	32	28.09	150	246.7	1533	930
ZGMn6Cr2	42.3	30.98	204	269	1132	855
30CrMnSiMoV	33.3	29.4	160	273	1437	842
ZGMn13VTiMo	22.7	24	149	225	1543	1022
复合镶铸 Cr15TiRE	23.4	18.1	107	166.8	2149	1379
双金属浇注 Cr15Mo3V1Cu1	9.4	14.5	50	135.7	4600	1695
双金属浇注 Cr15Mo2Ti	14.1	16.85	75	160.87	3066	1430

注：1. A厂为 ASG-9 型机，叶轮直径 1000mm，转速为 985r/min，冲击板长 500mm，采用淮北煤，可磨系数 87。
2. B厂为 φ1600mm×600mm 型机，转速为 950r/min，冲击板长 600mm，采用灵石煤，可磨系数 97。

6.6.1 复合铸造冲击板

复合铸造工艺如图 6-41。冲击板以低碳钢作为韧性基底（例如 ZG25），先在 1580～1600℃浇入，到所需要的厚度（15～20mm）。钢水定量、快速浇入，或设置溢流观察孔，以控制钢层厚度。间隔一定时间，钢层基本凝固后，浇入耐磨铸铁层（例如 Cr15Mo3），浇注温度为 1350～1380℃。复合铸件的质量取决于浇注工艺。

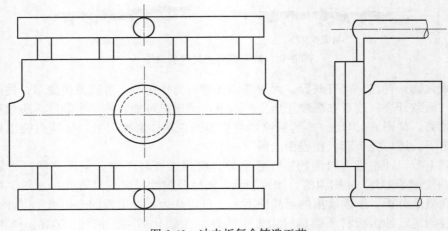

图 6-41　冲击板复合铸造工艺

(1) 间隔时间合适　间隔时间长，后浇入的铁水不能保持液态，很快凝固，与钢层结合不好；间隔时间过短，钢层为液态，铁浇入后，会与钢层冲混。

(2) 保持钢层液面清洁，结合面无氧化物，无夹渣。

浇注时不浇入熔渣等杂质；或最好在浇入钢液表面覆盖一层熔剂，防止表面氧化。这层熔剂在以后的被浇铁液冲入溢流槽内，使结合表面不受氧化。熔剂要求密度小，浮于液面，粘度小，熔点低，防止氧化能力强，能够保护液面不氧化。在铸铁浇入后，熔剂被冲入溢流槽内。

(3) 保证钢层一定厚度　钢层厚是冲击板不断裂的保证，也是磨损的极限，保证一定厚度，既可防止意外，又能延长寿命。据资料，冲击时锤击面对冲击值有重大影响；向钢面冲击时，冲断功较小，而向铁面冲击时，冲击功迅速随钢层增厚而增大，因此也说明冲击性能有明显的方向性。

复合冲击板安全可靠，经试验，使用效果如表 6-15。由表可见，复合冲击板使用寿命为高锰钢的 3 倍以上，服役天数达 150～177 天，是一种很有前途的耐磨铸件。

表 6-15　复合冲击板使用情况

序号	材质	厚度（铁＋钢）/mm	使用时间/h	磨煤量/t	减薄/mm	失重/kg	磨损/(g/t 煤)
1	ZGMn13	0＋40	750	4593.7	12.8	132.5	28.8
2	(1)＋ZG25	16＋23	2430	14580	10.68	131.3	9
3		25＋25	2235	26149	9.16	129.2	4.9
4	(2)＋ZG25	18＋27	3551	21306	16.97	171.2	8
5		20＋25	3122	18732	12.08	168.9	9

序号	材质	厚度(铁+钢)/mm	使用时间/h	磨煤量/t	减薄/mm	失重/kg	磨损/(g/t煤)
6		20+25	2743	16458	11.18	122.8	7.5
7		25+25	2455	28723		117.5	4.1
8	(3)+ZG25	20+25	3552	21306	13.05	189.8	8.9
9		20+25	3600	21600	13.8	163.5	7.6

注：1. 材质及热处理

	w(C)	w(Cr)	w(Mo)	w(Cu)	w(Ti)	w(V)	淬火	回火
(1)	2.85%	15.07%	2.85%	—	—		950℃×4h	350℃×8h
(2)	2.88%	15.26%	2.65%	1.04%	—		97℃×4h	450℃×8h
(3)	3.55%	15.42%	2.99%	1.04%	0.35%	0.79%	1000℃×4h	500℃×8h

B 0.013%，RE 0.005%
2. 除序号3、序号7磨平顶山煤以外，其余均为淮北煤，可磨系数87。
3. 序号8板后经堆焊，累计寿命达4254h。

在实际生产应用中，耐磨层选用Cr15Mo3高铬铸铁，抗冲击部位也可选用ZG35。复合冲击板浇注系统如图6-42所示。钢的出炉温度为1550℃，浇注温度为1500℃，铁的出炉温度为1500℃，浇注温度大于1420℃。这样的设置既可以方便两种金属的浇入，又能控制钢水的补缩。浇铁的浇注时间为钢液凝固时间的1/3~2/3之间，过早易使两种金属混合过多，过晚则结合不佳而分层。

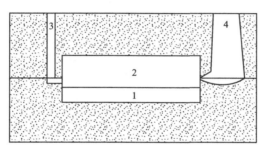

图6-42　复合冲击板浇注系统示意图
1—铸钢；2—铸铁；3—浇钢液处；4—浇铁液处

6.6.2　镶铸冲击板

镶铸冲击板利用母材的韧性和嵌镶合金的耐磨性，能够保证冲击板耐磨。镶铸条用20mm×20mm×240mm或20mm×20mm×120mm两种长短条，由于镶条细小，可以采用淬透性较低，韧性不高的普通高铬铸铁生产，例如w(C)2.8%~3.4%，w(Cr)14%~16%，可以降低成本。先制出镶嵌条，厚度方向做成1mm倒梢，放入型内，如图6-43。将型倾斜8°~10°，然后浇入母材金属30CrMnSiTi。浇注温度为1520~1570℃。热处理：(950℃±20℃)×2.5h淬火，250℃×2.5h回火。该冲击板的使用寿命较高锰钢提高40%~48%，因为母材在磨损表面上占面积比例较大，使用中不耐磨，使寿命提高较小。

镶铸法中母材选用要满足以下几个条件。
① 流动性好，能充满铸条间隙；
② 与镶条材质热处理制度相匹配；
③ 与镶条材质线胀系数相近，不致松动；

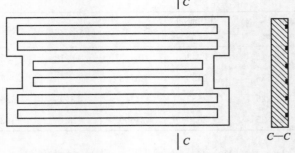

图 6-43　镶条在冲击板面布置（镶条断面尺寸 20mm×20mm/18mm）

④ 有良好耐磨性和足够韧性。

镶条细小，在浇注过程中，受到长期高温作用（约 1500℃），铸铁组织及碳化物将发生一系列变化，对磨损的作用也值得探讨。

6.6.3　铸渗冲击板

铸渗冲击板利用铸渗法实现表面合金化，使表层成为高合金耐磨层，而保持高韧性基体

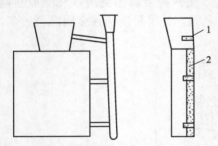

图 6-44　冲击板立浇工艺示意图
1—内浇口；2—膏剂

心部。采用立浇方案，如图 6-44，在渗铸膏剂厚 4mm 时，冲击板材 ZGMn13，浇注温度 1560～1600℃ 时，板厚 40～50mm，铸件成品率可达 74%。铸渗层厚度一般为膏剂厚度的 1.0～2.7 倍。在涂料膏剂厚度超过 4mm 后，由于钢水提供热量不够，铸渗效果很差，几乎没有成品。膏剂层熔化后下沉，铸件上部存在大块缺陷。一般膏剂层厚要为铸件厚 1/10 左右。

通常，将膏剂制成 4mm 厚合金块，300℃ 左右烘干，贴在水玻璃砂，烘干后浇注。经装机试验，结果见表 6-16。

表 6-16　铸渗冲击板耐磨对比试验结果

材质	单耗/(g/t煤)	磨损速度/(g/h)	寿命/h
铸渗冲击板	25.3～25.5	9.8～10.46	615.5～876
高锰钢冲击板	50.2	17.83	472

由表 6-16 中可以看出，铸渗冲击板的寿命约提高了 30%～83.7%。但铸渗的性能很不稳定，除材质外，冲击板安装角度，板面线型对其磨损也有极大影响，如冲击板由径向沿叶轮旋转方向前倾 10°～15° 时，可减少磨损量 10%～15%。板面形状改成斜四齿形，符合自然的磨损形状，可以降低磨损 40% 左右。

6.7　抛丸机叶片

抛丸机叶片在其入口端受到弹丸（钢丸或铁丸）的冲击作用，在叶片上形成大量冲击坑，坑边翻起凸边。在塑性材料叶片上可能连成波纹突起。弹丸一边弹跳，一边滑动、滚动向出口端前进。弹丸不断加速，受惯性力紧压在叶片上。在出口端，惯性力最大，切削作用最强。钢丸有一定塑性，不碎裂，硬度较低，切削作用弱，丸粒圆整，以滚动为主。铁丸性

脆，易碎裂成尖角细粒，在叶片上形成深擦滑痕迹，丸粒不圆，以滑动为主。

根据磨料相对运动情况，叶片受到的磨损破坏形态有三种。

① 碳化物断裂、剥落。在弹丸冲击下，碳化物是脆性相，容易折断，或开裂。由于裂纹传播、扩展而剥落；

② 基体与碳化物界面上产生裂纹，使碳化物失去支撑，而碎裂剥落；

③ 基体产生裂纹，扩展成网状裂纹后导致剥落。

在叶片材质较软时，特别是使用铁丸时，出口端有擦划痕，切削磨损起一定作用。但总的来说，以冲击疲劳为主。

马氏体基体抗疲劳强度较奥氏体基体为好，所以抛丸机叶片都采用马氏体基体。但因叶片承受大量弹丸反复冲击，形变硬化现象也很突出。抛丸机叶片磨损后的硬度分布如图 6-45 所示，该叶片材质成分为：$w(C) = 2.95\%$，$w(Si) = 0.52\%$，$w(Mn) = 1.09\%$，$w(Cr) = 25.38\%$，$w(V) = 0.81\%$；57.3HRC；铸态；弹丸；钢段。在磨损面上，基体显微硬度由原来 520HV 升到 795HV，硬化深度达到 1.5mm，所以奥氏体基体也是可用的。

几种叶片对比试验数据见表 6-17。

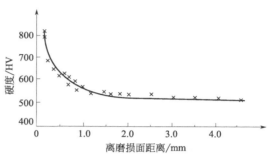

图 6-45　抛丸机叶片磨损后硬度分布

表 6-17　几种叶片的对比

代号	化学成分/%						残余奥氏体含量/%	硬度 HRC		硬度 HV				寿命/h	
	$w(C)$	$w(Cr)$	$w(Mo)$	$w(Cu)$	$w(Si)$	$w(Mn)$		垂直面	水平面	基体	碳化物			铁丸	钢丸
											垂直面	水平面			
GF	3.37	17.1	1.05		0.66	0.41	11.86	64.1	56.6	832	1374	1728			328
HQ	3.48	14.79	0.50	0.49	0.65	0.43	14.03	65	65.9	819	1234			245	
F G	3.36	17.03	0.48		0.59	0.42	17.7 8.3	64.8 64.7	66.2 66.5	782 906	1416 1352	1760 1753		283 380	
H I	3.40	19.55	0.42		0.58	0.57	14.5 <5	64.7 62.7	66.6 64.5	914 720	1425 1478	1720 1720		① 	 ① 670

① 鼠笼机共有四个抛头，I 叶片装一个抛头，GF 叶片装两个抛头，H 叶片与 F 叶片各 4 片，混装一个抛头，运行 200h 后，该抛头中有个别叶片失效，又难以补配合适重量的叶片继续进行试验，故 H 叶片未运行到底。

由试验数据可知，残余奥氏体数量越低，无论用铁丸，还是钢丸，叶片寿命均较高。碳化物定向排列的叶片，寿命也较高。根据表 6-18，作者也认为最佳钢片是低锰、马氏体白口铁，硬度最高，和上述结论一致。

表 6-18　高铬铁抛丸机叶片寿命

序号	化学成分/%					热处理/℃	硬度 HRC	寿命/h
	$w(C)$	$w(Si)$	$w(Mn)$	$w(Cr)$	其他			
1	3.65	0.84	0.49	23.6		950 空淬 250 回火	60～65	146
2	3.65	0.87	0.42	13.9	$w(Cu)0.3$ $w(Ni)0.83$	950 空淬 250 回火	60～61	160

序号	化学成分/%					热处理/℃	硬度HRC	寿命/h
	w(C)	w(Si)	w(Mn)	w(Cr)	其他			
3	2.75	0.62	0.62	12.2	w(Mo)1.37	950 油淬 250 回火	60~63	200
4	2.90	0.90	2.50	15.9		950 空淬 250 回火	60	128
5	3.25	0.66	3.10	19.4		950 空淬 250 回火	56~57	126
6	3.57	0.69	0.75	12.3	w(Mo)1.5	950 空淬 250 回火	67~68	230
7	3.57	0.69	0.75	12.3	w(Mo)1.5	1100 空淬 250 回火	45~47	80

注：抛丸机叶轮 ϕ550mm，转速为 3000r/min，生产率为 160~220kg/min，铁丸成分 w(C)=2.5%、w(Si)=2.21%，w(Mn)=0.41%，粒度 5~6mm 占 37%、3~4mm 占 46%、1~2mm 占 17%。

抛丸机叶片的材质见表 6-19。由表可见，除序号 4 为铸态使用奥氏体基体以外，几乎都是热处理态马氏体基体，宏观硬度在 60~72HRC 之间，趋向于高含碳量、高硬度、低残余奥氏体，以提高寿命。

表 6-19　抛丸机叶片材质

序号	化学成分/%						热处理	寿命/h
	w(C)	w(Si)	w(Mn)	w(Cr)	w(Mo)	其他		
1	2.6~2.8	0.8~1.2	0.4~0.8	12~14	w(Cu)0.3~0.6	w(B)0.2~0.35 w(Ti)0.15~0.25	960~980℃×0.5h 220~240℃×3~4h	300(605)
2	3.2	0.8	0.62	11.3	4.8	w(Ni)0.61 w(V)2.5;Ti0.4		
3	3.2~3.4	0.5~0.7	0.6~0.8	15~16.5	0.6~0.8		960℃×2h 空淬	
4	2.95	0.52	1.09	25.38		w(V)0.81	铸态	
5	2.95~3.2			9.5~10.5		w(W)2.5~3 w(Ti)0.3	960~980℃淬火 200~250℃回火	大于 300
6	2.8~3.6	0.3~1.0	2.5~3.5	14~16	w(Cu)0.8~1.2		940~950℃×5~6h 空冷	ϕ2.5mm 铁丸 360 ϕ1.5mm 铁丸 585 ϕ1.5~2mm 马铁丸 900 ϕ2.5mm 钢丸 650
7	3.1~3.2	0.8~0.85	1.0~1.15	5.2~6.2		w(B)0.18~0.2		80
8	3.0~3.18	0.8~1.0	0.95~1.0	10.50		w(B)0.18~0.2		
9	2.8~2.9	0.9	0.9	17.5		w(B)0.17~0.19		200
10	3~3.2	0.7~0.9	0.4~0.6	10~12	0.4~0.6	w(Ni)1.9~2.1 w(V)0.15~0.35 w(Ti)0.03~0.05	850~860℃×1h 油淬 300℃×2h	铁丸 ϕ2.5mm 大于 100
11	1.9~2.2			20~23		w(Ti)0.2~0.3	1100℃淬火	200~250

序号	化学成分/%						热处理	寿命/h
	$w(C)$	$w(Si)$	$w(Mn)$	$w(Cr)$	$w(Mo)$	其他		
12	3.05			14.7	1.34	$w(Cu)0.68$	960℃油淬 200℃回火	砂型约144
13	3.37	0.66	0.41	17.1	1.05	GF叶片	金属型262~300 钢丸328
14	3.36	0.59	0.42	17.03	0.48	$\gamma_R=8\%$	钢丸380
15	3.40	0.58	0.57	19.55	0.42	$\gamma_R<5\%$	钢丸670
16	2.4~2.6	0.8~1.3	0.4~0.6	3.5~4.5		$w(Y)0.0~0.05$	880~900℃油淬 300~330℃回火	大于144

6.8　组合式双金属复合铸造板锤

板锤是破碎机上的重要零部件，也是破碎机上消耗最大、最容易损坏的零件。目前，国内破碎机使用的各种型号的传统板锤，大多都是采用中碳合金钢、高锰钢或高铬铸铁。

中碳合金钢和高锰钢韧性虽好，但硬度低，抗磨性相对较差，板锤使用寿命低；高铬铸铁虽然抗磨性好，但因其韧性较差，使用过程中容易在板锤的柄部发生断裂。

组合式双金属复合铸造板锤的生产工艺方法与组合式双金属复合铸造锤头的工艺一致，由于采用了双液双金属复合铸造的方式铸造出了双金属块，使钢质锤柄部分与双金属块的铸钢部分很容易采取焊接或机械组合的方法进行连接，从根本上解决了高铬铸铁难以与钢进行连接的问题，既发挥了板锤抗磨部分高铬铸铁耐磨性好的作用，也发挥了锤柄钢质材料韧性强的特长。

由于采用双液双金属复合铸造的方法制作出了双金属块，解决了高铬铸铁不易焊接和加工的难题，通过焊接、螺栓或者燕尾组合的方法，将双金属块与铸钢连接，工艺容易实现，充分发挥了各种材料的特长，抗磨性大幅度提高。

由于本体部分可以反复使用，只更换复合铸造金属块，所以，板锤的生产成本比高铬铸铁降低50%以上，使用寿命比高锰钢提高5~7倍。

复合铸造板锤装配示意如图6-46所示，铸钢锤柄示意如图6-47所示，复合铸造块示意如图6-48所示。

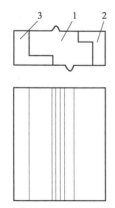
图6-46　双金属复合铸造板锤装配示意图
1—钢质锤柄；2，3—双液双金属复合块

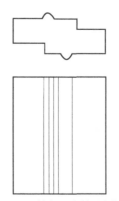
图6-47　铸钢锤柄部示意图

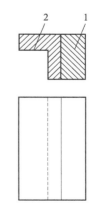
图6-48　复合铸造块示意图
1—工作层；2—锤柄连接处

6.9 截齿

截齿是采煤机上的重要零件，也是采煤机上消耗最大、最容易损坏的零件。目前，国内采煤机使用的各种型号的传统锻造钎焊截齿，都是采用合金钢锻造成型，然后在锻件上钻孔，并将硬质合金用钎焊方法固定，再经热处理等工序处理。这种用锻造工艺制成的截齿具有较好的抗冲击性能，但因存在钎焊时焊接不均匀的现象而影响结合强度，齿尖脱落现象十分严重，同时其工艺复杂、成本较高。镶铸截齿是采用在铸型型腔中放硬质合金，然后浇注铁液一次成型。同时使硬质合金和截齿体之间达到冶金结合，可显著提高硬质合金和截齿体之间结合力。而且简化了工艺，降低了成本，并显著提高了使用寿命。但是，镶铸截齿在铸造过程中容易出现缩松、夹杂等缺陷，严重影响其使用。

为了克服现有锻造钎焊截齿硬质合金脱落现象十分严重，生产工艺复杂、成本较高，镶铸截齿在铸造过程中容易出现缩松、夹杂等缺陷，通过锻造的工艺方法将硬质合金固定在截齿中，并利用锻造的余热进行热处理，为一种截齿生产工艺方法。

首先采用低合金钢材质锻造出截齿毛坯，然后将毛坯件进行加工，并在截齿端部上钻一个直孔，硬质合金有（1∶20）～（1∶5）的锥度。将加工好的截齿通过感应加热到1050～1150℃，并将锥度为（1∶20）～（1∶5）的硬质合金压入截齿端部的孔中，进行锻造将截齿端部的孔收口，将硬质合金固定在截齿中。当截齿温度降到830～880℃时直接进行淬火热处理。

生产的热装余热淬火截齿与其他截齿比较，从根本上解决了硬质合金脱落的现象，并具有较好的工艺性、较高的使用寿命和生产成本较低等特点。

6.10 轧辊

6.10.1 轧钢机轧辊

目前，国内小型、中低速线材轧机多采用冷硬铸铁轧辊，轧槽磨损快，轧辊寿命低，需要经常修复轧槽和更换轧辊，不仅影响作业时间，而且影响轧材精度。近几年来，有些厂在精轧机上开始采用低镍铬钼铸铁轧辊和中镍铬钼铸铁轧辊，但不能完全解决问题，低、中镍铬钼小型精轧辊一个孔型只能轧200t左右，中低速线材轧辊一个孔型只能轧几十吨，产量高的厂一个班需换槽（孔型）几次，使用寿命很不理想，严重制约生产。小型精轧辊存在的问题除轧制圆钢、螺纹钢耐磨性差外，轧制角钢时还经常出现断辊现象。近几年国内引进了高速无扭线材轧机、中小型合金棒材和型钢连轧机，使普通轧辊更无法适应生产的要求。针对这一情况，国内成功研制了低碳高铬铸铁复合铸造轧辊，它具有高硬度、高耐磨性，心轴具有高强度、高韧性。目前，高铬铸铁复合轧辊已广泛应用，但其生产工艺过程复杂，技术难度和制造成本均很高。

为了克服现有轧辊存在的不足，这里提供了一种离心铸造复合双金属组合式的轧钢机轧辊，该轧辊生产工艺过程简单，制造方便，具有很高的使用寿命。

采用离心铸造复合制造方法，铸造出辊面表层为高合金抗磨铸铁，内层为低合金钢的辊套，退火后对其进行机械加工，再进行热处理，将心轴装入辊套，并将心轴与辊套低合金钢部分进行焊接，将组装好的轧辊加工到要求的尺寸（图6-49）。该工艺生产过程简单，制造方便，使用寿命高。

合金铸铁

铸钢

心轴

图 6-49　离心铸造复合双金属组合轧辊

在生产过程中，首先采用离心铸造复合制造方法，铸造出辊面表面为高合金抗磨铸铁层，内表面为低合金钢层的复合辊套，退火后对其进行机械加工，再进行热处理，将加工好的心轴装入辊套，并将心轴与复合辊套低合金钢层部分进行焊接，将组装好的轧辊加工到要求的尺寸。

6.10.2　面粉轧辊

使用过程中，要进行拉丝加工，硬度不能太高，要容易加工，有一定韧性。几种材质的对比见表 6-20。材质化学成分为：$w(C)=3.56\%$、$w(Si)=0.64\%$、$w(Mn)=0.55\%$、$w(P)=0.27\%$、$w(Cr)=0.32\%$、$w(B)=0.1\%$、$w(V)=0.17\%$。制备的面粉轧辊，使用寿命达 695.8t 面粉，较 CrVNbRe 辊提高寿命 2.9 倍。

表 6-20　面粉轧辊的材质

序号	化学成分/%						硬度/HRC	a_k/(J/cm²)	相对磨损性 ε
	$w(C)$	$w(Si)$	$w(Mn)$	$w(Ni)$	$w(Cr)$	$w(Mo)$			
1	3.4～3.6	0.5～0.8	0.3～0.4	0.2～0.3	0.1～0.3	0.1～0.2	52.6	2.9	8.42
2	3.4～3.6	0.4～0.6	0.5～0.7	0.5～0.6	0.2～0.4	0.35～0.45	53.5	4.2	8.166
3	3.4～3.6	0.5～0.7	0.4～0.6	—	0.4～0.7	1.2～1.4	54.8	3.3	9.23
4	3.2～3.5	0.7～1.0	0.5～0.8	0.9～1.1	0.4～0.6	0.1～0.3	52.9	5.3	15.02

注：三体磨损标样 ZG35（140HB）。

6.10.3　冶金轧辊

高速孔型轧辊材质成分为：$w(C)=2.3\%\sim2.6\%$、$w(Mn)<0.4\%$、$w(Si)<0.4\%$、$w(Cr)=20\%\sim28\%$、$w(W)=1\%\sim4\%$、$w(Ti)<0.1\%$。制备的高铬铸铁轧辊，经热处理后，轧制吨数达到 125t。原镍铬合金孔型轧辊寿命为 60～65t。

6.10.4　双金属铸焊复合辊套

轧辊是轧机用来生产轧材的关键部件。目前，复合轧辊基本取代了整体轧辊，离心铸造法因其具有设备简单、投入量小等优点，成为了复合轧辊的主流的制备方法。因此，离心铸造轧辊占轧辊总量的 60% 以上。离心复合轧辊的工作层多采用合金含量较高的耐磨铸钢或耐磨铸铁制成，而辊芯多以球铁或高强度铸铁制成。离心复合轧辊中熔合层夹杂、大型夹杂物、裂纹等问题虽然早就被国内外诸多轧辊企业解决，但高强度、耐腐蚀、长寿命、减量化等高性能产品研发依然是主要的发展趋势。用低合金钢代替高合金钢，用价格低廉的合金元素代替价格高昂的合金元素，用效率更高的生产方式生产轧辊才是轧辊未来发展方向。

（1）双金属铸/焊复合工艺的原理　双金属铸/焊复合辊套的制备流程：首先是在制备好的铸钢套筒上堆焊一层熔点低于工作层金属的过渡层，然后利用电磁感应线圈预热并在浇入工作层铸铁液时加热，使两者结合，如图 6-50 所示。其特点一是低熔点过渡层的提出，通过这种成分和熔点过渡的工艺，能够使铸钢和铸铁实现完全平整的冶金结合的复合界面；二是电磁感应线圈的应用，在电磁搅拌的作用下，夹杂物及难熔杂质可有效旋浮到铸型上表面，使过渡层与后浇注的铁合金重熔结晶层更加洁净，有效解决熔合层夹杂等问题。

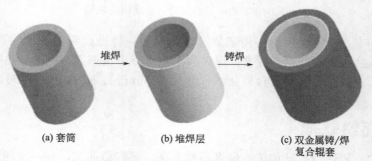

(a) 套筒　　　　　(b) 堆焊层　　　　　(c) 双金属铸/焊
复合辊套

图 6-50　铸/焊复合辊套制备流程

预热铸钢套筒时，由于会产生氧化皮，直接浇注铸铁液很难将氧化皮冲刷掉，最终导致复合失败。但低熔点堆焊层的提出，可以将电磁感应预热温度控制在堆焊层材质熔点以下区域，铸钢熔点在 1500℃附近，铸铁浇注温度控制在 1400℃左右，浇入铸型后，在感应加热的温度场中，合金铸铁液不会立即凝固，夹杂物和难熔的杂质在电磁搅拌的作用下旋浮到铸型顶部，使铁合金重熔结晶层洁净度提高。该温度场下，过渡层熔化，铸钢套筒未被熔化，从而实现两者均匀的冶金结合，使轧辊辊套的综合性能大幅提升。根据轧辊的使用环境装配合适的辊轴，使得拆装方便，如图 6-51 所示。除此之外，还可以直接在辊芯上进行堆焊，通过电磁感应线圈预热并在浇注工作层金属液时加热，直接制备出铸焊复合轧辊。

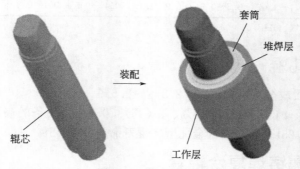

图 6-51　装配示意图

（2）套筒制备工艺方案　铸焊复合辊套的制备需要三个步骤：首先制备套筒，然后制备堆焊层，最后浇注工作层。

套筒需要高韧性焊接性能好的材料生产。为防止出现裂纹、断裂等问题，选用低合金钢，具体成分如表 6-21 所示。采用 KGPS-800 型 20kg 中频熔炼炉熔炼低合金钢，套筒实物如图 6-52 所示。

表 6-21　低合金钢化学成分

元素	C	Si	Mn	Cr	Mo
含量/%	0.22～0.30	1.2～1.4	1.5～1.6	1.3～1.5	0.3～0.4

图 6-52　套筒实物图

（3）堆焊层制备　考虑到预热时堆焊层的抗氧化性和与工作层材质的相容性，选择高铬铸铁材质。图 6-53 是由 Thermo-Calc 软件计算 Fe-Cr-C 三元系液相线的投影图。从图中可以看出 Fe-Cr-C 三元系液相线会随着 Cr 含量的增多而升高，随着 C 含量的升高而降低。当 C>3.5%，Cr<15% 时液相线处于 1249℃和固相线之间。实际上，焊丝中的合金元素在焊接过程中是有损失的，焊缝金属一般由填充金属和局部熔化的母材组成，而母材中的合金元素几乎全部过渡到焊缝金属中。

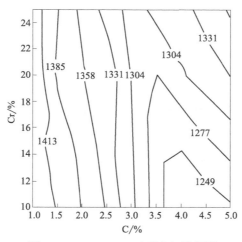

图 6-53　Fe-Cr-C 三元系液相线投影

焊缝的含碳量主要取决于焊丝、母材的原始含碳量，母材低合金钢的含碳量为 0.22%～0.3%，因此焊缝中的碳主要来自焊丝，但焊丝中含碳量过高会引起飞溅和气孔。结合低合金钢熔点及工作层高铬铸铁成分选择堆焊层中的含碳量为 3.5%，含铬量为 15%，熔点范围为 1249～1277℃。

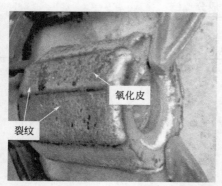

图 6-54　堆焊后套筒

焊接设备采用 CPXDS-500 型 CO_2 气体保护自动药芯焊丝电弧堆焊机，焊丝采用 JD-YD1068 型 $\phi1.6mm$ 耐磨药芯焊丝。通过熔化焊丝形成熔滴的方式在辊芯表面进行堆焊制备过渡层。堆焊后实物如图 6-54 所示。堆焊过渡层的厚度约 4mm。从图中可以看到堆焊表面的氧化皮和轻微裂纹，由于低熔点堆焊层主要起过渡作用，裂纹会通过浇注辊身金属液使其重熔，氧化皮会在电磁搅拌的作用下旋浮到铸型顶部。因此该缺陷对该工艺无影响。通过 SPECTROMAXx 电弧/火花 OES 金属分析仪对堆焊后的过渡层进行成分检测，检测各点及结果如表 6-22 所示。

表 6-22　堆焊层化学成分

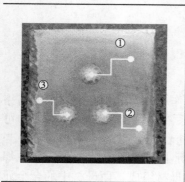

项目	C	Cr
检测值 1	3.51	15.06
检测值 2	3.49	14.96
检测值 3	3.49	14.91
平均值	3.495	14.983
设计值	3.5	15
误差	0.05	0.02

（4）工作层浇注　工作层需具备良好的耐磨性、耐热性、耐蚀性和硬度，因此选用高铬铸铁，具体成分如表 6-23 所示。采用 KGPS-800 型 20kg 中频熔炼炉熔炼高铬铸铁，用 DZK 线切割机将试样切成方条，用 OLYMPUS-GX71 型光学电子显微镜进行金相观察。

工作层高铬铸铁的浇注温度要高于其熔点，同时要低于低合金钢的熔点，因此工作层浇注温度分别为 1380℃，1400℃，1420℃，1440℃ 和 1460℃ 时，套筒预热 800℃、900℃、1000℃、1100℃ 进行热应力模拟。在 COMSOL Multiphysics 软件中，通过模型向导→二维轴对称→热应力接口进行几何绘制、材料属性定义和边界条件设定，根据上述材料的性质设定完毕后进行网格划分并研究。当浇注温度为 1460℃ 时，模拟的结果中堆焊层处上下两端的应力图都出现了变形，随着浇注温度的升高，不同预热温度的套筒堆焊侧应力也随之升高，且未出现变形的情况，其余不同浇注温度的结果中浇注温度 1440℃ 时的应力变化最为清晰。

表 6-23　高铬铸铁化学成分

元素	C	Mn	Cr	B	Ni	Mo
含量/%	2.9～3.1	1.1～1.3	24～26	0.1～0.2	0.4～0.6	0.5～0.7

对制备好的辊套进行切割处理。图 6-55(a)、(b) 为浇注温度为 1380℃、1440℃，感应加热时间为 30s，套筒预热温度 900℃ 时的试验结果。可以看出图 6-55(a) 中由于浇注温度过低，感应加热时间不足，导致金属液黏度过大，加上金属液进入型腔后很快结晶，两者合

力阻碍了金属液的顺畅充填，使得型腔并未充满；图 6-55（b）中提高了浇注温度后，由于感应加热时间不足导致浇口凝固，金属液来不及补缩，使得上半部分出现缩孔。

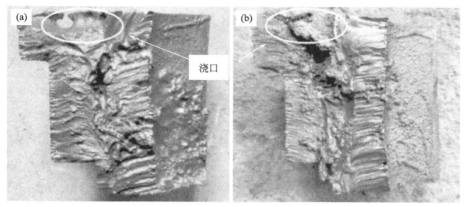

图 6-55　浇注温度为 1380℃、1440℃复合界面状态

　　将工作层金属液的浇注温度调整为 1440℃，感应加热时间增加到 60s，套筒预热900℃进行浇注，试验结果如图 6-56 所示。从图 6-56（a）中的浇口断面处观察，无明显缺陷，从图 6-56（b）～（d）可看出横向和纵向的切割面上呈现整齐的结合线，堆焊层消失，熔合层均匀，无夹杂缺陷，高铬铸铁与低合金钢两侧组织致密，良好的结合状态保证了复合质量。

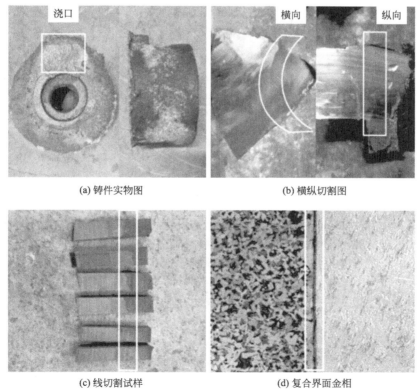

(a) 铸件实物图　　　　　　　　　　(b) 横纵切割图

(c) 线切割试样　　　　　　　　　　(d) 复合界面金相

图 6-56　浇注温度 1440℃时增加感应加热时间条件下复合界面状态

6.11　泵壳与叶轮

泥浆泵输送的泥沙中含大量的石英，硬度高，颗粒大，原衬板材质为 16Mn 钢，硬度只有 130～150HV，寿命极低，经用高铬铸铁 15-2-1 衬板，寿命大幅度提高。结果见表 6-24。

表 6-24　泥浆泵边衬板使用情况

序号	介质浓度 /%	粒度范围 /mm	平均尺寸 /mm	砂石成分/%		16Mn 板 寿命/h	15-2-1 衬 板寿命/h
				石英	长石		
1	20	0.1～20	1.01	40～45	45～50	180	6200
2	20	0.1～40	8.78	65～70	25～30	96	2700

泵壳与叶轮形状比较复杂，对铸造工艺要求较高。渣浆泵泵壳与叶轮常用高铬铸铁铸造，对矿浆冲刷严重的工况应选择较高的含碳量，以提高泵壳的硬度；对腐蚀较严重的工况，如酸性介质，应选择较高的含铬量。Cr15、Cr20、Cr28 抗磨高铬铸铁都可以用来生产铸造泵壳和叶轮等渣浆泵过流件。

图 6-57 为泵壳的铸造工艺示意图。采用测压冒口对泵体底部法兰及热节部位进行补缩，内浇道由测压冒口和出口法兰两个部位引入，增强了测压冒口及法兰顶部冒口的补缩。非冒口热节部位应安放外冷铁，必要时可采用覆砂外冷铁，以避免缩孔和缩松缺陷。

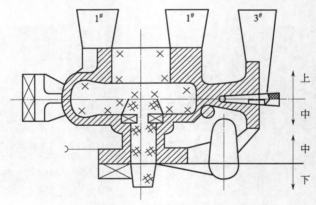

图 6-57　泵壳铸造工艺示意图

高铬铸铁泵壳与叶轮的热处理须谨慎操作，尤其升温速度须慢，以防热处理过程中泵壳与叶轮开裂。一般情况下高铬铸铁泵壳与叶轮经高温空淬并中低温回火热处理，热处理后显微组织为马氏体＋共晶碳化物＋二次碳化物＋残余奥氏体，硬度高于 58HRC。

6.12　双液金属铸焊抛料头

立式冲击破碎机（制砂机）广泛应用于矿山、砂石、水泥、冶金、水电工程等行业，破碎物料直径一般为 50mm 以下。抛料头是立式冲击制砂机中的核心部件，其工况恶劣，承受物料高速冲击力、磨粒磨损、冲击磨损及少量腐蚀磨损。因此，抛料头的使用寿命直接影响机器的整体运转。为保证抛料头服役过程无断裂现象，通常使用单一材质高锰钢或低铬铸铁制备，使用寿命为 8～20h（使用工况不同，寿命各有长短）。硬质合金镶铸抛料头寿命较单一材质抛料头明显上升，一般可达30h，但由于基础材质为易磨损的低合金钢，抛料头在工作过程中会出现硬质合金脱落现象，破坏机器，影响其整体寿命，而且硬质合金价格非常昂贵，不利于大批量应用。普通双液双金属复合铸造技术生产的抛料头在高铬铸铁一侧安放冒口，组织粗大，且碳化物分布杂乱，磨损严重。双液金属铸焊技术，将过共晶高铬铸铁和低合金钢复合在一起，冒口安放在低合金钢一侧，同时在过共晶高铬铸铁一侧设置激冷材料，控制碳化物生长方向。

两台中频熔炼炉同步熔炼低合金钢和高铬铸铁，试验材料成分见表6-25。双液金属铸焊工艺与以往双液金属复合铸造工艺的区别是交换了两种金属的浇注顺序，高铬铸铁先浇入已经造好的型腔中，待其完全凝固后（高铬铸铁表面温度需达到700℃）再浇入低合金钢，浇注温度为1550℃。利用高熔点金属的热容量和对低熔点金属表面的冲刷，完成双液金属复合。

表6-25　材料化学成分　　　　　　　　　　　单位：%

材料	C	Si	Mn	Cr	V	Ti	B	Cu	S	P
低合金钢	0.25～0.35	0.8	1.5						≤0.03	≤0.03
高铬铸铁	3.5～3.55	0.8	1.5	25	0.8	0.2	0.3	0.8	≤0.1	≤0.1

双液金属复合界面元素分布状态对复合界面的组织性能起着重要的作用。同时，研究界面附近元素变化是揭示界面复合机理的必要手段。对复合层区域内C、Si、Cr、Cu、Mo、Fe等元素的浓度分布进行线扫描分析，线扫描的位置和元素分布情况如图6-58所示。自复合界面高铬铸铁一侧至低合金钢一侧，Si、Mo、Cu等元素变化不明显，将Fe和Cr两种元素分离研究表明，Fe元素逐渐增多，Cr元素逐渐减少，在复合界面处平稳过渡。说明双金属铸焊复合界面两侧的元素存在明显的扩散。这种元素的交替或扩散对复合界面的结合性能有积极的作用。

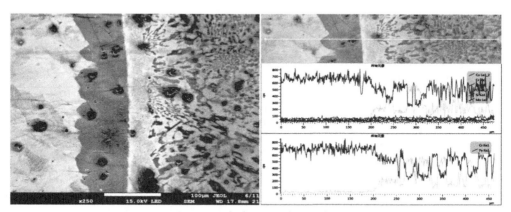

图6-58　复合界面线扫描分析

采用双液金属铸焊工艺，制备出了抛料头，如图6-59所示。耐磨层的化学成分为3.55%C，25%Cr，1.2%Mn，1.37%Mo，0.8%Cu，0.3%B，0.2%Ti，0.8%V，支承部位化学成分为0.25%C，0.7%Mn，0.3%Mo，0.43%Si。在耐磨层表面冷却到700℃时，浇入1550℃的支撑部位金属，双液金属复合后进行热处理，热处理工艺为1000℃×2h+空淬。最终获得的抛料头支撑部位硬度为160～190HB，冲击韧性>70J/cm²，耐磨层部位硬度64HRC以上，冲击韧性为4～5J/cm²，耐磨层放置激冷材料，碳化物生长方向与受冲击方向垂直，可明显增加耐磨性。装机实验证明，新型抛料头耐磨寿命基本与镶铸硬质合金抛料头持平，但生产成本却仅为镶铸抛料头的 1/3。

图 6-59　抛料头实物图

综上所述，利用激冷的方法使过共晶高铬铸铁中先共晶碳化物呈方向性生长，可明显提高耐磨性。双液金属铸焊工艺，在高铬铸铁表面温度下降到 700℃时，浇入 1550℃的低合金钢液，复合界面达到冶金结合，且在界面处发现了纳米尺度的颗粒状组织。双金属铸焊抛料头经过空淬的热处理后，能够较好满足抛料头工作性能需求。

参 考 文 献

[1]　中国机械工程学会铸造分会. 铸造手册：第1卷. 北京：机械工业出版社，2002：580-251.
[2]　李鹏志，邢书明. 破碎机锤头双金属复合铸造工艺的研究进展. 金属矿山，2008（05）：35-39.
[3]　扬文涛，封方东，PF1010 反击式破碎机锤头材料的研究. 水利电力机械，2005，27（4）：24-26.
[4]　毛静波. 锤式破碎机锤头耐磨新材料的研制. 生产设备，1997（7）：14-18.
[5]　张春元，范国勇，吴伏家. 破碎机锤头材料的应用实验研究概况. 现代制造工程，2006（2）：8-10.
[6]　金文生. 提高锤式破碎机锤头使用寿命的方法探讨. 福建建材，2000（2）：41-42.
[7]　程和法，黄笑梅，丁厚福. 中碳多元合金钢破碎机锤头的研制. 现代机械，2003（2）：62-65.
[8]　柴增田. 生产破碎机锤头的新型抗磨铸钢. 材料工艺，2004，1：29-31.
[9]　王洪发. 金属耐磨材料的现状与展望. 铸造，2000（增刊）：577.
[10]　李茂林，毛静波. 国内外锤头耐磨材料的发展和选择. 水泥科技，1999（1）：11-17.
[11]　周恩浦，等. 矿山机械（选矿机械部分）. 北京：机械工业出版社，1979.
[12]　朱军，杨军. 大型球磨机衬板材料的研究和应用. 铸造技术，2005（12）：1119-1121.
[13]　胡西华，任美康. 含 B 中碳低合金铸钢及 B、Al、Ti 的相互作用和对冲击韧度的影响. 铸造技术，2005（9）：767-769.
[14]　董方，阎俊萍，郭长庆. 中碳低合金马氏体钢衬板的研制. 铸造，2000（5）：268-271.
[15]　王定祥. Φ4.5m 大型球磨机衬板材质的研制与应用. 铸造，2003（增刊）：1026-1029.
[16]　冯胜山，杨应凯，叶学贤，等. 新型中碳多元低合金稀土耐磨钢衬板的研制与应用. 铸造，2003（8）：557-560.
[17]　黄鹏. 现代零部件. 北京：机械工业出版社，2006.
[18]　李新德，王守忠，申超英，等. 金属工艺学. 北京：中国商业出版社，2006.
[19]　陆文华. 铸铁及其熔炼. 北京：机械工业出版社，2005.
[20]　林方夫，胡建新，马益诚，等. 铁型覆砂铸造磨球工艺的试验研究. 铸造，2006，55（11）：1188-1191.
[21]　胡汉起. 金属凝固原理. 北京：机械工业出版社，1991.
[22]　苏俊义. 铬系耐磨白口铸铁. 北京：国防工业出版社，1990.
[23]　朱华，吴兆宏，李刚，等. 煤矿机械磨损失效研究. 煤炭学报，2006，31（3）：380-385.
[24]　申胜利. 采煤机和掘进机截齿的失效分析及对策. 煤矿机械，2005（7）：53-55.
[25]　任志新，孙洪江，苏发等. 采煤机截齿可靠性分析. 煤矿机械，2004（6）：36-37.

［26］ 纪朝辉．采煤机镶铸硬质合金截齿的试验研究．铸造，2004，53（1）：46-48.

［27］ 张国栋．提高矿用截齿性能的技术途径．煤矿机械，2006，27（5）：827-828.

［28］ 张丽民，李惠琪，刘邦武，等．等离子表面冶金采煤机截齿的工艺研究．煤炭学报，2004，29（增刊）：145-148.

［29］ Raghu D，Wu Y C. Recent development in wear and corrosion- resistant alloys for the oil industry. Mater Perform，1997，36：27.

［30］ 任宝锐．高性能硬岩截齿的研究．煤矿机械，1999（6）：18-20.

［31］ 朱永长．液/半固态双金属铸造复合耐磨薄板界面层组织及形成机制．哈尔滨：哈尔滨工业大学，2017.

［32］ 王迪．双金属铸焊复合辊套的制备工艺．铸造，2020，69（8）：866-872.

［33］ 陈忠华，熊晖，孙桂祥，等．耐磨铸件铸渗陶瓷技术的初探．新世纪水泥导报，2015（2）：10-15.

［34］ 朱永长，魏尊杰，荣守范，等．双液金属复合耐磨板厚度对复合层组织和性能的影响．材料工程，2016，44（8）：17-22.

［35］ 张圳炫，荣守范，刘会，等．双液金属铸焊抛料头的制备与界面研究．铸造，2018，67（8）：678-682.

［36］ 向云贵，廖丕博．双金属复合铸造磨机衬板及其性能研究．昆明：昆明理工大学．2007.1

［37］ 郭继伟，荣守范，沈大东．一种截齿的生产工艺方法：CN，1951627. 2007-4-25.

［38］ 荣守范，郭继伟．双金属复合铸造板锤生产工艺方法：CN，101239380. 2008-8-13.

［39］ 荣守范，郭继伟，黄志求等．双液双金属复合铸造颚板生产工艺方法：CN，101357398. 2009-2-04.

［40］ 管平，马青圃，胡祖尧等，双液双金属复合铸造颚板新工艺研究与应用．铸造，2005，（8）：779-782.

［41］ 吴振卿，关绍康，孙玉福等．镶铸双金属复合锤头铸造工艺的研究．铸造技术，2005，（3）：171-173.

［42］ 许云华，王发展，方亮．双金属耐磨复合锤头的研制和应用．机械工人，1999，（2）：6-7.

［43］ 向云贵，廖丕博．双金属复合铸造球磨机衬板工艺研究．南方金属，2007，（2）：91-93.

［44］ 冯小平．双金属复合锤头的铸造工艺．金属铸锻焊技术，2008，（1）：87-90.

［45］ 荣守范，郭继伟．双液双金属复合铸造锤式锤头生产工艺方法：CN，200710071731. 2008-8-13.

［46］ 郭继伟，荣守范．组合式双金属复合铸造锤式锤头生产工艺方法：CN，101239379. 2008-8-13.